Blechumformung

Klaus Siegert (Hrsg.)

Blechumformung

Springer Vieweg

Prof. Klaus Siegert †
Universität Stuttgart, Fakultät 07 Maschinenbau, Stuttgart Deutschland

ISBN 978-3-540-02488-0 ISBN 978-3-540-68418-3 (eBook)
DOI 10.1007/978-3-540-68418-3

Die Deutsche Nationalbibliothek verzeichnet diese Publikation in der Deutschen Nationalbibliografie; detaillierte bibliografische Daten sind im Internet über http://dnb.d-nb.de abrufbar.

Springer Vieweg

Gedruckt auf säurefreiem und chlorfrei gebleichtem Papier

Springer-Verlag GmbH Berlin Heidelberg ist Teil der Fachverlagsgruppe Springer Science+Business Media
(www.springer.com)

Vorwort

In diesem Fach- und Lehrbuch werden theoretische Grundlagen der Umformtechnik, Entwicklung von Fließkriterien, Prozesssimulation mittels Finite-Elemente-Methode (FEM) und die Verfahren Blechumformung, Streckziehen, Tiefen, Tiefziehen, Biegen, Scherschneiden und Feinschneiden behandelt.

Es wird besonders Wert darauf gelegt, dass die in umformtechnischen Forschungseinrichtungen gewonnenen Erkenntnisse in die industrielle Praxis überführt werden können.

Zu beachten ist, dass Scherschneiden und Feinschneiden nach DIN keine Verfahren der Umformtechnik sind. Diese Verfahren werden jedoch mit Pressen, wie sie in der Blechumformung üblich sind, zum Teil mit Werkzeugen im Verbund von Umform- und Schneidanlagen betrieben. Es erschien daher sinnvoll, das Scher- und Feinschneiden in diesem Buch mit zu behandeln.

Umformen ist die gezielte Änderung der Form, der Oberfläche und der Eigenschaften eines metallischen Körpers unter Beibehaltung von Masse und Stoffzusammenhalt.

Diese Definition betont nicht nur die gezielte Änderung der Form, sondern auch die gezielte Änderung der Oberfläche und der Eigenschaften eines Produktes durch den Umformvorgang. Damit wird die Vorausbestimmbarkeit sog. finaler Eigenschaften eines Produktes durch den Umformvorgang angesprochen.

Diesbezügliche Forschungsvorhaben sind noch in der Entwicklungsphase. Sie scheinen aber eine wesentliche Zielsetzung künftiger Forschungsvorhaben zu werden.

Eine weitere Zielsetzung zukünftiger Forschungsvorhaben ist der reproduzierbare Umformvorgang. Es muss möglich werden, dass nach Einbau eines Umformwerkzeugs in eine Presse die Daten der letzten Abpressung von Gutteilen aufgerufen werden, die Presse sich hierauf einstellt und vom ersten Hub an mit Sollhubzahl Gutteile gefertigt werden.

Diese Zielsetzung kann mit der Entwicklung geregelter Umformprozesse einhergehen. Sie führen beide zu einer reproduzierbaren Umformung.

Soweit zu einigen Zielsetzungen, auf die in diesem Buch eingegangen wird.

Ich danke allen Autoren für Ihre Mitwirkung. Ferner gilt mein Dank den Herren B.Sc. Robert Meißner und B.Sc. Stefan Thullner für ihre Mitwirkung beim Layout und bei der Erstellung bzw. Überarbeitung zahlreicher Bilder.

Ich bedanke mich bei Frau Hestermann-Beyerle und bei Frau Kollmar-Thoni (Springer Verlag Heidelberg) für die verständnisvolle und engagierte Mitwirkung bei der Erstellung dieses Buches.

Es ist zu wünschen, dass dieses Buch zu Innovationen in der Umformtechnik anregt.

Stuttgart März 2014 Klaus Siegert

Kurz vor Fertigstellung des vorliegenden Buches „Blechumformung" ereilte uns die Nachricht des Todes von Professor Siegert. Trotz seiner Krankheit hat Professor Siegert noch bis kurz vor seinem Tode mit viel Engagement und Energie an diesem Buch gearbeitet, das er leider nicht mehr in Händen halten konnte. Als langjähriger eng vertrauter Mitarbeiter von Professor Siegert war es mir ein besonderes Anliegen, dieses Buch fertig zu stellen. Ich hoffe, das Werk im Sinne von Professor Siegert beendet zu haben.

Stuttgart September 2014 Stefan Wagner

Leider durfte Herr Prof. Dr.-Ing. Dr. h. c. Klaus Siegert das Erscheinen seines Buches nicht mehr erleben, er verstarb im April dieses Jahres.

Wir freuen uns, in Herrn Dr.-Ing. Stefan Wagner vom Institut für Umformtechnik der Universität Stuttgart einen Bearbeiter gefunden zu haben, der das Werk von Herrn Prof. Dr.-Ing. Dr. h. c. Klaus Siegert zu Ende geführt hat.

Eva Hestermann-Beyerle und Birgit Kollmar-Thoni, Springer-Verlag

Autorenverzeichnis

Kapitel 1, Grundlagen der Blechumformung
Prof. Dr.-Ing. Dr. h.c. Klaus Siegert †, Institut für Umformtechnik (IFU), Universität Stuttgart

Kapitel 2, Streckziehen
Prof. Dr.-Ing. Dr. h.c. Klaus Siegert †, Institut für Umformtechnik (IFU), Universität Stuttgart

Kapitel 3, Tiefen
Dr.-Ing. Stefan Wagner, Institut für Umformtechnik (IFU), Universität Stuttgart

Kapitel 4, Tiefziehen
Prof. Dr.-Ing. Dr. h.c. Klaus Siegert †, Institut für Umformtechnik (IFU), Universität Stuttgart

Kapitel 5, Blechbiegen
Burkhard Heller, IUL Institut für Umformtechnik und Leichtbau, TU Dortmund
Sami Chatti, IUL Institut für Umformtechnik und Leichtbau, TU Dortmund
Dr.-Ing. Marco Schikorra, IUL Institut für Umformtechnik und Leichtbau, TU Dortmund
Dr.-Ing. A. Erman Tekkaya, IUL Institut für Umformtechnik und Leichtbau, TU Dortmund
Prof. Dr.-Ing. Matthias Kleiner, IUL Institut für Umformtechnik und Leichtbau, TU Dortmund

Kapitel 6, Schneiden
Dr.-Ing. Peter Demmel, MAN Truck & Bus AG, München
Dr.-Ing. Roland Golle, Technische Universität München, Lehrstuhl für Umformtechnik und Gießereiwesen
Prof. Dr.-Ing. Hartmut Hoffmann, Technische Universität München, Lehrstuhl für Umformtechnik und Gießereiwesen
Dr.-Ing. Raphael Petry, MAN Truck & Bus AG, München

Kapitel 7, Feinschneiden
Dr.-Ing. Peter Demmel, MAN Truck & Bus AG, München
Dr.-Ing. Roland Golle, Technische Universität München, Lehrstuhl für Umformtechnik und Gießereiwesen

Kapitel 8, Finite Elemente Methode (FEM) Prozess-Simulation in der Blechumformung
Prof. Dr. Pavel Hora, Institut für virtuelle Produktion (IVP), ETH Zürich (Schweiz)

Kapitel 9, Fließkriterien
Prof. Dr.-Ing. Dorel Banabic, Technische Universität Cluj-Napoca (Rumänien)

Inhaltsverzeichnis

Grundlagen der Blechumformung

1

Prof. Dr.-Ing. Dr. h.c. Klaus Siegert
Institut für Umformtechnik (IFU), Universität Stuttgart

Im Folgenden werden die theoretischen Grundlagen der Blechumformung dargestellt, dabei wird die Überführbarkeit der Theorie in die Praxis angestrebt.

1.1 Einleitung

Umformen ist die gezielte Änderung der Form, der Oberfläche und der Eigenschaften eines metallischen Körpers unter Beibehaltung von Masse und Stoffzusammenhalt.

Diese Definition betont nicht nur die gezielte Änderung der Form, sondern auch die gezielte Änderung der Oberfläche und der Eigenschaften eines Produktes durch den Umformvorgang. Damit wird die **Vorherbestimmbarkeit** sogenannter **finaler Produkteigenschaften** angesprochen, wofür die Beschreibung und die Modellbildung des Umformprozesses grundlegende Voraussetzungen sind. Hierfür bieten sich neben der elementaren Theorie der Umformtechnik in zunehmendem Maße die rechnergestützte Simulation des Umformprozesses mit Hilfe der Methode der Finiten Elemente an.

Abb. 1.1 zeigt die Vorgehensweise bei der Beschreibung von Umformprozessen. Eine zumindest teilweise Parallelität von experimentellen und theoretischen Untersuchungen ist, wenn irgend möglich, anzustreben, um sicherzugehen, dass die Annahmen und Ergebnisse theoretischer Untersuchungen hinreichend praxisrelevant sind.

Grundsätzlich erscheint es sinnvoll, die Parameter eines Umformprozesses einzuordnen in

- Prozesseingangsparameter,
- Prozessparameter und
- Prozessausgangsparameter.

Dabei ist zu beachten, dass die Prozesseingangsparameter unmittelbar vor Beginn des Umformprozesses gegeben sind.

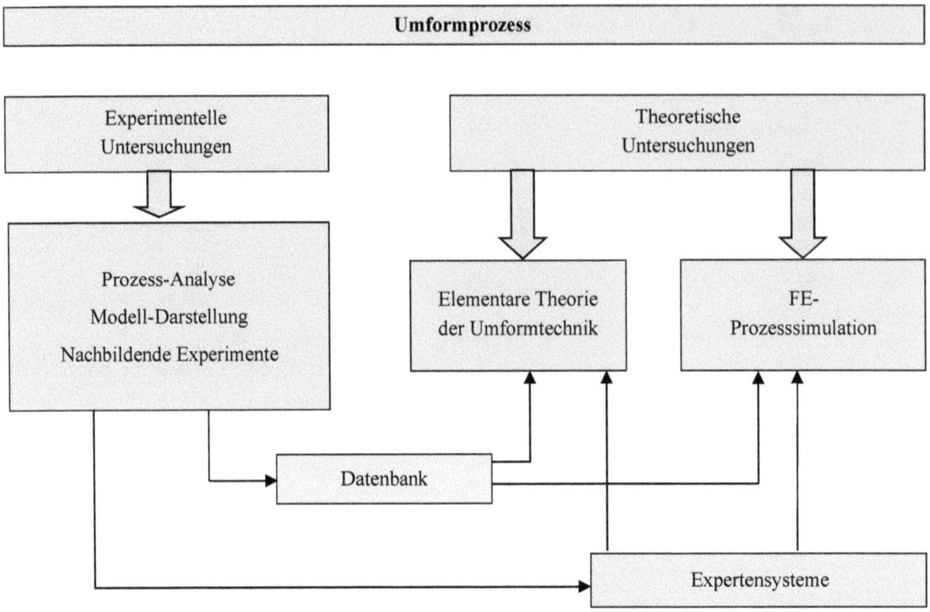

Abb. 1.1 Analytische Vorgehensweise in der Umformtechnik. Quelle: K. Siegert, IFU – Universität Stuttgart

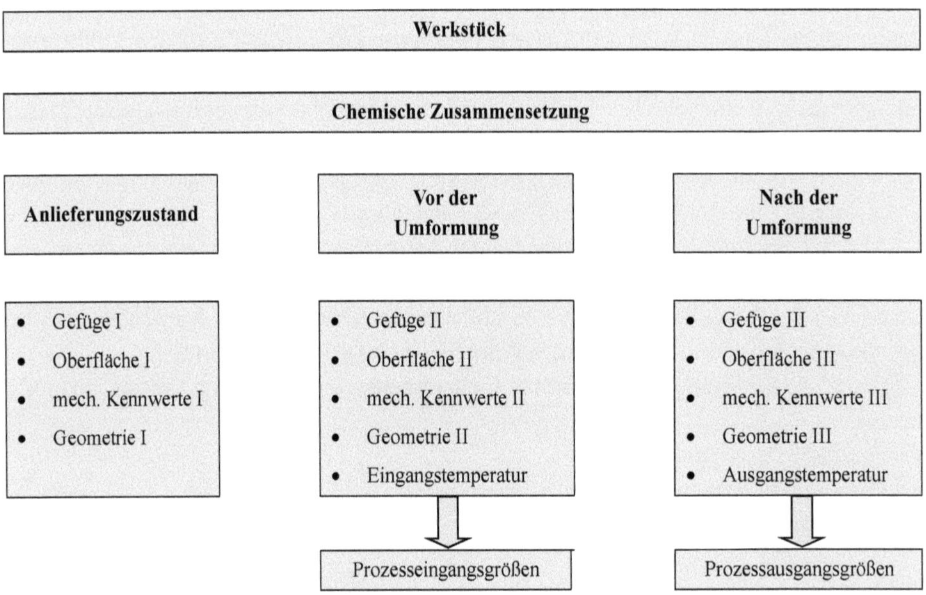

Abb. 1.2 Werkstückeigenschaften. Quelle: K. Siegert, IFU – Universität Stuttgart

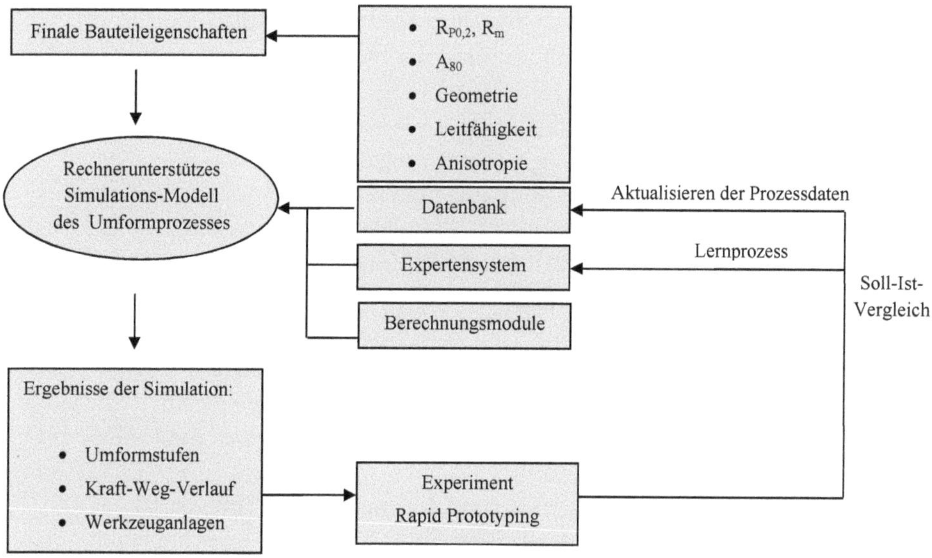

Abb. 1.3 Vorherbestimmung der finalen Bauteileigenschaften. Quelle: K. Siegert, IFU - Universität Stuttgart

Die Prozessausgangsparameter gelten unmittelbar nach dem Umformprozess.

So können sich gemäß **Abb. 1.2** die Werkstückeigenschaften im Anlieferungszustand von denen, die unmittelbar vor der Umformung gegeben sind, unterscheiden.

Längerfristig muss es möglich werden, im Rechner ein Modell des Umformprozesses zur Verfügung zu haben, in das die gewünschten Produktanforderungen eingegeben werden können. Mit Hilfe des im Rechner abgebildeten Modells des Umformprozesses, unterstützt durch Datenbanken, Expertensysteme und Berechnungsmodule, müsste es dann möglich sein, die zur Erzielung der Produktanforderungen erforderlichen Prozesseingangs- und Prozessparameter zu ermitteln. Diese Daten sind dann experimentell durch Herstellung von Prototypteilen zu überprüfen und ggf. zu korrigieren (**Abb. 1.3**).

Die Verfolgung dieser Zielsetzung wird noch ein langer Weg sein. Bei einigen Verfahren der Umformtechnik ist die Vorherbestimmbarkeit finaler Produkteigenschaften jedoch schon heute möglich. So ist man z. B. beim Streckziehen und Tiefen heute schon in der Lage, Festigkeitswerte über dem Bauteil vorzugeben und die zur Erzielung dieser Produktanforderung erforderlichen Umformwege der Greifer zu berechnen [Fan96].

1.1.1 Klassifizierung der Verfahren der Umformtechnik

Eine Einteilung der Verfahren der Umformtechnik kann nach verschiedenen Kriterien erfolgen. Hauptsächlich sind folgende Einteilungskriterien zu beachten:

a) Einteilung nach den überwiegend wirksamen Spannungen (**Abb. 1.4**),
b) Einteilung in Kalt- und Warmumformverfahren (**Abb. 1.5**),
c) Einteilung in Verfahren, die
   - zu keiner Festigkeitsänderung,
   - zu einer vorübergehenden Festigkeitsänderung und die
   - zu einer bleibenden Festigkeitsänderung führen.
d) Einteilung in Verfahren, bei denen die Umformtemperatur unterhalb der Rekristallisationstemperatur liegt, und in Verfahren, bei denen die Umformtemperatur oberhalb der Rekristallisationstemperatur liegt.
e) Einteilung in Verfahren, bei denen die Umformtemperatur unterhalb der Solidustemperatur liegt, also in Verfahren, bei denen das Umformgut im festen Zustand umgeformt wird, und in Verfahren, bei denen die Umformtemperatur zwischen Solidus- und Liquidustemperatur liegt, also in Verfahren, bei denen das Umformgut im teigigen Zustand umgeformt wird.
f) Einteilung in Verfahren der mittelbaren und der unmittelbaren Krafteinleitung
g) Einteilung in Verfahren der Massivumformung und in Verfahren der Blechumformung.

Weitere Einteilungskriterien, wie z. B. Geschwindigkeit der Umformung, sind von Fall zu Fall in Betracht zu ziehen.

Ein oder mehrachsige Druckbeanspruchung	⇨	**DRUCKFORMEN** DIN 8583
Zusammengesetzte Zug- und Druckbeanspruchung	⇨	**ZUGDRUCKFORMEN** DIN 8584
Ein- oder mehrachsige Zugbeanspruchung	⇨	**ZUGUMFORMEN** DIN 8585
Biegebeanspruchung	⇨	**BIEGEUMFORMEN** DIN 8586
Schubbeanspruchung	⇨	**SCHUBUMFORMEN** DIN 8587

Abb. 1.4 Einteilung der Umformverfahren nach den überwiegend wirksamen Spannungen

Verfahren, bei denen das Werkstück vor der Umformung nicht erwärmt wird, sondern mit Raumtemperatur (20°C) eingesetzt wird	$\vartheta_E = \vartheta_{Raum}$ **KALTFORMGEBUNG**
Verfahren, bei denen das Werkstück auf eine Temperatur oberhalb der Raumtemperatur erwärmt wird	$\vartheta_E \geq \vartheta_{Raum}$ **WARMFORMGEBUNG**

Abb. 1.5 Einteilung der Umformverfahren nach der Werkstück-Einsatztemperatur (ϑ_E = Temperatur, mit der das Umformgut in den Umformprozess eingesetzt wird. ϑ_{Raum} = Raumtemperatur)

1.1.2 Prozessbeschreibung

In der Regel wird der Umformprozess von folgenden Größen beeinflusst (**Abb. 1.6**):

Zu beachten ist, dass Werkstück, Schmierstoff, Umgebungsmedium und Umformwerkzeug ein Tribosystem (vgl. **Abb. 1.6** und **Abb. 1.8**) bilden, und dass Umformwerkzeug und Umformmaschine bei mechanischer und thermischer Belastung gemeinsam die Steifigkeit und Führungsgenauigkeit und somit die Maßhaltigkeit des Produktes beeinflussen. Zur Prozessbeschreibung ist gemäß **Abb. 1.7** die Kenntnis aller prozessbeeinflussender Parameter Voraussetzung.

Einflussgrößen des Umformprozesses:

- Werkstück,
- Schmierstoff,
- Umgebungsmedium,
- Umformwerkzeug und
- Umformmaschine (einschließlich Automatisierung, Steuerungen und Regelkreisen)

} Tribosystem (Werkstück, Schmierstoff, Umgebungsmedium, Umformwerkzeug)

} Gesamtsteifigkeit und Führungsgenauigkeit bei thermischer und mechanischer Belastung (Umformwerkzeug, Umformmaschine)

Abb. 1.6 Einflussgrößen auf den Umformprozess

1. Werkstück	Gefüge, chemische Zusammensetzung, Geometrie, Oberfläche, Fließverhalten, Temperatur, Beschichtung...
2. Schmierstoff	Viskosität, Menge (Dosierung), thermisches und mechanisches Verhalten, chem. Zusammensetzung und Beständigkeit, Reaktion mit Werkstück und Werkzeug, Additive...
3. Umgebungsmedium	chemische Eigenschaften (oxidierend/nicht oxidierend), physikalische Eigenschaften (Temperatur)...
4. Werkzeug	Geometrie, Werkstoff, Festigkeit, Oberfläche, elastisches Verhalten bei thermischer und mechanischer Belastung...
5. Maschine (einschließlich Regelung und Steuerung des Prozesses)	Steifigkeit, Führungsgenauigkeit, Kinematik, Reproduzierbarkeit und Genauigkeit der Maschineneinstellung, Antrieb, Geometrie, elastisches Verhalten bei thermischer und mechanischer Beanspruchung, Teiletransport in und außerhalb der Maschine, Heizungs- und Kühlsysteme...
6. Anlagen zur thermischen Behandlung des Werkstückes vor und nach der Umformung	Art der Erwärmung bzw. der Abkühlung, Verlauf der Temperatur im Werkstück über der Zeit...
7. Werkstücktransport	Art des Greifens, (mechanisch, pneumatisch, hydraulisch...), Anzahl der Achsen des Transfers, Steuerung des Transfers, Weg/Zeit-Verlauf...

Abb. 1.7 Parameter, die den Umformprozess beeinflussen

1.2 Tribologie

Es erscheint sinnvoll, im Rahmen dieser Ausführungen in prinzipieller Art auf die Reibung zwischen Umformgut und Werkzeug näher einzugehen. Dabei ist zu beachten, dass die Reibung ein Teilgebiet der Tribologie ist.

Zunächst zur Definition der Tribologie:

> Tribologie ist die Wissenschaft von aufeinander einwirkenden Oberflächenden in Relativbewegung. Sie umfasst das Gesamtgebiet von Reibung und Verschleiß einschließlich Schmierung und schließt entsprechende Grenzflächenwechselwirkungen sowohl zwischen Festkörpern als auch zwischen Festkörpern und Flüssigkeiten oder Gasen ein.

1.2.1 Reibungsformen

> Reibung ist eine Wechselwirkung zwischen sich berührenden Stoffbereichen von Körpern. Sie wirkt einer Relativbewegung entgegen.

In Abhängigkeit vom Aggregatzustand der beteiligten Stoffbereiche treten unterschiedliche Reibungszustände auf [Hab90]:

a) *Festkörperreibung* ist eine Reibung zwischen Stoffbereichen mit Festkörpereigenschaften in unmittelbarem Kontakt. Findet die Reibung zwischen festen Grenzschichten mit modifizierten Eigenschaften, z. B. Reaktionsschichten, statt, so nennt man sie *Grenzschichtreibung*. Handelt es sich bei der Grenzschicht um einen vom Schmierstoff stammenden molekularen Film, so nennt man dies auch *Grenzreibung*.

b) *Flüssigkeitsreibung* ist eine Reibung in einem Stoffbereich mit Flüssigkeitseigenschaften. Dieser Reibungszustand ist auch für eine die Festkörper vollständig trennende flüssige Schmierstoffschicht zutreffend.

c) *Gasreibung* ist eine Reibung im Stoffbereich mit Gaseigenschaften. Dieser Reibungszustand ist auch für eine die Festkörper vollständig trennende gasförmige Schmierstoffschicht zutreffend.

d) *Mischreibung* ist jede Mischform der unter a) bis c) genannten Reibungen. Primär versteht man unter Mischreibung eine Zwischenform von Festkörperreibung und Flüssigkeitsreibung.

1.2.2 Tribologisches System

Gemäß **Abb. 1.8** werden die Tribosysteme eines Umformprozesses durch Werkstück, Werkzeug, Schmierstoff und Umgebungsmedium bestimmt.

Auf die Tribosysteme wirken Beanspruchungskollektive.

Der reibungsbedingte Verschleiß bewirkt Oberflächenveränderungen und Materialverluste am Grund- und am Gegenkörper. **Abb. 1.9** führt die Hauptverschleißmechanismen auf.

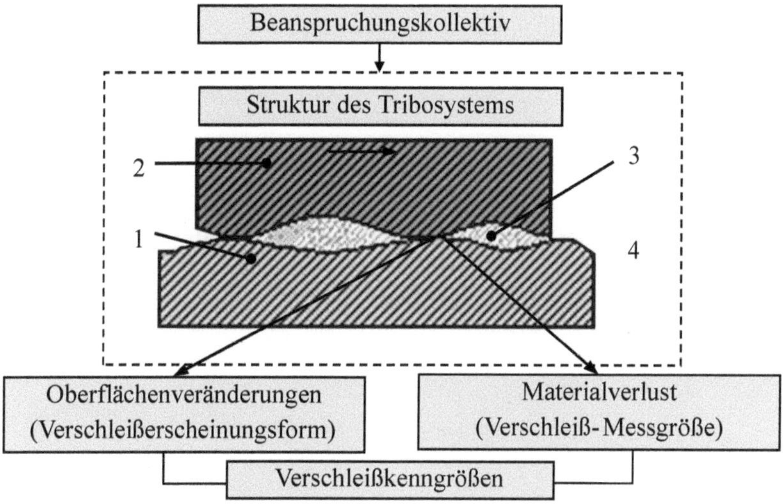

Abb. 1.8 Tribologisches System. *1* Grundkörper; *2* Gegenkörper; *3* Zwischenstoff; *4* Umgebungsmedium

	Verschleißmechanismen	**Form des Verschleißes**
Adhäsion	Ausbildung und Trennung von Grenzflächen-Haftverbindungen	Fresser, Löcher, Kuppen, Schuppen, Materialübertrag
Abrasion	Materialabtrag durch ritzende Beanspruchung (Mikrozerspanungsprozesse)	Kratzer, Riefen, Mulden, Wellen
Oberflächen-zerrüttung	Ermüdung und Rissbildung im Oberflächenbereich durch tribologische Wechselbeanspruchungen, die zu Materialtrennungen führen.	Risse, Grübchen
Tribochemische Reaktion	Entstehung von Reaktionsprodukten durch die Wirkung von tribologischer Beanspruchung bei chemischer Reaktion von Grundkörper, Gegenkörper und angrenzenden Medien.	Reaktionsprodukte (Schichten, Partikel)

Abb. 1.9 Hauptverschleißmechanismen

1.2.3 Verschleißmechanismen

Abb. 1.9 zeigt Verschleißmechanismen und Verschleißformen, wie sie in der Blechumformung auftreten. Sie betreffen Grund- und Gegenkörper (Werkzeug und Werkstück), wobei wesentliche Einflussgrößen Schmierstoff, Werkzeugwerkstoff bzw. Werkzeugbeschichtung sowie Werkstückwerkstoff bzw. Werkstückbeschichtung sind.

1.2.4 Schmierung

In der Umformtechnik ist zu beachten, dass hier meist relativ große Normaldrücke in der Wirkfuge zwischen Umformgut und Werkzeug herrschen. Auch ergeben sich durch Umformung und Reibung relativ hohe Temperaturen in der Wirkfuge (Kontaktfläche Werkzeug/Umformgut).

Die in den Schmierstoffdatenblättern in der Regel angegebenen Viskositäten bei 0 bar und 20°C bzw. 40°C sind für den Umformer nicht hinreichend genug aussagefähig. Er benötigt *VDT-Diagramme* (**V**iskosität-**D**ruck-**T**emperatur-Diagramme), die die dynamische *V*iskosität η als Funktion von *D*ruck und *T*emperatur zeigen. Zwei derartige Diagramme zeigt beispielhaft **Abb. 1.10**. Es ist ersichtlich, dass bei unlegierten Mineralölen

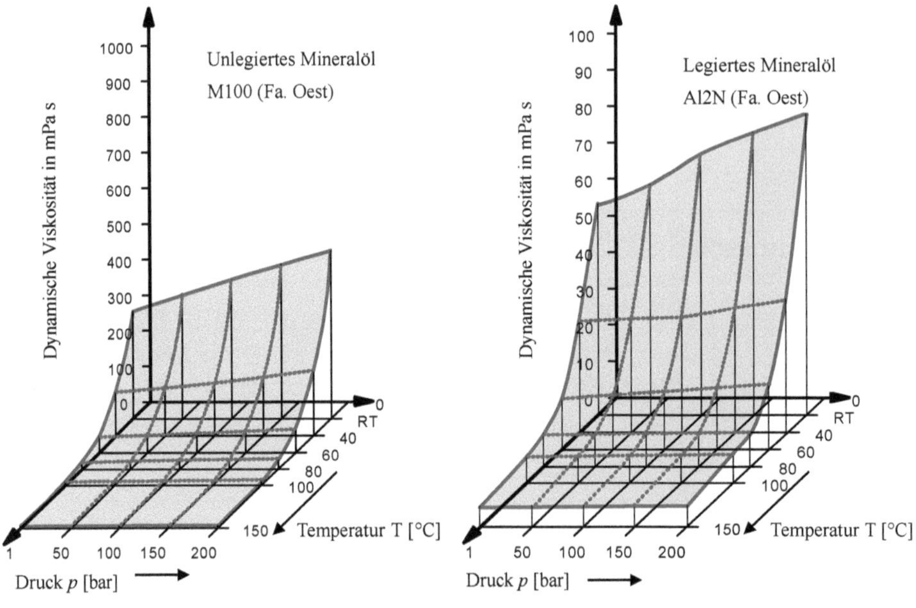

Abb. 1.10 VDT-Diagramme des unlegiertes Mineralöls M100 (links) und des legierten Mineralöls Al2N (rechts) [Wag96]. Quelle: St. Wagner, IFU – Universität Stuttgart

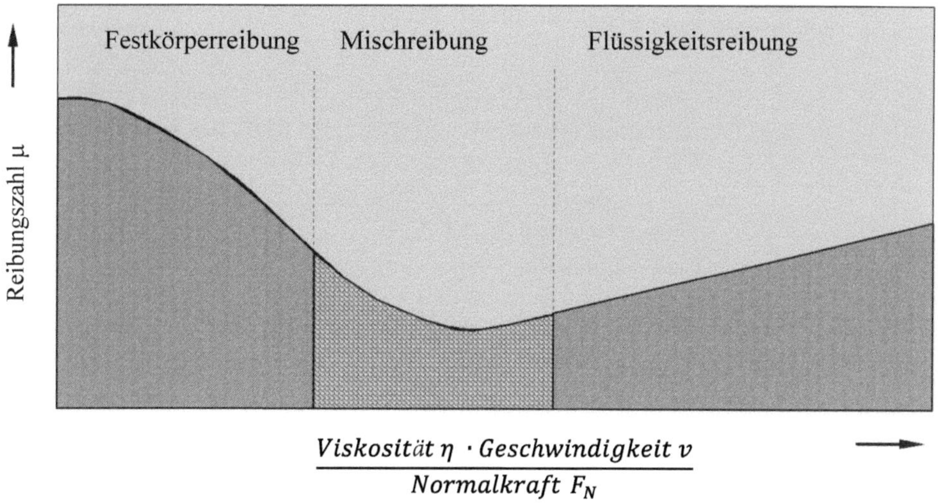

Abb. 1.11 Stribeck-Kurve nach [Hab90] vgl. [Str46]

die Viskosität außerordentlich stark von der Temperatur abhängig ist. Mit zunehmender Temperatur sinkt der Einfluss des Druckes auf die Viskosität.

Trägt man für ölgeschmierte Gleitpaarungen die Reibungszahl μ = Reibungskraft F_R / Normalkraft F_n über dem auf die Normalkraft F_n bezogenen Produkt von Viskosität η und Gleitgeschwindigkeit v auf, so erhält man die sog. Stribeck-Kurve. Hieraus ist ersichtlich, dass die Reibungszahl in den Bereichen der Festkörperreibung und Mischreibung, also in den Bereichen, die in der Regel bei den Tribosystemen von Umformverfahren zu verzeichnen sind, mit zunehmender Viskosität und zunehmender Gleitgeschwindigkeit bei gegebener Normalkraft abnimmt (vgl. **Abb. 1.11**).

1.2.5 Parameter, die die Reibung beeinflussen

Von Einfluss auf die bei der Blechumformung in der Regel zu verzeichnende Mischreibungskraft sind prinzipiell:

- Affinität von Werkzeugwerkstoff, bzw. Werkzeugbeschichtung zum Umformgut (Werkstückstoff bzw. Werkstückbeschichtung).
- Flächenpressung p_n (Je nach Schmierstoffart und -menge pro Fläche und je nach Gleitgeschwindigkeit kann sich mit zunehmender Viskosität ein Abfall der Reibungszahl über der Flächenpressung ergeben, vgl. Kurve für den Schmierstoff Al2N in **Abb. 1.10**)
- Relativgeschwindigkeit v (Mit zunehmender Relativgeschwindigkeit sinkt in der Regel die Reibungszahl μ, vgl. **Abb. 1.12**)
- Viskosität η (Mit zunehmender Viskosität η sinkt in der Regel die Reibungszahl μ. Hierbei ist auch das VDT-Verhalten des Schmierstoffs zu beachten.)

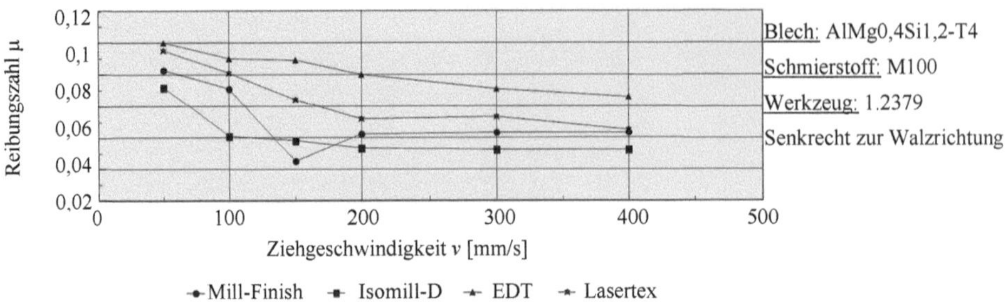

Abb. 1.12 Einfluss der Relativgeschwindigkeit auf die Reibungszahl μ. Quelle: St. Wagner, IFU – Universität Stuttgart

- Mikrooberflächenstruktur des Grundkörpers (Werkzeug) und des Gegenkörpers (Werkstück) bzw. ggf. ihrer Beschichtungen
- Schmierstoffmenge pro Fläche

Es erscheint sinnvoll, das Coulombsche Reibungsgesetz, das für trockene Festkörperreibung von konstanten Reibungszahlen ausgeht, zu modifizieren und die Reibungszahl μ* als Funktion ihrer Einflussgröße aufzufassen.

$$F_R = \mu^* \cdot F_N, \text{ bzw. } \tau_R = \mu^* \cdot p \qquad \text{(Bez. 1.1)}$$

Hierbei ist μ^* eine Funktion von:

- Affinität von Werkzeugstoff bzw. Werkzeugbeschichtung zu Werkstückwerkstoff, bzw. Werkstückbeschichtung
- Flächenpressung
- Relativgeschwindigkeit
- Viskosität des Schmierstoffs
- Schmierstoffadditivierung
- Schmierstoffmenge pro Fläche
- Mikrooberfläche des Werkzeugs und des Werkstücks bzw. ggf. ihrer Beschichtungen

1.2.6 Einfluss des Schmierstoffs auf die Reibung

Abb. 1.13 zeigt für drei legierte Schmierstoffe unterschiedlicher Viskosität die gemessenen Streubänder der Reibungskraft F_R über der Flächenpressung p. Der Abbruch des

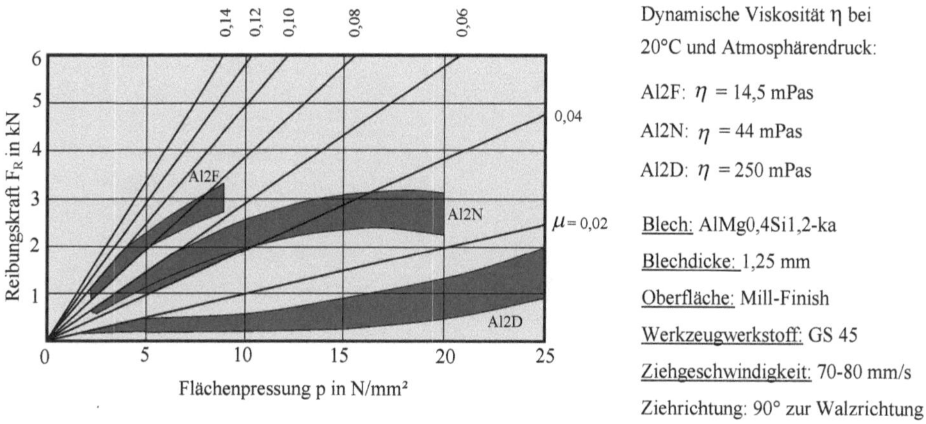

Abb. 1.13 Verlauf der Reibungskraftkraft über der Flächenpressung, ermittelt im Streifenziehversuch ohne Umlenkung. Quelle: K. Siegert, IFU - Universität Stuttgart

Streubands kennzeichnet den Beginn des Auftretens von Adhäsionserscheinungen. Zusätzlich in das Diagramm sind die Ursprungsgeraden konstanter Reibungszahlen μ nach dem Coulombschen Reibungsgesetz eingetragen.

Es ist ersichtlich, dass die Reibungskräfte mit zunehmender Viskosität des Schmierstoffs abnehmen. Ferner steigt mit zunehmender Viskosität die kritische Flächenpressung, bei der erstmals Adhäsionserscheinungen auftreten. Weiterhin ist ersichtlich, dass die Schmierstoffe Al2N und Al2D (beide Fa. Oest, Freudenstadt) nur bedingt dem Cuolombschen Gesetz genügen, da sich die Reibungszahl μ mit zunehmender Flächenpressung verringert, was dazu führen kann, dass trotz Erhöhung der Flächenpressung die Reibungskräfte konstant bleiben (siehe Streuband für Al2N ab ca. 13 N/mm^2). Andererseits ist erkennbar, dass der niedrig-viskose Schmierstoff Al2F in etwa einen linearen Anstieg der Ziehkraft über der Flächenpressung aufweist. Hier lässt sich die Reibungskraft durch eine Erhöhung der Flächenpressung vergrößern.

1.2.7 Einfluss der Blech-Oberflächenstruktur auf die Reibung

Abb. 1.14 zeigt die Reibungskraft über der Flächenpressung für die Blechoberflächen „Mill-Finish", „EDT", „Lasertex", und „Bonazinc" von AlMg0,4Si1,2-ka.

Es ist ersichtlich, dass sowohl die kritische Flächenpressung, bei der Adhäsionserscheinungen auftreten, als auch der Verlauf der Reibungskraft über der Flächenpressung durch die Blechoberfläche beeinflusst werden.

Im Folgenden soll daher genauer auf die Blechoberfläche und ihren Einfluss auf die Reibung zwischen Blech und Werkzeug eingegangen werden.

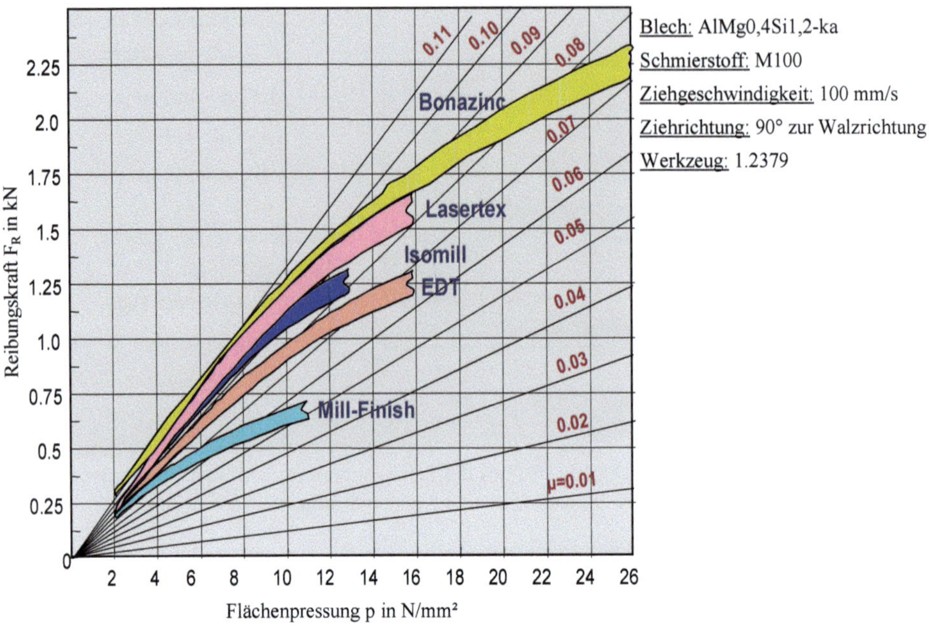

Abb. 1.14 Reibungsverhalten verschiedener Aluminium-Blechoberflächenstrukturen ermittelt im Streifenziehversuch ohne Umlenkung. Quelle: St. Wagner, IFU - Universität Stuttgart

1.2.8 Blechoberflächen

Die Oberflächen metallischer Werkstoffe sind nicht metallisch rein, sondern bestehen aus Grenzschichten, die durch chemische und physikalische Reaktionen des Grundwerkstoffes an der Luft, mit Feuchtigkeit oder mit Schmierstoffen entstehen. So bildet z. B. der Werkstoff Aluminium an der Oberfläche eine natürliche Oxidhaut, die durch Reaktion des Metalls mit dem in der Luft enthaltenen Sauerstoff entsteht. Sie wird daher auch „Luftoxidhaut" genannt. Sie besteht aus amorphem Al_2O_3, ist weitgehend porenfrei und schützt das Aluminium wie eine dünne Glasur. Sie ist etwa 0,01 μm dick (vgl. **Abb. 1.15**). Wird sie verletzt oder entfernt, bildet sie sich sofort neu und erreicht schon nach einigen Sekunden eine Dicke von 0,001 μm. Diese frische „Luftoxidhaut" wächst bei Raumtemperatur im Allgemeinen einige Wochen lang weiter, am ersten Tag auf etwa 0,003-0,005 μm. Nach 10-30 Tagen wird dann eine Dicke von etwa 0,01 μm erreicht [Alt94].

Aus dem Mechanismus der Mischreibung leitet sich im Hinblick auf ein günstiges tribologisches Verhalten generell die Forderung nach Vermeidung von Festkörperreibung und Minimierung der Bereiche, in denen Grenzschmierungsbedingungen vorliegen, ab. Unter der bei der Blechumformung in der Regel gegebenen Voraussetzung einer „glatten" Werkzeugoberfläche lassen sich diese Forderungen unter sonst gleichen Bedingungen erfüllen, wenn die Blechoberfläche folgende Eigenschaften aufweist [Bal98]:

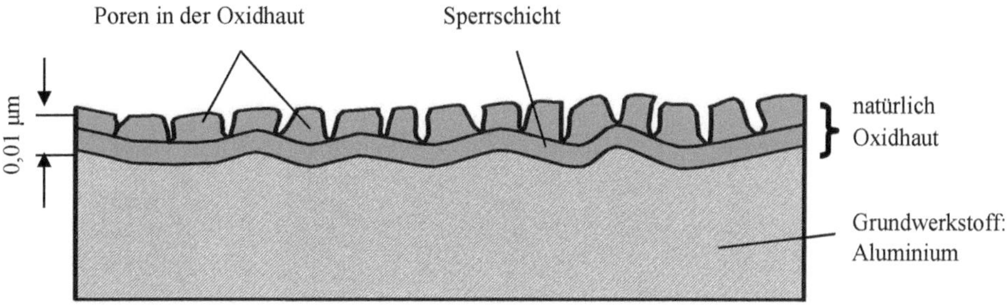

Abb. 1.15 Natürliche Aluminiumoxidhaut [Alt94]

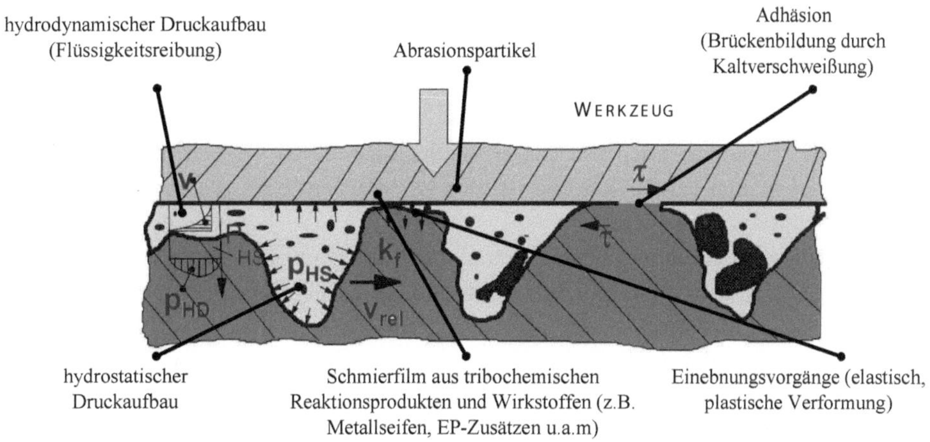

Abb. 1.16 Mechanismen der Mikrooberfläche. Quelle: R. Bahlbach, IFU – Universität Stuttgart

- Die Oberfläche soll ein bestimmtes Maß an Aufnahmevermögen für Schmierstoff, Schmutz- und Abrasionspartikel besitzen, um einen Werkstoffübertrag zu verhindern.
- Das Rauheitsprofil sollte über eine große Anzahl gleichmäßig hoher Spitzen verfügen, damit hohe lokale Kontaktnormalspannungen, die das Auftreten von Adhäsionserscheinungen begünstigen, vermieden werden.
- Die Profilvertiefungen sollen nach Möglichkeit in Form abgeschlossener Bereiche vorliegen, damit sich in diesen Mikrodruckkammern möglichst gut ein hydrostatischer Druck aufbauen kann.
- Das Rauheitsprofil sollte eine spitzkämmige Form aufweisen, damit die Bereiche, die Grenzschmierungsbedingungen unterliegen, klein gehalten werden.
- Rauheitsprofile mit großen Plateauflächen, die die Mikrogleitwege vergrößern und damit die Adhäsionsneigung erhöhen, sollten vermieden werden.

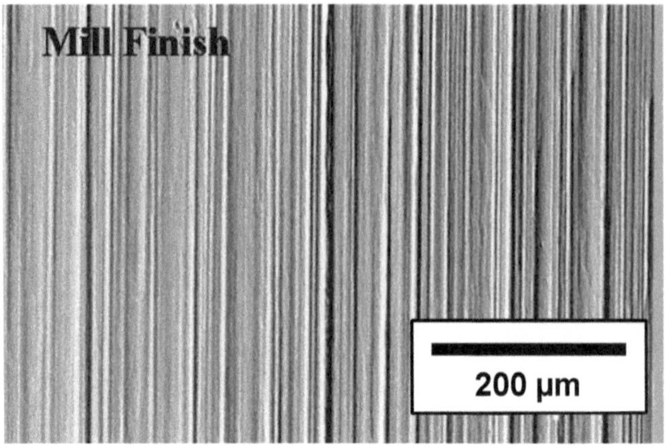

Abb. 1.17 REM-Aufnahme einer „Mill-Finish“ - Oberflächenstruktur (Quelle: Alcan)

Die Oberflächen der Blechwerkstoffe bzw. der Blechbeschichtung sind von großem Einfluss auf die Reibung und den Werkzeugverschleiß. Durch eine spezielle Behandlung der Walzen ergeben sich bei der Blechherstellung Oberflächenstrukturen, die ein möglichst gutes Reibungsverhalten aufweisen:

- Abgeschlossene Kammern für den Schmierstofftransport beim Tiefziehen
- Geringe Affinität von Blechwerkstoff bzw. Blechbeschichtung zum Werkzeug bzw. zur Werkzeugbeschichtung
- Richtungsabhängigkeit der Ziehrichtung zur Walzrichtung (anisotropes Reibungsverhalten).

So ist es beim Walzen von Aluminiumblechen vielfach üblich, die Walzen in Umfangsrichtung zu schleifen, was beim Walzen die stark tribologisch anisotrope Oberflächenstruktur „Mill-Finish“ ergibt. **Abb. 1.17** zeigt eine rasterelektronen-mikroskopische Aufnahme (REM-Aufnahme) einer „Mill-Finish“-Oberfläche. Dass derartige Oberflächen ein richtungsabhängiges Reibungsverhalten aufweisen, zeigt **Abb. 1.18**. Es ist ersichtlich, dass die Oberfläche Mill-Finish eine starke Abweichung der Reibungskraft in Walzrichtung F_{R0} von der Reibungskraft senkrecht zur Walzrichtung F_{R90} aufweist. Es ist somit ein anisotropes Reibkraft-Verhalten zu verzeichnen.

Analog zur Betrachtung der ebenen Anisotropie beim plastischen Umformen wird definiert: Die Differenz der größten Reibungskraft zur geringsten Reibungskraft wird ebene Reibungs-Anisotropie ΔF_R genannt. Als Zielsetzung in der Umformtechnik gilt, dass

$$\Delta F_R = F_{R,max} - F_{R,min} \qquad \text{(Bez. 1.2)}$$

möglichst gering ist.

Alternativ zur Mill-Finish Oberfläche können zum Erzielen eines tribologisch isotropen Verhaltens und zur Erhöhung des Schmierstoffaufnahmevermögens der Blechober-

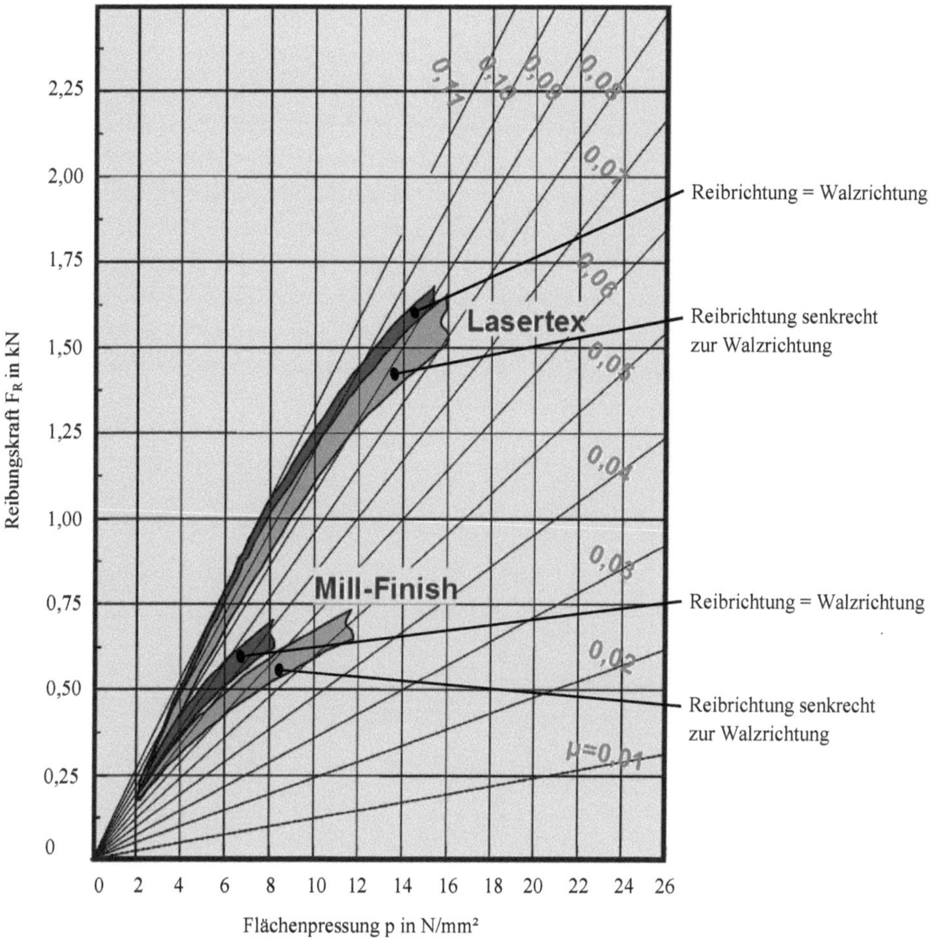

Abb. 1.18 Reibungskraft in Abhängigkeit von der Flächenpressung für Lasertex und Mill-Finish-Oberflächen. Quelle: St. Wagner, IFU - Universität Stuttgart

fläche beim Walzen je nach Walzenpräparation unterschiedliche Oberflächenstrukturen auf den Blechen erzeugt werden. Hierzu wird beim Nachwalzen (Dressieren) eine auf die Walzenoberfläche aufgebrachte Textur auf das Blech übertragen. Es werden folgende Oberflächenstrukturen unterschieden:

- stochastische Oberflächen: regellose, statistische Verteilung verschiedener Strukturmerkmale
- deterministische Oberflächen: definierte Anordnung geometrisch einheitlicher Strukturmerkmale
- pseudostochastische Oberflächen: definierte Anordnung einheitlicher Strukturmerkmale, die nicht voneinander isoliert sind.

Beispielhaft sollen hier zwei häufig eingesetzte Oberflächenstrukturen gezeigt werden:

EDT (Electro Discharge Texturing). Beim Elektroerodieren wird die Oberfläche der Dressierwalze durch Funkenentladungen zwischen der Walze und einer Elektrode punktförmig aufgeschmolzen [Mil91]. Größe und Form der dabei entstehenden Krater lässt sich durch die Impulsdauer und die Stromstärke steuern. Das geschmolzene Walzenmaterial verdampft zum Teil, wodurch sich auf der Oberfläche der Walze muldenförmige Vertiefungen mit umliegenden Werkstoffanhäufungen bilden. Das EDT-Verfahren führt zu einer stochastischen Oberfläche (vgl. **Abb. 1.19**).

ECD (Electro Chromium Deposit). Bei diesem auch unter dem Namen Pretex bekannten Verfahren werden durch die Abscheidung einer Hartchromschicht stochastisch verteilte halbkugelförmige „Hügel" auf die Walze aufgebracht. Diese verdrängen beim

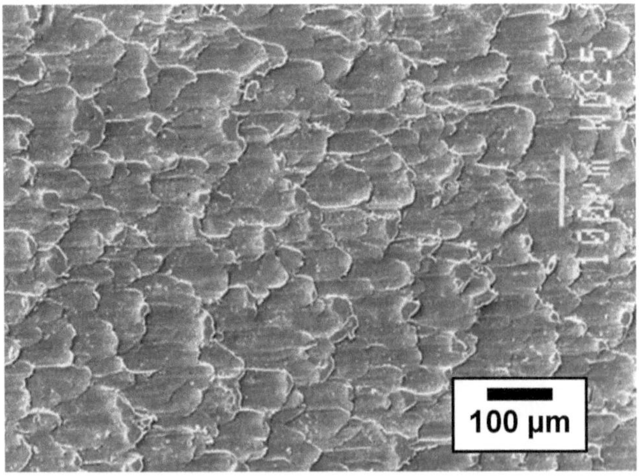

Abb. 1.19
REM-Aufnahme einer EDT-Oberfläche auf dem Blech. Quelle: Alcan

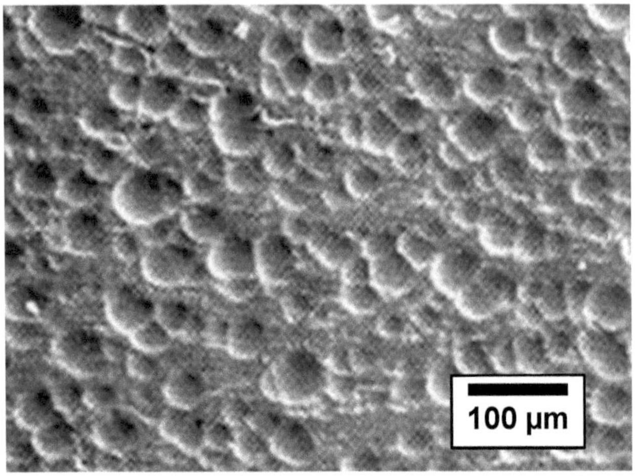

Abb. 1.20
REM-Aufnahme einer ECD-Oberfläche auf dem Blech. Quelle: topocrom

Dressieren das Material auf der Blechoberfläche und bilden kalottenförmige Schmierstofftaschen aus. Durch den vergleichsweise geringen Verschleiß der Hartchromschicht auf der Walze wird eine gleichmäßige Ausbildung der Blechoberfläche über eine Vielzahl von Coils ermöglicht [Zim98]. **Abb. 1.20** zeigt die rasterelektronen-mikroskopische Aufnahme einer ECD-Blechoberfläche.

1.2.9 2D-Oberflächenbeschreibung

Nach DIN 4760 versteht man unter Gestaltabweichungen die Gesamtheit aller Abweichungen der Ist-Oberfläche von der geometrischen Soll-Oberfläche. Bei der nach DIN vorgenommenen Unterteilung in sechs Ordnungen interessiert bei der Blechumformung besonders die 3. bis 5. Ordnung, in der die Rauheit beschrieben wird. Eine quantitative Erfassung der Gestaltabweichungen 3. bis 5. Ordnung erfolgt anhand von Oberflächenmaßzahlen, die nach DIN 4762 in Senkrecht- und Waagerechtmaße unterteilt werden. Die größte Bedeutung hierbei haben die Senkrechtmaße der Rauheit erlangt. **Abb. 1.21** zeigt die Definitionen nach DIN 4762 der Glättungstiefe R_p, des Mittenrauwertes R_a und der maximalen Profiltiefe.

Das oft verwendete Maß Rautiefe R_t ist der senkrechte Abstand zwischen dem höchsten und dem tiefsten Punkt des Rauheitsprofils innerhalb der Messstrecke.

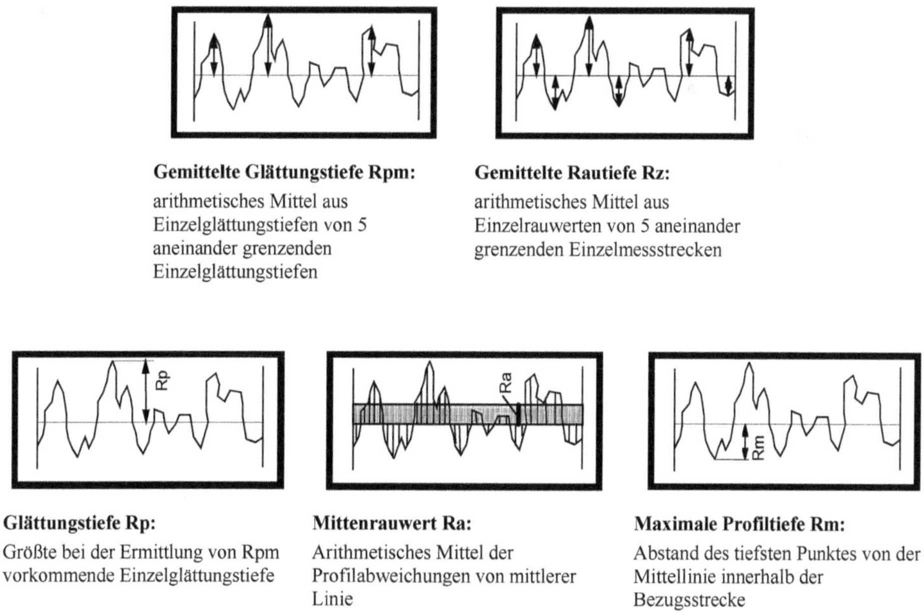

Abb. 1.21 Rauheitsmaßzahlen nach DIN 4762

Die Profilform lässt sich durch den Profiltraganteil *tp*, bzw. dessen Verlauf in Abhängigkeit von der Schnittlinientiefe beschreiben. Man nennt diese Darstellung **Profiltragkurve oder Abbot-Kurve** (siehe **Abb. 1.22**).

Die Rauheit einer Blechoberfläche ist in eingeschränkter Weise ein Maß für das Aufnahmevermögen der Oberfläche für Schmierstoff, Schmutz- und Abrasionspartikel (vgl. **Abb. 1.16**). Daraus lässt sich die Forderung nach einer Mindestrauheit der Bleche ableiten. Diesbezüglich fehlen noch Ausführungsempfehlungen.

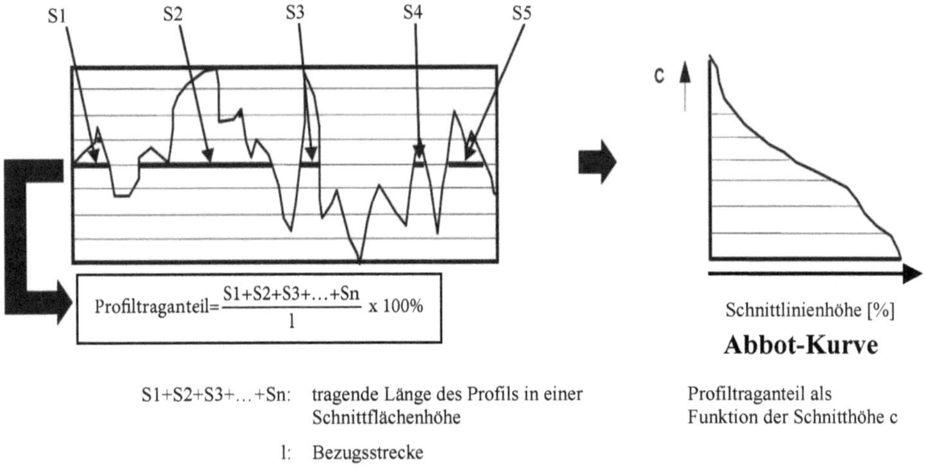

Abb. 1.22 Abbot-Kurve. Quelle: St. Wagner, IFU – Universität Stuttgart

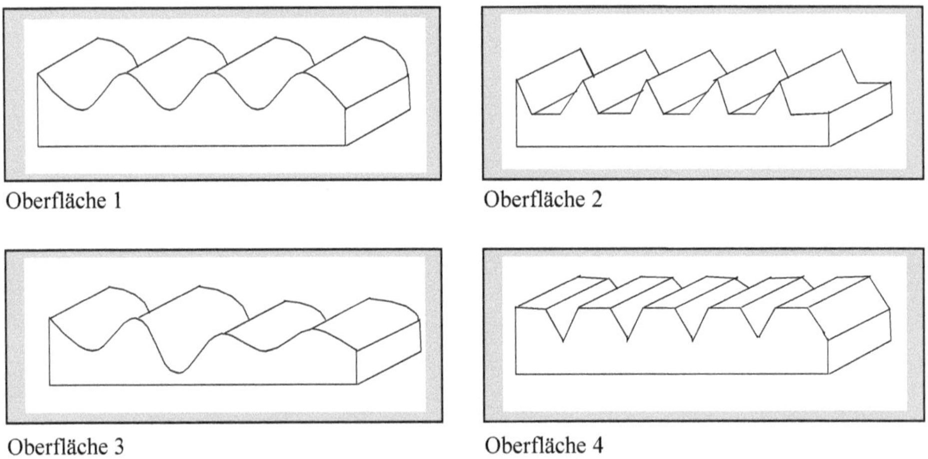

Abb. 1.23 Verschiedene Oberflächen mit gleichen Rauheitskennwerten

Zur Beurteilung des tribologischen Verhaltens sind die im Tastschnittverfahren ermittelten Kennwerte nicht hinreichend, da mit ihnen eine eindeutige Charakterisierung der gemessenen Oberflächen nicht möglich ist. So zeigt **Abb. 1.23** vier verschiedenartige Oberflächenstrukturen, die jedoch bei einer Rauheitsmessung in etwa die gleichen Rauheitskennwerte, wie sie beispielsweise R_a oder R_p aufweisen.

1.2.10 Beschreibung von Blechoberflächen

Die folgenden Ausführungen zur Beschreibung von Blechoberflächen aus der Veröffentlichung „Definition von 3D-Oberflächenkenngrößen" [Wag96]. Sie basieren auf einer Kooperation des Instituts für Produktionstechnik und Umformmaschinen (PtU) der Technischen Hochschule Darmstadt, des Instituts für Umformtechnik (IFU) der Universität Stuttgart und des Lehrstuhls für Fertigungstechnologie (LFT) der Universität Erlangen-Nürnberg. Die Finanzierung der Untersuchungen zur 3D-Blechoberflächenbeschreibung erfolgte durch ein Industriekonsortium.

Die beim derzeitigen Stand der Technik nicht hinreichende Beschreibung der „Oberflächengebirge" durch zweidimensionale Kennwerte führe zur Entwicklung eines mechanisch-rheologischen Modells (siehe **Abb. 1.24**).

$$F_{ges.} = F_{Material} + F_{stat.} + F_{dyn.} \qquad \text{(Bez. 1.3)}$$

Grundgedanke dieses mechanisch-rheologischen Modells ist die Betrachtung der Vorgänge in der Wirkfuge zwischen Werkzeug und Werkstück. Das Modell baut derart auf,

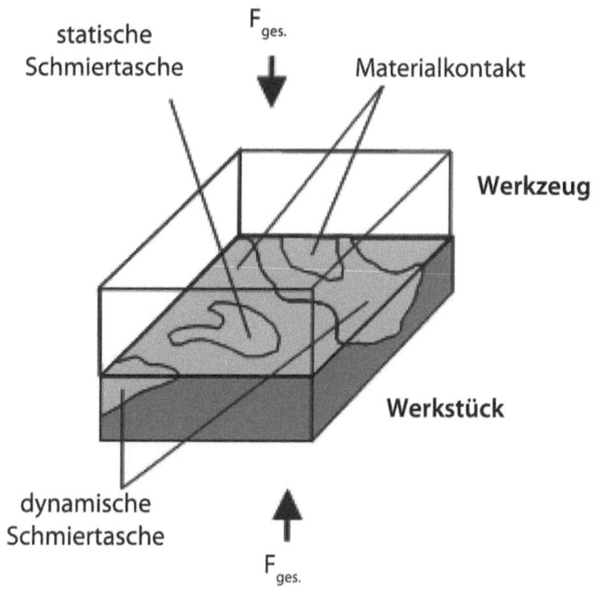

Abb. 1.24 Mechanisch-rheologisches Modell. Quelle: M. Pfestorf, LFT Erlangen

dass die Übertragung der Kontaktkraft in umformtechnischen Prozessen über die drei Traganteile

- Festkörperkontakt
- statische Schmiertaschen und
- dynamische Schmiertaschen

erfolgt.

Dynamische Schmiertaschen sind Flächenbereiche, aus denen der Schmierstoff während des Umformprozesses nach außen abfließen kann. Der sich in den dynamischen Schmiertaschen ausbildende Druck ist daher hydrodynamischer Natur.

Unter statischen Schmiertaschen sind Flächenbereiche zu verstehen, aus denen der Schmierstoff um Umformprozess nicht nach außen abfließen kann. Sie bilden sich an realen Oberflächen erst ab einer bestimmten Einglättung der Oberfläche aus.

Unter diesen Annahmen können zur Beschreibung der Oberflächen die in **Abb. 1.25** zusammengefassten Kenngrößen abgeleitet werden.

Zur Digitalisierung der Blechoberflächen sind geeignete Messgeräte auf dem Markt. Mit dem optischen 3D-Messsystem µsurf mobil (Hersteller Fa. Nanofocus) beispielsweise lassen sich DIN EN ISO konforme Rauheitsmessungen, Analysen von 3D-Strukturen sowie die Bestimmung von Geometrien durchführen (**Abb. 1.26**). Das Gerät ist selbst für den Einsatz in der Produktionsumgebung geeignet. Es werden raue Oberflächen und

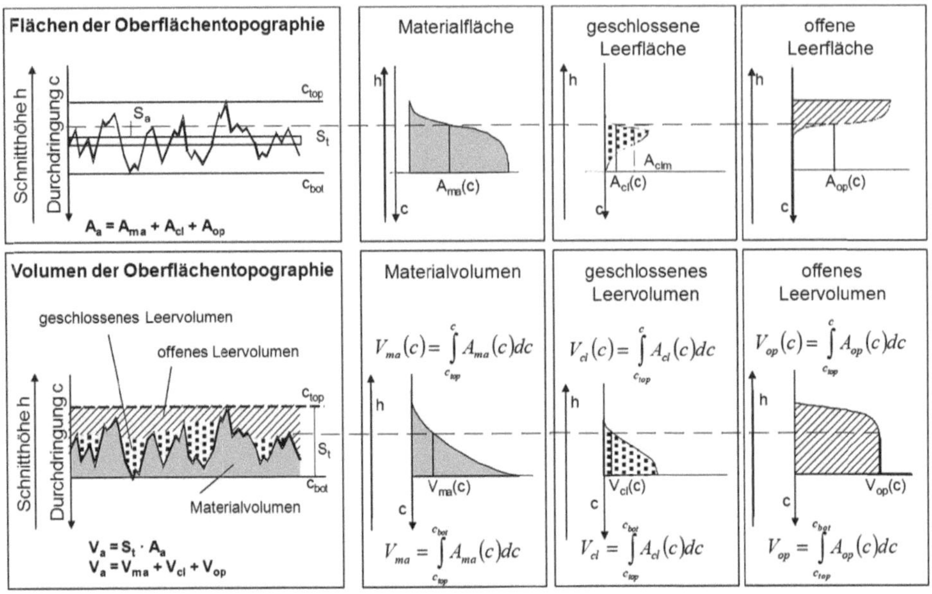

Abb. 1.25 Definition dreidimensionaler Oberflächenkenngrößen (Flächenanteile und Volumenanteile). Quelle: LFT Erlangen, PtU Darmstadt, IFU Stuttgart

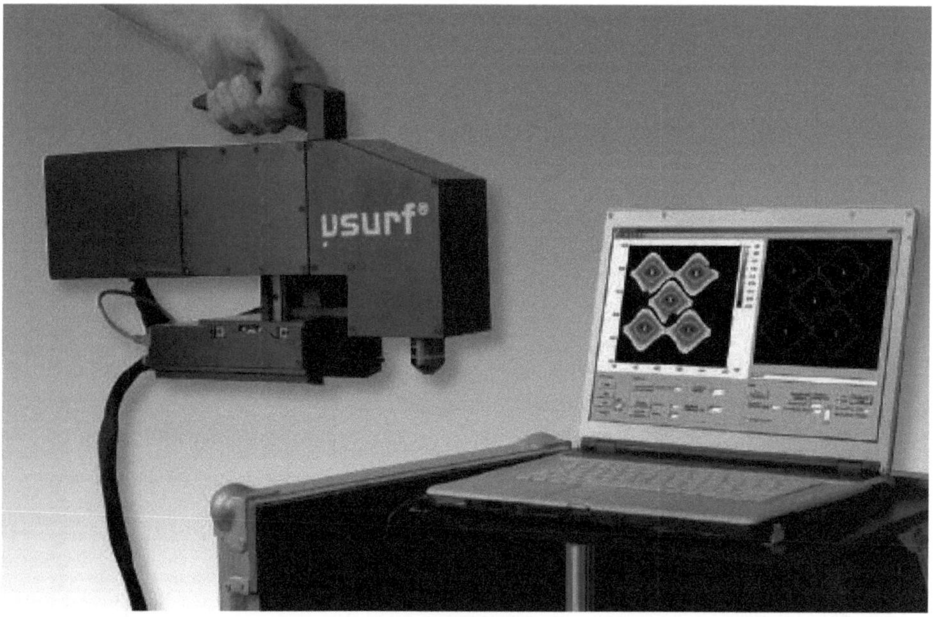

Abb. 1.26 3D-Oberflächenmessgerät µsurf. Quelle: Nanofocus

Strukturen mit steilen Flankenwinkeln sicher erfasst. Auch spiegelnde Oberflächen lassen sich in wiederholbare Messwerte umsetzen. Die eingesetzten Objektive bieten je nach Vergrößerung Einzelmessfeldgrößen zwischen 1,6 x 1,6 mm und 320 x 320 µm bei frei wählbarer vertikaler Auflösung.

Mit der messtechnischen Erfassung des Blechoberflächen-„Gebirges" können hierdurch rechnerisch äquidistante Schnitte gelegt werden (vgl. **Abb. 1.27**).

Damit lassen sich folgende Kennwerte erfassen:

- 3D-Abbotkurve
- Größe und Anzahl der „Berge"
- Größe und Anzahl der offenen und der geschlossenen Leeranteile
- theoretisches Schmierstoffaufnahmevermögen
- Anisotropie der Oberflächenstruktur.

Ermittelt werden:
A_a: Auswertefläche
A_t: Gesamte abgetastete Fläche
A_{cl}: Geschlossene Leerfläche
A_{op}: Offene Leerfläche
A_{ma}: Materialflächen
A_{vo}: Leerflächen.

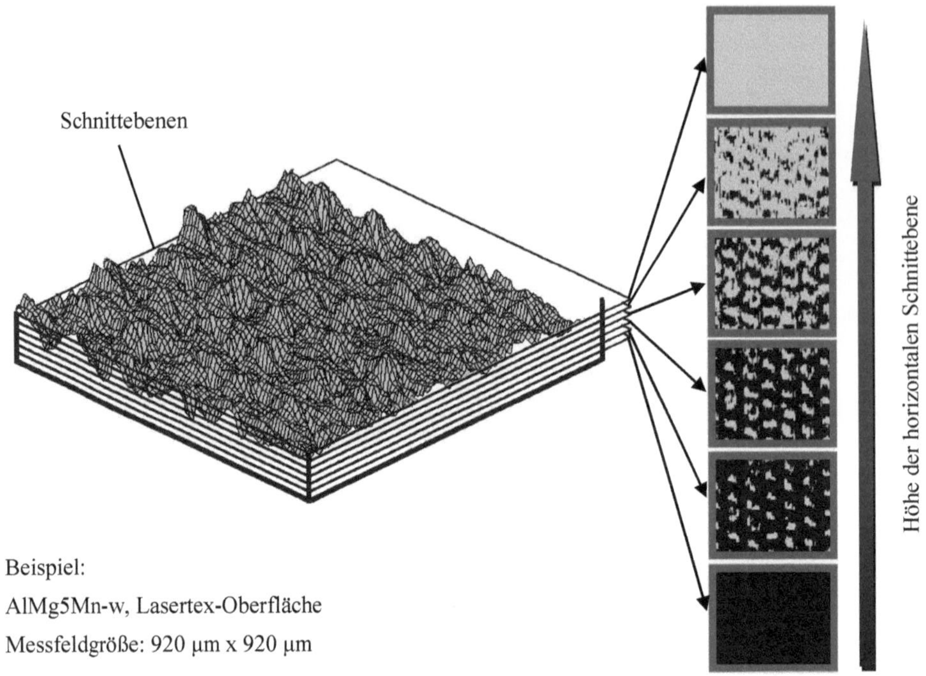

Abb. 1.27 Optoelektronische Erfassung des „Oberflächengebirges" und rechnerische Durchführung von Horizontalschnitten. Quelle: St. Wagner, IFU – Universität Stuttgart

Die Leerfläche A_{vo} ist die Summe von offenen Leerflächen A_{op} und geschlossenen Leerflächen A_{cl}:

$$A_{vo} = A_{op} + A_{cl} \qquad \text{(Bez. 1.4)}$$

Die gesamte Auswertefläche A_a ist die Summe von der Leerfläche A_{vo} und der Materialfläche A_{ma}:

$$A_a = A_{vo} + A_{ma} \qquad \text{(Bez. 1.5)}$$

In den Veröffentlichungen [Pfe97a,b], [Wag 96] und [Sta98] wurde auf die Ermittlung von dreidimensionalen Oberflächenkennwerten ausführlich eingegangen.

Exemplarisch zeigt **Abb. 1.28** über der Eindringtiefe c bzw. über der Schnitthöhe h den Verlauf der offenen sowie der geschlossenen Leerflächenanteile und der Materialflächenanteile am Beispiel eines Schmierstoffkraters einer Lasertex-Blechoberfläche.

Um die Oberflächenparameter an einem anschaulichen praktischen Beispiel zu erläutern, sollen die Ergebnisse einer Messung an einem einzigen Schmierstoffkrater einer Lasertex-Oberfläche herangezogen werden. In **Abb. 1.28** sind die Kurven der Flächenanteile in Abhängigkeit von der Durchdringung dargestellt. Die Durchdringung der Topographie beginnt mit der höchsten Rauheitsspitze der Topographie, so dass ein Flächenanteil der

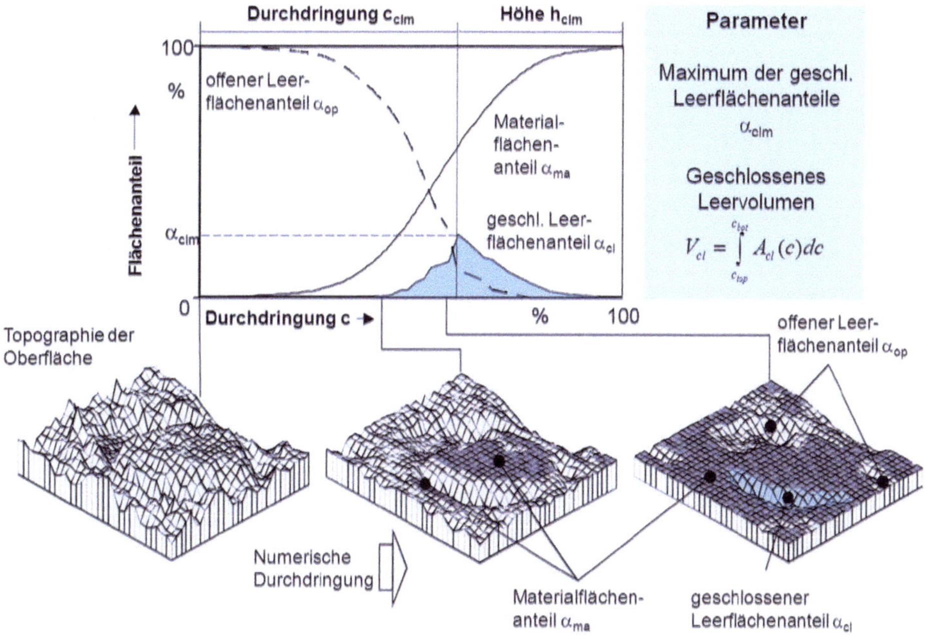

Abb. 1.28 Materialanteil sowie offener und geschlossener Leeranteil am Beispiel des Schmierstoffkraters einer Lasertex-Oberfläche und Definition vertikaler Kenngrößen. Quelle: M. Pfestorf, LFT Erlangen

offenen Leerbereiche von 100% vorliegt. Mit zunehmender Durchdringung der Topographie nimmt der Materialflächenanteil zu und der offene Leerflächenanteil ab. Ab einer bestimmten Durchdringung treten die geschlossenen Leerflächenanteile auf.

Bei weiter fortschreitender Durchdringung erreicht die Kurve der geschlossenen Leerflächenanteile ihr Maximum. Dieser Wert ist eine für jede Oberfläche charakteristische Größe und wird als Maximum der geschlossenen Leerflächenanteile α_{clm} bezeichnet. Bei dieser Durchdringung der Oberfläche liegen nahezu keine offenen Leeranteile vor. Bei einer Durchdringung von 100%, also am tiefsten Punkt des Profils, liegt ein Materialflächenanteil von 100% vor.

Aus der Darstellung in **Abb. 1.28** ergeben sich zwei wesentliche vertikale Kenngrößen, die die Lage des Maximums der geschlossenen Leerflächenanteile innerhalb der Topographie kennzeichnen. Diese sind zum einen die Durchdringung c_{clm} und zum anderen die Höhe h_{cml}. Für die zwei vertikalen Kenngrößen gilt unter Berücksichtigung der Tiefe der Topographie S_t folgender Zusammenhang:

$$S_t = c_{clm} + h_{clm} \qquad \text{(Bez. 1.6)}$$

Der Kennwert S_t wird als Synonym für die Profiltiefe P_t nach DIN 4771 als die Tiefe der Topographie definiert. S_t ist damit die vertikale Differenz von c_{top} zu c_{bot} (vgl. **Abb. 1.29**) [Pfe97a].

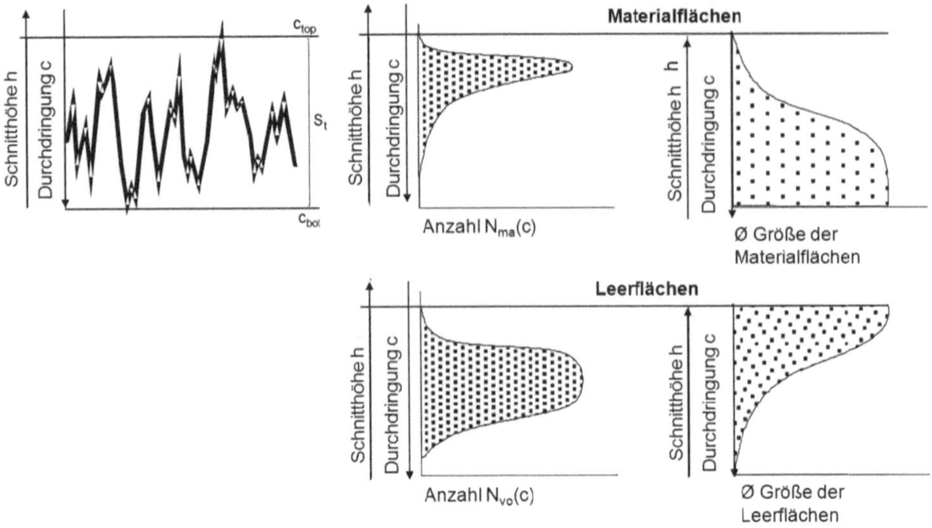

Abb. 1.29 Definition der Anzahl und Größe der Flächenanteile. Quelle: M. Pfestorf, LFT Erlangen

Neben den Flächen lassen sich aus dem mechanisch-rheologischen Modell auch die entsprechenden Volumina über den einzelnen Schnittflächen ableiten. Das Volumen V wird durch Integration der jeweiligen Fläche über der Durchdringung berechnet. Bei der Berechnung der Volumina erfolgt die Integration der Flächenanteile in den Grenzen von c_{top} bis c_{bot}. Die Berechnung der Volumina durch die Integration der Flächen wird am Beispiel der geschlossenen Leerflächen verdeutlicht:

$$V_{cl}(c) = \int_{c_{top}}^{c} A_{cl}(c)\,dc \qquad \text{(Bez. 1.7)}$$

$$V_{cl} = \int_{c_{top}}^{c_{bot}} A_{cl}(c)\,dc \qquad \text{(Bez. 1.8)}$$

Dabei entspricht der Wert V_{cl} dem gesamten geschlossenen Leervolumen und $V_{cl}(c)$ dem zwischen c_{top} bis zur Durchdringung c vorliegenden Leervolumen.

Die Summe der drei vollständigen Volumenanteile V_{cl}, V_{op} und V_{ma} ergibt das gesamte Volumen V_a der Oberflächentopographie, das sich aus der Messfläche A_a berechnet [Pfe97a].

$$V_a = S_t \cdot A_a \qquad \text{(Bez. 1.9)}$$

Die im Rahmen dieser Ausführungen dargestellten Kenngrößen zur Beschreibung von Blechoberflächenstrukturen zeigen den derzeitigen Stand der Technik. Weiterführende Untersuchungen sind noch erforderlich.

1.3 Spannung, Formänderung, Umformgeschwindigkeit und Umformbeschleunigung

Zur Beschreibung des Umformprozesses ist die Berechnung von Spannung, Formänderung und Umformgeschwindigkeit erforderlich. Hierauf soll im Folgenden eingegangen werden.

1.3.1 Kraft-Längenänderungs-Diagramm des einachsigen Zugversuchs

Im Zugversuch wird eine nach DIN 50125 genormte Probe in Längsrichtung durch eine Zugkraft belastet (vgl. **Abb. 1.30** oben). Dabei wird ein **Kraft-Längenänderungs-Diagramm $F = f(\Delta l)$** aufgezeichnet (vgl. **Abb. 1.30** unten).

Beim einachsigen Zugversuch folgt die Zugkraft über der Längenänderung bei rein elastischer Formänderung zunächst linear. Der Übergang vom linearen Verlauf in den die plastische Formänderung beschreibenden nicht-linearen Verlauf der Kraft über der Längenänderung erfolgt stetig und/oder unstetig. Unstetigkeiten im Kurvenverlauf können außer beim Übergang von der elastischen zur plastischen Formänderung auch bei größeren Längenänderungen vor Erreichen des Kraftmaximums auftreten. **Abb. 1.30** zeigt ein Kraft-Längenänderungs-Diagramm mit einem durch Unstetigkeiten gekennzeichneten Verlauf der plastischen Formänderung. Die Unstetigkeiten im Bereich A gehen einher mit den sogenannten **Fließfiguren des Typs A**, die im einachsigen Zugversuch örtlich unter etwa 45° zur Blechprobenlängsachse verlaufende relativ breite Streifen darstellen. Derartige Fließfiguren werden auch als **„Lüdersche Linien"** bezeichnet. Bei höheren Formänderungen verschwinden die Fließfiguren des Typs A. Dafür können dann bei größeren Formänderungen **Fließfiguren des Typs B** auftreten. Diese sind feine Streifen, die häufig übersehen werden und dann erst ggf. nach einer Hochglanzlackierung des Blechformteils entdeckt werden, was, je nach Anforderung an die Produktoberfläche, dann zu Ausschuss führen kann. **Abb. 1.30** Mitte zeigt Fließfiguren des Typ A und des Typ B auf der Oberfläche eines Pkw-Karosserieteils aus einer AlMg-Legierung.

Es ist möglich, durch Vorverformung oder durch eine bestimmte thermomechanische Behandlung im Walzwerk die Fließfiguren des Typs A zu unterdrücken. Es ist aber nicht möglich, Fließfiguren des Typs B zu unterdrücken.

Werkstoffe, die ein Kraft-Längenänderungs-Diagramm mit einem kontinuierlichen Kurvenverlauf aufweisen, so wie ihn **Abb. 1.30** unten rechts zeigt, sind absolut frei von Fließfiguren des Typs A und von Fließfiguren des Typs B.

Beruhigt vergossene Stähle (z. B. DC05) und aushärtbare Aluminium-Legierungen (z. B. des Typs 6xxx) zeigen keine Fließfiguren, weder die des Typs A noch die des Typs B. Nicht aushärtbare, sog. „naturharte" Aluminium-Legierungen, z. B. AlMgMn-Legierungen, können frei von Fließfiguren des Typs A sein, sind aber nicht frei von Fließfiguren des Typs B.

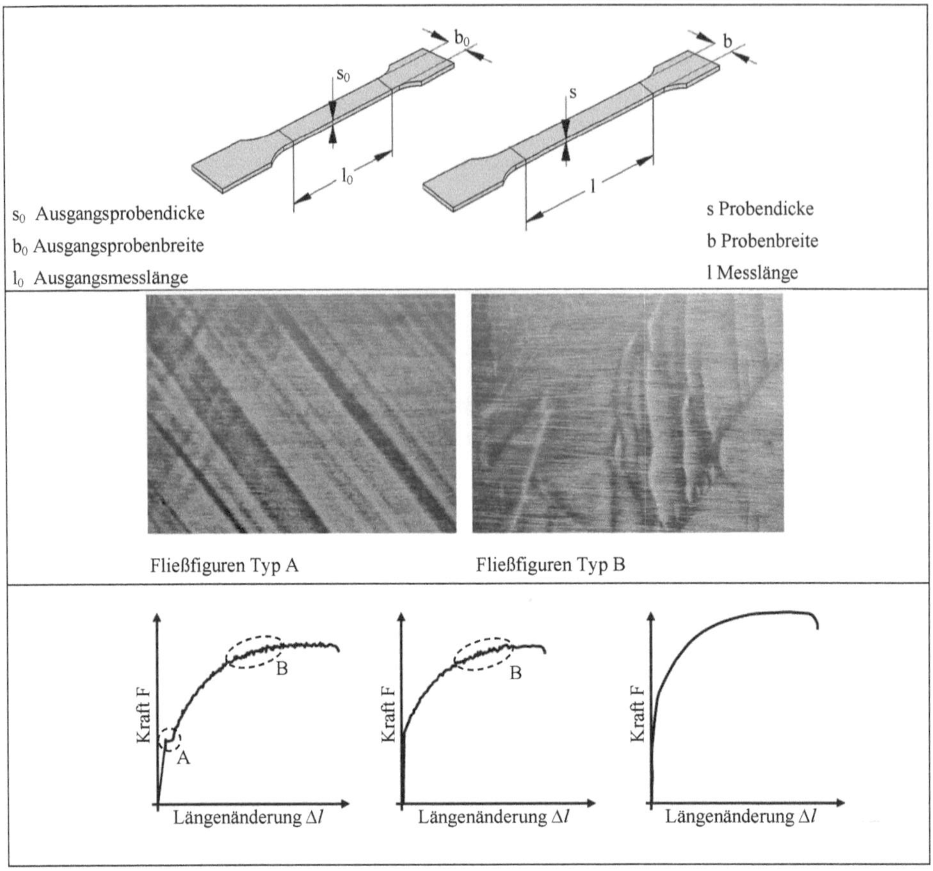

Abb. 1.30 Oben: Flachzugprobengeometrie vor und nach der Umformung in Anlehnung an DIN EN 10002. Mitte: Fließfiguren Typ A und Typ B auf der Oberfläche von Pkw-Karosserieteilen aus einer AlMg-Legierung. Unten: Prinzipieller Kraft-Längenänderungs-Verlauf mit Unstetigkeiten im Bereich A (Fließfiguren Typ A = Lüdersche Linien) und im Bereich B (feine Streifen) sowie ohne jegliche Unstetigkeiten

Für Blechformteile, an die hohe Oberflächenanforderungen gestellt werden, z. B. Pkw-Außenhautteile, sollten absolut fließfigurenfreie Werkstoffe gewählt werden.

1.3.2 Spannungs-Dehnungs-Diagramm des einachsigen Zugversuchs

Dividiert man die Zugkraft F durch den Ausgangsquerschnitt $A_0 = b_0 \cdot s_0$ der Probe und dividiert man die Längenänderung Δl durch die Ausgangslänge l_0 der Probe, erhält man das sogenannte **Spannungs-Dehnungs-Diagramm** $\sigma = f(\varepsilon)$. Da es sich bei A_0 und l_0 um Konstanten handelt, ergibt sich beim Spannungs-Dehnungs-Diagramm derselbe Kurvenverlauf wie beim Kraft-Längenänderungs-Diagramm, nur anders skaliert (vgl. **Abb. 1.30** und **Abb. 1.31**).

Die Gerade, die den Kurvenverlauf bei elastischer Umformung charakterisiert, wird Hookesche Gerade genannt. Die Beziehung $\sigma = E \cdot \varepsilon$ ist das sog. Hookesche Gesetz.

$$\sigma = E \cdot \varepsilon \qquad \text{(Bez. 1.10)}$$

Hier sind:

die technische Spannung $\sigma = \dfrac{F}{A_0}$ (Bez. 1.11)

die Dehnung $\varepsilon = \dfrac{\Delta l}{l_0}$ (Bez. 1.12)

E der Elastizitätsmodul des Probenwerkstoffs

Bei Überschreiten der Proportionalspannung, d. h. ab dem Punkt, ab dem der Spannungsverlauf über der Dehnung die Hookesche Gerade verlässt und in einen nichtlinearen Kurvenverlauf übergeht, beginnt die plastische Umformung. Ergibt sich beim Übergang vom elastischen zum plastischen Bereich eine **ausgeprägte Streckgrenze**, dann bezeichnet man den **Höchstwert mit R_{eH}** und den **Niedrigstwert mit R_{eL}** (vgl. **Abb. 1.31** rechts). Weist der Werkstoff keine ausgeprägte Streckgrenze auf, sondern einen stetigen Übergang von der elastischen Formänderung zur plastischen Formänderung, dann muss eine **Ersatzstreckgrenze** definiert werden. In der Regel wird als **Ersatzstreckgrenze $R_{P0,2}$** gewählt (vgl. **Abb. 1.31** links).

Die Ersatzstreckgrenze $R_{P0,2}$ ist die Spannung, bei der bei Entlastung eine bleibende Formänderung von $\varepsilon = 0{,}2\,\%$ zu verzeichnen ist (vgl. **Abb. 1.31** links).

Anders ausgedrückt: Bei Entlastung der Probe von der Spannung $\sigma = R_{P0,2}$ auf $\sigma = 0$ wird die elastische Dehnung der Probe entlang einer Geraden, die parallel zur Hookeschen Geraden verläuft, abgebaut und es bleibt nur noch die plastische Dehnung von $\varepsilon_{pl} = 0{,}2\,\%$ (vgl. **Abb. 1.31** links).

Nach Überschreiten von R_{eH} bzw. $R_{P0,2}$ steigt mit zunehmender Spannung σ die Kurve stetig an, obwohl sich der Probenquerschnitt mit zunehmender Längenänderung verringert, weil der Einfluss der Kalt-Verfestigung überwiegt.

Bei Erreichen des Maximalwerts, der **Zugfestigkeit R_m**, ergibt sich auf Grund des Auftretens von plastischer Instabilität eine lokale Einschnürung. D. h. von nun an erfolgt die weitere plastische Verformung nur noch in einem begrenzten Bereich der Probe. Die anderen Bereiche sind an der weiteren Umformung bis zum Eintreten von Versagen durch Bruch im Bereich der Einschnürung nicht mehr beteiligt.

Wird die Probe in einem bestimmten Stadium entlastet, so erfolgt der Rückgang der Spannung σ bis auf Null entlang einer Geraden, die parallel zur Hookeschen Geraden verläuft.

D. h. bei völligem Rückgang der Spannung σ auf Null wird die elastische Dehnung der Probe abgebaut, so dass nur noch die plastische Dehnung erhalten bleibt.

Man bezeichnet die plastische Dehnung, die bei Eintritt plastischer Instabilität, also Erreichen der Zugfestigkeit R_m zu verzeichnen ist, als **Gleichmaßdehnung** $\boldsymbol{\varepsilon_{gl}}$, weil innerhalb dieses Dehnungsbereichs alle Volumina der Probe innerhalb des Messbereichs sich gleichermaßen verformen. Die Gleichmaßdehnung ε_{gl} schließt bei Kurven mit ausgeprägter Streckgrenze die Lüdersche Dehnung $\varepsilon_{Lüders}$ mit ein.

Die **Bruchdehnung** $\boldsymbol{\varepsilon_{Bruch}}$ ist die Summe von **Gleichmaßdehnung** $\boldsymbol{\varepsilon_{gl}}$ und **Einschnürdehnung** $\boldsymbol{\varepsilon_{Einschn}}$.

Die Bruchdehnung ε_{Bruch} ist auf Grund des prozentualen Anteils der Länge des Einschnürungsbereichs an der Bruchlänge von der Anfangsmesslänge l_0 abhängig.

Bei Flachzugproben (vgl. **Abb. 1.30** oben) sind in der Regel die Ausgangsprobenbreite $b_0 = 20$ mm und die Probenausgangsmesslänge $l_0 = 80$ mm. Entsprechend der Probenausgangslänge von $l_0 = 80$ mm wird die Bruchdehnung mit A_{80} bezeichnet.

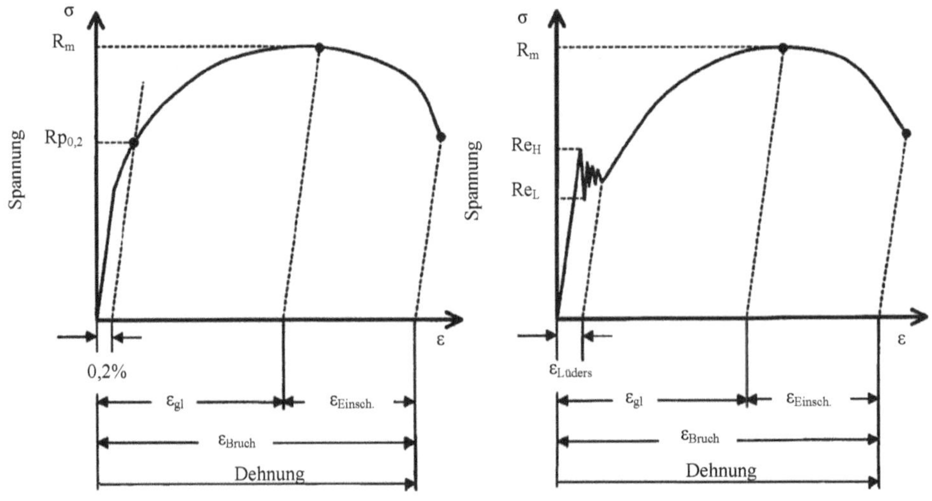

Ersatzstreckgrenze $Rp_{0,2}$ =

Spannung σ bei 0,2 % Dehnung

Ausgeprägte Streckgrenze

Maximalwert im Bereich der Lüderschen Dehnung: Re_H

Minimalwert im Bereich der Lüderschen Dehnung: Re_L

Abb. 1.31 Spannungs-Dehnungs-Diagramm in prinzipieller Darstellung für einen Werkstoff mit ausgeprägter Streckgrenze (rechts) und für einen Werkstoff ohne ausgeprägter Streckgrenze (links)

1.3.3 Logarithmische Formänderungen

Bei der Formänderung eines metallischen Körpers ist zu unterscheiden in elastische Formänderung und in plastische (bleibende) Formänderung. Zur Beschreibung der plastischen Formänderung dient die „logarithmische Formänderung", auch „Umformgrad" oder „logarithmischer Umformgrad" genannt. Im Folgenden wird vorwiegend der Ausdruck „logarithmische Formänderung" verwendet werden. Hiervon ausgehend wird im Rahmen dieses Buches meist von logarithmischer Formänderungsgeschwindigkeit und von logarithmischer Formänderungsbeschleunigung gesprochen.

Bezieht man beim Umformen die differentielle plastische Längenänderung *dl* auf die jeweilige Länge *l*, so ergibt sich die differentielle Längenformänderung $d\varphi_l$.

$$d\varphi_l = \frac{dl}{l} \qquad \text{(Bez. 1.13)}$$

Durch Integration über die Länge ergibt sich aus Beziehung (1.13) die logarithmische Formänderung φ_l

$$\varphi_l = \int_{l_0}^{l} \frac{dl}{l} = ln\frac{l}{l_0} \qquad \text{(Bez. 1.14)}$$

Als log. Gesamt-Längenformänderung ergibt sich

$$\varphi_{l_{ges}} = \int_{l_0}^{l_{ges}} \frac{dl}{l} = ln\frac{l_{ges}}{l_0} \qquad \text{(Bez. 1.15)}$$

Für die log. Längenformänderung bei der Umformung von l_0 auf l_1 ergibt sich

$$\varphi_{l_{1/0}} = \int_{l_0}^{l_1} \frac{dl}{l} = ln\frac{l_1}{l_0} \qquad \text{(Bez. A.16)}$$

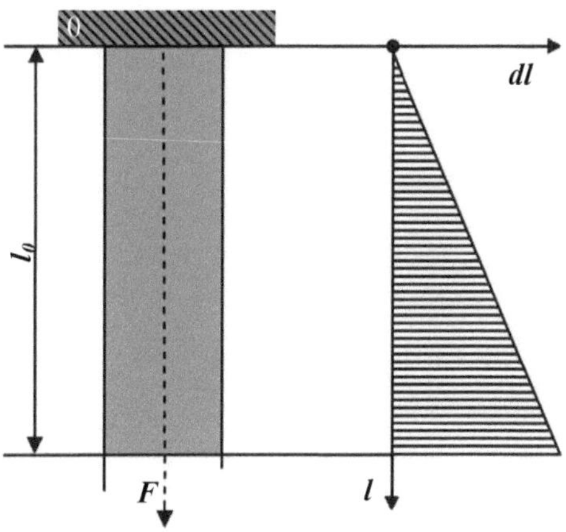

Abb. 1.32
Differentielle plastische Längenänderung *dl* als Funktion der jeweiligen Länge *l*

Analog ergeben sich die log. Breitenformänderungen

$$\varphi_b = \int_{b_0}^{b} \frac{db}{b} = ln\frac{b}{b_0};\ \varphi_{b_{ges}} = \int_{b_0}^{b_{ges}} \frac{db}{b} = ln\frac{b_{ges}}{b_0};\ \varphi_{b_{1/0}} = \int_{b_0}^{b_1} \frac{db}{b} = ln\frac{b_1}{b_0} \qquad \text{(Bez. 1.17)}$$

und die log. Dickenformänderungen

$$\varphi_s = \int_{s_0}^{s} \frac{ds}{s} = ln\frac{s}{s_0};\ \varphi_{s_{ges}} = \int_{s_0}^{s_{ges}} \frac{ds}{s} = ln\frac{s_{ges}}{s_0};\ \varphi_{s_{1/0}} = \int_{s_0}^{s_1} \frac{ds}{s} = ln\frac{s_1}{s_0} \qquad \text{(Bez. 1.18)}$$

Überführt man durch Umformung einen Körper der Abmaße l_0, b_0, h_0 in einen Körper der Abmaße l, b, h, so ergibt sich unter der Annahme, dass sich bei der Umformung das Volumen dieses Körpers nicht ändert:

$$V = const. = l_0 \cdot b_0 \cdot h_0 = l \cdot b \cdot h$$

$$\frac{l}{l_0} \cdot \frac{b}{b_0} \cdot \frac{h}{h_0} = 1 \qquad \text{(Bez. 1.19)}$$

Hieraus erhält man durch Logarithmieren

$$ln\frac{l}{l_0} + ln\frac{b}{b_0} + ln\frac{h}{h_0} = 0$$

Unter Beachtung der Beziehungen (Bez. 1.14), (Bez. 1.17) und (Bez. 1.18) ergibt sich

$$\varphi_l + \varphi_b + \varphi_s = 0 \qquad \text{(Bez. 1.20)}$$

Somit ist festzuhalten:

Bei der plastischen Umformung eines bestimmten Volumens V ergibt sich bei Annahme der Konstanz dieses Volumens bei der Umformung, dass die Summe der Formänderungen gleich Null ist.

$\Sigma\varphi = 0$, *sofern* $V = const.$

1.3.4 Logarithmische Formänderungsgeschwindigkeit

Die logarithmische Formänderungsgeschwindigkeit ist die zeitliche Ableitung der logarithmischen Formänderung. Somit gilt:

$$\dot{\varphi}_l = \frac{d\varphi_l}{dt};\ \dot{\varphi}_b = \frac{d\varphi_b}{dt};\ \dot{\varphi}_s = \frac{d\varphi_s}{dt} \qquad \text{(Bez. 1.21)}$$

Es gilt bei Volumenkonstanz

$$\dot{\varphi}_l + \dot{\varphi}_b + \dot{\varphi}_s = 0 \qquad \text{(Bez. 1.22)}$$

Also

$$\Sigma \dot{\varphi} = 0 \qquad \text{(Bez. 1.23)}$$

1.3.5 Logarithmische Formänderungsbeschleunigung

Die logarithmische Formänderungsbeschleunigung ist die zeitliche Ableitung der logarithmischen Formänderungsgeschwindigkeit.
Es gilt:

$$\ddot{\varphi}_l = \frac{d\dot{\varphi}_l}{dt}; \; \ddot{\varphi}_b = \frac{d\dot{\varphi}_b}{dt}; \; \ddot{\varphi}_s = \frac{d\dot{\varphi}_s}{dt} \qquad \text{(Bez. 1.24)}$$

1.3.6 Logarithmische Hauptformänderung, logarithmische Hauptformänderungsgeschwindigkeit und logarithmische Hauptformänderungsbeschleunigung

1.3.6.1 Logarithmische Hauptformänderung

Die logarithmische Hauptformänderung φ_g ist nach Tresca die dem Betrag nach größte der drei logarithmischen Formänderungen.

$$\varphi_g = \{|\varphi_l|; |\varphi_b|; |\varphi_s|\}_{max} \qquad \text{(Bez. 1.25)}$$

1.3.6.2 Logarithmische Hauptformänderungsgeschwindigkeit

Die logarithmische Hauptformänderungsgeschwindigkeit $\dot{\varphi}_g$ ist der Betrag der zeitlichen Ableitung der logarithmischen Hauptformänderung.

$$\dot{\varphi}_g = \left| \frac{d\varphi_g}{dt} \right| \qquad \text{(Bez. 1.26)}$$

1.3.6.3 Logarithmische Hauptformänderungsbeschleunigung

Die logarithmische Hauptformänderungsbeschleunigung $\ddot{\varphi}_l$ ist der Betrag der zeitlichen Ableitung der logarithmischen Hauptformänderungsgeschwindigkeit.

$$\ddot{\varphi}_l = \left| \frac{d\dot{\varphi}_l}{dt} \right| \qquad \text{(Bez. 1.27)}$$

1.4 Fließgesetz

Das Fließgesetz beschreibt den Zusammenhang zwischen Spannungen und Formänderungen beim Umformen, d. h. bei plastischer Formänderung.

Mit dem Fließgesetz lassen sich Formänderungen berechnen, wenn der Spannungszustand bekannt ist und umgekehrt.

Für isotrope Werkstoffe gilt nach HENKY als Zusammenhang zwischen den Hauptspannungen σ_1, σ_2 und σ_3 und den zugehörigen logarithmischen Formänderungen:

$$\varphi_1 : \varphi_2 : \varphi_3 = (\sigma_1 - \sigma_m) : (\sigma_2 - \sigma_m) : (\sigma_3 - \sigma_m) \qquad \text{(Bez. 1.28)}$$

$$\text{wobei } \sigma_m = \frac{\sigma_1 + \sigma_2 + \sigma_3}{3} \qquad \text{(Bez. 1.29)}$$

Diese Beziehung gilt unter der Voraussetzung, dass sich das Verhältnis der Formänderungsgeschwindigkeit während der Umformung *nicht* ändert.

Aus dem Fließgesetz kann u. a. abgeleitet werden, dass eine logarithmische Formänderung dann „Null" ist, wenn die zugehörige Hauptspannung gleich der mittleren Hauptspannung σ_m ist.

1.5 Anisotropie

Unter Anisotropie versteht man in der Blechumformung die Richtungsabhängigkeit von Blecheigenschaften. Sind die Blecheigenschaften nicht richtungsabhängig, spricht man von Isotropie.

Als richtungsabhängige Blecheigenschaften sind z. B. zu nennen: Streckgrenze, Gleichmaßdehnung, Geschwindigkeitsexponent, Verfestigungsexponent, Formänderungs- und Reibungsverhalten.

Die Richtungsabhängigkeit des Reibungsverhaltens ist, wie bereits ausgeführt, auf die Blechoberflächenstruktur zurückzuführen (vgl. **Abb. 1.17**).

In der Blechumformung sind die „senkrechte Anisotropie", die „mittlere Anisotropie" und die „ebene Anisotropie" als Kennwerte von Interesse. Hierauf soll im Folgenden eingegangen werden.

Die senkrechte Anisotropie (r-Wert) ist das im einachsigen Zugversuch ermittelte Verhältnis von logarithmischer Breitenformänderung zu logarithmischer Dickenformänderung.

$$r = \frac{\varphi_b}{\varphi_s} = \frac{\left| ln\frac{b_1}{b_0} \right|}{\left| ln\frac{s_1}{s_0} \right|} = \frac{ln\frac{b_0}{b_1}}{ln\frac{s_0}{s_1}} \qquad \text{(Bez. 1.30)}$$

Hierbei ist der Winkel θ zwischen Probenlängsachse und Walzrichtung zu beachten.

So ist z. B. r_{90} die senkrechte Anisotropie r, ermittelt an Zugproben, deren Längsachse zur Walzrichtung einen Winkel $\theta = 90°$ aufweisen. Analog ergeben sich r_0 mit $\theta = 0°$, d. h. in Walzrichtung, und r_{45} mit $\theta = 45°$.

Trägt man die r-Werte von Proben, die unter dem Winkel θ zwischen Probenlängsachse und Walzrichtung aus der Blechtafel entnommen wurden, in Polarkoordinatendarstellung über den Winkel θ auf, dann kann man (vgl. **Abb. 1.34**) feststellen, dass bei vielen Werkstoffen eine starke Abhängigkeit des r-Wertes von der Probenlage besteht und dass sich für den r-Wert Maxima bei den Winkeln $\theta = 0°$ und 90° sowie bei 180° und 270°; oder bei 45° und 135° sowie bei 225° und 315° ergeben. Die Minima sind jeweils um 45° zu den Maxima versetzt. Der Literatur ist entnehmbar, dass Stahlbleche, z. B. der Güte DC04, und einige Aluminium-Werkstoffe maximale r-Werte bei $\theta = 0°$, 90°, 180° und 270° aufweisen. Eine andere Gruppe, z. B. austenitische Edelstähle und auch einige Aluminium-Werkstoffe, weisen r-Wert-Maxima bei $\theta = 45°$, 135°, 225° und 315° auf.

Will man die senkrechte Anisotropie durch einen Kennwert beschreiben, dann bietet sich die mittlere Anisotropie an:

Die mittlere Anisotropie r_m ist das arithmetrische Mittel der r_0-, r_{45}- und r_{90}-Werte eines Blechwerkstoffs.

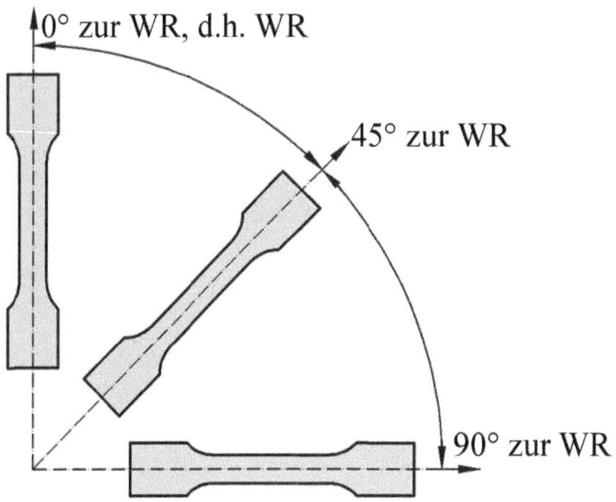

Abb. 1.33
Lage der Zugproben in der Blechtafel

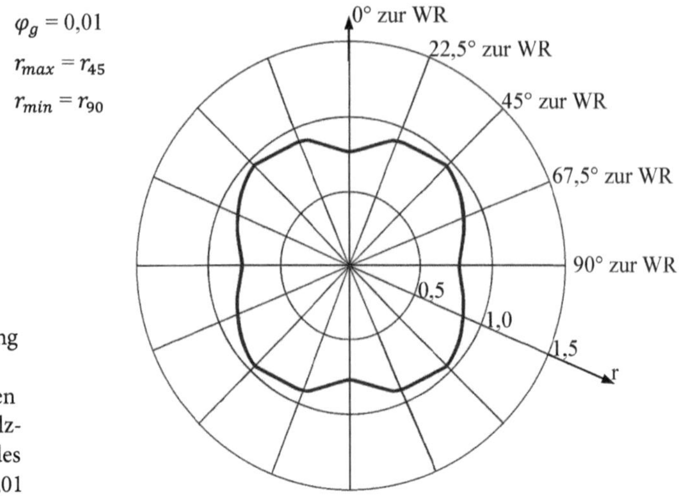

Abb. 1.34 Polarkoordinatendarstellung des r-Wertes in Abhängigkeit vom Winkel θ zwischen Probenlängsachse und Walzrichtung. Die Ermittlung des r-Wertes erfolgt bei $\varphi_g = 0{,}01$

$$r_m = \frac{2r_0 + 4r_{45} + 2r_{90}}{8} = \frac{r_0 + 2r_{45} + r_{90}}{4} \quad \text{(Bez. 1.31)}$$

Es ist zu beachten, dass die senkrechte Anisotropie (r nicht konstant) über der logarithmischen Hauptformänderung φ_g verläuft. Es ist daher sinnvoll, die senkrechte Anisotropie für einen bestimmten φ_g-Wert, z. B. $\varphi_g = 0{,}01$, zu ermitteln.

Ein sehr wesentlicher Kennwert der Blechumformung ist die sogenannte „ebene Anisotropie"; auch „planare Anisotropie" oder „Δr-Wert" genannt.

> Die „ebene Anisotropie" („Δr-Wert"), auch „planare Anisotropie" genannt, ist die Differenz von über der Blechebene zu verzeichnender maximaler und minimaler Anisotropie.

$$\Delta r = r_{max} - r_{min} \quad \text{(Bez. 1.32)}$$

Ist die senkrechte Anisotropie in Walzrichtung in etwa gleich der senkrechten Anisotropie senkrecht zur Walzrichtung ($r_0 \cong r_{90}$), dann kann man auch definieren:

$$\Delta r = \frac{r_0 + r_{90}}{2} - r_{45} \quad \text{(Bez. 1.33)}$$

oder anders ausgedrückt:

$$\Delta r = \frac{r_0 - 2r_{45} + r_{90}}{2} \quad \text{(Bez. 1.34)}$$

Es empfiehlt sich, für die Beziehung der ebenen Anisotropie die Beziehung $\Delta r = r_{max} - r_{min}$ (**Bez. 1.32**) zu verwenden. Bei der Verwendung der Beziehung (Bez. 1.33) kann es passieren, dass trotz extrem hoher ebener Anisotropie sich niedrige (falsche) Werte für die ebene Anisotropie ergeben. Dieses ist z. B. bei Aluminiumlegierungen möglich, wenn $r_0 < r_{45} < r_{90}$.

Für die Verfahren der Blechumformung wird für die Blechwerkstoffe meist ein möglichst hoher r-Wert gefordert. Bei einem r-Wert größer als 1 (r > 1) fließt das Blech vorwiegend aus der Zugprobenbreite in die Länge. Bei einem r-Wert kleiner als 1 (r < 1) ergibt sich dann unter Zugbeanspruchung eine ungewollte örtliche Blechdickenreduzierung und hierdurch bedingt ein frühzeitiges Versagen, zunächst durch Einschnürung und dann durch Bruch.

Häufig wird deshalb eine möglichst hohe mittlere Anisotropie r_m gefordert. Dieses macht aber nur dann Sinn, wenn die ebene Anisotropie den Wert 0 aufweist, weil der Werkstoff immer dort bevorzugt fließt, wo der geringste r-Wert gegeben ist.

Gefordert werden daher Blechwerkstoffe mit möglichst hohem r_{min}-Wert bei einer möglichst geringen ebener Anisotropie Δr.

Somit gilt für Blechwerkstoffe als Zielsetzung:
r_{min} → möglichst hoch
Δr-Wert → möglichst klein, wenn möglich: $\Delta r = 0$!

Ist Δr groß, d. h. weist das umzuformende Blech eine große ebene Anisotropie auf, die dazu führt, dass das Blech bevorzugt in vier Richtungen fließt, dann ergeben sich beim Tiefziehen runder Töpfe vier „Zipfel" (vgl. **Abb. 1.35**). Zipfelberge treten beim Tiefziehen

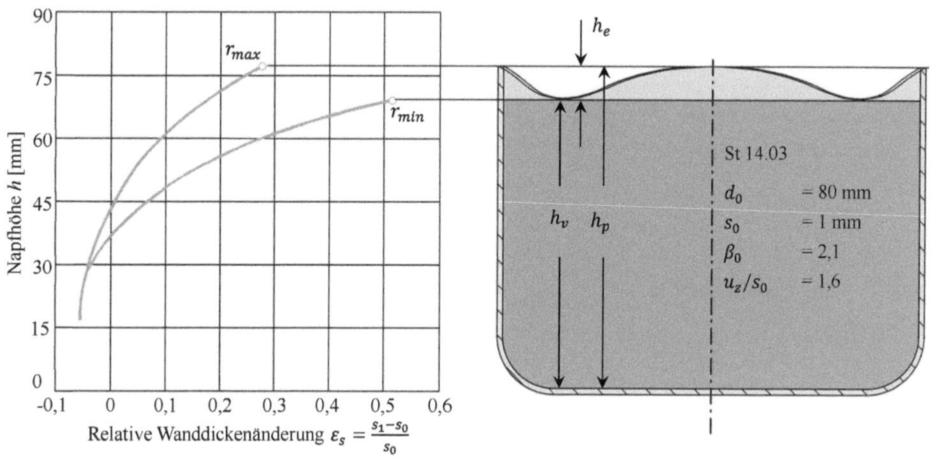

Abb. 1.35 Wanddickenänderung; Werte aus [Rei90]. Quelle: DIN EN 1669

runder Töpfe dort auf, wo die größten r-Werte vorliegen. Es ergeben sich mit Blechen, die eine hohe ebene Anisotropie aufweisen, über dem Topfumfang unterschiedliche Wanddicken, unterschiedliche Festigkeiten sowie ein erhöhter Beschneideabfall.

Abb. 1.35 zeigt beispielhaft die Napfhöhe über der relativen Wanddickenänderung für einen runden Napf (d_0 = 80 mm, s_0 = 1,0 mm in vertikaler Richtung bei r = 1,80 und bei r = 1,15 wobei r = 1,80 zu Zipfelbergen und r = 1,15 zu Zipfeltälern führt). Dieses Bild zeigt, dass sich die größte Wanddicke bei r = 1,15 also beim kleinsten r-Wert ergibt und dass die Wanddicken mit zunehmender Napfhöhe größer werden.

Die Zipfeligkeit wir nachfolgender Beziehung berechnet von

$$Z = \frac{h_{max} - h_{min}}{h_{min}} \cdot 100\% = 0\% \qquad \text{(Bez. 1.35)}$$

Relative Wanddickenänderung ε_s bei einer Napfhöhe h für DC04, s_0 = 1 mm und r_{max} = 1,8 sowie r_{min} = 1,15

$$\Delta r = \frac{r_0 - 2r_{45} + r_{90}}{2} = 0{,}69 \,\text{bzw.}\; r_{max} - r_{min} = 0{,}65$$

$$h_p = h_{max}$$

$$h_v = h_{min}$$

1.6 Fließkurve

In der Blechumformung ist es üblich, das Umformverhalten der verschiedenen Blechwerkstoffe durch Ermittlung von Fließkurven darzustellen. Die Fließspannung k_f ist die Spannung, die bei Eintritt plastischer Umformung im einachsigen Spannungszustand zu verzeichnen ist. Die Darstellung der Fließspannung in Abhängigkeit von der logarithmischen Hauptformänderung φ_g, der logarithmischen Hauptformänderungsgeschwindigkeit $\dot{\varphi}_g$, der Umformtemperatur ϑ und bei Hochgeschwindigkeitumformungen von der logarithmischen Hauptformänderungsbeschleunigung $\ddot{\varphi}_g$ nennt man Fließkurven.

1.6.1 Fließspannung

Plastisches Fließen eines metallischen Werkstoffs ist dann gegeben, wenn aufgrund eines bestimmten Spannungszustandes eine bleibende Formänderung erfolgt.

Es ist festzuhalten:

Die Fließspannung k_f eines Werkstoffs ist die Spannung, die im einachsigen Spannungszustand zur Einleitung, bzw. Aufrechterhaltung einer bleibenden Formänderung erforderlich ist.

Die Fließspannung ist die im einachsigen Zugversuch herrschende Zugkraft *F* bezogen auf den jeweiligen Probenquerschnitt *A*.

$$k_f = \frac{F}{A} = \frac{F}{b \cdot s} \quad \text{(Bez. 1.36)}$$

Hierin sind *b* die jeweilige Probenbreite und *s* die jeweilige Probendicke.

Achtung! Bei der technischen Spannung

$$\sigma = F/A_0 = F/b_0 \cdot s_0$$

wird die Kraft *F* auf die Probenausgangsquerschnittfläche $A_0 = b_0 \cdot s_0$ bezogen.

Die Fließspannung k_f eines bestimmten Werkstoffs ist abhängig von:

- der logarithmischen Hauptformänderung φ_g
- der logarithmischen Hauptformänderungsgeschwindigkeit $\dot{\varphi}_g$ und von
- der Eintrittstemperatur ϑ_E, der Temperatur, mit der das Umformgut in den Umformprozess eingebracht wird.

Es ist festzuhalten:

$$k_f = f\left(\varphi_g, \dot{\varphi}_g, \vartheta_E\right) \quad \text{(Bez. 1.37)}$$

Im einachsigen Zugversuch ist die logarithmische Längenformänderung φ_l die dem Betrag nach größte der drei logarithmischen Formänderungen φ_l, φ_b und φ_s. Sie ist somit gleich der logarithmischen Hauptformänderung φ_g.

$$\varphi_g = |\varphi_l| \quad \text{(Bez. 1.38)}$$

Bei Hochgeschwindigkeitsumformung ist die Fließspannung k_f noch zusätzlich von der logarithmischen Hauptformänderungsbeschleunigung $\ddot{\varphi}_g$ abhängig.

Die Darstellung der Fließspannung k_f in Abhängigkeit von einem oder mehreren der Einflussparameter $\varphi_g, \dot{\varphi}_g, \vartheta_E$ nennt man Fließkurve.

Hinsichtlich der Temperaturen wird festgelegt:

Die Temperatur ϑ_E ist die Temperatur, mit der das Umformgut in den Umformprozess eingebracht wird. Die Temperatur ϑ_U ist die Temperatur, die beim Umformen in der Umformzone herrscht. Sie wird Umformtemperatur genannt. Bei der Umformung wird die Umformarbeit zu über 90 % in Wärme umgewandelt, was zu einer Temperaturerhöhung im Umformgut führt. Je schneller die Umformung erfolgt, bzw. je größer die logarithmische Hauptformänderungsgeschwindigkeit $\dot{\varphi}_g$ ist, desto weniger Wärme kann aus dem Umformgut an die Umformwerkzeuge und an die Umgebung abgegeben werden und desto mehr nähert sich der Umformprozess einem adiabatischen Prozess.

Fließkurven können als Prozessparameter die Eintrittstemperatur ϑ_E oder die Umformtemperatur ϑ_U beinhalten. Üblich, weil einfacher, basieren Fließkurven in der Regel auf der Eintrittstemperatur ϑ_E.

Die experimentelle Ermittlung von Fließkurven bei Raumtemperatur und bei erhöhten Temperaturen erfolgt in der Regel im einachsigen Zugversuch mit Flachzugproben.

In zunehmendem Maß werden in der Blechumformung Fließkurven auch im hydraulischen bzw. pneumatischen Tiefungsversuch ermittelt. Hierauf wird in Kap. 3 eingegangen.

1.6.2 Ermittlung des Einsetzens plastischen Fließens

In der Blechumformung ist es üblich, das Einsetzen plastischen Fließens durch die obere Streckgrenze R_{eH} bzw. durch die Ersatzstreckgrenze $R_{p0,2}$ zu definieren.

Es wird definiert:

> Bei Werkstoffen, die im einachsigen Zugversuch eine ausgeprägte Streckgrenze aufweisen, kennzeichnet der R_{eH}-Wert den Beginn plastischen Fließens.

Ferner wird definiert:

> Bei Werkstoffen, die im einachsigen Zugversuch keine ausgeprägte Streckgrenze, sondern einen stetigen Übergang von der elastischen zur plastischen Formänderung aufweisen, kennzeichnet der $R_{p0,2}$-Wert den Beginn plastischen Fließens.

Eine recht genaue Methode der Erfassung des Übergangs von der elastischen zur plastischen Formänderung ergibt sich durch eine berührungslose Temperaturmessung. Wie **Abb. 1.36** zeigt, sinkt die Temperatur des Werkstücks mit zunehmender elastischer Formänderung. Bei Erreichen der minimalen Temperatur (Temperaturminimum) ergibt sich der Übergang von der elastischen Formänderung zur plastischen Formänderung. Mit zunehmender weiterer Formänderung steigt dann die Temperatur des Werkstücks.

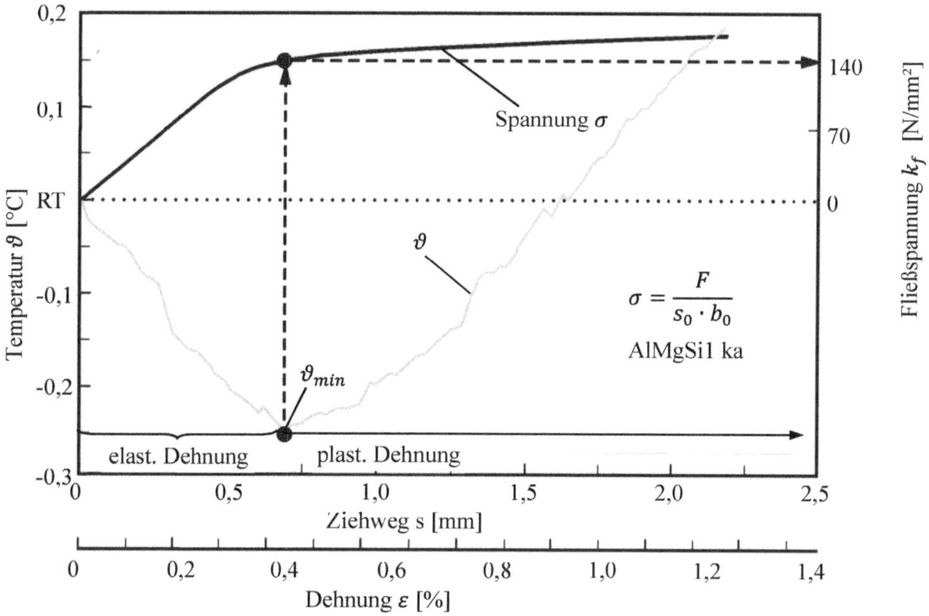

Abb. 1.36 Temperatur-Spannungs-Dehnungs-Verlauf ermittelt im einachsigen Zugversuch. Flachzugprobe aus AlMgSi1-ka, Ausgangsprobendicke $s_0 = 1{,}08$ mm, Ausgangsprobenbreite $b_0 = 20$ mm. Quelle: W. Müller, IFU – Universität Stuttgart [Mül96]

Festzuhalten bleibt:
Bei Erreichen des Temperaturminimums ergibt sich der Beginn plastischen Fließens. Die Spannung σ_l, die in der Zugprobe im einachsigen Spannungszustand bei Erreichen des Temperaturminimums herrscht, wird die Anfangsfließspannung genannt. Je nach Winkel θ zwischen Probenlängsachse und Walzrichtung ergeben sich die Anfangsspannungen k_{f_0}, $k_{f_{45}}$ und $k_{f_{90}}$.

Es bietet sich an, die Werkstücktemperatur beim Umformen mit Infrarot-Sensoren berührungslos zu messen.

In [Mül96] wurde gezeigt, dass das Einsetzen plastischen Fließens in Kreuzzugproben bei definierter zweiachsiger Zugbeanspruchung reproduzierbar ermittelt werden kann.

1.6.3 Hydraulisches und pneumatisches Tiefen

Die Ermittlung von Fließkurven durch hydraulisches und durch pneumatisches Tiefen mit runden Tiefungsringen wurde 1959 von W. Panknin [Pan59] auf der Basis der Fließhypothese von Tresca und 1977 von Gologranc [Gol77] auf der Basis der Fließhypothese nach v. Mises vorgeschlagen.

$$k_f = \sigma_{max} - \sigma_{min}$$

$$k_f = \frac{p_i \cdot \rho_p}{2 \cdot s_p} + \frac{p_i}{2}$$

$$\varphi_g = \{|\varphi_1|, |\varphi_2|, |\varphi_3|\}_{max}$$

$$\varphi_g = |\varphi_s| = ln\, {}^{s_0}/_{s_p}$$

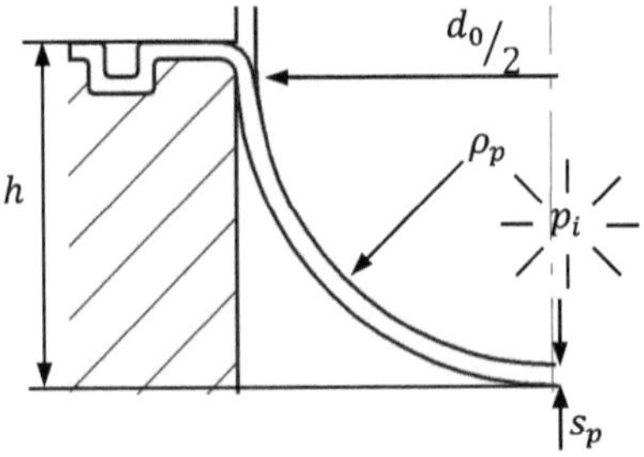

Abb. 1.37 Darstellung der zu messenden Parameter bei der Ermittlung der Fließkurven durch hydraulisches bzw. pneumatisches Tiefen
Hierbei sind p_i der Innendruck, ρ_p der jeweilige Hauptkrümmungsradius, s_p die jeweilige Blechdicke im Pol der sich beim Tiefen entwickelnden Kalotte sowie s_0 die Ausgangsblechdicke.

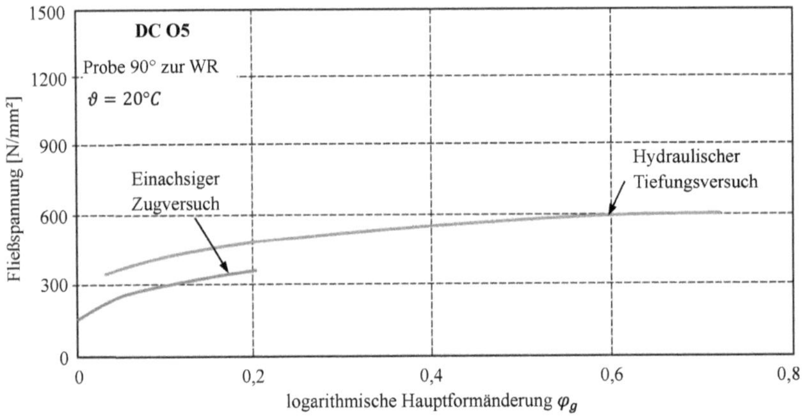

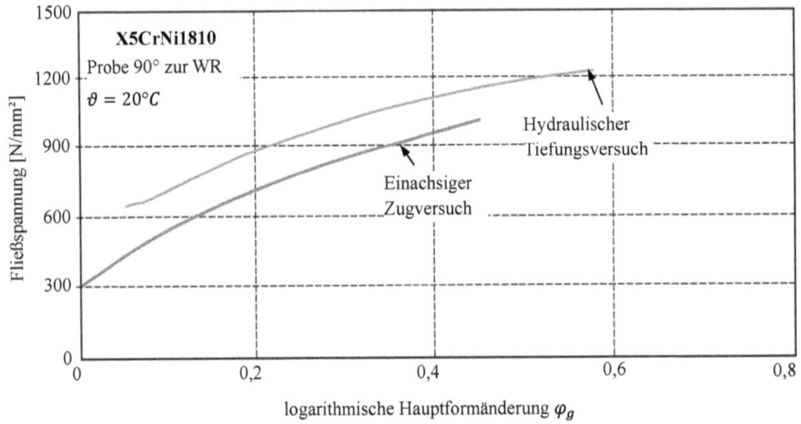

Abb. 1.38 Fließkurven für die Werkstoffe DC O5 und X5CrNi1810 (aufgenommen im einachsigen Zugversuch und im hydraulischen Tiefungsversuch). Quelle: K. Siegert, IFU – Universität Stuttgart

Hinsichtlich der experimentellen Ermittlung von Fließkurven ist zu beachten:
Die Fließkurvenermittlung im hydraulischen Tiefungsversuch und im pneumatischen Tiefungsversuch erfolgt mit runden, rotationssymmetrischen Tiefungsringen.

Ein wesentlicher Vorteil der Fließkurvenermittlung mit dem hydraulischen Tiefungsversuch ist darin zu sehen, dass im hydraulischen Tiefungsversuch beachtlich höhere Formänderungen bis zum Eintritt von Versagen durch „Einschnüren“ und „Reißen“ als im einachsigen Zugversuch möglich sind. Dieses zeigt **Abb. 1.38** sehr deutlich durch die Fließkurven für DC05 und X5CrNi18.8, einmal aufgenommen im einachsigen Zugversuch und zum anderen aufgenommen im hydraulischen Tiefungsversuch.

Fließkurven für Al99,5

Abb. 1.39 links zeigt für Al99,5 Fließkurven bei verschiedenen Eintrittstemperaturen ϑ_E. Es ist ersichtlich, dass bei Raumtemperatur $\vartheta_R = 20°C$ die logarithmische Hauptformänderung φ_g von maßgeblichem Einfluss auf die Fließspannung k_f ist. Mit zunehmender Eintrittstemperatur ϑ_E sinkt der Einfluss der logarithmischen Hauptformänderung φ_g auf die Fließspannung k_f, während der Einfluss der logarithmischen Hauptformänderungsgeschwindigkeit $\dot{\varphi}_g$ auf die Fließspannung k_f zunimmt.

Aus **Abb. 1.39** rechts ist ersichtlich, dass die Fließkurven $k_f = f(\dot{\varphi}_g)$ in zweifach logarithmischer Darstellung Geraden darstellen.

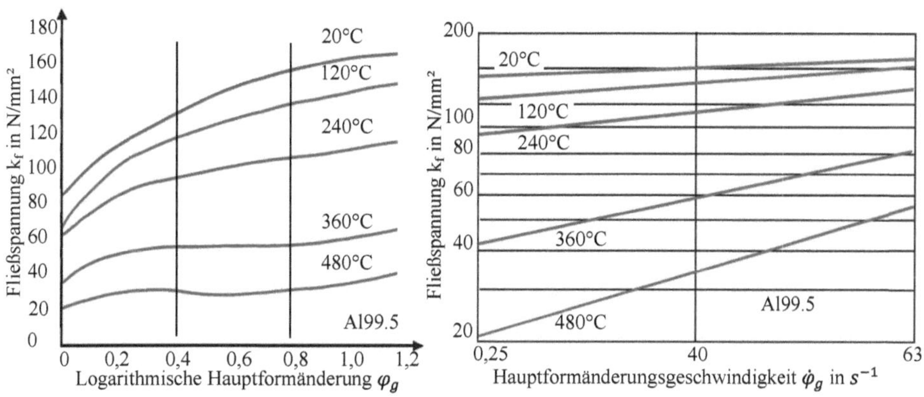

Abb. 1.39 Fließkurven von Al99.5. Quelle: nach Bühler

Fließkurven für hoch- und höchstfeste Stähle und die zurzeit im PKW-Karosseriebau eingesetzten Aluminium-Legierungen

Abb. 1.40 zeigt für den Pkw-Karosseriebau Fließkurven verschiedener Stahlblechgüten. Es ist zu erwarten, dass in Zukunft weitere hoch- und höchstfeste Stähle auf den Markt kommen werden.

Auch steht zu erwarten, dass in Zukunft vermehrt Leichtbauwerkstoffe (Aluminium-, Magnesium-, Titan-Bleche) für Pkw-Karosserieteile eingesetzt werden.

Abb. 1.41 zeigt für die Temperaturbereiche der Kaltumformung, Halbwarm-Umformung, Warmumformung sowie für die Superplastische Umformung (vgl. Kap. 3.4) Approximationen der Fließkurve. Wenn in diesem Bild statt des Verfestigungsexponenten n, des Geschwindigkeitskomponenten m und statt der werkstoffspezifischen Konstante C die Werte n_1, n_2, n_3, die Werte m_2, m_3, m_4 und die Werte C_1, C_2, C_3, C_4 verwendet werden, dann soll das der Klarstellung dienen, dass alle n-, m- und C-Werte jeweils nicht gleich, sondern werkstoffspezifisch sind.

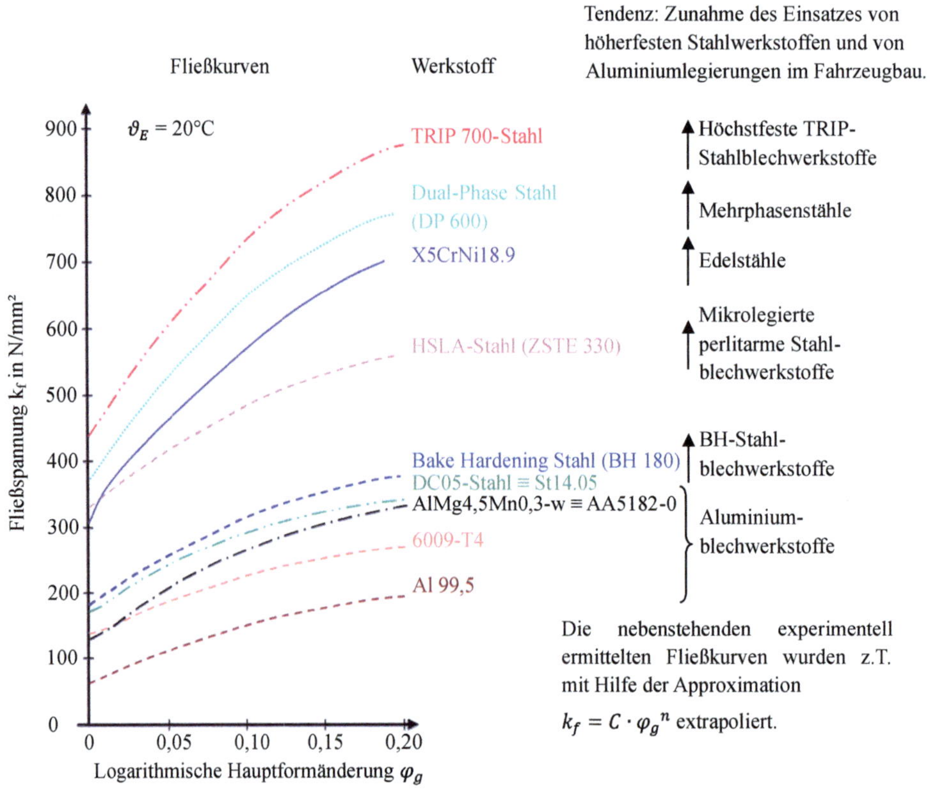

Abb. 1.40 Fließkurven für die Kaltumformung, teilweise extrapoliert (Probenlage 90° zur Walzrichtung). Quelle: IFU – Universität Stuttgart

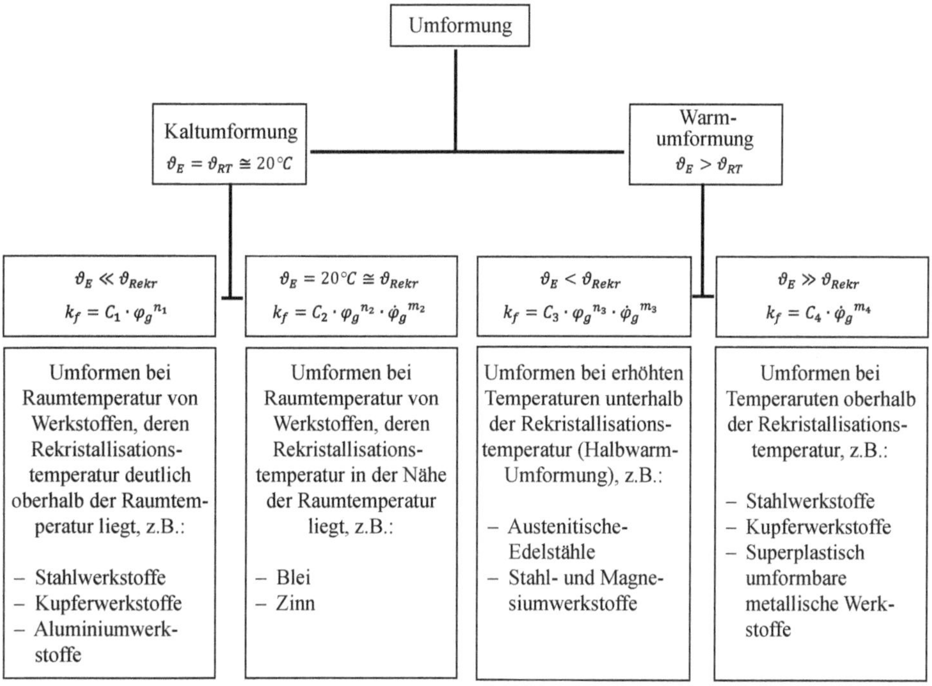

Abb. 1.41 Fließkurven-Approximationen für verschiedene Werkstoffe. Quelle: K. Siegert, IFU - Universität Stuttgart

1.6.4 Kaltumformung

> Wenn die Eintrittstemperatur ϑ_E gleich der Raumtemperatur $\vartheta_{RT} = 20°C$ ist, spricht man von Kaltumformung.

Ist bei der Kaltumformung die Eintrittstemperatur ϑ_E deutlich unterhalb der Rekristallisationstemperatur $\vartheta_{Rekr.}$, dann kann man in der Regel die Fließkurve approximieren durch

$$k_f = C_1 \cdot \varphi_g^{n_1} \qquad \text{(Bez. 1.39)}$$

Hierin sind:

k_f Fließspannung
φ_g logarithmische Hauptformänderung
n_1 Festigkeitsexponent
C_1 werkstoffspezifische Konstante

Die Beziehung gilt für die Kaltumformung der meisten metallischen Werkstoffe.

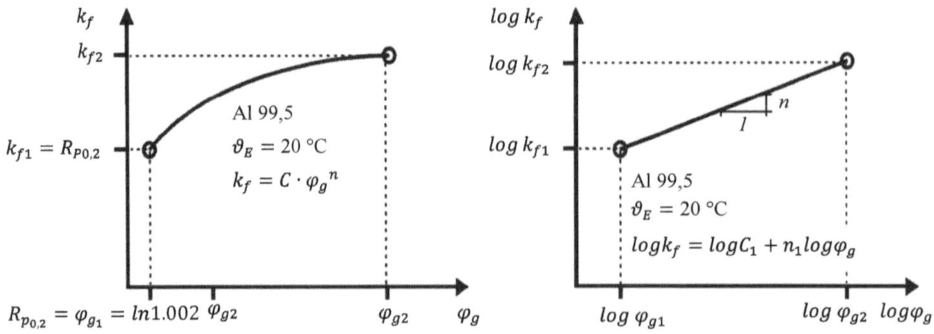

Abb. 1.42 Fließkurve für eine metallischen Werkstoff, die sich im Bereich $\varphi_{g_2} \leq \varphi_g \leq \varphi_{g_3}$ bei 20 °C durch $k_f = C \cdot \varphi_g^n$ approximieren lässt.

Trägt man die Fließkurve in zweifach logarithmischem Maßstab auf, erhält man wegen

$$logk_f = logC_1 + n_1 log\varphi_g \qquad \text{(Bez. 1.40)}$$

eine Gerade der Steigung n_1.

Diesen Sachverhalt zeigt **Abb. 1.42** für Aluminium 99,5 für den Bereich der logarithmischen Hauptformänderung $\varphi_{g_1} \leq \varphi_g \leq \varphi_{g_2}$.

Abb. 1.43 zeigt für die Blechwerkstoffe DC04, C8Cr17 und X5CrNi18.9 die Fließspannung k_f in Abhängigkeit von der logarithmischen Hauptformänderung φ_g. Es ist ersichtlich, dass alle drei Werkstoffe eine Zunahme der Fließspannung mit zunehmender logarithmischer Hauptformänderung φ_g aufweisen. Dabei ist die größte Steigung der Fließkurve beim Werkstoff X5CrNi18.9 gegeben.

Betrachtet man den Verlauf des n-Wertes über der logarithmischen Hauptformänderung φ_g, so zeigt **Abb. 1.43**, dass die Werkstoffe DC04 und X8Cr17 über der logarithmischen Hauptformänderung φ_g konstante n-Werte aufweisen.

Beim Werkstoff X5CrNi18.9 hingegen steigt der n-Wert über der logarithmischen Hauptformänderung, was bei einer Approximation der Fließkurve zu berücksichtigen ist.

1.6.5 Halbwarm-Umformung

In zunehmendem Maße wird die sogenannte Halbwarm-Umformung in der industriellen Fertigung eingesetzt. Der Begriff „Halbwarm-Umformung" ist nicht genormt.

Unter Halbwarm-Umformung versteht man die Umformung bei Temperaturen oberhalb der Raumtemperatur und unterhalb der Rekristallisationstemperatur $\vartheta_{RT} \leq \vartheta \leq \vartheta_{Rekr.}$.

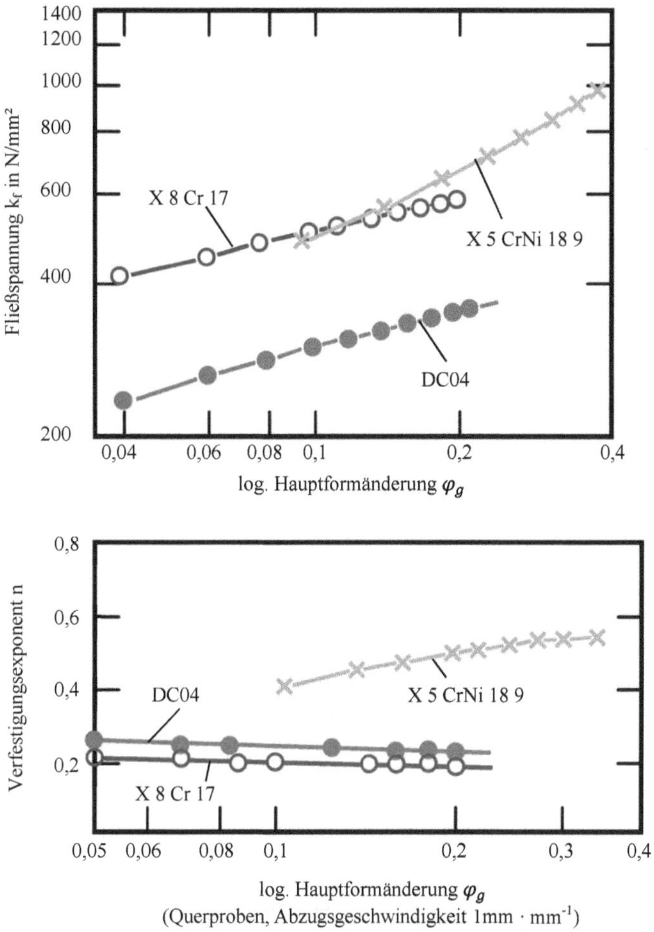

Abb. 1.43 Fließspannung k_f und Verfestigungsexponent n in Abhängigkeit von der logarithmischen Hauptformänderung φ_g für
DC04 im Bereich $\varphi_{g_1} = 0{,}05$ bis $\varphi_{g_2} = 0{,}2$
X8Cr17 im Bereich $\varphi_{g_1} = 0{,}05$ bis $\varphi_{g_2} = 0{,}2$
X5CrNi18.9 im Bereich $\varphi_{g_1} = 0{,}05$ bis $\varphi_{g_3} = 0{,}4$

Hierbei verfolgt man die Zielsetzungen:

- Verringerung der Fließspannung (gegenüber der Kaltumformung)
- Vermeidung von Zunderbildung (bei Stählen, gegenüber der Warmumformung)
- Verfestigung (gegenüber der Warmumformung) und
- Erreichung höherer log. Hauptformänderungen bei Eintritt des Versagens durch Bruch (gegenüber der Kaltumformung),

also Erzielung eines größeren Formänderungsvermögens.

Unter Formänderungsvermögen (FÄV) versteht man die bis zum Eintritt von Versagen durch Einschnürung oder durch Bruch in der Umformzone erreichbare logarithmische Hauptformänderung $\varphi_{g_{Bruch}}$ in Abhängigkeit von Werkstoff, Spannungszustand, Umformtemperatur und Geschwindigkeitsverhältnissen. Bei Vernachlässigung eines möglichen Einflusses der Beschleunigungsverhältnisse gilt:

FÄV = $\varphi_{g_{Bruch}}$ = *f (Werkstoff, Spannungszustand, Umformtemperatur, Geschwindigkeitsverhältnisse)*

Bei C-Stählen ergibt sich die Möglichkeit, unterhalb der Temperatur, bei der massive Verzunderung einsetzt, und oberhalb der Temperaturen, bei denen Blausprödigkeit zu verzeichnen ist, „halbwarm" umzuformen.

Ein interessantes Beispiel für die Halbwarm-Umformung zeigt **Abb. 1.44**. Analysiert man die Fließkurve des austenitischen Edelstahls X5CrNi18.9, so bietet es sich an, nicht bei Raumtemperatur, sondern bei erhöhten Temperaturen im Bereich 200 bis 400 °C umzuformen. Es ergeben sich dann Fließspannungen von ca. 650 N/mm² statt ca. 1000 N/mm².

Die Folge ist eine geringere Werkzeug- und Pressenbelastung. In der industriellen Praxis hat man beim Tiefziehen von Doppelspülen gute Erfahrungen gemacht. So kann man bei der Herstellung von Doppelspülen den Niederhalter und die Matrize mit integriertem Ziehring erwärmen und den Stempel kühlen

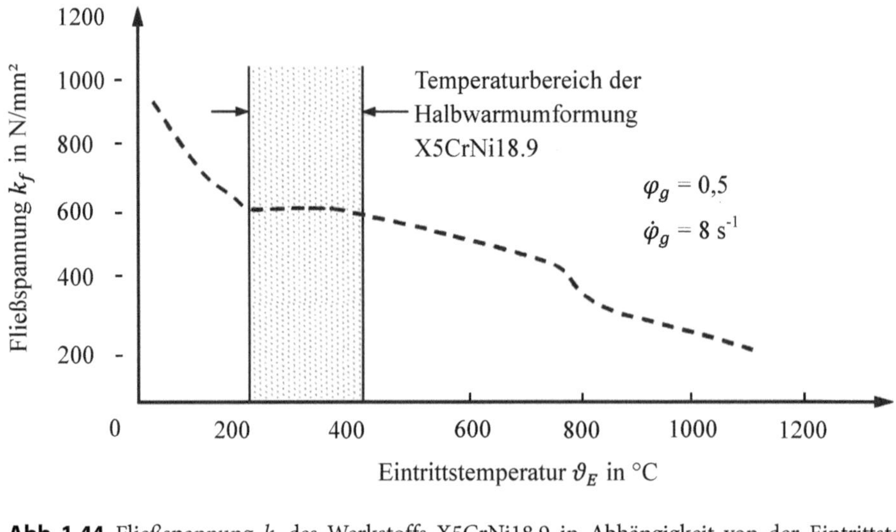

Abb. 1.44 Fließspannung k_f des Werkstoffs X5CrNi18.9 in Abhängigkeit von der Eintrittstemperatur ϑ_E für die logarithmische Hauptformänderung φ_g = 0,5 und die logarithmische Hauptformänderungsgeschwindigkeit $\dot{\varphi}_g$ = 8 s^{-1}. Quelle: Unterlagen des Instituts für Umformtechnik und Umformmaschinen IFUM, Universität Hannover nach Doege-Meyer-Nolkemper Fließkurvenatlas metall. Werkstoffe

1.6.6 Warmumformung

Wenn die Eintrittstemperatur ϑ_E über der Raumtemperatur ϑ_R liegt, spricht man von Warmumformung.

Liegt bei der Warmumformung die Eintrittstemperatur ϑ_E oberhalb der Rekristallisationstemperatur $\vartheta_{Rekr.}$, dann lassen sich die Warmfließkurven approximieren durch:

$$k_f = C_4 \cdot \dot{\varphi}_g^{m_4} \quad \text{(Bez. 1.41)}$$

Hierin sind

k_f Fließspannung
$\dot{\varphi}_g$ logarithmische Hauptformänderungsgeschwindigkeit
m_4 Geschwindigkeitsexponent
C_4 werkstoffspezifische Konstante

D. h. bei der Warmumformung mit Eintrittstemperaturen oberhalb der Rekristallisationstemperatur $\vartheta_E > \vartheta_{Rekr.}$ wird die Fließkurve beeinflusst durch die Eintrittstemperatur und durch die logarithmische Hauptformänderungsgeschwindigkeit.

Trägt man die Fließkurve in zweifach logarithmischen Maßstab auf, so erhält man wegen

$$log k_f = log C_4 + m_4 log \dot{\varphi}_g \quad \text{(Bez. 1.42)}$$

eine Gerade der Steigung m_4.

Abb. 1.45 zeigt in prinzipieller Darstellung die Fließkurve eines metallischen Werkstoffs bei einer Temperatur oberhalb der Rekristallisationstemperatur dargestellt über der logarithmischen Hauptformänderungsgeschwindigkeit $\dot{\varphi}_g$.

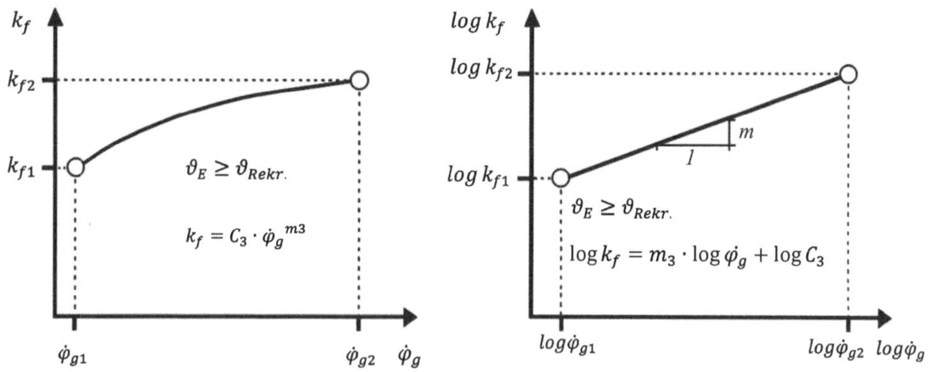

Abb. 1.45 Fließkurve eines metallischen Werkstoffs bei der Warmumformung, die sich im Bereich $\dot{\varphi}_{g1} \leq \dot{\varphi}_g \leq \dot{\varphi}_{g2}$ durch die Beziehung $k_f = C_3 \cdot \dot{\varphi}_g^{m3}$ approximieren lässt.

1.6.7 Superplastische Blechumformung, ein Verfahren der Warm-Umformung

In zunehmendem Maß gelangt im Pkw-Bau im Interesse des Leichtbaus die Superplastische Blechumformung (vgl. Kap. 3.4) an Bedeutung. Je nach Legierung, Eintrittstemperatur, Gefüge, Korngröße, logarithmischer Hauptformänderungsgeschwindigkeit $\dot{\varphi}_g$ und Geschwindigkeitsexponent m sind beachtliche Formänderungen möglich. Voraussetzung hierfür sind optimale m-Werte. Diesbezüglich zeigt **Abb. 1.46** für die Aluminium-Legierung AA5083 (Formall® 545) den Verlauf der Fließspannung über der logarithmischen Hauptformänderungsgeschwindigkeit $\dot{\varphi}_g$ bei drei verschiedenen Eintrittstemperaturen ϑ_E. In diesem Bild wurde der $k_f/\dot{\varphi}_g$-Bereich der Superplastischen Umformung von Aluminium-Legierungen als Prozessfenster eingezeichnet. In diesem „Fenster" ist ein fast linearer Anstieg der Fließspannung über der logarithmischen Hauptformänderungsgeschwindigkeit in zweifach logarithmischer Darstellung zu beobachten. **Abb. 1.47** zeigt, die Ausführungen ergänzend, den Verlauf des Geschwindigkeitsexponenten m über der logarithmischen Hauptformänderungsgeschwindigkeit $\dot{\varphi}_g$. Auch hier wurde der $m/\dot{\varphi}_g$-Bereich, der für die superplastische Umformung üblich ist, als „Fenster" eingerahmt. Als geeignete Parameter der superplastischen Umformung von Aluminium-Blechwerkstoffen werden genannt:

k_f = 0,5 … 1,0 MPa
$\dot{\varphi}_g$ = 10^{-4}…10^{-2}s^{-1}
m = 0,45 … 0,70
ϑ_E = 500 … 600 °C
φ_g = 0,5

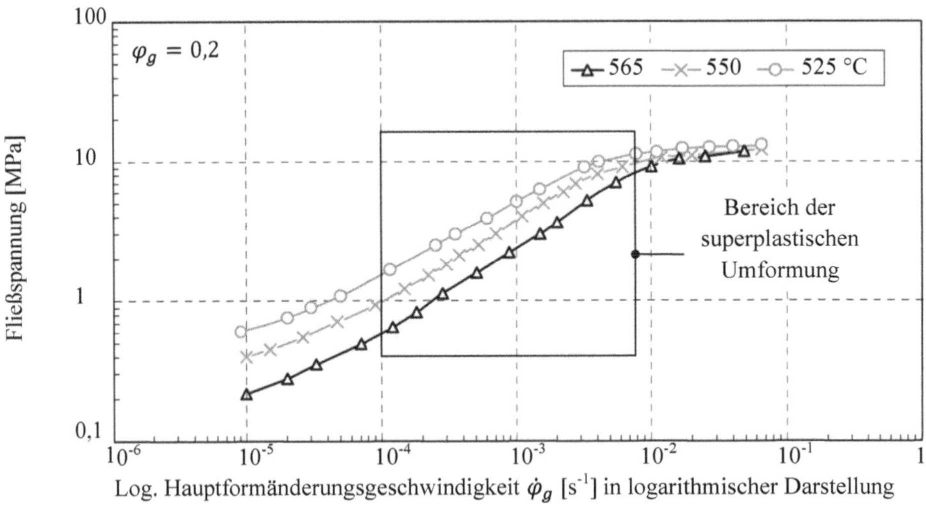

Abb. 1.46 Abhängigkeit der Fließspannung von der logarithmischen Hauptformänderungsgeschwindigkeit bei verschiedenen Umformtemperaturen. Werkstoff: AA 5083 (Formall® 545) [Wer95]

Diese Werte haben sich z. B. beim Umformen mit der superplastisch umformbaren Aluminium-Legierung AA5083 als zutreffend erwiesen. Als Approximation ergibt sich gemäß **Abb. 1.46** in den Grenzen $10^{-4}s^{-1} < \dot{\varphi}_g < 10^{-2}s^{-1}$

$$k_f = C_4 \cdot \dot{\varphi}_g^{m_4} \qquad \text{(Bez. 1.43)}$$

Auf die Werkzeugausführung für die Superplastische Blechumformung wird in Kapitel 3 (Tiefen) eingegangen.

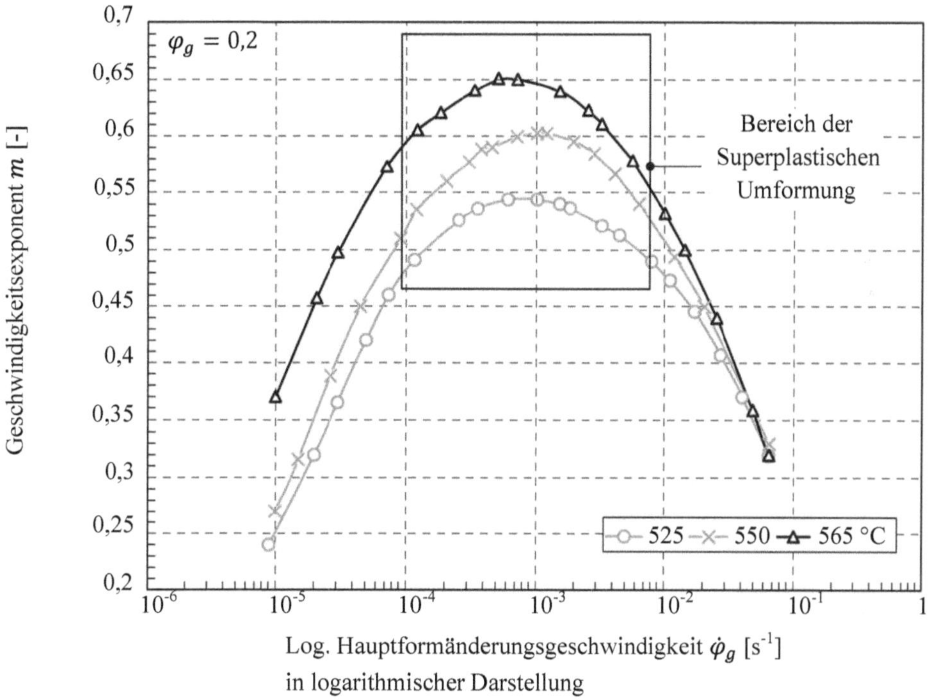

Abb. 1.47 Geschwindigkeitsexponent in Abhängigkeit von der log. Hauptformänderungsgeschwindigkeit und der Temperatur. Werkstoff: AA 5083 (Formall® 545) [Wer95]

Umformverfahren	Verfestigungsexponent n	Geschwindigkeitsexponent m
Kaltumformung	0,1 - 0,3	0,01 - 0,1
Halbwarmumformung	0,1 - 0,2	0,15 - 0,2
Warmumformung	0,01 - 0,1	0,2 - 0,3
Superplastische Umformung	n ≪ 0,1	m > 0,4

Abb. 1.48 Verfestigungsexponent n und Geschwindigkeitsexponent m von Aluminiumwerkstoffen für unterschiedliche Temperaturbereiche. Quelle [Wer95]

1.7 Fließbedingungen (Fließhypothesen)

Da der einachsige Spannungszustand einen Spezialfall darstellt, sind Fließbedingungen erforderlich, die den zur Einleitung des plastischen Fließens erforderlichen mehrachsigen Spannungszustand vergleichen.

Die Fließbedingungen sind somit Beziehungen, die an einem bestimmten Ort im Werkstück den Übergang vom elastischen zum plastischen Zustand des Werkstoffs bezeichnen und somit einen Zusammenhang zwischen der Fließspannung k_f und der Vergleichsspannung σ_V herstellen.

Erreicht die Vergleichsspannung σ_v die Fließspannung k_f, dann tritt plastisches Fließen ein.

$\sigma_v < k_f$ Der Werkstoff fließt nicht

$\sigma_v = k_f$ Der Werkstoff fließt plastisch

In der Elementaren Theorie der Umformtechnik finden die **Schub-Spannungshypothese** von **Tresca** und die **Gestaltänderungsenergiehypothese** nach **v. Mises** Anwendung.

Nach der Schubspannungshypothese von TRESCA tritt Fließen ein, wenn die größte Schubspannung τ_{max} die kritische Schubfließspannung τ_{krit} eines Werkstoffs erreicht.

$$\tau_{max} = \tau_{krit} \qquad \text{(Bez. 1.44)}$$

Auf der Grundlage des **Mohrschen Spannungskreises** ergibt sich:

$$\tau_{max} = \tau_{krit} = \frac{1}{2}\left(\sigma_{max} - \sigma_{min}\right) \qquad \text{(Bez. 1.45)}$$

Dabei sind σ_{max} die größte und σ_{min} die kleinste Hauptspannung.

Somit gilt:

Schubspannungshypothese nach TRESCA:
Fließen tritt dann ein, wenn die Differenz zwischen größter und kleinster Hauptspannung gleich der Vergleichsspannung σ_V ist und wenn diese gleich der Fließspannung k_f ist.

$$k_f = \sigma_v = (\sigma_{max} - \sigma_{min}) \qquad \text{(Bez. 1.46)}$$

Die Differenz der größten und der kleinsten Hauptspannung $\sigma_{max} - \sigma_{min}$ kann somit als eine Vergleichsspannung σ_v betrachtet werden, die den mehrachsigen Spannungszustand mit dem einachsigen Spannungszustand vergleichbar macht.

Ferner ist es notwendig, eine Vergleichsformänderung zu definieren.

Die Vergleichsformänderung φ_v ist nach der Hypothese von TRESCA die dem Betrag nach größte log. Formänderung. Sie wird log. Hauptformänderung φ_g genannt.

$$\varphi_V = \varphi_g = \{|\varphi_1|;|\varphi_2|;|\varphi_3|\}_{max} \qquad \text{(Bez. 1.47)}$$

Eine weitere, häufig in der Umformtechnik verwendete Hypothese ist die Gestaltänderungsenergiehypothese (GE-Hypothese) nach v. Mises. Danach tritt Fließen ein, wenn die elastische Gestaltänderungsenergie einen kritischen Wert erreicht.

Gestaltänderungsenergiehypothese nach v.Mises:
Fließen tritt dann ein, wenn gilt:

$$k_f = \sigma_V = \sqrt{\frac{1}{2}\left[(\sigma_1-\sigma_2)^2+(\sigma_2-\sigma_3)^2+(\sigma_3-\sigma_1)^2\right]} \qquad \text{(Bez. 1.48)}$$

wobei σ_1, σ_2 und σ_3 Hauptspannungen sind.

Ist $\sigma_3 = 0$, dann ergibt sich aus Beziehung 1.48:

$$k_f = \sqrt{\sigma_1^2 - \sigma_1\sigma_2 + \sigma_2^2} \qquad \text{(Bez. 1.49)}$$

Außerhalb des Hauptspannungssystems gilt in einem beliebigen karthesischen Koordinatensystem:

$$k_f = \frac{1}{\sqrt{2}}\sqrt{(\sigma_x-\sigma_y)^2+(\sigma_y-\sigma_z)^2+(\sigma_z-\sigma_x)^2+6\cdot\left[\tau_{xy}^2+\tau_{yz}^2+\tau_{zx}^2\right]} \qquad \text{(Bez. 1.50)}$$

Mit der mittleren Hauptspannung

$$\sigma_m = \frac{1}{3}(\sigma_1+\sigma_2+\sigma_3) \qquad \text{(Bez. 1.51)}$$

ergibt sich aus (Bez. 1.29)

$$k_f = \sqrt{\frac{3}{2}\left[(\sigma_1-\sigma_m)^2+(\sigma_2-\sigma_m)^2+(\sigma_3-\sigma_m)^2\right]} \qquad \text{(Bez. 1.52)}$$

Die Vergleichsformänderung φ_v (Hauptformänderung) ist nach der GE-Hypothese von v. Mises:

$$\varphi_V = \sqrt{\frac{2}{3}\left(\varphi_1^2+\varphi_2^2+\varphi_3^2\right)} \qquad \text{(Bez. 1.53)}$$

1.8 Fließortfläche, Fließortkurve

Der Grenzspannungskörper aller Spannungszustände, bei denen nach der Fließhypothese von Tresca Fließen eintritt, ist im σ_1, σ_2, σ_3-Hauptachsensystem ein gleichseitiges Prisma (**Abb. 1.49**), dessen Achsen mit den Koordinatenachsen gleichgroße Winkel einschließt. Auf der Achse dieses prismatischen Körpers sind die Spannungen σ_1, σ_2, σ_3 gleich groß.

Für Spannungszustände, die durch Punkte *auf dem Grenzspannungskörper*, der sog. Fließortfläche, beschrieben werden können, gilt, dass *Fließen* eintritt, bzw. aufrecht erhalten bleibt.

Für alle Spannungszustände, die durch Punkte *innerhalb des Grenzspannungskörpers* beschrieben werden können, gilt, dass *kein Fließen* erfolgt.

Der Grenzspannungskörper aller Spannungszustände, bei denen nach der Fließhypothese von v.Mises Fließen eintritt, ist im σ_1, σ_2, σ_3-Hauptachsensystem ein Zylinder (**Abb. 1.49**), dessen Achse mit den Koordinatenachsen gleich große Winkel einschließt. Auf der Achse dieses Zylinders sind die Spannungen σ_1, σ_2, σ_3 gleich groß.

Ist $\sigma_3 = 0$ (ebener Spannungszustand), dann nennt man die Darstellung der Fließhypothesen in der $\sigma_1 - \sigma_2$ – Ebene **Fließortkurven.**

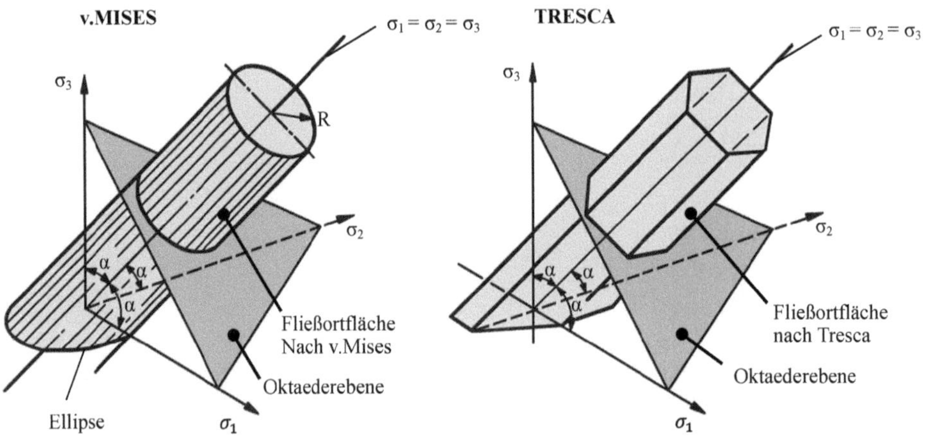

Abb. 1.49 Grenzkörper der Hauptspannungszustände, bei denen nach den Hypothesen von TRESCA und v.MISES Fließen eintritt bzw. aufrechterhalten bleibt

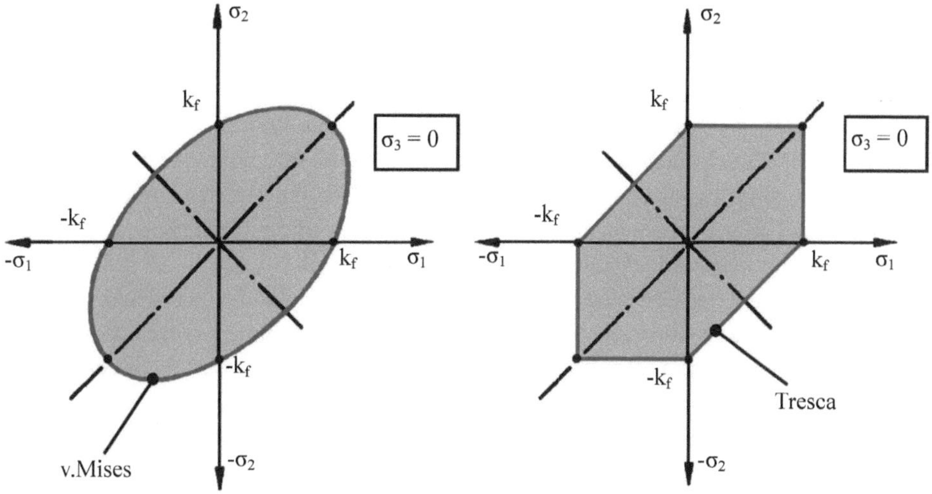

Abb. 1.50 Fließortkurven nach TRESCA und nach v.MISES

Abb. 1.50 zeigt die Fließortkurve für die Fließhypothese nach TRESCA und für die Fließhypothese nach v.MISES. Es ist ersichtlich, dass im zweiachsigen Spannungsfall kein großer Unterschied zwischen beiden Fließortkurven gegeben ist. Die maximale Differenz beträgt 15 %.

1.9 Grenzformänderungsdiagramm

Bei der theoretischen Betrachtung von Umformvorgängen ist die Ermittlung der Verfahrensgrenzen von wesentlicher Bedeutung. Als Verfahrensgrenzen eines Blechformteils sind zu nennen:

- Falten im Flansch (Falten 1. Art)
- Falten in geneigten Zargen (Falten 2. Art)
- Einschnüren – Örtliche Verringerung der Wanddicke
- Reißen- Örtliche Trennung in der Bauteilwandung.

Kennt man die Verfahrensgrenzen, dann kennt man auch den Bereich, in dem einwandfreie Produkte gefertigt werden können. Das in **Abb. 1.51** dargestellt Grenzformänderungsdiagramm zeigt für das Versagen durch Einschnüren und für das Versagen durch Reißer die beiden Grenformänderungskurven.

1.9.1 Ermittlung der Grenzformänderungskurven

In ein Grenzformänderungsdiagramm (Forming Limit Diagram, FLD) werden, wie **Abb. 1.51** zeigt, die bei Eintritt von Versagen durch Einschnüren und/oder Versagen durch Reißen (Bruch) zu verzeichnenden Grenzformänderungskurven (Forming Limit Curves, FLC) eingetragen. Dabei wird die in der Blechebene zu verzeichnende größere logarithmische Längenformänderung φ_1 über der kleineren in der Blechebene zu verzeichnenden logarithmischen Längenformänderung φ_2 dargestellt.

Zur Ermittlung der Grenzformänderungskurven werden auf die Oberfläche der noch unverformten Platine Kreisraster aufgetragen. Bei der Umformung werden die Kreise zu Ellipsen verzerrt (**Abb. 1.52**). Möglich ist auch die Auftragung von Quadraten, die zu Trapezen verzerrt werden. (Die Auftragung von Kreis- und von Rechteck-Rastern beim Umformen behandelt Abschnitt 1.9.2). Bei der Umformung mit speziellen Test-Verfahren werden die auf dem Blech aufgetragenen Kreise des Durchmessers d_0 zu Ellipsen mit dem größeren Durchmesser l_1 und dem kleineren Durchmesser l_2 verzerrt. Damit erhält man die größere logarithmische Formänderung

$$\varphi_1 = ln\frac{l_1}{d_0} \qquad \text{(Bez. 1.54)}$$

und die kleinere logarithmische Formänderung

$$\varphi_2 = ln\frac{l_2}{d_0} \qquad \text{(Bez. 1.55)}$$

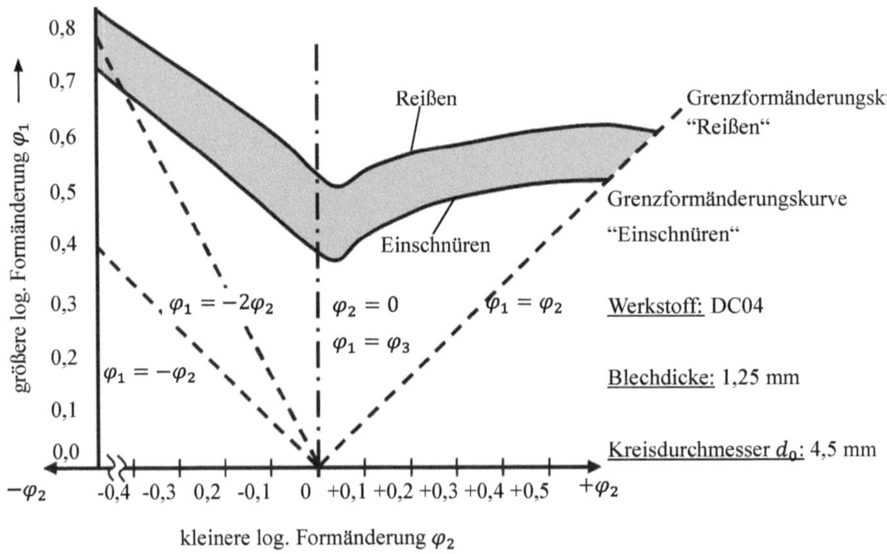

Abb. 1.51 Grenzformänderungsdiagramm für Feinblech DC04 nach [Has78]

Hierbei gilt $\varphi_1 \geq \varphi_2$.

Die messtechnische Ermittlung der Ellipsendurchmesser l_1 und l_2 erfolgt jeweils nach einzelnen Umformschritten oder kontinuierlich, ausgehend von Null bis zum Versagen durch Einschnüren und/oder durch Reißen.

Abb. 1.53 zeigt fünf Grenzformänderungskurven, die mit fünf verschiedenen Test-Verfahren aufgenommen wurden. Es ist zu beachten, dass die Test-Verfahren, mit denen die Grenzformänderungskurven ermittelt werden, von Einfluss auf die Lage und Form der Grenzformänderungskurven im Grenzformänderungsdiagramm sind. Der Einfluss der Test-Verfahren auf die Lage und Form der Grenzformänderungskurven ist, wie **Abb. 1.53** zeigt, so groß, dass die mittleren Grenzformänderungskurven spezifisch pro Test-Verfahren gelten. Es ist somit in Anbetracht der Vielzahl von möglichen Test-Verfahren nicht möglich, zu *einer* Grenzformänderungskurve zu gelangen. Eine eingrenzende Verfahrensauswahl und die Bevorzugung von Test-Verfahren, die nicht reibungsbeeinflusst sind, erscheint sinnvoll.

Als Test-Verfahren, die nicht reibungsbeeinflusst sind, gelten:

- Hydraulisches Tiefen mit rotationssymmetrischen Tiefungsringen
  $\varphi_1 = \varphi_2$
- Hydraulisches Tiefen mit elliptischen Tiefungsringen
  $\varphi_1 = \varphi_2$ bis $\varphi_1 = 2{,}5\varphi_2$
- Zugversuch mit behinderter Querdehnung (Plane-Strain-Test)
  $\varphi_1 = 0$
  $\varphi_1 = \varphi_3$
- Einachsiger Zugversuch
  $\varphi_1 = -2 \cdot \varphi_2$

wobei die senkrechte Anisotropie $r = 1$ angenommen wird.

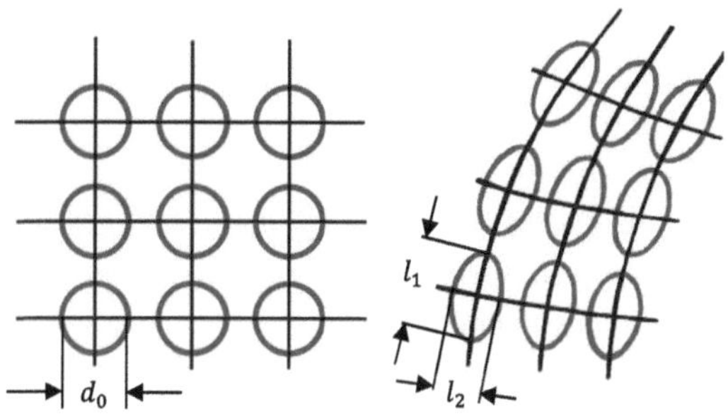

Größere logarithmische Formänderung $\varphi_1 = ln \frac{l_1}{d_0}$

kleinere logarithmische Formänderung $\varphi_2 = ln \frac{l_2}{d_0}$

hierbei gilt die Vereinbarung: $l_1 \geq l_2$ und somit $\varphi_1 \geq \varphi_2$

Abb. 1.52 Kreisraster (links: vor der Umformung, rechts: nach der Umformung)

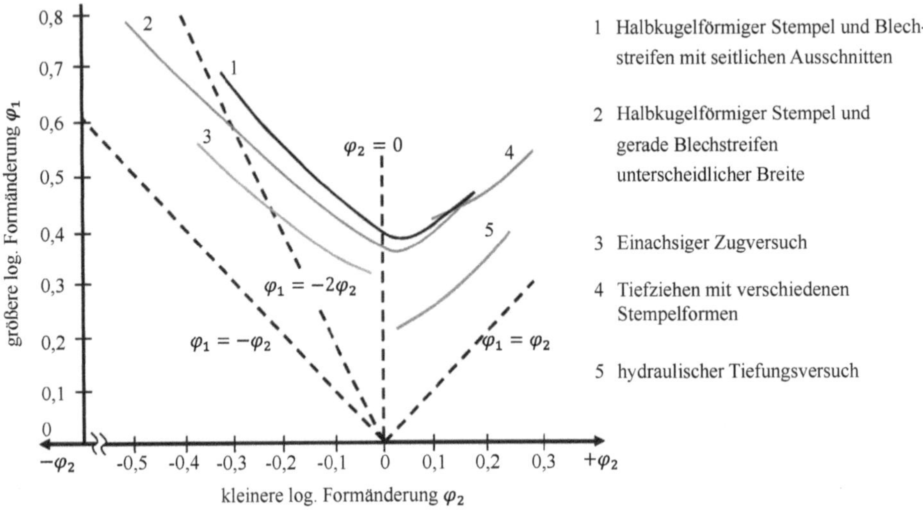

Abb. 1.53 Verfahrensspezifische Grenzformänderungskurven [Has78]

Als reibungsfreie Testverfahren sind zu nennen:

- Erichsen - Tiefungsversuch
- Mechanisches Tiefen von Blechstreifen mit seitlichen Einschnitten.
- Tiefziehen mit verschiedenen Stempelformen.

Eine ausführliche Darstellung der Ermittlung von Grenzformänderungsdiagrammen erfolgt von V. Hajek [Has78].

Die durch die jeweiligen $\varphi_1 - \varphi_2$-Verhältnisse gekennzeichneten Formänderungspfade werden in bestimmten Test-Verfahren ermittelt. Bei der Ermittlung von Grenzformänderungskurven gilt als Aufnahmebedingung, dass das Umformgut von Null bis zum Eintreten von Versagen durch Einschnüren und/oder Reißen ein festes Verhältnis der beiden logarithmischen Formänderung φ_1 und φ_2 zueinander aufweist, d. h.

$$\frac{\varphi_1}{\varphi_2} = const. \qquad \text{(Bez. 1.56)}$$

Die Formänderungspfade sind somit Geraden. Für nicht-lineare Formänderungspfade ergeben sind theoretisch unendlich viele unterschiedliche Grenzformänderungskurven. Außerdem muss beachtet werden, dass die Voraussetzung für ein Diagramm, wie es **Abb. 1.53** zeigt, ein konstantes Verhältnis der beiden Formänderungen φ_1 und φ_2 zueinander von Null bis zum Eintreten der Versagensgrenze ist. Ist der Formänderungsweg (engl. 'Strain-Path') nicht linear, dann ergeben sich je nach Formänderungsweg unterschiedliche Grenzen (Einschnürung, Reißer), d. h. es sind bei nichtlinearem Formänderungsweg unendlich viele Grenzformänderungskurven möglich (vgl. Nak68]).

Man kann ohne Reibungsbeeinflussung durch hydraulisches und pneumatisches Tiefen mit runden und elliptischen Tiefungsringen sehr gut ohne Reibungsbeeinflussung den rechten Ast der Grenzformänderungskurve, d. h. die Kurve im $+\varphi_1$ / $+\varphi_2$-Quadranten ermitteln (vgl. **Abb. 1.55**). Den Schnittpunkt der Grenzformänderungskurve mit der φ_1-Achse erhält man ohne Reibungsbeeinflussung durch den „Zugversuch mit behinderter Querdehnung".

Abb. 1.54 zeigt hierzu in verschiedenen Untersuchungen verwendete Probengeometrien.

Den Formänderungspfad für $\varphi_2 = 0$, d. h. für $\varphi_1 = \varphi_3$, den man mit der Probe „Zugversuch mit behinderter Querdehnung" erhält, bezeichnet man als „Plane-Strain" -Pfad, also als Pfad bei „ebener Formänderung", weil die Längenformänderung φ_1 ausschließlich zu Lasten der Dickenformänderung φ_3 geht; das Umformgut also aus der Probendicke in die Probenlänge fließt, und die Probenbreite konstant bleibt. Es ist somit $\varphi_2 = 0$.

Den Formänderungspfad $\varphi_1 = -2\varphi_2$ erhält man im „einachsigen Zugversuch", sofern die senkrechte Anisotropie $r = 1$ ist; der Blechwerkstoff also ein isotropes (nicht richtungsabhängiges) Umformverhalten aufweist. Es ist dann $\varphi_2 = \varphi_3$ und somit $\varphi_1 = -\varphi_2 - \varphi_3 = -2\varphi_2$. Da dieser Zugversuch auch ohne Reibungsbeeinflussung ist, ist er sehr gut reproduzierbar.

Der Formänderungspfad $\varphi_1 = -\varphi_2$ ist beim Tiefziehen in der Umformzone, also in dem zwischen Niederhalter und Ziehring geführten Umformgut, gegeben. Hier fließt das Umformgut aus dem Umfang $-\varphi_t = -\varphi_2$ in radialer Richtung $+\varphi_r = +\varphi_1$. Dabei ist zu beachten, dass der Formänderungspfad $\varphi_1 = -\varphi_2$ nicht zu einem Schnittpunkt mit der Grenzformänderungskurve führt, sondern in etwa parallel zur Grenzformänderungskurve verläuft. Wie **Abb. 1.53** zeigt, erscheint es problematisch, dass sich je nach Test-Verfahren unterschiedliche, relativ stark voneinander abweichende Grenzformänderungskurven ergeben. In Anbetracht der Vielzahl möglicher Test-Verfahren ergibt sich die Notwendigkeit der Festlegung auf ein bestimmtes Test-Verfahren. In der Regel werden die Test-Verfahren von Nakajima und Hasek [Has78] verwendet. Generell ist bei der Betrachtung von Test-Verfahren zu unterscheiden in Verfahren mit Reibungsbeeinflussung und in Verfahren ohne Reibungsbeeinflussung. Da es meist sehr schwierig ist, den Reibungseinfluss konstant zu halten, und deswegen die Versuchsergebnisse relativ breit streuen, sollte man bei der Ermittlung von Kennwerten der Umformtechnik nach Möglichkeit reibungsfreie Test-Verfahren wählen.

Für die jeweils eingesetzten Test-Verfahren ist somit der Nachweis zu bringen, dass bei der Umformung von Null bis zum Einsetzten von Einschnüren und/oder Reißen diese Bedingung erfüllt wird. **Abb. 1.55** zeigt Formänderngspfade und die zugehörigen Grenzformänderungskurven, die durch hydraulisches Tiefen durch runde und elliptische Tiefungsringe ermittelt werden. **Abb. 1.56** zeigt Formänderungspfade und die zugehörigen

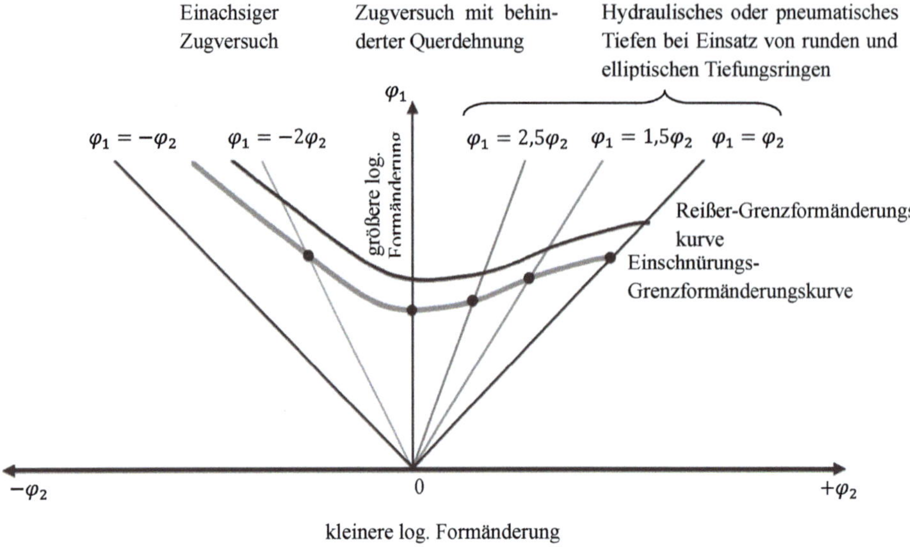

Abb. 1.54 Reibungsfreie Ermittlung von Grenzformänderungskurven mit pneumatischem oder mit hydraulischem Tiefungstest sowie mit einachsigem Zugversuch und mit dem Zugversuch mit behinderter Querdehnung

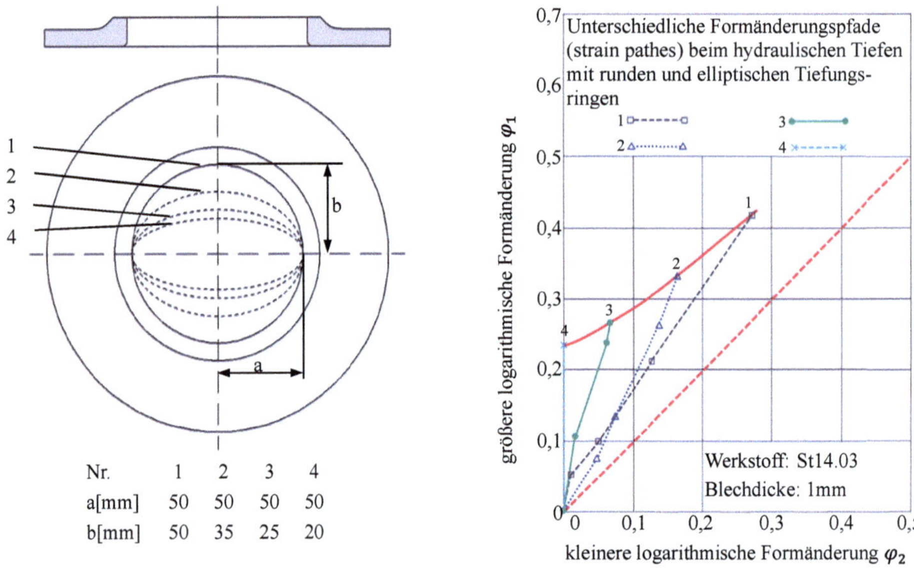

Abb. 1.55 Unterschiedliche Formänderungspfade beim hydraulischen Tiefen mit runden und elliptischen Tiefungsringen

Grenzformänderungskurve, die mit zweiseitig ausgeschnittenen Proben im mechanischen Tiefungstest ermittelt wurden. Es ist ersichtlich, dass die Formänderungspfade sowohl beim mechanischen Tiefen, als auch beim hydraulischen Tiefen in etwa linear verlaufen. Beide Test-Verfahren können daher zur Ermittlung von Grenzformänderungskurven eingesetzt werden.

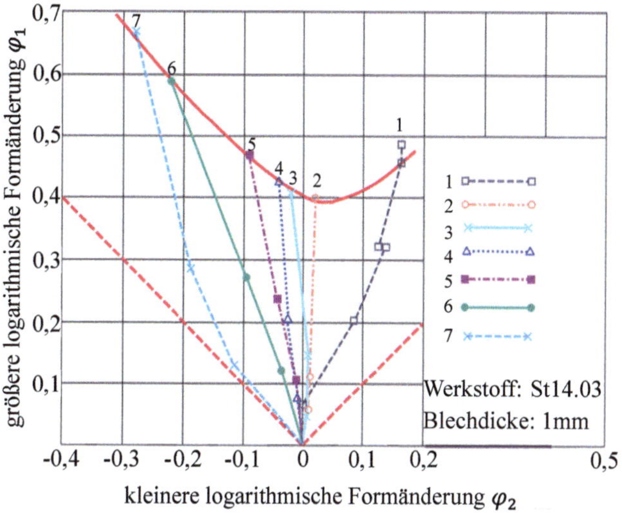

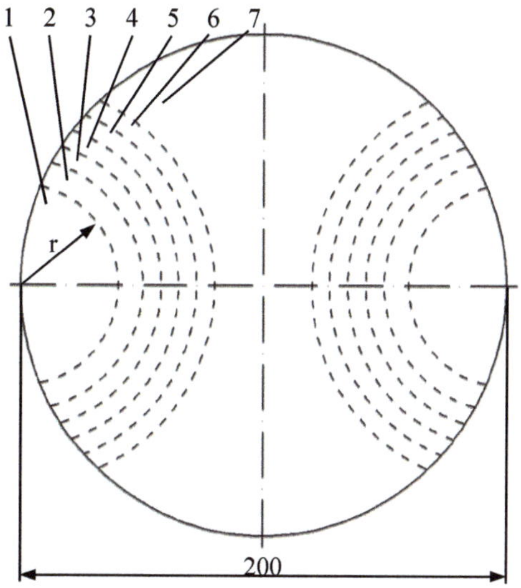

Nr.	1	2	3	4	5	6	7
r[mm]	0	40	50	57,5	65	72,5	80

Abb. 1.56 Unterschiedliche Formänderungspfade beim mechanischen Tiefen mit zweiseitig ausgeschnittenen Proben.

1.9.2 Markieren von Kreisrastern

Beim Markieren von Kreisrastern wird beim derzeitigen Stand der Technik unterschieden in elektrochemisches Markieren und in Lasermarkieren.

1.9.2.1 Elektrochemisches Markieren von Kreisrastern

Beim elektrochemischen Markieren fließt ein Strom von einer Rollenelektrode über eine elektrolytgetränkte Filzplatte durch eine Schablone zur Platine. Dabei werden Ätzfurchen auf der Platinenoberfläche erzeugt.

Für jeden Blechwerkstoff wird ein spezielles Elektrolyt und eine bestimmte elektrische Spannung gewählt. Nach dem Ätzen sind die Elektrolytreste von der Blechplatine abzuspülen und zu neutralisieren. Auch ist die Schablone nach dem Ätzen sorgfältig zu spülen.

Zu beachten ist, dass es sich bei Elektrolyten und Neutralyten um giftige Substanzen handelt, so dass entsprechende Schutzmaßnahmen, wie Augen- und Handschutz, sowie Schutzkleidung zu beachten sind (vgl. Herstellerangaben). Die Chemikalienreste sind als Sondermüll zu entsorgen.

1.9.2.2 Lasermarkieren von Kreisrastern

Alternativ zum elektrochemischen Ätzen bieten sich das Laser-Markieren an. Hier hat sich der Einsatz eines Festkörperlasers (Nd: YAG) mit Beschriftungsmodul bewährt.

Als Markierungseffekte sind beim Laser-Markieren möglich:

- Farbveränderungen (Je nach Blechwerkstoff, bzw. Blechbeschichtung, Einölung und Intensität des Laserstrahls)
- Aufschmelzen (Je nach Blechwerkstoff, bzw. Blechbeschichtung und Intensität des Laserstrahls ergeben sich Gefügeänderungen und Oxidationen)
- Verdampfen (Bei hoher Laserintensität kommt es zum Verdampfen des Blechwerkstoffs mit der Folge der Erzeugung unerwünscht tiefer V-förmiger Gravuren mit Gratbildung an den Rändern)

Eine interessante Möglichkeit der Markierung von Blechoberflächen bietet das Einbrennen pigmenthaltiger Deckschichten (vorzugsweise von Schwarzpigmenten der Größe 0,5 bis 10 μm), was sich beim Markieren von Aluminiumblechen besonders bewährt hat. Nach der Berasterung, bei der die Farbpigmente in die Blechoberfläche eingebrannt werden, ergeben sich nach Reinigung der Platine mit warmem Wasser dunkle Raster, die sich kontrastreich vom Blechwerkstoff abheben und beständig gegen Wasser, Schmierstoff und Lösungsmittel sind.

Die Einrichtung zum Lasermarkieren und die prinzipielle Strahlführung zeigt **Abb. 1.58**. Der Markierungslaser wird über eine grafische Bedienersoftware programmiert.

Nach Erstellen des Layouts für die zu markierende Platine erfolgt eine automatische Segmentunterteilung, die der Größe des Markierungsfeldes entspricht. Die Segmentgröße

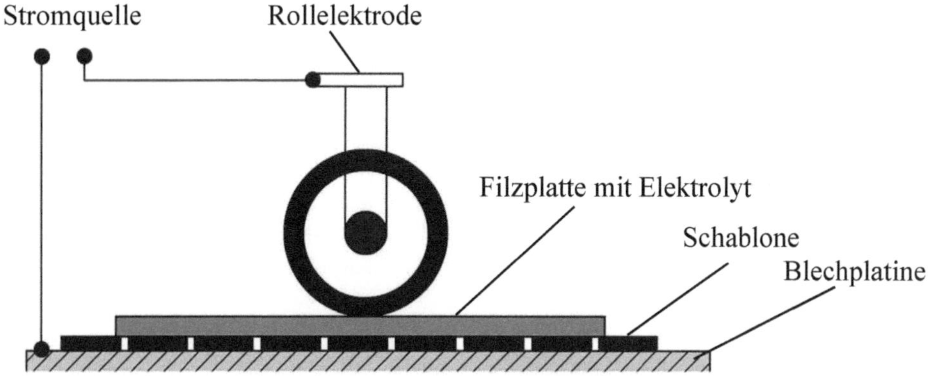

Abb. 1.57 Prinzip der elektrochemischen Markierung: Rollenelektrode

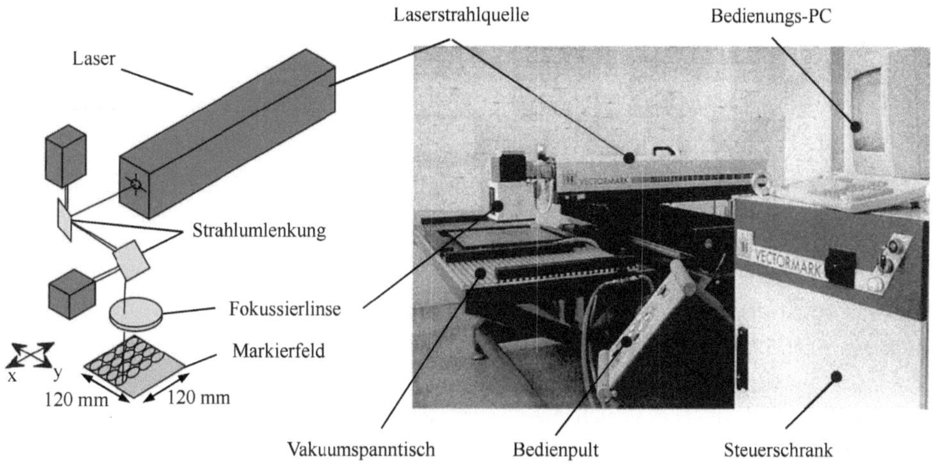

Abb. 1.58 links: Prinzip der Vektorablenkung, rechts: Anlage zum Aufbringen eines Messrasters. Quelle: Haas Laser

ist durch die Größe des Planfeldobjekts begrenzt. Für jedes Segment wird die Sollposition des x-y Tisches bestimmt.

1.9.3 Anwendung des Grenzformänderungsdiagramms bzw. der Grenzformänderungskurve

Im Folgenden solen einige Möglichkeiten der Anwendung von Grenzformänderungsdiagrammen und von Grenzformänderungskurven aufgezeigt werden.

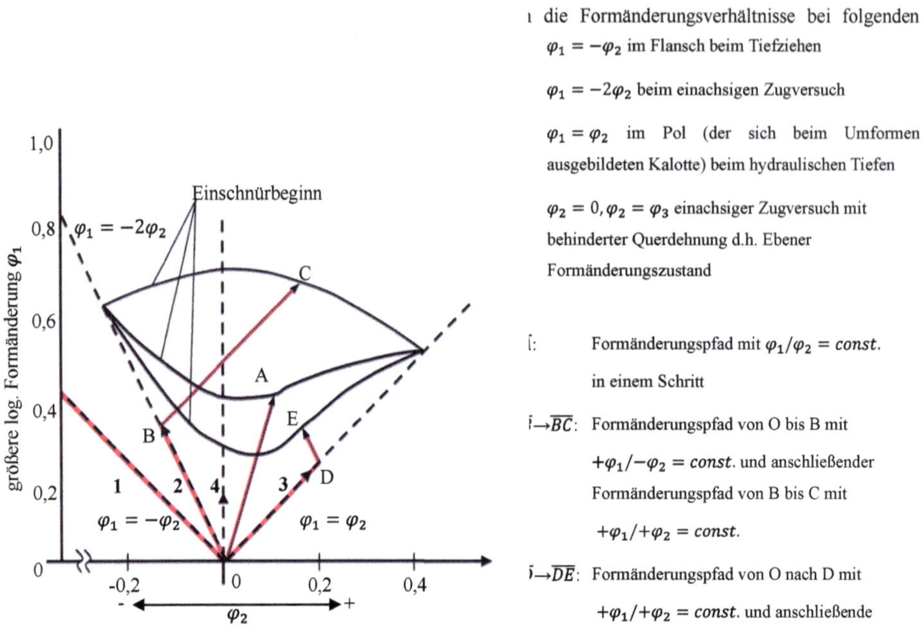

Abb. 1.59 Einfluss des Formänderungswegs auf die Lage und Form der Grenzformänderungskurve. Nach [Nak68], [Has78], [Müs75]

1.9.3.1 Optimierung von Formänderungspfaden

Wie aus **Abb. 1.59** ersichtlich, ist es möglich, bei einer zweistufigen Umformung durch Optimierung der Formänderungspfade zu höheren Grenzformänderungswerten zu gelangen. **Abb. 1.59** zeigt, dass sich die Grenzformänderungskurve zu höheren Grenzformänderungswerten hinverschiebt, wenn im ersten Schritt der Formänderungspfad $\overline{OB}$ durch $(+\varphi_1 / -\varphi_2)$- Formänderungen und dann im zweiten Schritt durch $(+\varphi_1 / +\varphi_2)$- Formänderungen $\overline{BC}$ verfolgt.

Andererseits ist es auch möglich, durch $(+\varphi_1 / +\varphi_2)$-Formänderungen $\overline{OD}$ im ersten Schritt, gefolgt von $(+\varphi_1 / -\varphi_2)$-Formänderungen $\overline{DE}$ im zweiten Schritt, zu geringeren Grenzformänderungswerten zu gelangen. Dieses zeigt, dass ein Tiefziehen im ersten Schritt gefolgt von einem Tiefungsprozess zu höheren Verformungsgrenzen führt. Die umgekehrte Reihenfolge führt, wie **Abb. 1.60** zeigt, zu einer Erniedrigung der Grenzformänderungswerte.

Es ist somit festzustellen, dass bei einer zweistufigen Umformung darauf geachtet werden muss, dass nicht in der ersten Stufe die Blechdicke reduziert wird, um möglichst große Formänderungswerte zu erzielen.

1.9.3.2 Umformbarkeit

Es ist üblich, die Umformbarkeit verschiedener Blechwerkstoffe durch die Höhenlage im Grenzformänderungsdiagramm durch Angabe des Plane-Strain-Grenzformänderungs-

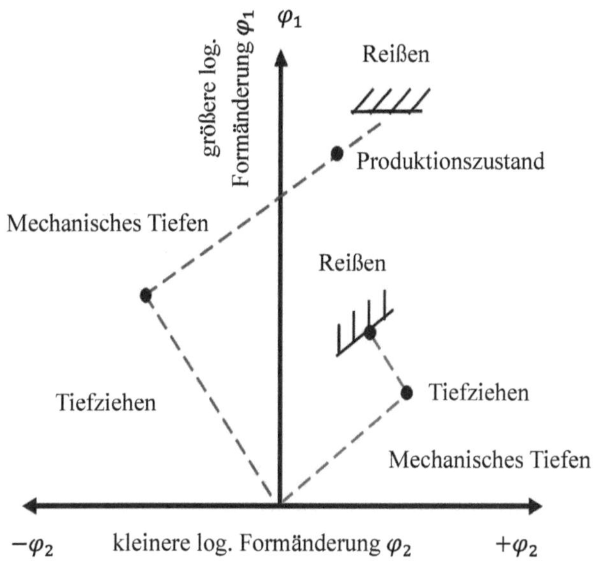

Abb. 1.60 Formänderungspfad bei zweistufiger Umformung

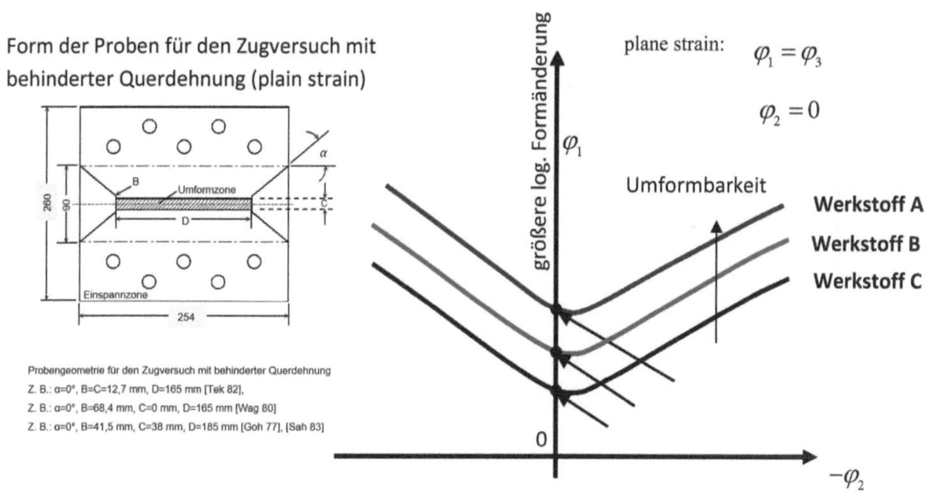

Abb. 1.61 Ermittlung der Höhenlagen von Grenzformänderungskurven zur Beurteilung der Umformbarkeit.

wertes $\varphi_{1/\text{plane strain/A}}$ für verschiedene Blechwerkstoffe (A, B, C) vergleichend zu betrachten. Je höher die Lage der Grenzformänderungskurve eines Blechwerkstoffes im Grenzformänderungsdiagramm ist, desto besser ist die Umformbarkeit dieses Werkstoffes. Folglich sind gemäß **Abb. 1.61** der Werkstoff mit der Grenzformänderungskurve „A" am besten, und der Werkstoff mit der Grenzformänderungskurve „C" am schlechtesten umformbar.

Mit den Schnittpunkten der Grenzformänderungskurven mit der φ_1- Achse kann entsprechend **Abb. 1.61** die Umformbarkeit ausgredrückt werden:

$$\varphi_{1A} \geq \varphi_{1B} \geq \varphi_{1C}$$

Wobei $\varphi_2 = 0$, also ebene Formänderung (Plane Strain) gegeben ist.

Somit gilt:

$$\varphi_{1A} = \varphi_{1/\text{plane strain/A}} = \varphi_{3A}$$

$$\varphi_{1B} = \varphi_{1/\text{plane strain/B}} = \varphi_{3B}$$

$$\varphi_{1C} = \varphi_{1/\text{plane strain/C}} = \varphi_{3C}$$

1.9.3.3 Prozesssicherheit (Robuster Fertigungsprozess)

Allein die Kenntnis des tendenziellen Verlaufs der Grenzformänderungskurve kann bei der Optimierung von Ziehwerkzeugen schon hilfreich sein. So kann sich bei einem nichtlinearen Formänderungspfad an einer bestimmten Stelle eines Blechformteils ein Reißer ergeben. Hier ist somit die Grenzformänderung erreicht. Durch werkzeugtechnische Maßnahmen kann nun versucht werden, den Reißer zu vermeiden. Bei der Ausprobe eines neuen Ziehwerkzeugs erhebt sich die Frage, ob der momentane Zustand, bei dem Gutteile produziert werden, weit genug entfernt ist von dem Zustand, bei dem Versagen durch Reißer und/ oder Einschnüren eintritt. Die Frage betrifft den Sicherheitsabstand **S** (**Abb. 1.62**).

Ist dieser hinreichend groß, so kann das Blechformteil gefertigt werden. Interessant ist nun, ob sich der Sicherheitsabstand während der Produktion ändert. Nach einer bestimmten Anzahl gefertigter Produkte ist daher der Sicherheitsabstand **S** erneut zu ermitteln.

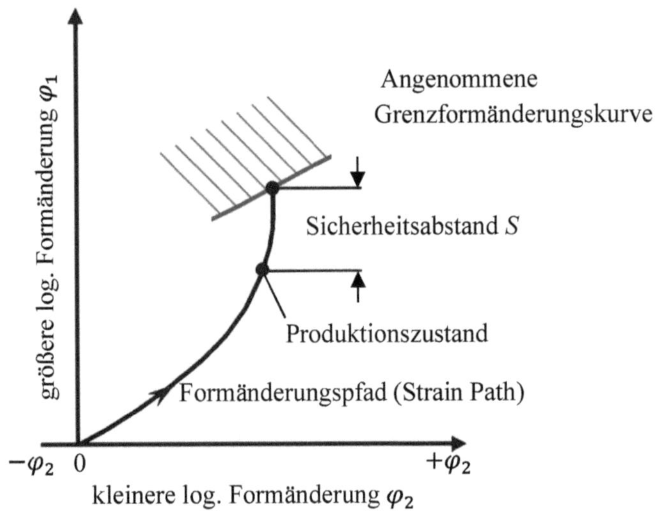

Abb. 1.62 Formänderungspfad bis zum Auftreten von Versagen und Festlegung eines Sicherheitsabstands.

Ergebnis:

- Sicherheitsabstand wird größer → Gut, nichts ändern!
- Sicherheitsabstand wird kleiner → Es sollte vorbeugend der alte Sicherheitsabstand durch Werkzeugüberholung wieder hergestellt werden (**Vgl. Abb. 1.62**).

Man kann mithin diese Technik der Rasteranalyse (Grid-Analyse) zur vorbeugenden Instandhaltung einsetzten.

1.9.4 Unterstützung des Eintuschierens von Ziehwerkzeugen

Die Kreisrasteranalyse kann beim Auftreten eines Reißers im Blechformteil beim Eintuschieren eines neuen Ziehwerkzeugs hilfreich sein. Tritt beim Eintuschieren von Ziehwerkzeugen ein Reißer auf, dann versucht man durch Tuschieren der Ziehrahmen, d.h. durch örtliche Vergrößerung des Spaltes zwischen den Ziehrahmen, den Spannungszustand im Blech so zu verändern, dass der Reißer vermieden wird. Dabei stellt sich die Frage: „Wo sind die Bereiche auf den Ziehrahmen, von denen aus man den Spannungszustand so verändern kann, dass ein Reißer vermieden wird?" Diese Frage lässt sich beantworten, indem man ausgehend vom Ort des Reißers die Durchmesser der beim Umformen zu Ellipsen verzehrten Kreise miteinander verbindet. So erhält man Linien die zu den vier Einflussbereichen eines Reißers auf den Ziehrahmen führen. (vgl. **Abb. 1.63**).

Eine weitere Möglichkeit der Nutzung der Kenntnisse über Grenzformänderungskurven ergibt sich durch Optimierung von Ziehwerkzeugen. Ausgangssituation ist das Auftreten eines Reißers.

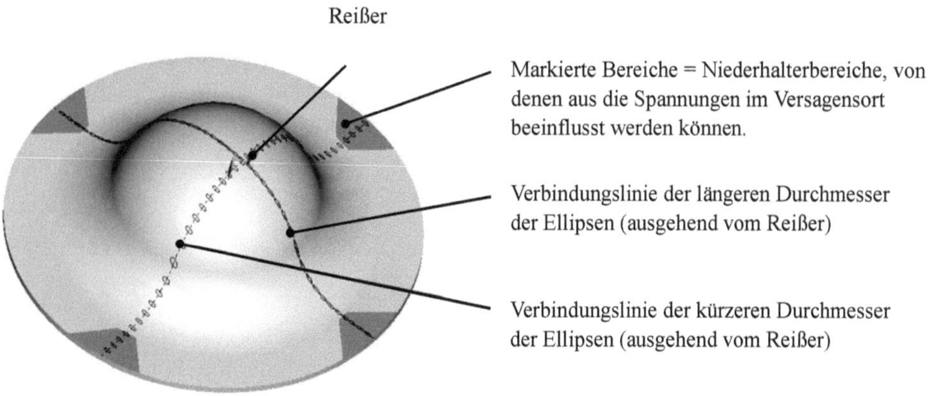

Abb. 1.63 Ermittlung der Blechbereiche zwischen Ziehring und Niederhalter beim Tiefziehen, in denen der Spannungszustand am Versagensort beeinflusst werden kann

Verbindet man, ausgehend vom Ort des Reißers, die Haupt- und Nebenachsen der zu Ellipsen verzerrten Kreise, so erhält man Linien, die bis zu den auf dem Ziehring liegenden Einfluss-Blechbereichen führen. In diesen Bereichen kann dann durch Tuschieren, d. h. durch manuelles Abtragen von Ziehwerkzeug-Material, der Spannungszustand so beeinflusst werden, dass der Reißer vermieden werden kann. Werkzeugmacher mit langjähriger Erfahrung haben eine Vorstellung vom Werkstofffluss und treffen ihre Maßnahmen, d. h. Tuschier-Arbeiten auf der Basis von Trial and Error. Es empfiehlt sich eine Kombination von Formänderungsanalyse und Entscheiden auf Grund von Erfahrung.

1.10 Erweiterung des Grenzformänderungsdiagramms

Die Grenzformänderungskurve zeigt die größere logarithmische Längenformänderung φ_1 in Abhängigkeit der kleineren Längenformänderung φ_2 bei Eintreten von Versagen durch Einschnüren oder Reißen. Sind die logarithmischen Längenformänderungen φ_1 und φ_2 bekannt, dann kann man Annahme von Volumenkonstanz die logarithmische Dickenformänderung berechnen aus.

$$\varphi_s = \varphi_3 = -\varphi_1 - \varphi_2 \qquad \text{(Bez. 1.57)}$$

1.10.1 Logarithmische Dickenformänderung

Abb. 1.65 zeigt den Verlauf der logarithmischen Hauptformänderung φ_g bei Einschnürbeginn über der in der Blechebene zu verzeichnenden kleineren logarithmischen Formänderung φ_2. Diese Kurve wurde für die in **Abb. 1.64** dargestellte Einschnürbeginn-Kurve ermittelt. **Abb. 1.64** oben zeigt den bei Eintreten von Einschnüren zu verzeichnenden Verlauf der Grenzformänderungskurve $\varphi_1 = f(\varphi_2)$. Diese Kurve wurde aus **Abb. 1.51** entnommen. Bei der Diskussion der Grenzformänderungskurven ist zu beachten, dass die beiden logarithmischen Längenformänderungen φ_1 und φ_2 in der Blechebene zu verzeichnen sind. Es fehlt die Berücksichtigung der dritten Formänderung φ_3, der logarithmischen Dickenformänderung φ_s.

$$\varphi_3 = \varphi_s \qquad \text{(Bez. 1.58)}$$

Abb. 1.64 unten zeigt den Verlauf der logarithmischen Dickenformänderung $\varphi_3 = \varphi_s$ über der kleineren logarithmischen Längenformänderung φ_2. Hierfür wurden die Werte der logarithmischen Dickenformänderung ermittelt. Bei Annahme von Volumenkonstanz $\varphi_1 = \varphi_2 = \varphi_3 = 0$ ergibt sich die logarithmische Dickenformänderung φ_s.

$$\varphi_3 = -\varphi_1 - \varphi_2 \qquad \text{(Bez. 1.59)}$$

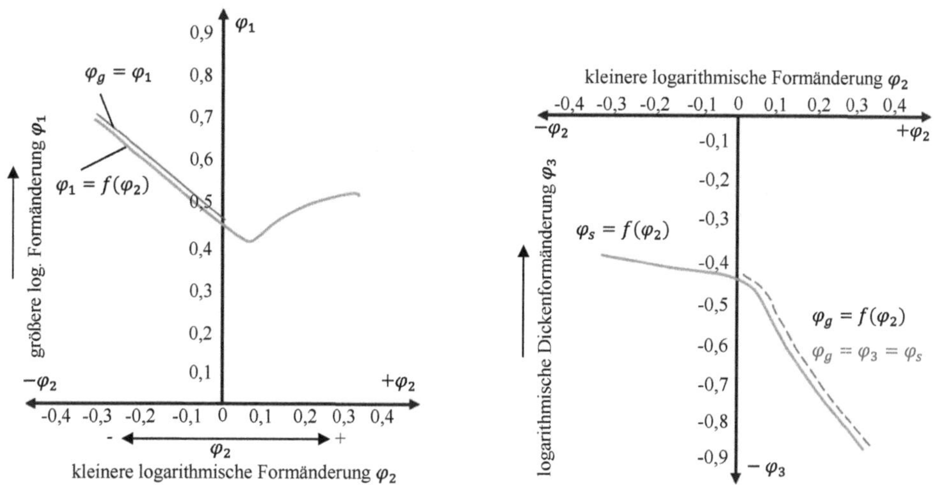

Abb. 1.64 Grenzformänderungs-Diagramm für Feinblech DC05; Blechdicke 0,92 mm; φ_3 ergibt sich aus $\varphi_3 = -\varphi_1 - \varphi_2$. Quelle: K. Siegert, IFU – Universität Stuttgart

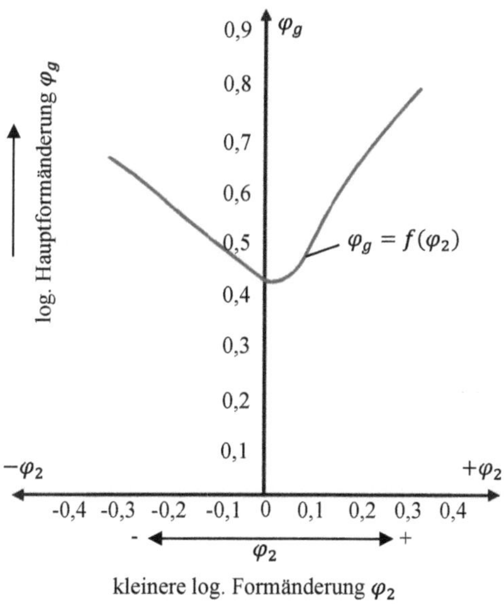

Abb. 1.65 Verlauf der bei Einschnürbeginn zu verzeichnenden logarithmischen Hauptformäderung φ_g für Feinblech DC05, Blechdicke 0,92 mm, über der kleineren logarithmischen Längenformänderung φ_2, und den logarithmischen Formänderung φ_1 und φ_2 (aus Abb. 1.51).

Aus **Abb. 1.64** ist ersichtlich, dass im Diagramm $-\varphi_3 / -\varphi_2$ die negative logarithmische Dickenformänderung in etwa konstant bleibt und im Diagramm $-\varphi_3 / +\varphi_2$ dann deutlich ansteigt. Dieses erklärt, warum bei einer zweistufigen Umformung in der ersten Stufe die Umformung im $+\varphi_1 / -\varphi_2$ – Diagramm erfolgen sollte.

Festzuhalten ist:

> Durch Ergänzen des Grenzformänderungsdiagramms um eine φ_3-Achse ist es möglich, nicht nur die in der Blechebene zu verzeichnenden logarithmischen Längenformänderungen φ_1 und φ_2 zu betrachten, sondern auch die logarithmische Dickenformänderung $\varphi_s = -\varphi_3 = -\varphi_1 - \varphi_2$.

1.10.2 Logarithmische Hauptformänderung φ_g

Nach Tresca ist die logarithmische Hauptformänderung φ_g die dem Betrag nach größte der drei logarithmischen Formänderungen φ_1, φ_2, φ_3. Es gilt:

$$\varphi_g = \{|\varphi_1|;|\varphi_2|;|\varphi_3|\}_{\max} \qquad \text{(Bez. 1.60)}$$

Demnach ist, wie **Abb. 1.64** zeigt, die logarithmische Hauptformänderung im $+\varphi_1 / -\varphi_2$ – Diagramm gleich der größten logarithmischen Längenformänderung φ_1 und im $-\varphi_3 / +\varphi_2$ – Diagramm gleich der logarithmischen Dickenformänderung $\varphi_g = |-\varphi_3| = |-\varphi_s|$.

Wenn der Verlauf der logarithmischen Hauptformänderung φ_g über der kleineren logarithmischen Längenformänderung φ_2 vorliegt (vgl. **Abb. 1.51**), dann lässt sich hierzu aus der Fließkurve des Blechwerkstoffs $k_f = f(\varphi_1 =)$ die zugehörige Fließspannung k_f entnehmen und auf der Bauteiloberfläche darstellen (vgl. **Abb. 1.66**, Beispiel Motorhaube).

Für die logarithmische Hauptformänderung φ_g lässt sich aus der Fließkurve des Blechwerkstoffs die zugehörige Fließspannung k_f entnehmen.

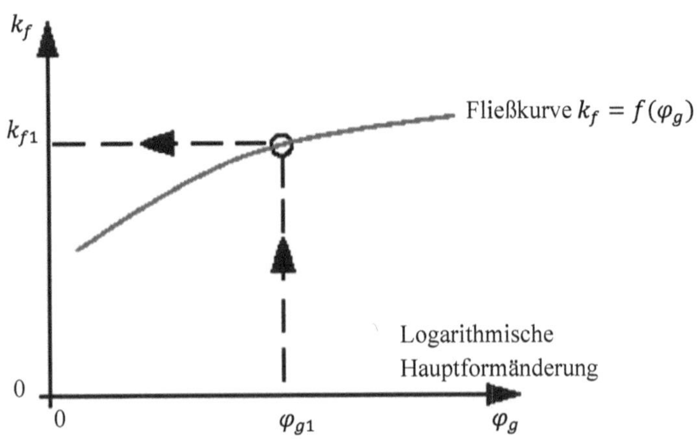

Abb. 1.66 Mit der logarithmischen Hautpfromänderung φ_g über die Fließkurve ermittelte Fließspannung k_f

Festzuhalten ist:

Mittels Formänderungsanalyse ist es möglich, die Bauteilwanddicke s, die in der Blechebene zu verzeichnenden logarithmischen Formänderungen φ_1 und φ_2, die logarithmische Hauptformänderung φ_g und die Fließspannung k_f zu ermitteln und über dem Bauteil darstellen.

Mit den Werten der logarithmischen Hauptformänderung und der zugehörigen Fließspannung kann man die durch die Umformung bewirkte Kaltverfestigung über dem Bauteil darstellen.

Es ist festzuhalten:

Bei Kenntnis der in der Blechebene zu verzeichnenden größeren und kleineren logarithmischen Längenformänderungen φ_1 und φ_2 lässt sich die logarithmische Dickenformänderung $\varphi_s = \varphi_3$ aus $\varphi_s = \varphi_3 = -\varphi_1 - \varphi_2$ ermitteln und über dem Blechformteil darstellen. Ferner lässt sich die logarithmische Hauptformänderung φ_g sowie die hiermit aus der Fließkurve des Blechwerkstoffs entsprechende Fließspannung k_f über dem Blechformteil darstellen.

Die Formänderungsanalyse mittels Darstellung der logarithmischen Hauptformänderung φ_g und der Fließspannung k_f über einer PKW-Motorhaubenbeplankung zeigt **Abb. 1.67**. Hierbei werden die Hauptformänderung φ_g und die Fließspannung k_f jeweils in drei Bereichen zusammengefasst.

Legt man nun für die FEM-Berechnung des Crash-Verhaltens eines Karosserieteils nicht wie üblich die Fließspannung bzw. die Streckgrenze für das ganze Bauteil, sondern Fließspannungsbereiche zu Grunde, dann würde sich hierdurch eine wesentliche Steigerung der Genauigkeit der Berechnung ergeben.

Es ist ersichtlich, dass die bei diesem relativ flachen Bauteil die Mittenbereiche nur sehr gering verformt wurden. Man kann nun mit diesen Hauptformänderungen aus der Fließkurve des Blechwerkstoffs die zugehörige Fließspannung ermitteln und zu Fließbereichen zusammenfassen. So zeigt **Abb. 1.67** die logarithmische Hautpformänderungsbereiche und die Fließspannungsbereiche:

Bereich der Fließspannung	Bereich der logarithmischen Formänderung
$A: 170\ bis\ 240\,N/mm^2 = k_f$	$\varphi_g = 0\ bis\ 0{,}05$
$B: 241\ bis\ 280\,N/mm^2 = k_f$	$\varphi_g = 0{,}06\ bis\ 0{,}12$
$C: 281\ bis\ 300\,N/mm^2 = k_f$	$\varphi_g = 0{,}13\ bis\ 0{,}19$

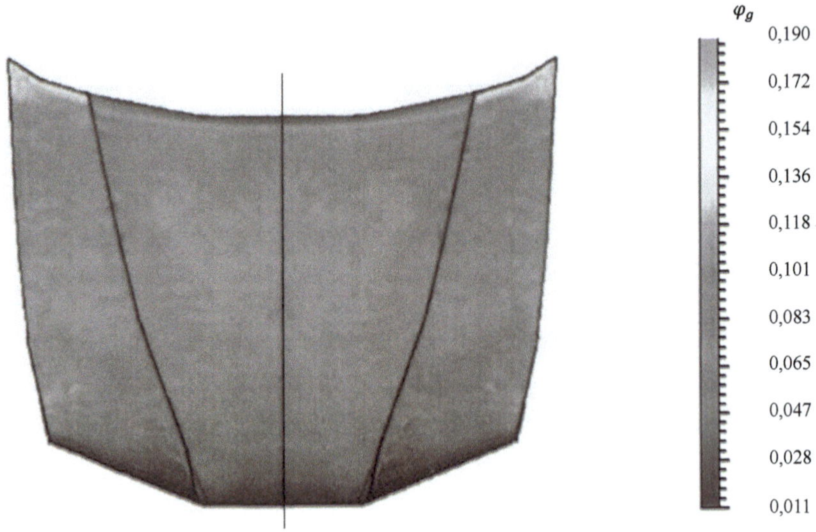

Abb. 1.67a Darstellung der logarithmischen Hauptformänderung φ_g über der Oberfläche einer Motorhaubenbeplankung (rechte Seite gespiegelt). Quelle: K. Siegert, IFU – Universität Stuttgart

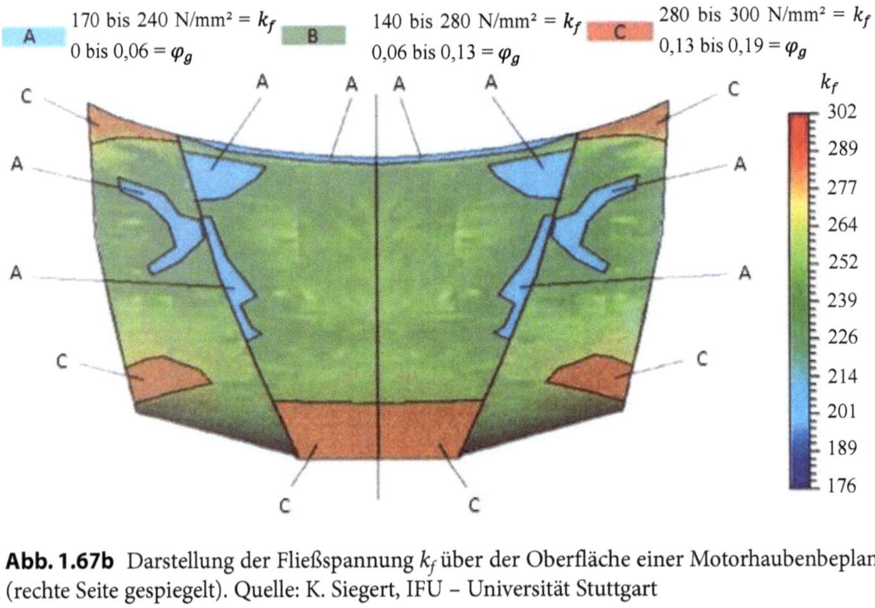

Abb. 1.67b Darstellung der Fließspannung k_f über der Oberfläche einer Motorhaubenbeplankung (rechte Seite gespiegelt). Quelle: K. Siegert, IFU – Universität Stuttgart

Die **Abb. 1.67a** und **1.67b** gezeigten Ergebnisse wurden halbseitig ermittelt und dann um die Symmetrieachse gespiegelt. Wird nicht gespiegelt, dann kann man untersuchen, in wie weit symmetrische Formänderungs- und Festigkeitsverhältnisse gegeben sind.

1.11 Dokumentation der Produktgüte

Stand der Technik bei Übergabe eines neuen Werkzeugs ist die Darstellung der Ist-Produktgeometrie und des Vergleichs von Ist- und Soll-Geometrie. Zukünftig werden wohl noch folgende, über der Produktoberfläche dargestellten Umfänge hinzukommen:

- Darstellung der Ist-Produktgeometrie und des Vergleichs von Ist- und Soll-Geometrie.
- In der Blechebene zu verzeichnende größere und kleinere logarithmische Längenformänderung φ_1 und φ_2
- Logarithmische Dickenformänderung, bzw. die Blechdicke
- Logarithmische Hautpformänderung φ_g
- Fließspannung k_f

Es zeichnet sich auch ab, dass zukünftig nicht nur die Produkteigenschaften dokumentiert werden, sondern auch die Prozessparameter.

> Sowohl für das Produkt als auch für den Umformprozess sind insbesonders bei der Herstellung sicherheitsrelevanter Produkte die Prozessparameter mit Zertifikaten zu dokumentieren.

Literatur

[Alt94] Altenpohl, D.: Aluminium von innen. Aluminium-Verlag 1994, Düsseldorf

[Bal98] Balbach, R.: Optimierung der Oberflächenmikrogeometrie von Aluminiumfeinblech für das Karosserieziehen. Berichte aus dem Institut für Umformtechnik der Universität Stuttgart Nr. 97, Springer-Verlag 1998

[Fan96] Fann, K., J.: Streckziehen mit vorgebbaren finalen Bauteileigenschaften, Beiträge zur Umformtechnik, Bd. 12, Hrsg. K. Siegert, DGM-Informationsgesellschaft-Verlag mbH, 1996,Oberusel, ISBN 3-88355-242-9

[Gho77] Gosh, A.K. – The influence of Strain-Rate Sensitivity on Sheet Metal Forming; Trans. ASME Vol. 99 July 1977, p. 264 – 274

[Gol77] Gologranc, F.: Theoretische Betrachtungen zur Aufnahme von Fließkurven im kontinuierlichen hydraulischen Tiefungsversuch, Blech, Rohre, Profile 4/1977 S.116/1211

[Hab90] Habig, K.-H.: Tribologie, Beitrag E80 bis E88 in Dubbel. Hrsg. W. Beitz und K.-H. Grote, 17. Auflage, Springer-Verlag Berlin

[Has78] Hasek, V.: Untersuchung und theoretische Beschreibung wichtiger Einflussgrößen auf das Grenzformänderungsdiagramm. Blech Rohre Profile 1978, Nr. 5 S. 212-220,Nr. 6 S. 285-292, Nr. 12 S. 620-627

[Mil91] Millet, P.; Vetters, S.: Aluminium-Karosserieblech mit optimierter isotroper Oberflächenfeinstruktur. ALUMINIUM 67 (1991), S.896

[Mül96] Müller, W.: Beitrag zur Charakterisierung von Blechwerkstoffen unter mehrachsiger Beanspruchung. Berichte aus dem Institut für Umformtechnik der Universität Stuttgart, Volume 123, 1996. ISBN: 978-3-540-61438-8

[Müs75] Müschenborn, W.; Sonne, H.-M.: Einfluss des Formänderungsweges auf die Grenzformänderungen des Feinblechs, Arch. Eisenhüttenwes. 46 (1975) Nr. 9 pp. 597-602

[Nak68] Nakajima, K.; Kihama, T.: Study on the Formability of Steel Sheet. Ywata technical report, Nr. 269 1968, S. 493-499

[Pan59] Panknin, W.: Der hydraulische Tiefungsversuch und die Ermittlung von Fließkurven. Dr.-Ing. Dissertation TH Stuttgart 1959

[Pfe97a] Pfestorf, M.; Staeves, J.; Wagner, S.: Definition von 3D-Oberflächenkenngrößen. Stahl und Eisen 117 (1997) Nr. 7, S. 89-94

[Pfe97b] Pfestorf, M.: Funktionale 3D-Oberflächenkenngrößen in der Umformtechnik, Dr.-Ing. Dissertation, Universität Erlangen, 1997, ISBN 3-87525-097-4

[Sta98] Staeves, J.:Beurteilung der Topografie von Blechen im Hinblick auf die Reibung bei der Umformung. Dr.-Ing. Diss., Technische Universität Darmstadt, 1998

[Str46] Stribeck, R.: „Die wesentlichen Eigenschaften der Gleit- und Rollenlager" Z.VDI, 1946, Vol. 46, Nr 36, S 180

[Wag96] Wagner, S.: 3-D-Beschreibung der Oberflächen von Feinblech, in: Beträge zur Umformtechnik Nr.11, Hrsg. K. Siegert DGM-Informationsgesellschaft Verlag mbH, ISBN 3-88355-241-0

[Wer95] Werle, T.: Superplastische Aluminiumblechumformung unter besonderer Beachtung der Formänderungsgeschwindigkeit. Universität Stuttgart, Dissertation, 1995.

[Zim98] Zimnik, W., Ritterbach, B., Müll, K.: Pretex – Ein neues Verfahren zur Erzeugung texturierter Feinbleche für höchste Ansprüche. Stahl und Eisen 118, S 75–80, (1998)

Streckziehen

2

Prof. Dr.-Ing. Dr. h.c. Klaus Siegert
Institut für Umformtechnik (IFU), Universität Stuttgart

Beim Streckziehen wird eine meist ebene Blechplatine mit Greifern *nicht allseitig*, sondern in der Regel zweiseitig, segmentweise fest eingespannt und durch Einwirken eines Formstempels (Streckziehstempel) zu einem meist relativ flachen, konvex gekrümmten Blechformteil geformt.

Weist das Blechformteil nicht nur konvexe, sondern auch konkave Konturen auf, dann können nach Ausformen der konvexen Konturen mit Hilfe eines oberen Formstempels die konkaven Konturen in das Blechformteil eingebracht werden, so dass ein konvex-konkaves Bauteil entsteht.
Man unterscheidet:

- Streckziehen mit feststehenden Greifern und verfahrbarem Streckzieh-Formstempel (Einfaches-Streckziehen)
- Streckziehen mit verfahrbaren Greifern und verfahrbarem Streckzieh-Formstempel (Tangential-Streckziehen)

Das Streckziehen mit feststehenden Greifern und verfahrbarem Formstempel wird „Einfaches Streckziehen" genannt. Das Streckziehen mit verfahrbarem Formstempel und verfahrbaren Greifern wird „Tangential-Streckziehen" genannt.

Als Varianten des Tangential-Streckziehen können das „Cyril-Bath-Streckziehverfahren" und das „NC-gesteuerte segmentierte Streckziehen" betrachtet werden. Auf das „Einfache Streckziehen" und auf die oben genannten Varianten des Tangential-Streckziehens wird im Folgenden eingegangen.

2.1 Einfaches Streckziehen

Wie **Abb. 2.1** zeigt, wird die Platine beim Einfachen Streckziehen zweiseitig fest eingespannt. Bei Eindringen des Formstempels in die von Greifern eingespannte Platine legt

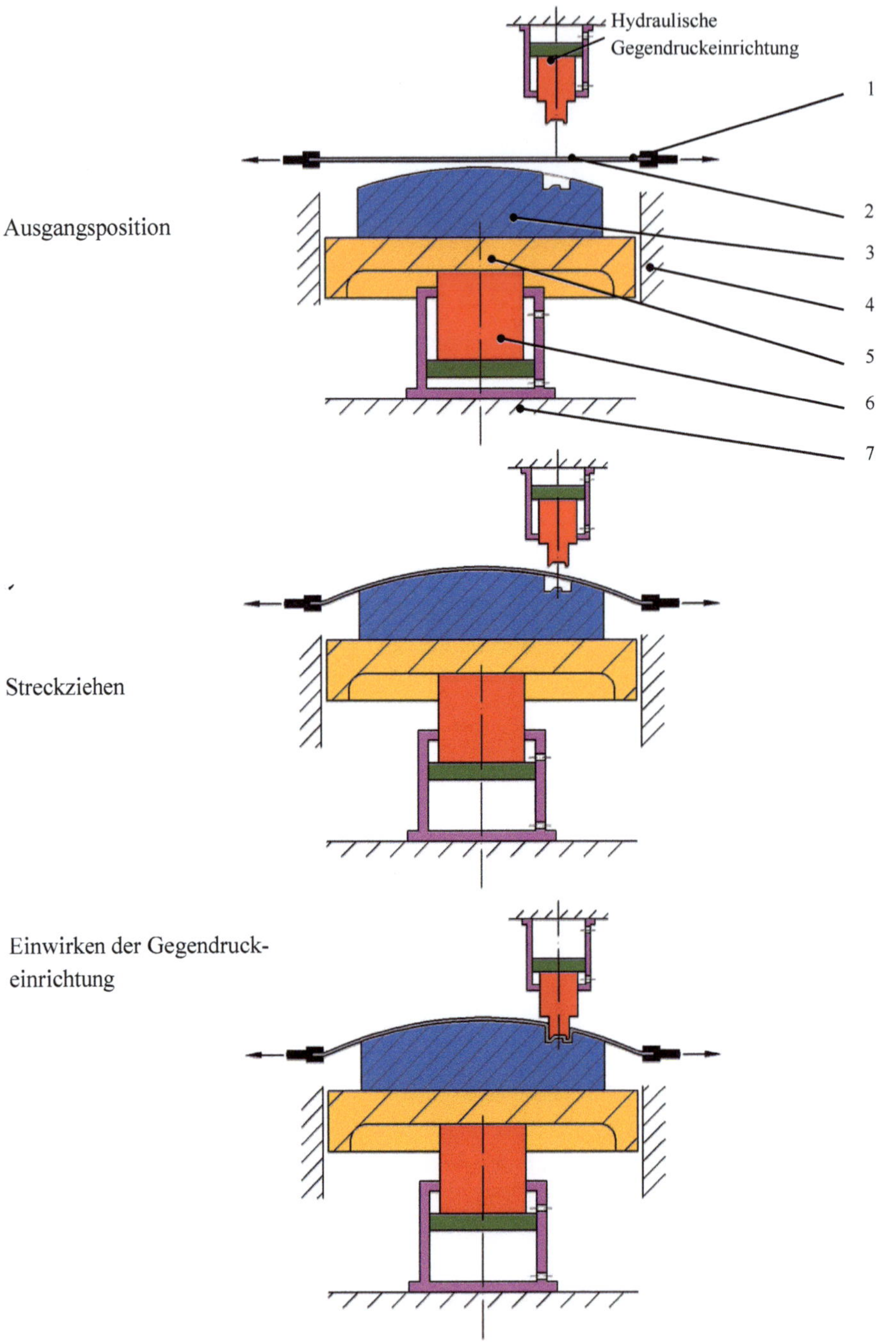

Abb. 2.1 Prinzipielle Darstellung des Einfachen Streckziehens mit Gegendruckeinrichtung
1. Platineneinspannung, 2. Platine, 3. Formstempel, 4. Tischführung, 5. Tisch, 6. Hydraulikzylinder, 7. Grundplatte

sich die Platine zunächst biegeschlaff, ohne plastisch verformt zu werden, an den Formstempel an.

Beim weiteren Vordringen des Formstempels wird dann die Platine über den Formstempel gereckt. Dabei wirkt Reibung zwischen Platine und Formstempel, so dass der Werkstofffluss im Werkstückmittenbereich durch Reibschubspannungen behindert wird. Hierdurch bedingt werden die Werkstückmittenbereiche häufig nur sehr gering plastisch verformt, was zu ungenügender Kaltverfestigung und somit zu geringer Bauteilfestigkeit und Bauteilsteifigkeit führt.

In diesem Zusammenhang ist zu beachten, dass der Widerstand gegen dynamisches Beulen, z. B. Widerstand gegen Hagelschlag, vom Verfestigungsexponenten n beeinflusst wird. Mit zunehmendem n-Wert und zunehmender Formänderung steigt die Kaltverfestigung und somit der Widerstand gegen dynamisches Beulen. Dabei ist zu beachten, dass sich mit größer werdender Formänderung eine Verringerung der Blechdicke ergibt, weil, wie bereits ausgeführt, beim Streckziehen die Vergrößerung der Produkt-Oberfläche ausschließlich zu Lasten der Blechdicke erfolgt. Eine Verringerung der Blechdicke führt aber zu einer Verringerung der Bauteilfestigkeit und der Bauteilsteifigkeit, so dass beim Streckziehen die Blechdickenreduktion nicht zu groß gewählt werden sollte. In der Praxis hat sich im Werkstückmittenbereich eine Blechdickenreduktion von ca. 2 % als richtig erwiesen.

Betrachtet man die Formänderungen beim Einfachen Streckziehen, dann ist festzustellen, dass die plastische Formänderung dort beginnt, wo keine Reibung zwischen Blech und unterem Streckziehformstempel zu verzeichnen ist. Das ist der Fall zwischen der Platineneinspannung durch die Greifer und der Linie, an der die Platine den Formstempel berührt.

Angenommen, der Platinenwerkstoff würde einen Verfestigungsexponenten von $n = 0$ aufweisen, dann würde sich beim Einfachen Streckziehen der Bereich, in dem die plastische Umformung beginnt, weiter lokal bis zum Eintreten von Versagen durch Bruch verformen, ohne dass eine Einbeziehung benachbarter Platinenbereiche in den Umformprozess erfolgen würde.

Würde der Platinenwerkstoff hingegen einen hohen n-Wert (Verfestigungsexponent) aufweisen, dann würde zwar die plastische Formänderung auch in dem Blechbereich, in dem keine Reibungsbehinderung gegeben ist, beginnen. Es würde aber dann hier die Fließspannung wegen des hohen n-Wertes so stark ansteigen, dass sich die plastische Formänderung auch in die benachbarten Blechgebiete ausbreitet. Man spricht von einem „Stützeffekt".

Festzuhalten bleibt:

> Beim „Einfachen Streckziehen" beginnt die Umformung am Platinenrand und breitet sich mit zunehmendem Stempelweg zur Werkstückmitte aus.

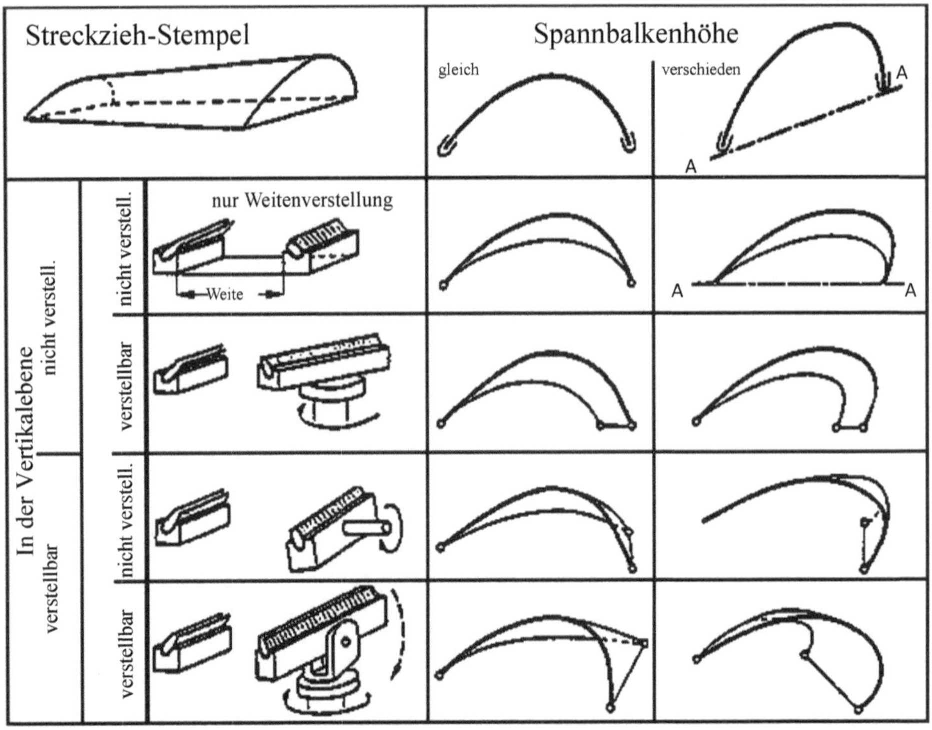

Abb. 2.2 Greiferausführung beim Streckziehen. Quelle: [Oeh01]

Folglich weist das Bauteil die geringste Kaltverfestigung in seinem Mittenbereich auf.

Als Zielsetzung für das „Einfache Streckziehen" gelten möglichst geringe Reibung zwischen Blech und Streckziehstempel sowie einer möglichst hoher *n*-Wert des Blechwerkstoffs.

Das Einfache Streckziehen ist auf Grund der zweiseitigen Einspannung nur für ein begrenztes Formenspektrum geeignet. Mögliche produktangepasste Greiferausführungen zeigt **Abb. 2.2**.

Das Einfache Streckziehen wird zur Herstellung großer, wenig gekrümmter, konvexer Blechformteile eingesetzt. Hierbei handelt es sich in der Regel um Kleinserienfertigungen bis zu Gesamtstückzahlen von ca. 10.000 Teilen, z. B. Busseitenverkleidungen, LKW-Fahrerhaus-Dächer und Flugzeugrumpf-Außenhautbeplankungen.

Abb. 2.3 zeigt eine Streckziehmaschine für das Einfache Streckziehen im industriellen Einsatz. Diese Maschine wurde ausschließlich für das Streckziehen konvexer Produkte ausgelegt.

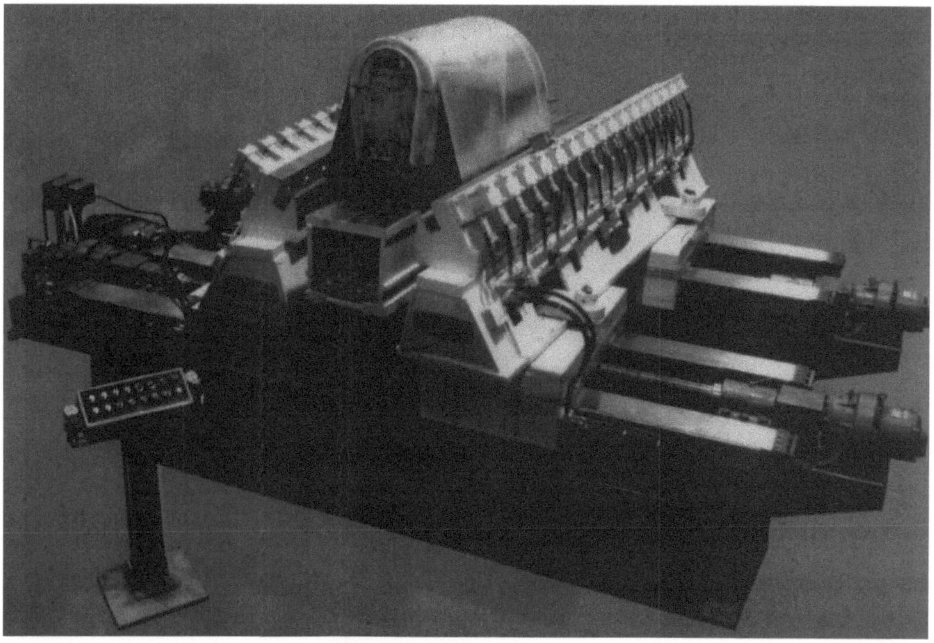

Abb. 2.3 Streckziehmaschine. Quelle: Fa. Cyril Bath, USA

Weist das herzustellende Blechformteil konvexe und konkave Konturen auf, dann kann hierfür die Streckziehmaschine mit einem oberen Formstempel, wie in **Abb. 2.1** prinzipiell dargestellt, versehen werden. Der obere Formstempel fährt dann nach dem Aufwärtsfahren des unteren Formstempels abwärts und bewirkt damit die Ausformung konkaver Konturen.

2.2 Tangential-Streckziehen

Dieses Verfahren unterscheidet sich vom Einfachen Streckziehen dadurch, dass die Greifer während des Umformprozesses verfahren werden können. Hierbei ergibt sich gemäß **Abb. 2.4** zu Beginn des Umformprozesses die Möglichkeit, die Platine zunächst durch Auseinanderfahren der Spannzangen auf etwa $\varphi_g = 0{,}02$ vorzurecken. Der untere Formstempel wird dann, wie beim Einfachen Streckziehen, vertikal aufwärts gefahren. Dabei werden die schwenkbar angeordneten Spannzangen so ausgerichtet, dass sich die Platine stets tangential an den Formstempel anlegt.

Dieses Verfahren ermöglicht gegenüber dem Einfachen Streckziehen höhere Formänderungen und somit auch größere Kaltverfestigungen in den Werkstückmittenbereichen. Nachteilig bleibt ein begrenztes Bauteil-Formenspektrum.

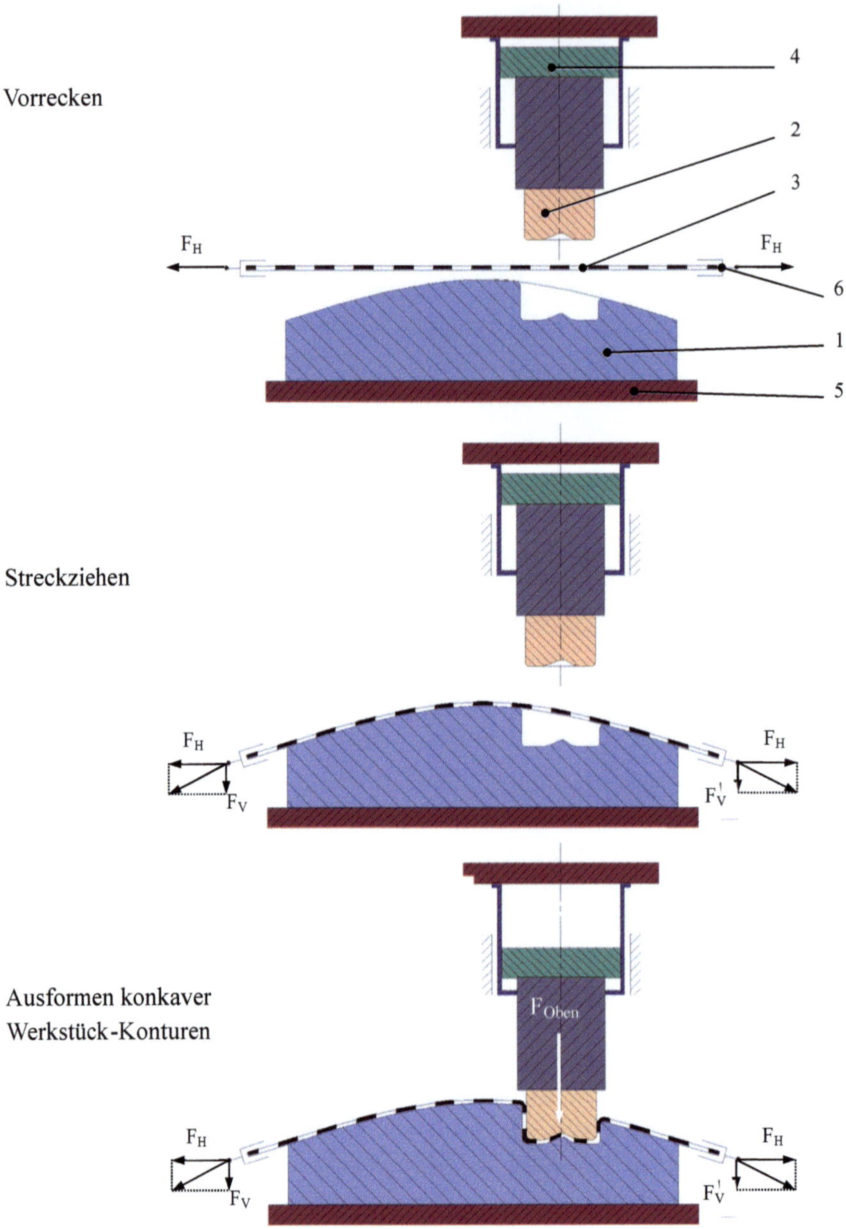

Abb. 2.4 Prinzipielle Darstellung des Tangential-Streckziehens.
1. Unterer Formstempel
2. Oberer Formstempel
3. Platine
4. Oberer Hydraulikzylinder
5. Grundplatte
6. Horizontal und vertikal verfahrbare Platineneinspannung

Die größten Streckziehmaschinen in der industriellen Fertigung haben Einspannweiten bis 10 m Länge. Moderne Tangential-Streckziehmaschinen verfügen über Sensoren zur Kraft- und Wegmessung und über einzeln steuer- bzw. regelbare Spannzangen. Hiermit werden z. B. Flugzeug-Rumpfaußenhautteile bis ca. 4 m Länge hergestellt. In der Regel werden Streckziehanlagen für konvex geformte Bauteile eingesetzt. Liegen konvex/konkav geformte Bauteile vor, dann muss die Streckziehanlage mit einem oberen Formstempel ausgeführt werden, wie in **Abb. 2.4** prinzipiell dargestellt.

2.3 Cyril-Bath-Streckziehanlage

Ausgehend vom Tangential-Streckziehen hat die Cyril-Bath Co., USA ein Streckziehverfahren entwickelt, das den Einsatz einer konventionellen einfach-wirkenden hydraulischen Presse voraussetzt.

Beim Cyril-Bath-Verfahren werden gemäß **Abb. 2.5** auf der Tischplatte einer in der Regel hydraulischen einfach-wirkenden Presse der untere Formstempel sowie links und rechts neben diesem Stempel horizontal und vertikal verfahrbare Greifer montiert. Ist das durch Streckziehen herzustellende Bauteil lediglich konvex gekrümmt, kann die Streck-

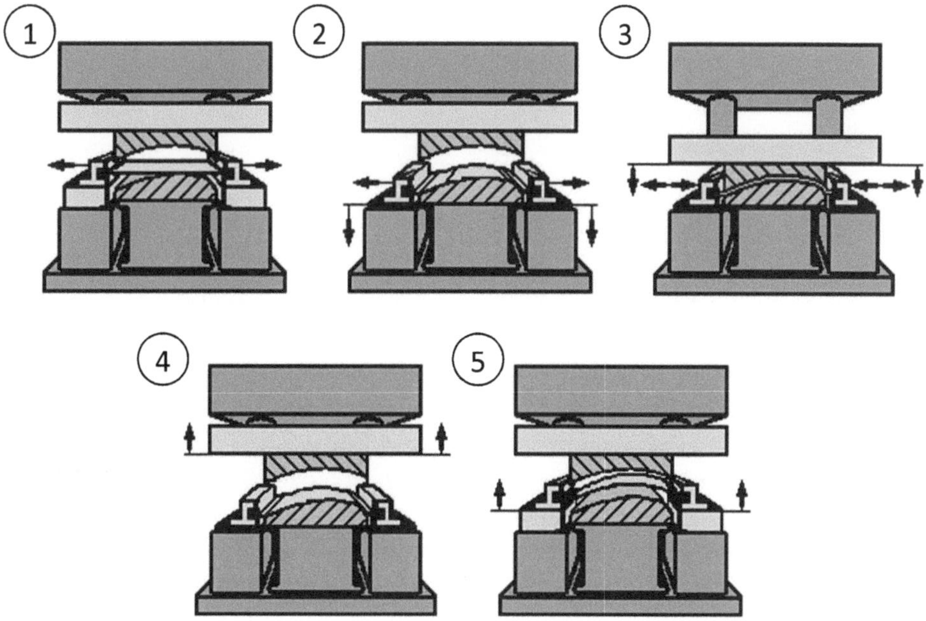

Abb. 2.5 Prinzipielle Darstellung des Tangential-Streckziehens in einer einfach-wirkenden hydraulischen Presse. Quelle: Fa. Cyril Bath, USA

ziehanlage (Streckziehplatte, unterer Formstempel und Greifer-Vorrichtung) ggf. auch außerhalb der Presse „autark" betrieben werden.

Ist das Bauteil konvex/konkav geformt, erfolgt das Ausformen der Konturen durch Einwirken eines am Pressenstößel montierten Formstempels. Der Verfahrensablauf erfolgt gemäß **Abb. 2.5** in fünf Schritten.

1) Die Platine wird zweiseitig fest eingespannt und auf eine logarithmische Hauptformänderung von z. B. $\varphi_g = 0{,}02$ vorgereckt.
2) Die horizontal und vertikal verfahrbaren Spannzangen strecken das Blech über den Formstempel, so dass die konvexen Konturen ausgeformt werden.
3) Der Pressenstößel prägt über den oberen Formenstempel die Gegenkontur in das gespannte Blechformteil und formt so die konkaven Konturen aus. Um hierbei ein Reißen des Bauteils zu vermeiden, ist es möglich, die Spannzangen horizontal und vertikal so zu verfahren, dass Blech „nachfließen" kann.
4) Nach Beendigung des Umformvorgangs fährt der Stößel in seine Ausgangsstellung zurück. Die Spannzangen werden dann geöffnet, und das Teil kann entnommen werden.
5) Die Spannzangen fahren in ihre Ausgangsstellung zurück.

Der Einsatz einer konventionellen einfach-wirkenden hydraulischen Presse hat den Vorteil, dass dann, wenn die Streckziehanlage nicht benötigt wird, die Presse anderweitig, z. B. zum Biegen, Prägen und Schneiden, genutzt werden kann. Auch ist hervorzuheben, dass, verglichen mit konventionellen Streckzieheinrichtungen, beim Cyril-Bath-Verfahren die Führung des oberen Formstempels in der Regel deutlich besser als bei konventionellen Streckziehanlagen ist, was sich positiv auf die Produkt-Maßhaltigkeit auswirkt. Hervorzuheben ist ferner, dass beim Cyril-Bath-Verfahren die Möglichkeit einer NC-Steuerung der Greiferwege gegeben ist. So ist durch Steuerung der seitlich angeordneten Greifer ein kontrolliertes, reproduzierbares Umformen des Bleches möglich.

Auch kann durch Einbeziehen der Steuerungen von

- Platinenabstapelung,
- Transport der Platinen in die Greifer hinein,
- Transport der Werkstücke aus dem Werkzeug heraus und in das Folgewerkzeug hinein

der gesamte Prozess mechanisiert werden. Blechformteile aus ca. $2\,m^2$ großen Platinen, z. B. LKW-Fahrerhausbeplankungen, können mit einer derartigen Anlage mit ca. 8 Hüben pro Minute reproduzierbar gefertigt werden. Damit erscheint das Verfahren prinzipiell für die Fertigung von Mittelserien (Gesamtstückzahlen bis 100.000 Teile) geeignet. Wie bei den anderen Streckziehverfahren ergibt sich jedoch auch hier auf Grund der zweiseitigen Einspannung eine Eingrenzung des Formenspektrums. Von Vorteil ist jedoch die Verwendung einer konventionellen, vorzugsweise hydraulischen einfach-wirkenden Karosseriepresse ohne Zieheinrichtung im Pressentisch. Damit ist es möglich, bei Ausbau der Greifer-Vorrichtungen die Presse zum Biegen und Prägen dicker und/ oder hochfester Stahlbleche sowie zum Lochen und Schneiden einzusetzen.

2.4 NC-steuerbares segmentiertes Streckziehen

Beim Segmentierten Streckziehen wird eine Blechplatine von einer Vielzahl vertikal und horizontal verfahrbarer Greifer eingespannt, horizontal vorgereckt und dann über einen feststehenden Formstempel gereckt.

Die bisher betrachteten Streckziehverfahren basieren auf einer zweiseitigen Einspannung der Platine. Es liegt nahe, um einen unteren Formstempel herum segmentweise NC-steuerbare, vertikal und horizontal verfahrbare Greifer anzuordnen und zur Produktion konvex/konkaver Blechformteile, wie beim Cyril-Bath-Verfahren, die Streckzieheinrichtung in einer konventionellen hydraulischen einfach-wirkenden Presse zu betreiben.

Abb. 2.6 zeigt in prinzipieller Darstellung die Anordnung hydraulisch horizontal und vertikal verfahrbarer Greifer um einen Formstempel herum. Hiermit ist es möglich, die Platine an ihrem Außenrand durch eine Vielzahl von Greifern fest einzuspannen und zunächst horizontal auf eine logarithmische Hauptformänderung von z. B. $\varphi_g = 0{,}02$ vorzurecken. Es wird dann die Platine durch horizontales und vertikales Verfahren der Greifer über den Formstempel gereckt.

Abb. 2.7 zeigt eine am Institut für Umformtechnik der Universität Stuttgart (IFU) entwickelte Versuchsanlage zum segmentierten Streckziehen. Bei dieser Anlage wirken um einen halbkugelförmigen Stempel, der einen Radius von R = 290 mm aufweist, 6 einzeln

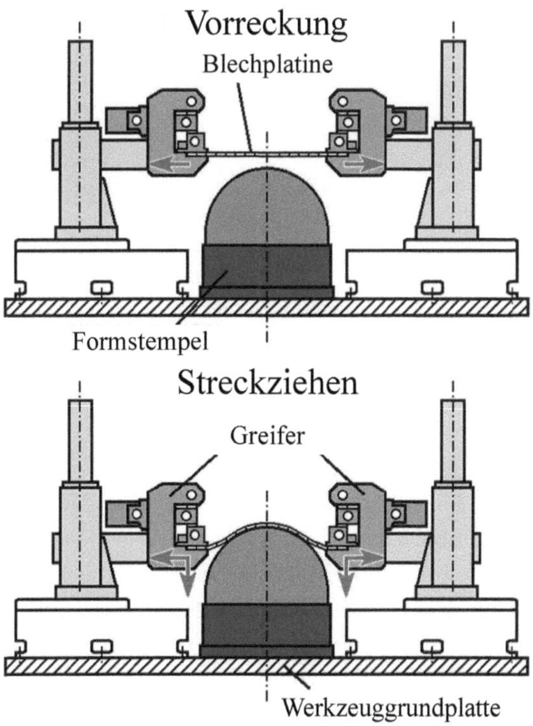

Abb. 2.6 NC-gesteuertes Streckziehen mit um einen Formstempel herum angeordneten Greifern-Vorrecken und anschließendes NC-Streckziehen. Quelle: IFU – Universität Stuttgart

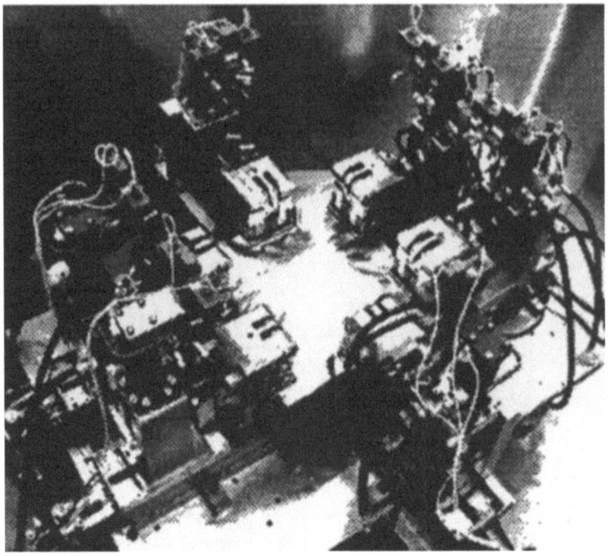

Abb. 2.7 Versuchsanlage zum NC-gesteuerten segmentierten Streckziehen. Quelle: IFU – Universität Stuttgart

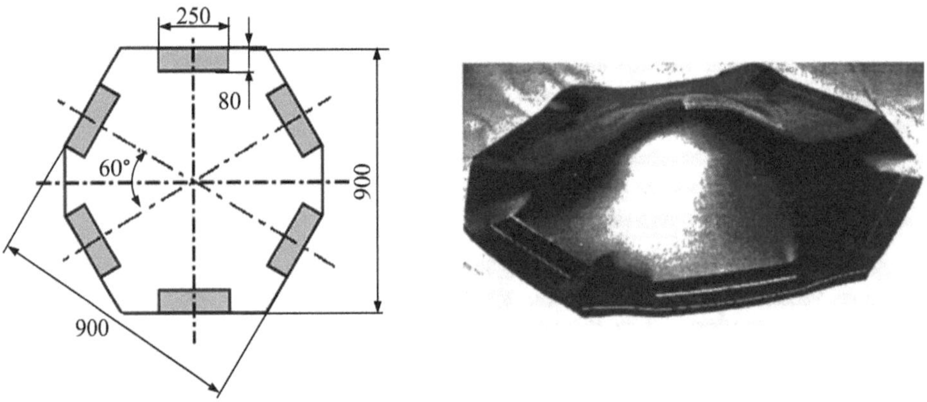

Abb. 2.8 Platinenform und Greiferposition sowie mittels NC-gesteuerten segmentierten Streckziehen hergestelltes Blechformteil

horizontal und vertikal verfahrbare Greifer. Die Platinenform und die Position der Greifer sowie ein streckgezogenes Produkt zeigt **Abb. 2.8**.

Abb. 2.9 zeigt die mittels FEM-Prozeßsimulation berechneten logarithmischen Vergleichsformänderungen über eine auf $\varphi_v = 0{,}02$ vorgereckten Platine. Es ist ersichtlich, dass um die Position der Greifer herum die höchsten Formänderungen vorliegen. Diese Formänderungen liegen jedoch weit unterhalb der Grenzformänderungen, bei denen Versagen durch Einschnürung bzw. Bruch eintritt, sodass sie nicht verfahrensbegrenzend

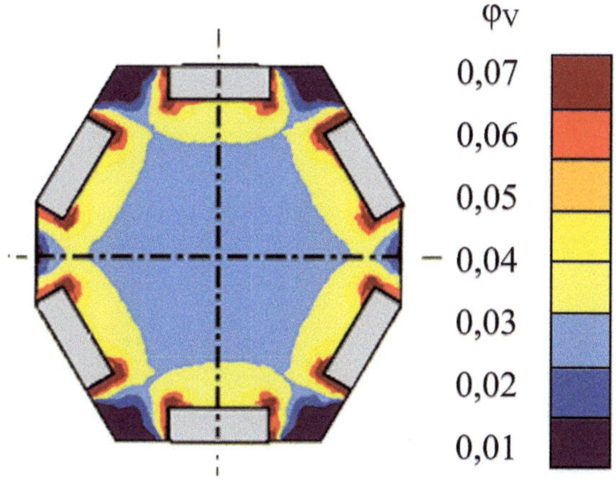

Abb. 2.9 FEM-Ermittlung des Verlaufs der logarithmischen Vergleichsformänderung über der vorgereckten Platine. Quelle: IFU - Universität Stuttgart

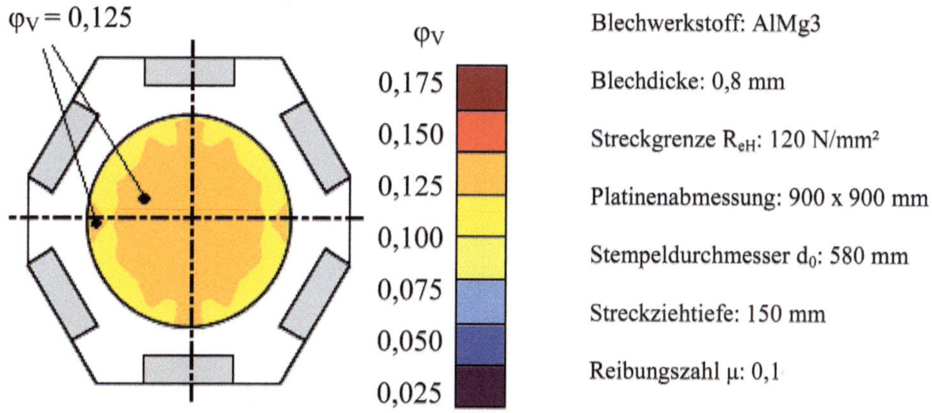

Abb. 2.10 FEM-Ermittlung der Vergleichsformänderung nach dem Streckziehen. Quelle: IFU - Universität Stuttgart

sind. Hervorzuheben ist, dass über die gesamte restliche Platine eine gleichmäßige Verteilung der logarithmischen Formänderung von $\varphi_g = 0{,}02$ vorliegt.

Abb. 2.10 zeigt die mittels FEM berechnete Verteilung der Vergleichsformänderungen über dem segmentiert streckgezogenen Bauteil. Es ist erkennbar, dass der gesamte Mittenbereich eine logarithmische Vergleichsformänderung von $\varphi_g = 0{,}125$ aufweist.

Nun ist zu betonen, dass die **Abb. 2.9** und **2.10** mittels FEM berechnete Vergleichsformänderungen zeigen. Es erscheint sinnvoll, durch experimentelle Untersuchungen zu überprüfen, inwie weit die mittels FEM berechneten Vergleichsformänderungen von den realen, experimentell ermittelten Ergebnissen abweichen. Untersuchungen von K.J. Fann [Fan96] zeigen, dass die Simulationsergebnisse recht gut mit den experimentell ermittelten (realen) Ergebnissen übereinstimmen. So zeigt **Abb. 2.11** die experimentell ermittelten Vergleichformänderungen über dem Blechformteil. Damit ist es möglich,

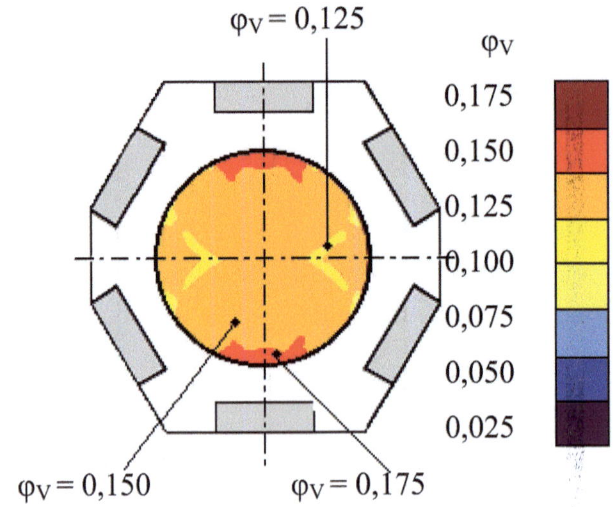

Abb. 2.11 Experimentelle Ermittlung der Vergleichsformänderung nach dem Streckziehen. Quelle: IFU – Universität Stuttgart

die berechneten Ergebnisse (Abb. 2.10) mit den experimentell ermittelten Ergebnissen, dargestellt auf **Abb. 2.11**, zu vergleichen. Die größte Abweichung beträgt $\varphi_v = 0{,}025$, was zeigt, dass es sehr wohl möglich ist, die Greiferwege und/oder die Greiferkräfte mittels FEM-Berechnung zu ermitteln und dann an die Steuerung der NC-steuerbaren Segmentierten Streckziehanlage zu übergeben.

Zusammenfassend kann gesagt werden:

- Es ist möglich, in einer segmentierten Streckziehanlage allseitig um einen Formstempel herum NC-steuerbare Greifer anzuordnen.
- Es können entweder die Greiferwege oder die Greiferkräfte mittels FEM berechnet und beim Umformen vorgegeben werden. Vorzugsweise sollten die Greiferkräfte gewählt werden, weil bei Vorgabe der Greiferwege das elastische Verhalten der Streckziehanlage von Einfluss ist und berücksichtigt werden muss.
- Untersuchungen am IFU haben gezeigt, dass eine Vorherbestimmbarkeit finaler Bauteileigenschaften möglich ist. So können z. B. über dem Bauteil die Vergleichsformänderungen, oder bei Zugrundelegen der Fließkurve des Blechwerkstoffs, die Fließspannungen vorgegeben werden.

Literatur

[Fan96] Fann, K., J.: Streckziehen mit vorgebbaren finalen Bauteileigenschaften, Beiträge zur Umformtechnik, Bd. 12, Hrsg. K. Siegert, DGM-Informationsgesellschaft-Verlag mbH, 1996, Oberusel, ISBN 3-88355-242-9

[Oeh01] Oehler, G.; Kaiser, F.: Schnitt-, Stanz- und Ziehwerkzeuge. Springer-Verlag Berlin Heidelberg New York 8. Auflage 2001, ISBN 3-540-67371-7

Tiefen

3

Dr.-Ing. Stefan Wagner
Institut für Umformtechnik (IFU), Universität Stuttgart

Beim Tiefen unterscheidet man mechanisches und hydraulisches, bzw. pneumatisches Tiefen, Tiefen bei Raumtemperatur und Tiefen bei erhöhten Temperaturen sowie Superplastisches Tiefen.

Ferner ist zu unterscheiden: Tiefen von rotationssymmetrischen und nicht-rotationssymmetrischen Blechformteilen.

Bei allen Verfahrensvarianten des Tiefens wird eine Platine an ihrem äußeren Rand umlaufend geschlossen fest eingespannt, sodass kein Umformgut beim Tiefen in den Tiefungsring bzw. in die Kavität der Matrize einfließen kann. Die beim Tiefen zu verzeichnende Oberflächenvergrößerung geht somit ausschließlich zu Lasten der Werkstück-Wanddicke.

Hierdurch bedingt ist das Tiefen nur zur Herstellung relativ flacher Teile einsetzbar. Sind formlich schwierige Teile herzustellen, dann bietet sich ggf. ein Tiefen bei erhöhten Temperaturen an.

Es ist auch zu beachten, dass die Superplastische Blechumformung eine Verfahrensvariante des Tiefens ist.

Im Folgenden wird auf die Varianten des Tiefens eingegangen. Dabei wird zunächst das Tiefen rotationssymmetrischer halbkugelförmiger Blechformteile behandelt. Hieran anschließend wird dann auf das Tiefen nicht-rotationssymmetrischer halbkugelförmiger Blechformteile, sowie das hydraulische und pneumatische Tiefen incl. der Superplastischen Umformung eingegangen.

3.1 Tiefen rotationssymmetrischer halbkugelförmiger Blechformteile

3.1.1 Tiefungsverfahren

Beim mechanischen Tiefen rotationssymmetrischer halbkugelförmiger Blechformteile zieht ein starrer halbkugelförmiger Tiefungsstempel eine Platine durch einen Tiefungsring. Dabei wird die Platine zwischen einem oberen und einem unteren Tiefungsrahmen

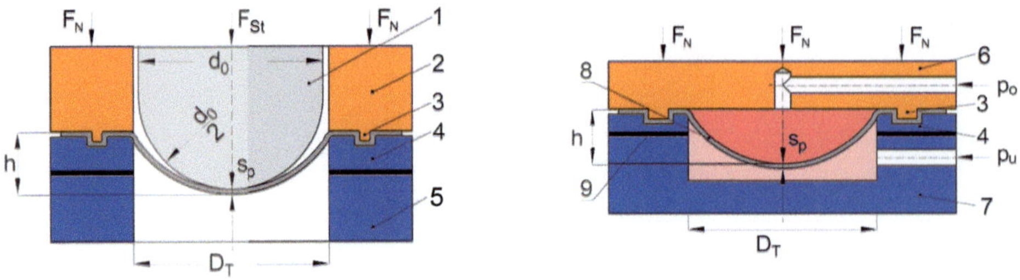

Abb. 3.1 Prinzipielle Darstellung des mechanischen Tiefens (links) und des hydraulischen bzw. pneumatischen Tiefens (rechts)

1. Stempel
2. Niederhalter
3. Abklemm- und Dichtsicke
4. Tiefungsring
5. Tiefungsringabstützung
6. Obere Verschlussplatte
7. Tiefungsringabstützung
8. Blech
9. Dichtung zwischen Tiefungsring und Rezipient

F_N Niederhalterkraft
F_{St} Stempelkraft
p_0 Druck in der oberen Kammer
p_u Druck in der unteren Kammer
h Tiefe
d_0 Stempeldurchmesser
D_T Innendurchmesser des Tiefungsrings
s_P Blechdicke im Pol

umlaufend fest eingespannt, sodass beim Tiefen kein Umformgut über die Tiefungsringrundung nachfließen kann.

In der Regel wird beim Tiefen zur Sicherstellung einer einwandfreien Einspannung der Platine eine Abklemmsicke in dem unteren Tiefungsrahmen angeordnet.

Für das Tiefen mit Wirkmedium kann man diese Sicke auch als Dichtsicke ausbilden. Man erhält dann eine Dicht- und Abklemmsicke.

Das Symbol _⎍_ steht für den Einsatz einer rechteckigen Abklemmsicke. Möglich ist auch eine andere Form der Sicke oder eine andere Maßnahme, wie z. B. die Erhöhung der Schließkraft, mit der die beiden Tiefungsrahmen zusammengepresst werden.

Wie **Abb. 3.1** zeigt, kann statt eines starren Tiefungsstempels auch ein hydraulischer bzw. pneumatischer Druck wirken. Man spricht dann von Tiefen mit Wirkmedium.

Der wesentliche Unterschied zwischen dem mechanischen Tiefen und dem Tiefen mit Wirkmedium (hydraulisches bzw. pneumatisches Tiefen) ist darin zu sehen, dass beim mechanischen Tiefen zwischen der Tiefungsringrundung und dem Blech sowie zwischen dem Tiefungsstempel und dem Blech Reibung zu verzeichnen ist, während beim Tiefen mit Wirkmedium lediglich flüssigkeits- bzw. gasbedingte Reibung, die als vernachlässigbar gering betrachtet werden kann, auftritt.

3.1.2 Tiefungskennwert

Beim Tiefen rotationssymmetrischer halbkugelförmiger Blechformteile durch hydraulische bzw. pneumatische Druckbeaufschlagung, und auch durch Einwirkung eines starren

Tiefungsstempels, wird die Tiefe h bis zum Erreichen von Versagen durch Reißer gesteigert. Die dann erreichte Tiefe h_{max} ist ein Kennwert der Blechumformung.

Ein großer h_{max}-Kennwert lässt auf gute Umformbarkeit schließen.

Je größer der h_{max}-Kennwert ist, desto größer ist die bis zum Erreichen von Versagen durch Reißer erreichbare logarithmische Hauptformänderung $\varphi_{g_{max}} = \varphi_{g_{Bruch}}$.

Das mechanische Tiefen rotationssymmetrischer Blechformteile wird häufig zur Ermittlung von Grenzformänderungen eingesetzt. Zu nennen sind Untersuchungen mit starren Werkzeugen mit unterschiedlichen Stempeldurchmessern. So dient der Erichsen-Test, bei dem der Erichsen-Index IE ermittelt wird, als Standard-Test zur Ermittlung eines Kennwertes, der auf die Umformbarkeit schließen lässt. Beim Erichsen-Test wird ein Halbkugelstempel mit einem Durchmesser von d = 33 mm, teilweise auch 50 mm, eingesetzt. Allen diesen Tests gemein ist der prinzipielle Werkzeugaufbau. Es ist aber festzustellen, dass mit unterschiedlichen Tests sich unterschiedliche Lagen der Grenzformänderungskurven ergeben. Ein Grund hierfür ist der Einfluss der Reibung, die nur bedingt in engen Grenzen reproduzierbar ist.

Absolut ohne Reibungseinfluss ist das hydraulische bzw. pneumatische Tiefen. Es ist daher gut zur Ermittlung von Kennwerten der Blechumformung geeignet. Interessant ist der Tiefungstest von Marciniak. Er sieht einen Stempel mit flacher Stirnseite vor und verwendet pro Test 2 Platinen, wobei eine Platine in der Mitte kreisförmig ausgeschnitten ist. Die andere Platine ist die eigentliche Test-Platine. Beim Tiefen wird sie unter Zug/Zug-Beanspruchung bis zum Eintreten von Versagen durch Reißer belastet, wobei im Mittenbereich auf Grund des kreisförmigen Ausschnitts keine Reibung zwischen Blech und Stempel zu verzeichnen ist.

Der Literatur ist zu entnehmen, dass zur Ermittlung von Grenzformänderungen in Werkzeugen für das Tiefen Platinen unterschiedlicher Breite (Streifen), Platinen mit unterschiedlichen seitlichen Ausschnitten und Platinen mit spezieller Geometrie zur Erfassung der Grenzformänderung bei ebenem Formänderungszustand (Plane-Strain-Test) eingesetzt wurden (vgl. **Abb. 1.53**). Bei diesem Test fließt das Umformgut aus der Probenbreite in die Probenlänge, wobei die Probendicke konstant bleibt, d. h. $\varphi_s = \varphi_3 = 0$ (plane strain).

3.2 Mechanisches Tiefen nicht-rotationssymmetrischer Blechformteile

Beim mechanischen Tiefen wird gemäß **Abb. 3.2** die Platine zwischen oberem und unterem Tiefungsrahmen fest eingespannt. Der untere Tiefungsrahmen kann dabei als gesondertes Bauteil oder zusammen mit der Matrize einteilig ausgeführt. werden. Man

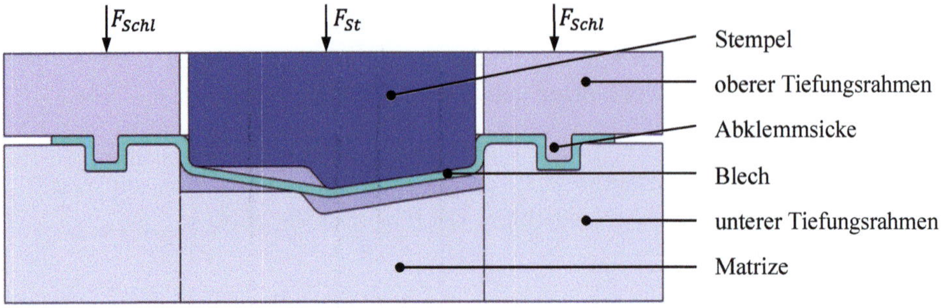

Abb. 3.2 Prinzipielle Darstellung des mechanischen Tiefens nicht-rotationssymmetrischer Blechformteile

spricht dann von einer Matrize mit integriertem Tiefungsrahmen. Durch Abwärtsfahren des Stempels wird das Blech innerhalb der Einspannung in die Kavität der starren Matrize hineingeformt.

Da beim mechanischen Tiefen die Vergrößerung der Werkstückoberfläche ausschließlich zu Lasten der Blechdicke erfolgt, ist dieses Verfahren nur für geringe Formänderungen geeignet, es sei denn, man führt die Umformung bei erhöhten Umformtemperaturen durch, was jedoch nur selten erfolgt.

Beim Tiefen nicht-rotationssymmetrischer Blechformteile wirken sowohl bei Raumtemperatur als auch bei erhöhter Temperatur Reibungskräfte zwischen Stempel und Blech sowie zwischen Blech und Matrize.

3.3 Hydraulisches Tiefen

Beim Tiefen mit Wirkmedium wird eine Platine zwischen Matrize (Werkzeugoberteil) und Verschlussplatte (Werkzeugunterteil) fest eingespannt und dann mittels Wirkmedium (Gas, Fluid) in die Kavität der Matrize hineingeformt. Dabei entstehen zwei Druckkammern. Eine untere Druckkammer ergibt sich zwischen Verschlussplatte und Platine und eine obere Druckkammer ergibt sich zwischen Platine und Matrize. Es herrschen in der unteren Druckkammer der Druck p_u und in der oberen Druckkammer der Druck p_o.

Zur Vermeidung von Poren im Umformgut kann ein Gegendruck, also ein Druck p_o in der oberen Druckkammer, wirken.

Wie bereits ausgeführt, sind Fluide als Wirkmedium nur bis ca. 250 °C verfügbar. Somit kann man grob unterscheiden zwischen hydraulischem Tiefen (bei Fluidtemperaturen bis 250 °C) und pneumatischem Tiefen (bei Gastemperaturen oberhalb von 250 °C).

3.3.1 Hydraulisches Tiefen halbkugelförmiger Blechformteile

Abb. 3.1 (rechts) zeigt das Prinzip des hydraulischen Tiefens. Die Platine wird umlaufend fest eingespannt und zwischen dem Ober- und Unterwerkzeug gedichtet eingeklemmt. Somit kann kein Umformgut aus dem Spalt zwischen den Ziehrahmen in die Kavitäten der Matrize plastisch einfließen. Die beim Tiefen sich ergebende Oberflächenvergrößerung erfolgt daher ausschließlich zu Lasten der Blechdicke. Beim Tiefen kann die Matrize entweder in den unteren oder in den oberen Tiefungsrahmen integriert sein.

3.3.2 Hydraulisches Tiefen nicht-rotationssymmetrischer Blechformteile

Abb. 3.3 zeigt das hydraulische Tiefen bei Wirken eines hydraulischen bzw. pneumatischen Drucks p_0 anstelle eines starren Stempels.

Als Vorteile dieses Verfahrens sind die geringen Werkzeugkosten und der Entfall von Reibung zwischen Blech und Fluid und damit der Entfall von reibungsbedingten Beeinträchtigungen der vom Fluid beaufschlagten Bauteiloberfläche. Von Nachteil ist die Erfordernis einer Hochdruckhydraulik und hoher Zuhaltekräfte, d. h. hoher Pressenstößelkräfte.

Auch ist zu betonen, dass das Hydrostatik-Medium beim Umformen unter extrem hohen Drücken steht und somit sichergestellt werden muss, dass im Fall einer Leckage nicht das Hydraulikmedium horizontal aus dem Spalt zwischen den Einspannrahmen entweicht. Um eine Personengefährdung auszuschließen bzw. möglichst gering zu halten, sollte der obere Einspannrahmen den unteren Einspannrahmen übergreifen. Ebenso sollte ggf. der untere Einspannrahmen die Matrize übergreifen. Selbstverständlich ist die gesamte Werkzeugausführung mittels FEM-Berechnungen auszulegen.

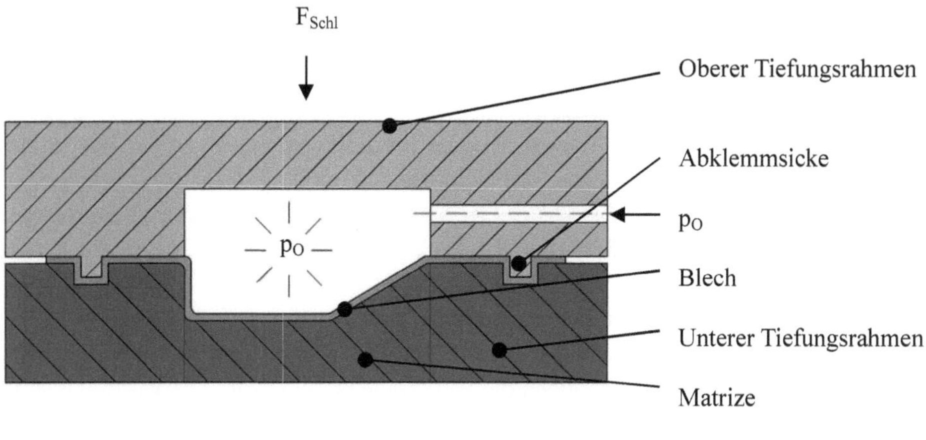

Abb. 3.3 Prinzipielle Darstellung des hydraulischen bzw. pneumatischen Tiefens nicht-rotationssymmetrischer Blechformteile

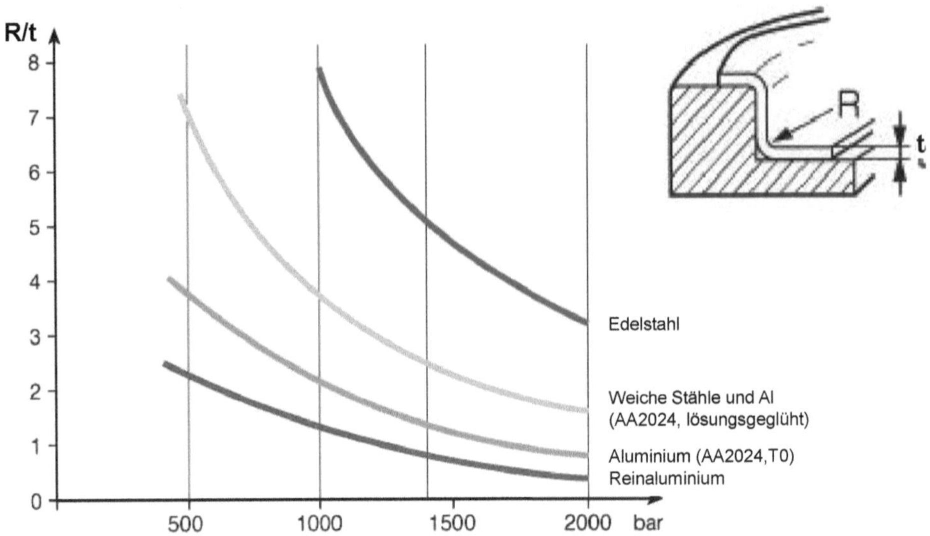

Abb. 3.4 Auf die Blechdicke bezogener Radius R in Abhängigkeit der Ausgangsblechdicke t. Quelle: Avure Technologies

Der Druck am Ende des Umformprozesses bewirkt eine Kalibrierung des Blechformteils. Je kleiner die Radien des Bauteils, je höher die Festigkeit des Werkstoffes und je größer die Blechdicke, desto höher muss der Hydraulikdruck bei Ende des Umformvorgangs sein. Bei den in **Abb. 3.4** gezeigten Verläufen der auf die Blechdicke bezogenen Bauteilradien über dem Druck bei Vorgangsende wird deutlich, dass relativ hohe Drücke zum Ausformen kleiner Radien erforderlich sind [Joh01].

Abb. 3.5 zeigt eine durch hydraulisches Tiefen hergestellte Blechschale sowie ebenfalls durch hydraulisches Tiefen hergestellte Höckerbleche.

Abb. 3.6 zeigt eine PKW-Außentür im Maßstab 1:2, die in eine Matrize hydraulisch getieft wurde. Die Türgriffmulde wurde hierbei erst bei Beendigung des Umformprozesses ausgeformt. Hierzu wird in die Kavität der Griffmulde ein Gegendruck p_g eingebracht, der gleich dem Druck p_0 ist. Das Blech überspannt dann die Kavität der Griffmulde. Wird dann bei Ende des Umformvorgangs der Gegendruck abgebaut, dann wird unter Einwirken des Drucks p_0 die Griffmulde ausgeformt. Dieses Vorgehen hat den Vorteil, dass sich keine Oberflächenunruhen um die Griffmulde herum ausbilden.

Vorteilhaft an diesem Verfahren ist somit, dass sich hiermit Bauteile von hoher Oberflächenqualität und exakt ausgeformten Konturen mit kostengünstigen Werkzeugen herstellen lassen. Außerdem benötigen die Werkzeuge nur eine kurze Entwicklungs- und Herstellungszeit. Nachteilig sind die geringe Ausbringungsrate (~ 1 bis 10 Bauteile pro Minute), sowie der Bedarf an Hochdruck-Hydraulikkomponenten und einer Vorrichtung mit hoher Zuhaltekraft, die auch als Presse ausgeführt werden kann.

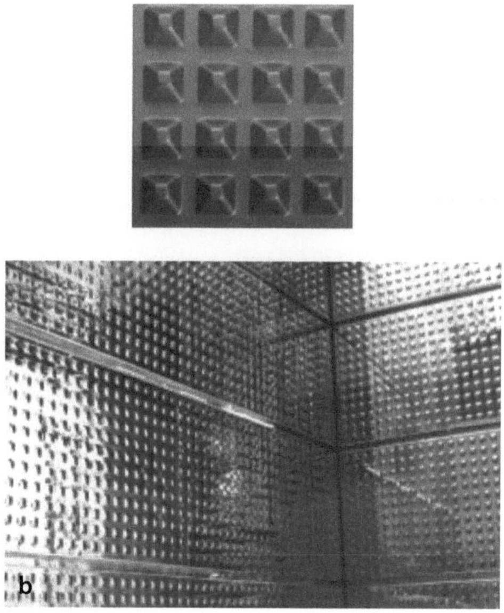

Abb. 3.5 a Messingschale (CuZn36) und b Höckerbleche mit verspiegelter Außenseite (rechts), hergestellt durch hydraulisches Tiefen. Quelle: HDE Solutions GmbH

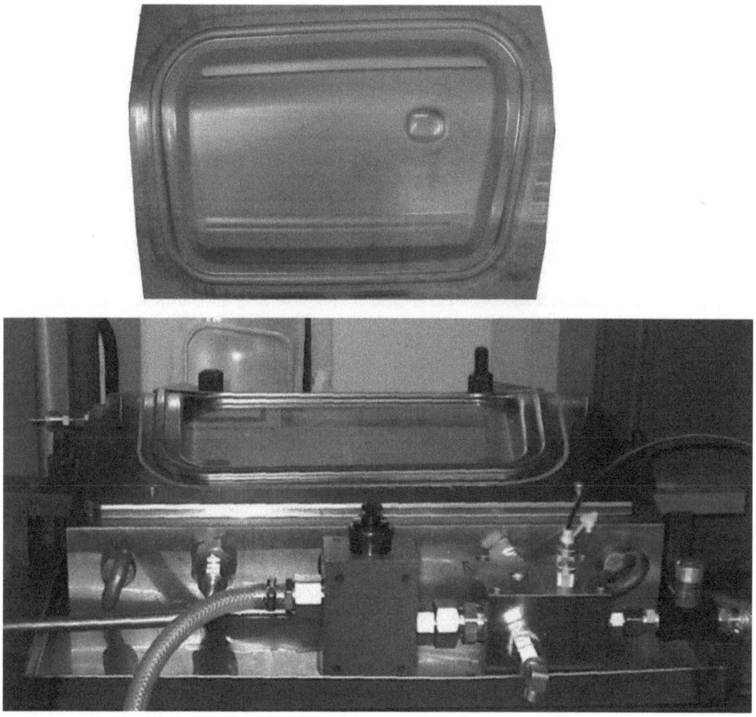

Abb. 3.6 Hydraulisch getiefte PKW-Tür im Maßstab 1:2 (Maximaldruck=250 bar, Stahlblech DC05, Blechdicke s_0 = 0,6 mm), Versuchsaufbau. Quelle: IFU – Universität Stuttgart

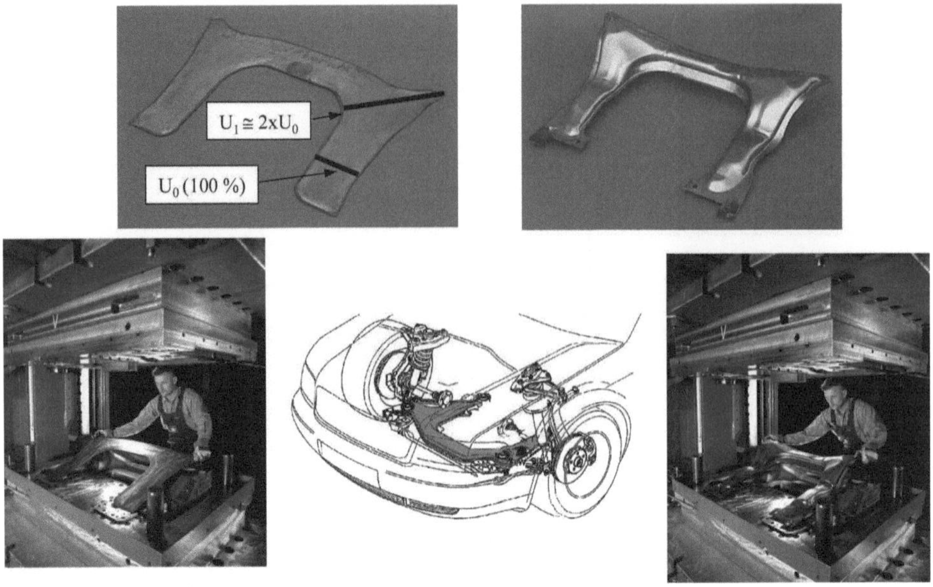

Abb. 3.7 Fahrzeugteile, die durch hydraulisches Tiefen von Doppelblechen, die vor dem Umformen verschweißt wurden, unter Innenhochdruck hergestellt wurden. Quelle: ThyssenKrupp

Abb. 3.7 zeigt die Herstellung von Fahrwerksteilen durch hydraulisches Tiefen von Doppelblechen, die vor dem Umformen zusammengeschweißt wurden. Bei diesem Verfahren ist ein hoher Innendruck erforderlich.

3.3.3 Kombination von hydraulischem Tiefen und hydromechanischem Tiefziehen

Bei der Herstellung flacher Blechformteile wie z. B. Motorhauben oder Dächer, sollte man ein kombiniertes Verfahren aus hydraulischem Tiefen und Hydromechanischem Tiefziehen in Betracht ziehen, um Bauteile herzustellen, die eine höhere Kaltverfestigung aufweisen.

Wählt man eine Kombination von hydraulischem Tiefen bei Raumtemperatur und Hydromechanischem Tiefziehen (Kap. 4.3), dann erhält man Ziehteile mit höherer Kaltverfestigung und gleichmäßiger Dehnungsverteilung. **Abb. 3.8** zeigt das Vorbeulen der Platinen (nach oben) und nach dem Stülpen der Platine das Hydromechanische Tiefziehen (nach unten). Man spricht von „Prebulging" und von „Aktivem Hydromech" [Nak87, Ste96].

Nachdem das Blech in der Mitte des Bauteils etwa 2 % gedehnt wurde, kann das entgegengesetzte Ziehen durch eine Abwärtsbewegung des Stempels realisiert werden. In diesem Fall wird der Druck „passiv" durch Eindringen des Stempels bzw. durch die

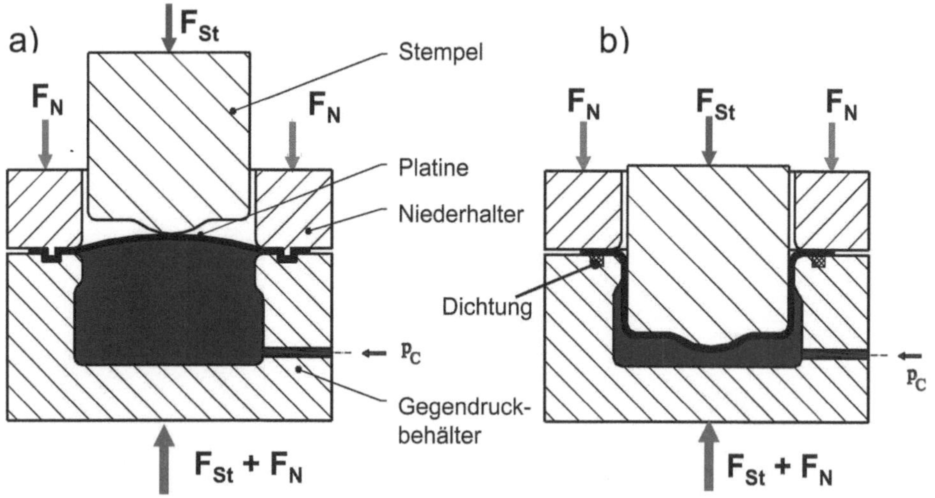

Abb. 3.8 Verfahrenskombination: a Hydraulisches Tiefen (prebulging); b Hydromechanisches Tiefziehen in Gegenrichtung

Kompression des hydrostatischen Mediums erzeugt. Bei diesem Ziehprozess darf die Faltenbildung nicht außer Acht gelassen werden. Aus diesem Grund muss das Blech im Bereich der äußeren Oberfläche des Formteils mit dem Stempel in Berührung sein. Dies sollte am Ende des hydraulischen Streckziehprozess und während des hydraulischen Tiefziehprozesses der Fall sein, um Streifen an der Oberfläche auf Grund von Faltenbildung während des Stülpens zu vermeiden.

3.3.4 Kombination von konventionellem Tiefziehen und hydraulischem Tiefen

Abb. 3.9 zeigt die Möglichkeit des konventionellen Tiefziehens bis zu einer vorgegebenen Ziehtiefe mit anschließendem hydraulischen Tiefen. Hierbei kann das Blech in die Kavität des Stempels (**Abb. 3.9b**) oder in die Kavität der Matrize geformt werden. Der hierfür benötigte Druck muss aktiv von außen durch einen Druckerzeuger aufgebracht werden.

Abb. 3.10 zeigt das Verfahren des konventionellen Tiefziehens von Doppelblechen bis zur gewünschten Ziehtiefe mit anschließendem hydraulischen Tiefen. Hierbei wird das untere Blech in die Kavität der Matrize geformt und das obere Blech wird in die Kavität des Stempels geformt. Anschließend kann der Stempel kontrolliert wieder hochgefahren werden, falls dies nötig ist. Das abschließende Streckziehen der beiden Bleche, die nicht miteinander verbunden sind, endet mit der Einbringung eines hydraulischen Druckes zwischen die beiden Bleche mit Hilfe eines speziellen Druckeinlasses.

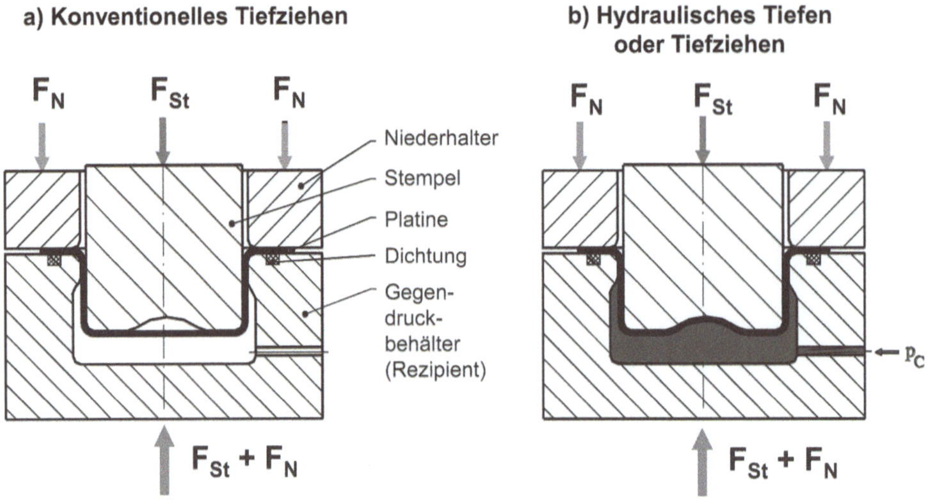

Abb. 3.9 (a) Konventionelles Tiefziehen, anschließendes Stülpen und Hydraulisches Tiefen des Bleches (b) in die Kavität des Stempels

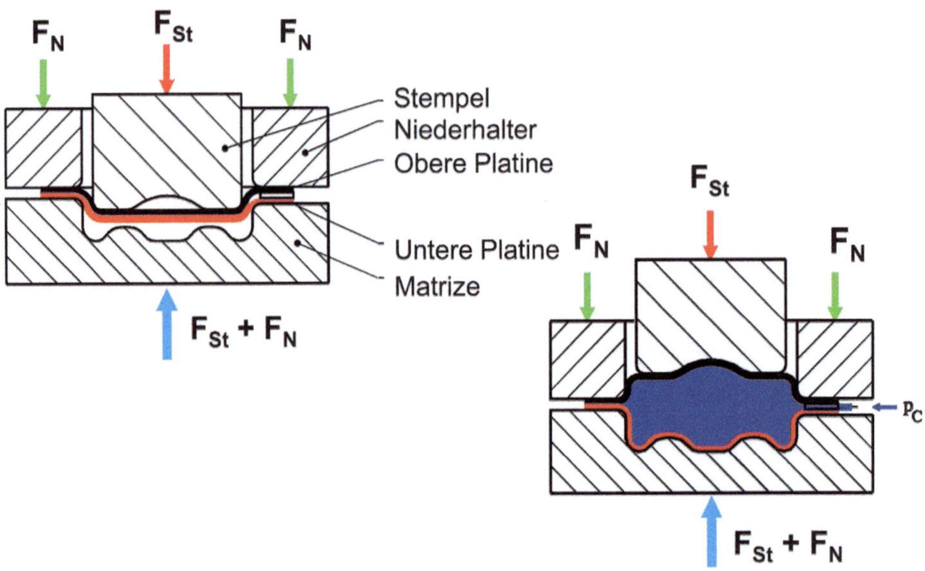

Abb. 3.10 Konventionelles Tiefziehen unverschweißter Doppelplatinen, anschließendes Stülpen und hydraulisches Tiefen der oberen Platine in die Kavität des Stempels und der unteren Platine in die Kavität der Matrize

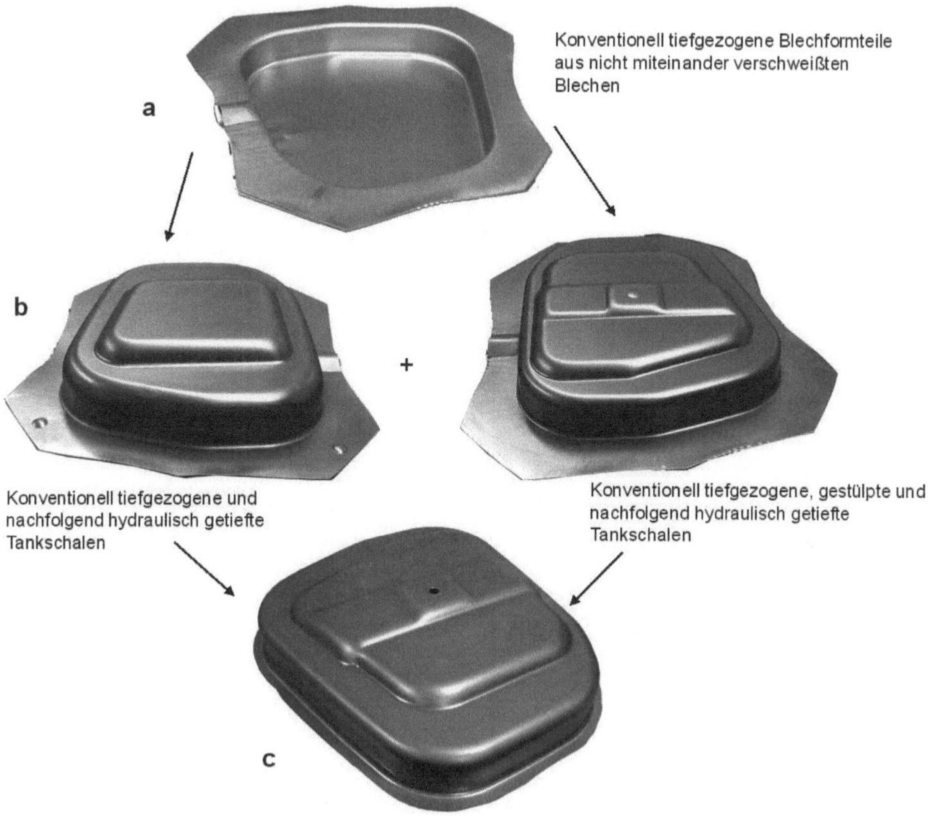

Abb. 3.11 Kombiniertes konventionelles Tiefziehen und hydraulisches Tiefen zur Herstellung eines Kraftstofftanks aus Doppelblechen. Quelle: IFU – Universität Stuttgart

Diese Verfahrenskombination eröffnet neue Möglichkeiten beim konventionellen Tiefziehen nicht-rotationssymmetrischer Bauteile, wie zum Beispiel PKW-Karosseriebauteile wie Längs- und Querträgern, aber auch A- und B-Säulen. Diese Entwicklung ist von Interesse für die Herstellung schwer umformbarer Bauteile aus hochfestem und ultra-hochfestem Stahl, ebenso wie für die Herstellung von Bauteilen aus Aluminium [Wag01].

Im Folgenden wird gezeigt, wie dieses Verfahren angewandt wird, um einen Kraftstofftank herzustellen. **Abb. 3.11a** zeigt die durch konventionelles Tiefziehen hergestellten Bauteile, die aus zwei nicht zusammengeschweißten Blechen bestehen. **Abb. 3.11b** zeigt das untere Blech, das durch hydraulisches Tiefen in die Kavität der Matrize geformt wird, und **Abb. 3.11c** zeigt das obere Blech, das zunächst gewölbt und dann durch hydraulisches Tiefen in die Kavität des Stempels geformt wird. Bei diesem Prozess wird der Stempel kontrolliert zurückgezogen.

Diese Kombination von konventionellem Tiefziehen mit anschließendem hydraulischen Tiefen von Doppelblechen erweitert das Bauteilespektrum des konventionellen

Tiefziehens. Beispielsweise ist es möglich, Strukturteile von Pkws, wie Quer- und Längsträger, aber auch A- und B-Säulen herzustellen.

3.4 Pneumatisches Tiefen

3.4.1 Superplastische Umformung

Die Superplastizität von Werkstoffen wird allgemein durch die erreichbaren hohen Formänderungen von zum Teil mehreren 100 % definiert. Diese können im einachsigen Zugversuch bei verschiedenen polykristallinen Werkstoffen unter bestimmten Formänderungsgeschwindigkeiten und Temperaturen erreicht werden.

Superplastizität tritt abhängig vom Umformgut innerhalb eingegrenzter Bereiche der Umformtemperatur und der log. Hauptformänderungsgeschwindigkeit auf und wird durch Korngrenzengleiten mit überlagerter Versetzungsbewegung und Diffusionskriechen an den Korngrenzen erklärt. Im Bereich der log. Hauptformänderungsgeschwindigkeit, in dem Superplastische Umformung gegeben ist, kommt es trotz extrem hoher Formänderungen aufgrund des Korngrenzengleitens zu einer nur geringen Streckung der Körner. Da die Umformtemperaturen oberhalb der Rekristallisationstemperatur liegen, kommt es zu dynamischer und thermischer Rekristallisation.

Superplastisch umformbare Werkstoffe müssen, wie in der Literatur übereinstimmend ausgeführt, bestimmte werkstofftechnische Voraussetzungen erfüllen:

- Isotropes Werkstoffgefüge;
- Globulares, feinkörniges Gefüge mit einer durchschnittlichen Korngröße <10µm;
- Stabilität gegen Kornwachstum;
- Die beiden wichtigsten verfahrenstechnischen Kriterien für Superplastisches Umformen von Werkstoffen sind die Umformtemperatur und die Einhaltung einer bestimmten log. Hauptformänderungsgeschwindigkeit.

In zunehmendem Maß gelangt im Pkw-Bau im Interesse des Leichtbaus die Superplastische Blechumformung an Bedeutung. Je nach Legierung, Eintrittstemperatur, Gefüge, Korngröße, logarithmischer Hauptformänderungsgeschwindigkeit $\dot{\varphi}_g$ und Geschwindigkeitsexponent m sind beachtliche Formänderungen möglich. Voraussetzung hierfür sind optimale m-Werte. Diesbezüglich zeigt **Abb. 1.46** für die Aluminium-Legierung AA5083 (Formal 545) den Verlauf der Fließspannung über der logarithmischen Hauptformänderungsgeschwindigkeit $\dot{\varphi}_g$ bei drei verschiedenen Eintrittstemperaturen ϑ_E. In diesem Bild ist der k_f-$\dot{\varphi}_g$-Bereich der Superplastischen Umformung von Aluminium-Legierungen als Prozessfenster eingezeichnet. In diesem Fenster ist ein nahezu linearer Anstieg der Fließspannung über der logarithmischen Hauptformänderungsgeschwindigkeit in zweifach logarithmischer Darstellung festzustellen.

Abb. 1.47 zeigt, die Ausführungen zur Superplastischen Umformung ergänzend, den Verlauf des Geschwindigkeitsexponenten m über der logarithmischen Hauptformänderungsgeschwindigkeit $\dot{\varphi}_g$. Auch hier wurde der m-$\dot{\varphi}_g$-Bereich, der für die Superplastische Umformung üblich ist, eingerahmt.

Als Approximation ergibt sich gemäß **Abb. 3.13** in den Grenzen $10^{-4} \ldots 10^{-2}\ s^{-2}$

$$k_f = C_4 \cdot \dot{\varphi}_g^{\,m}$$

3.4.2 Matrizenverfahren

Abb. 3.12 zeigt den prinzipiellen Ablauf des Matrizenverfahrens. Es ist ersichtlich, dass im ersten Prozessschritt ein „Bulging", d. h. ein freies Tiefen ohne Gegenkontur erfolgt. Beim Anlegen der Platine an die Konturen der Matrize ergeben sich örtliche Reibungsbehinderungen, die bis zum Haftreibungszustand führen können. Es ergeben sich dann mehrere voneinander unabhängige Einzeltiefungsvorgänge. In dem Bereich, wo die Oberflächenvergrößerung am stärksten ist, wird sich bei Verringerung der Blechdicke ein Versagen zunächst durch Einschnürung und dann durch Reißer ergeben.

Da beim Umformen die Platine fest zwischen den beiden Werkezughälften eingespannt ist, erfolgt die Oberflächenvergrößerung des Werkstücks, wie bei allen Verfahren des Tiefens, ausschließlich zu Lasten der Blechdicke.

Das Matrizenverfahren erlaubt die Herstellung von Werkstücken mit genauer Außenkontur. Es eignet sich insbesondere zur Fertigung von Werkstücken mit flachen, konve-

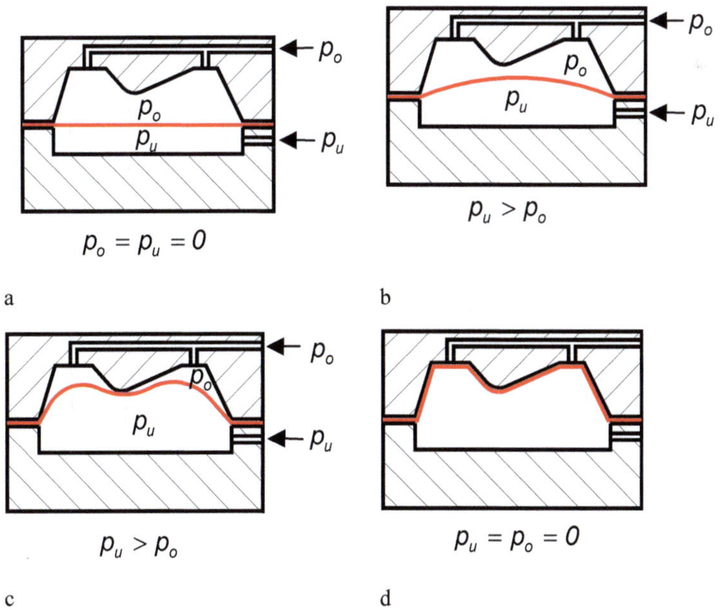

Abb. 3.12 Schematische Darstellung des Matrizenverfahrens der Superplastischen Blechumformung

xen Konturen. Beim Matrizenverfahren ist zu beachten, dass sich der Werkstoff nur zu Beginn der Umformung frei ausformen kann. (**Abb. 3.12**, Prozessstadium b). Bei Kontakt zwischen Umformgut und Werkzeug (**Abb. 3.12**, Prozessstadien c-d) wird die Umformung durch eine im Kontaktbereich Blech/Matrize einsetzende Haftreibung behindert. Damit unterteilen die Kontaktstellen die Werkstoff-Membran in mehrere „Einzel-Membranen". Es ergeben sich somit Einzelsysteme, in denen unterschiedliche Bedingungen herrschen [Wer95, Vul06, Kap12].

Bei der Superplastischen Blechumformung handelt es sich prinzipiell um die Herstellung komplexer Bauteilgeometrien, die sonst gar nicht oder nur durch Fügen mehreren Teile herstellbar sind. Die Werkzeuge werden entweder außerhalb der Schließvorrichtung (meistens eine hydraulische Presse) in einem Ofen vorgewärmt und dann eingebaut. Üblich sind auch Heizplatten in der Presse, über die das Werkzeug auf Solltemperatur erwärmt wird.

3.4.3 Patrizenverfahren

Für tiefe, formlich schwierige superplastisch umzuformende Produkte empfiehlt sich das Patrizenverfahren. Bei diesem Verfahren beinhaltet das Werkzeug einen verfahrbaren Stempel. Auch hier wird, wie beim Matrizenverfahren, die allseits eingespannte Platine zunächst ohne Kontakt mit der Matrize frei getieft. Bei hinreichend großer „Blase" wird dann der Stempel in die Blase hineingefahren. Es wird dann der Druck im unteren Druckraum p_u kleiner als der Druck im oberen Druckraum p_o eingestellt, so dass das Umformgut an den Stempel, der die Soll-Kontur des Blechformteils aufweist, angepresst wird.

Das Patrizenverfahren ermöglicht die umformtechnische Herstellung von Blechformteilen relativ geringer Blechdickenunterschiede bei relativ großen Oberflächenvergrößerungen.

Festzuhalten bleibt, dass sowohl das Matrizenverfahren als auch das Patrizenverfahren Verfahren des Tiefens mit Wirkmedium sind. Ist die Umformtemperatur größer als 250°C, dann wird als Wirkmedium Gas, z. B. Stickstoff, eingesetzt. Ist die Umformtemperatur geringer als 250°C, dann wird in der Regel eine Flüssigkeit, z. B. Öl-Wasser-Emulsionen, eingesetzt. Möglich ist jedoch auch der Einsatz von Gas als Wirkmedium. Da bei Temperaturen unterhalb von 250°C jedoch hohe Wirkmediendrücke erforderlich sind und das Kompressionsvolumen von Gasen um ein Vielfaches größer ist als das von Öl-Wasser-Emulsionen, sollte man für das Tiefen mit Wirkmedium aus Sicherheitsgründen, wenn irgend möglich, nicht Gase, sondern Fluide einsetzen.

3.4.4 Anwendungen

Abb. 3.13 zeigt ein bei 400°C umgeformtes Bauteil aus Magnesium AZ31 mit einer Ausgangsblechdicke von 3 mm. Der maximale Ausformdruck beträgt 11 bar, die erforderliche Umformzeit ca. 20 Minuten.

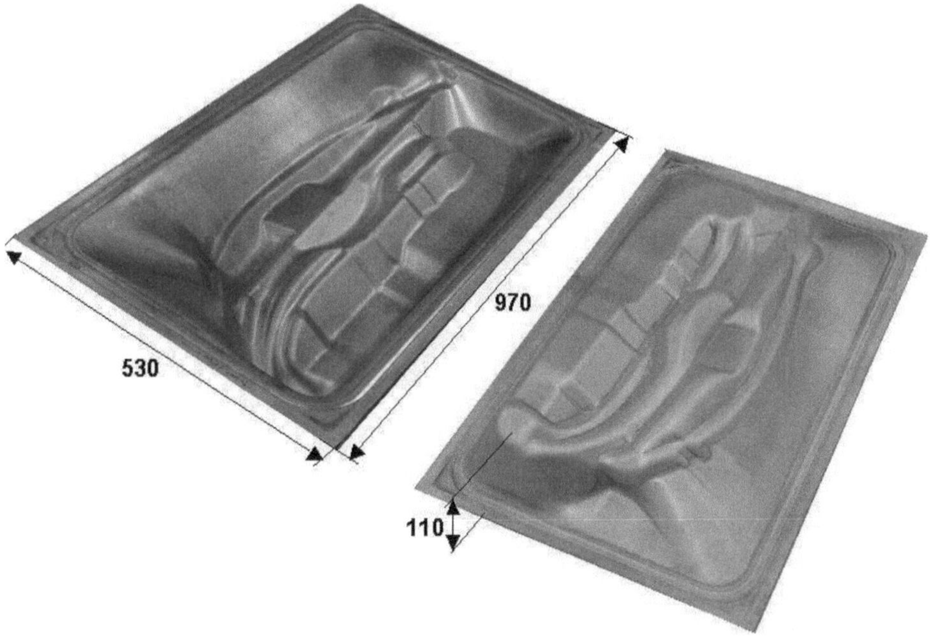

Abb. 3.13 Türinnenverstärkung aus Magnesium AZ31 hergestellt durch pneumatisches Tiefen bei 400°C, Angaben in mm. Quelle: IFU – Universität Stuttgart

Literatur

[Kap12] Kappes, J.: Beitrag zur Auslegung superplastischer Umformprozesse mittels pneumatischen Tiefungsversuchs und FE-Simulation. Beiträge zur Umformtechnik Nr. 67. Frankfurt/M.: MAT-INFO Werkstoff-Informationsgesellschaft, 2012. ISBN 3-88355-396-2.

[Nak87] Nakamura, 1987.: Sheet Metal Forming with Hydraulic Counter Pressure in Japan. Annals of the CIRP, Vol.36.1 1987, page 191-194.

[Joh01] Johanissson, T.G.: Low Volume Production of Sheet Metal Parts. In: Hydroforming Tubes, Extrusions and Sheet Metals. Ed. K. Siegert, Werkstoff-Informationsgesellschaft mbH, Frankfurt 2001, page 159-179

[Sie08] Siegert, K.; Wagner, S.: Hydroforming Sheet Metal Forming Components. In: Koc, Muammer (Edit.): Hydroforming for Advanced Manufacturing. Woodhead Publishing 2008, ISBN 978-1-84569-328-2.

[Ste96] Steinmetz, 1996: Aktives Hydromechanisches Tiefziehen für großflächige Ziehteile mit erhöhter Formsteifigkeit. Technologiepräsentation der Fa. SMG, Waghäusel.

[Vul06] Vulcan, M.: Der pneumatische Tiefungsversuch und seine Anwendung in der superplastischen Aluminium-Blechumformung. Beiträge zur Umformtechnik Nr. 55. Frankfurt/M.: MAT-INFO Werkstoff-Informationsgesellschaft, 2006. ISBN 3-88355-356-5.

[Wag01] Wagner, S.; Jäger, S.; Frank, H.: Kombination des konventionellen Tiefziehens mit nachfolgendem hydraulischen Tiefen. In: Siegert, K. (Hrsg.): Hydroumformung von Rohren, Strangpressprofilen und Blechen 2001. Frankfurt/M.: DGM, ISBN 3-88355-300-X.

[Wer95] Werle, T.: Superplastische Aluminiumblechumformung unter besonderer Beachtung der Formänderungsgeschwindigkeit. Universität Stuttgart, Dissertation, 1995.

Tiefziehen

4

Prof. Dr.-Ing. Dr. h.c. Klaus Siegert
Institut für Umformtechnik (IFU), Universität Stuttgart

Das Tiefziehen ist eines der am häufigsten eingesetzten Verfahren der Blechumformung. Wenn es nicht möglich ist, ein bestimmtes Bauteil mit vorgegebener Geometrie in einer Tiefziehoperation herzustellen, dann kann man ggf. durch Anschließen einer zweiten Operation, z. B. Tiefziehen im Weiterzug, oder alternativ hierzu, Tiefziehen im Stülpzug, das Bauteil herstellen.

Abb. 4.1 zeigt beispielhaft die geometrischen Verhältnisse beim Tiefziehen im Erstzug, beim Tiefziehen im Weiterzug und beim Tiefziehen im Stülpzug. Im Folgenden wird zunächst auf das Tiefziehen rotationssymmetrischer Blechformteile eingegangen. Dabei werden die theoretischen Grundlagen des Tiefziehens auf der Basis der Elementaren Theorie der Umformtechnik behandelt. Anschließend an das Tiefziehen rotationssymmetrischer Blechformteile wird dann auf das Tiefziehen nicht-rotationssymmetrischer Blechformteile eingegangen. Letztlich wird das hydromechanische Tiefziehen behandelt. Dieses Tiefziehverfahren ermöglicht höhere Umformgrade und sehr gute Produktoberflächen. In Anbetracht des zunehmenden Einsatzes schwer umformbarer höherfester Stahlwerkstoffe und in Anbetracht des Einsatzes von z. T. äußerst schwer umformbaren Aluminiumlegierungen im Fahrzeugbau erscheint insbesondere für die Herstellung kleiner Gesamtstückzahlen das hydromechanische Tiefziehen von Interesse.

4.1 Tiefziehen rotationssymmetrischer Blechformteile

4.1.1 Verfahrensablauf und Werkzeuggestaltung

Gemäß **Abb. 4.1** wird in Anlehnung an DIN 8584 definiert:

> Tiefziehen rotationssymmetrischer Blechformteile im Erstzug ist das Umformen einer Platine (Ronde) zu einem einseitig offenen Hohlkörper.

Tiefziehen rotationssymmetrischer Blechformteile im Weiterzug ist das Umformen eines einseitig offenen Hohlkörpers zu einem weiterhin einseitig offenen, jedoch längeren

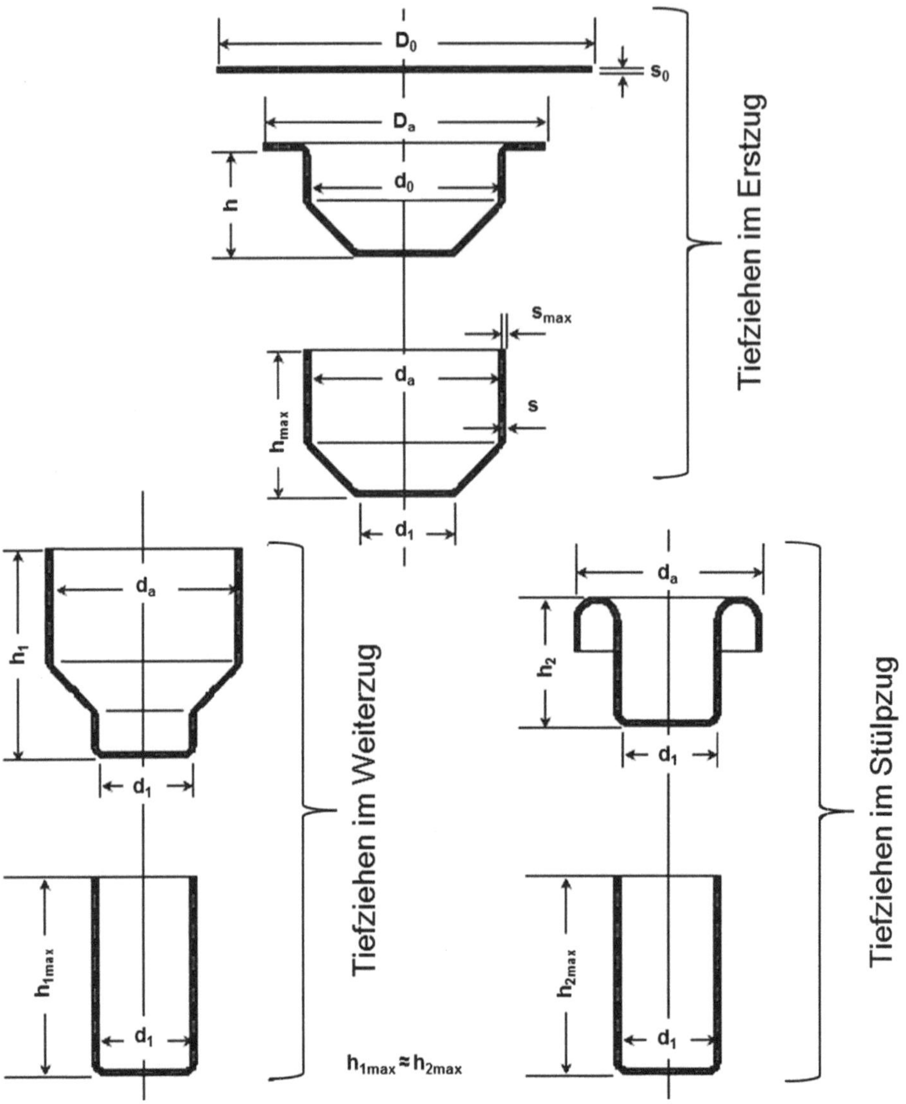

Abb. 4.1 Tiefziehen rotationssymmetrischer Blechformteile

Hohlkörper kleineren Querschnitts. Tiefziehen im Stülpzug ist das Tiefziehen im Weiterzug mit Wirkung eines Stülpstempels entgegen der Wirkrichtung des Tiefziehstempels des vorangegangenen Tiefziehvorgangs.

In **Abb. 4.1** sind hierzu beispielhaft die Werkstückgeometrien für das Tiefziehen im Erstzug, das Tiefziehen im Weiterzug und für das Stülpziehen dargestellt, wobei die Möglichkeit einer zweistufigen Umformung (Tiefziehen im Weiterzug oder Tiefziehen im Stülpzug) angesprochen wird.

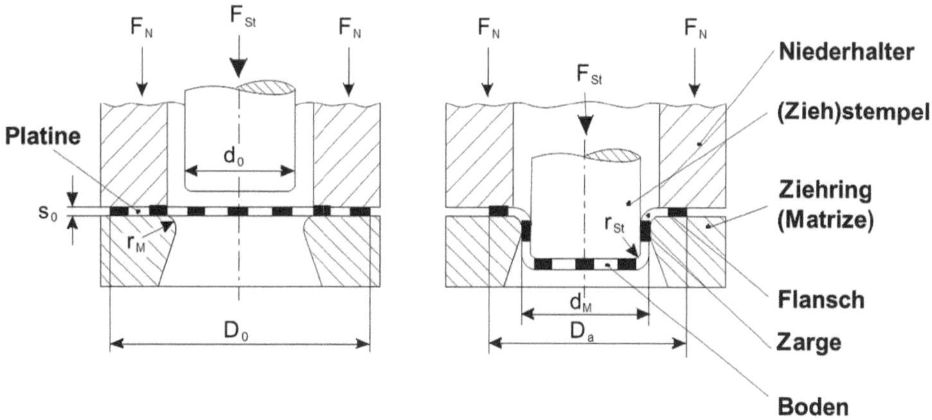

Abb. 4.2 Prozessablauf und Bezeichnungen beim Tiefziehen im Erstzug

Ausgangsdurchmesser der Ronde (Platine, Blechzuschnitt)	D_0
Stempeldurchmesser	d_0
Blechdicke der Ronde	s_0
Flanschaußendurchmesser	D_a
Matrizenradius (Ziehringradius)	r_M
Niederhalterkraft	F_N
Stempelkantenradius	r_{St}
Stempelkraft	F_{St}

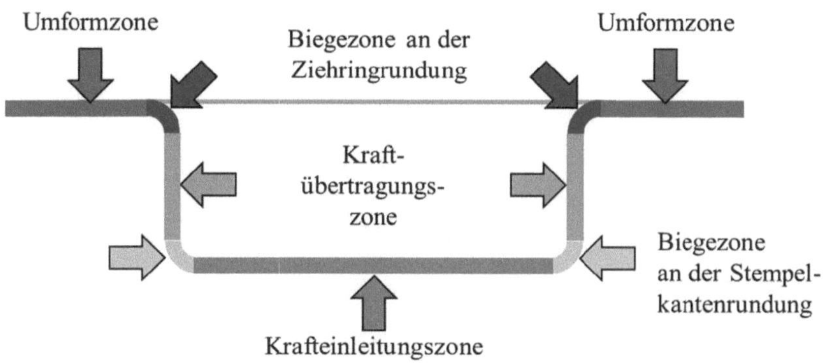

Abb. 4.3 Werkstückzonen beim Tiefziehen im Erstzug

Abb. 4.2 zeigt in prinzipieller Darstellung das Tiefziehen rotationssymmetrischer Blechformteile im Erstzug. Es ist ersichtlich, dass beim Tiefziehen im Erstzug ein Stempel eine Ronde (Platine) durch einen Ziehring hindurch zieht. Dabei wird die Stempelkraft über den Bauteilboden, die Stempelkantenrundung, die Zarge (Bauteilwandung) und die Ziehringrundung in die Umformzone geleitet.

Abb. 4.3 zeigt die einzelnen Werkstückzonen beim Tiefziehen rotationssymmetrischer Blechformteile im Erstzug.

4.1.2 Geometrische Verhältnisse

Bei Betrachtung der geometrischen Verhältnisse beim Tiefziehen rotationssymmetrischer Blechformteile im Erstzug wird in der Regel von der Annahme ausgegangen, dass die Bauteiloberfläche beim Umformen konstant bleibt.

> Beim Tiefziehen rotationssymmetrischer Blechformteile im Erstzug ist die Oberfläche des Blechformteils in etwa gleich der Oberfläche der Ausgangsplatine.

Die Oberfläche bleibt somit während der Umformung konstant. Man spricht von Oberflächenkonstanz, d. h. dass die Bauteiloberfläche A_1 gleich der Rondenoberfläche A_0 ist.

$$A_0 = A_1 \qquad \text{(Bez. 4.1)}$$

Diese Annahme beinhaltet die Feststellung, dass die Blechdicke beim Umformen auch konstant bleibt.

$$s_0 = s_1 \qquad \text{(Bez. 4.2)}$$

Hierbei gilt die Annahme scharfkantiger Übergänge an der Stempelkante ($r_{st} = 0$) und am Ziehring bzw. Matrize ($r_M = 0$).

Abb. 4.4 beinhaltet die Beziehungen (Bez. 4.3) bis (Bez. 4.8). Diesen Gleichungen sind auf der Basis der Oberflächenkonstanz (Bez. 4.3) zu entnehmen:

$$\frac{\pi D_0^2}{4} = \frac{\pi d_0^2}{4} + d_0 \cdot \pi \cdot h + \frac{\pi}{4}\left(D_a^2 - d_0^2\right) \qquad \text{(Bez. 4.3)}$$

Tiefziehtiefe:

$$h = \frac{D_0^{\,2} - D_a^{\,2}}{4d_0} \qquad \text{(Bez. 4.4)}$$

Platinenausgangsdurchmesser:

$$D_0 = \sqrt{4 \cdot d_0 \cdot h + D_a^{\,2}} \qquad \text{(Bez. 4.5)}$$

Tiefziehtiefe bei völligem Durchzug:

$$h_{max} = \frac{D_0^{\,2} - d_0^{\,2}}{4d_0} \qquad \text{(Bez. 4.6)}$$

Durchmesser der Ausgangsronde:

$$D_0 = \sqrt{4 \cdot d_0 \cdot h_{max} + d_0^{\,2}} \qquad \text{(Bez. 4.7)}$$

Ferner gilt für das Ausgangstiefziehverhältnis

$$\beta_0 = \frac{D_0}{d_0} = \sqrt{\frac{4h_{max}}{d_0} + 1} \qquad \text{(Bez. 4.8)}$$

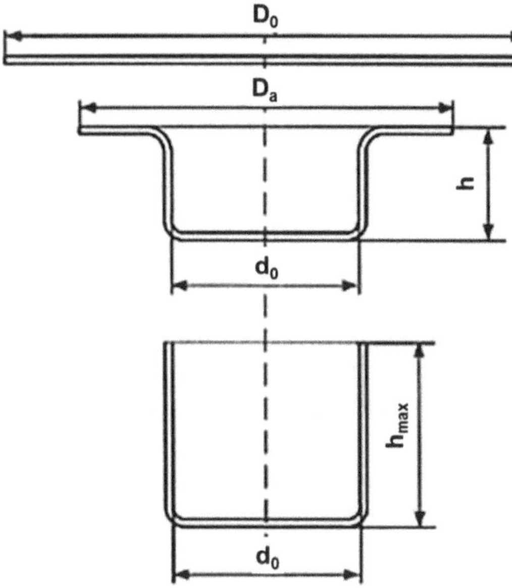

Abb. 4.4
Geometrische Verhältnisse beim Tiefziehen rotationssymmetrischer Blechformteile im Erstzug

Bezüglich des Ausgangsrondendurchmessers D_0 ist zu beachten, dass zu Beginn des Umformprozesses der jeweilige Ausgangsdurchmesser D_a gleich dem Rondenausgangsdurchmesser D_0 ist und dass bei völligem Durchzug, also bei Ende des Umformprozesses, die Ziehtiefe h zur maximalen Ziehtiefe h_{max} und der jeweilige Durchmesser D_a zum Durchmesser d_0 werden.

Festzuhalten ist:

Beim Tiefziehen rotationssymmetrischer Blechformteile im Erstzug erfolgt die Umformung in dem Spalt zwischen Niederhalter und Ziehring. Die Umformzone wird begrenzt durch Niederhalter, Ziehring, Flanschaußendurchmesser D_a und Stempeldurchmesser d_0.

4.1.3 Einsatz eines Niederhalters

Beim Tiefziehen rotationssymmetrischer Blechformteile dient der Niederhalter lediglich der Verhinderung von Falten 1. Art (vgl. **Abb. 4.5**).

Wie aus **Abb. 4.2** ersichtlich, verhindert beim Tiefziehen rotationssymmetrischer Blechformteile der Niederhalter eine Faltenbildung im Flansch (Faltenbildung 1.Art) Bei schrägen Blechformteilwandungen (Zargen) können sich aufgrund tangentialer Druckspannungen Falten 2. Art bilden (vgl. **Abb. 4.5**).

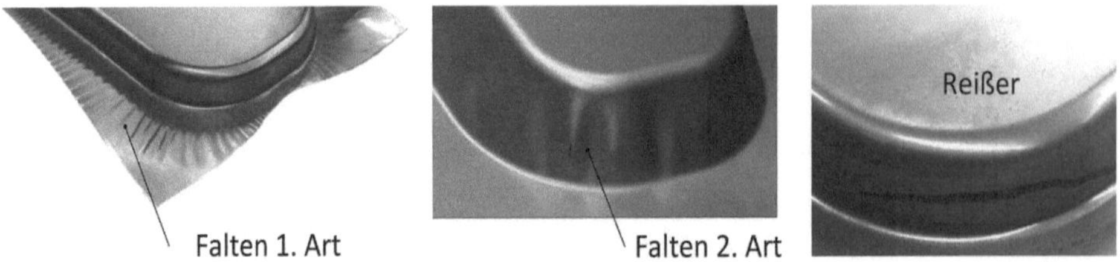

Abb. 4.5 Versagensfälle beim Tiefziehen

Je nach Geometrie des Tiefziehteils ist ein niederhalterloses Tiefziehen möglich. Diesbezüglich wird verwiesen auf die Literatur, besonders auf die Arbeiten von Galal S.A. Shawki [Sha61].

Die zur Umformung (F_{id} und F_b) und zur Überwindung der Reibung zwischen Umformgut (Blechwerkstoff) und Ziehring ($F_{RBL/R}$), zwischen Umformgut und Niederhalter ($F_{RBL/N}$) sowie zwischen Umformgut und Ziehringrundung ($F_{RBL/ZR}$) erforderliche Gesamtkraft F_{ges} wird in den Ziehteilboden, über die Stempelkantenrundung, über die Zarge (Bauteilwandung) und über die Ziehringrundung in die Umformzone geleitet. **Abb. 4.3** zeigt hierzu die beim Tiefziehen im Erstzug rotationssymmetrischer Blechformteile zu verzeichnenden Werkstückzonen.

4.1.4 Spannungsverhältnisse

Beim Tiefziehen erfolgt, wie bereits ausgeführt, die Umformung des Umformgutes in dem Spalt zwischen Niederhalter und Ziehring, begrenzt durch die Durchmesser D_a und d_0. Beim Umformen wirken im Flansch des Tiefziehteils tangentiale Druckspannungen, radiale Zugspannungen und normale Druckspannungen. Die durch die Niederhalterkraft bewirkte Druckspannung $p_N = -\sigma_N$ wirkt normal auf die Blechoberfläche. Hierbei ist zu beachten, dass die Reibung zwischen Niederhalter und Umformgut sowie zwischen Ziehring und Umformgut durch die Niederhalterpressung beeinflusst wird. Erhöht man die Niederhalterkraft und somit die Niederhalterpressung, dann erhöht man auch die Reibung zwischen Niederhalter und Umformgut sowie zwischen Ziehring und Umformgut, was zu einer Verringerung der logarithmischen Grenzformänderung $\varphi_{g\,max}$ führt.

Die Niederhalterpressung p_N ist die auf die Kontaktfläche zwischen Ziehring und Umformgut bezogene Niederhalterkraft.

$$p_N = \frac{F_N}{A_N} \quad \text{(Bez. 4.9)}$$

Die Kontaktfläche A_N wird begrenzt durch den Flanschaußendurchmesser D_a und durch den Durchmesser D_z, bei dem das Umformgut aus der Umformzone austritt und in die Ziehringrundung eintritt.

In der Regel wird statt des Durchmessers D_z der Stempeldurchmesser d_0 gewählt. Es ist dann

$$p_N = \frac{F_N}{\frac{\pi}{4}\left(D_a^{\,2} - d_0^{\,2}\right)} \qquad \text{(Bez. 4.10)}$$

Festzuhalten bleibt:

> Beim Tiefziehen rotationssymmetrischer Blechformteile im Erstzug tritt das Umformgut bei dem Durchmesser $D_z \cong d_0$ aus der Umformzone aus und läuft in die Ziehringrundung ein.

Die Niederhalterpressung p_N wird meist mit der von E. Siebel [Sie54] hergeleiteten Beziehung berechnet.

$$p_N = (0{,}002\ldots 0{,}0025) \cdot \left[(\beta_0 - 1)^3 + 0{,}5 \left[\frac{d_0}{100 s_0} \right] \right] \cdot R_m \qquad \text{(Bez. 4.11)}$$

Hierin sind

$$\beta_0 = \frac{D_0}{d_0}$$

der auf den Stempeldurchmesser d_0 bezogene Ronden-Ausgangsdurchmesser D_0, s_0 die Ausgangsblechdicke und R_m die Zugfestigkeit des Blechwerkstoffs.

Aus dem Fließgesetz

$$\varphi_r : \varphi_t : \varphi_n = (\sigma_r - \sigma_m) : (\sigma_t - \sigma_m) : (\sigma_n - \sigma_m) \qquad \text{(Bez. 4.12)}$$

$$\sigma_m = \frac{\sigma_r + \sigma_t + \sigma_n}{3} \qquad \text{(Bez. 4.13)}$$

ist ableitbar, dass dann, wenn eine der drei Hauptspannungen φ_r; φ_t; φ_n gleich der mittleren Spannung φ_m ist, die zugehörige logarithmische Formänderung Null ist.

In Beziehung (Bez. 4.12) sind φ_r, φ_t und φ_n die logarithmischen Formänderungen in radialer, tangentialer und normaler Richtung, sowie φ_t, φ_r und φ_n die Hauptspannungen in tangentialer, radialer und normaler Richtung.

Abb. 4.6 zeigt den prinzipiellen Verlauf der Hauptspannungen φ_t, φ_r und φ_n über der Umformzone. In **Abb. 4.6** ist erkennbar, dass es einen Durchmesser gibt, auf dem die Normalspannung φ_n gleich der mittleren Spannung φ_m ist. Auf diesem Durchmesser ist gemäß (Bez. 4.12) die logarithmische Dickenformänderung gleich Null, d. h. $\varphi_n = \varphi_s = 0$.

Von diesem Durchmesser bis zum Außenrand hin ist die logarithmische Dickenformänderung φ_s positiv und somit zum Außenrand hin zunehmend. Zur Ziehringrundung hin ist die logarithmische Dickenformänderung negativ, also abnehmend.

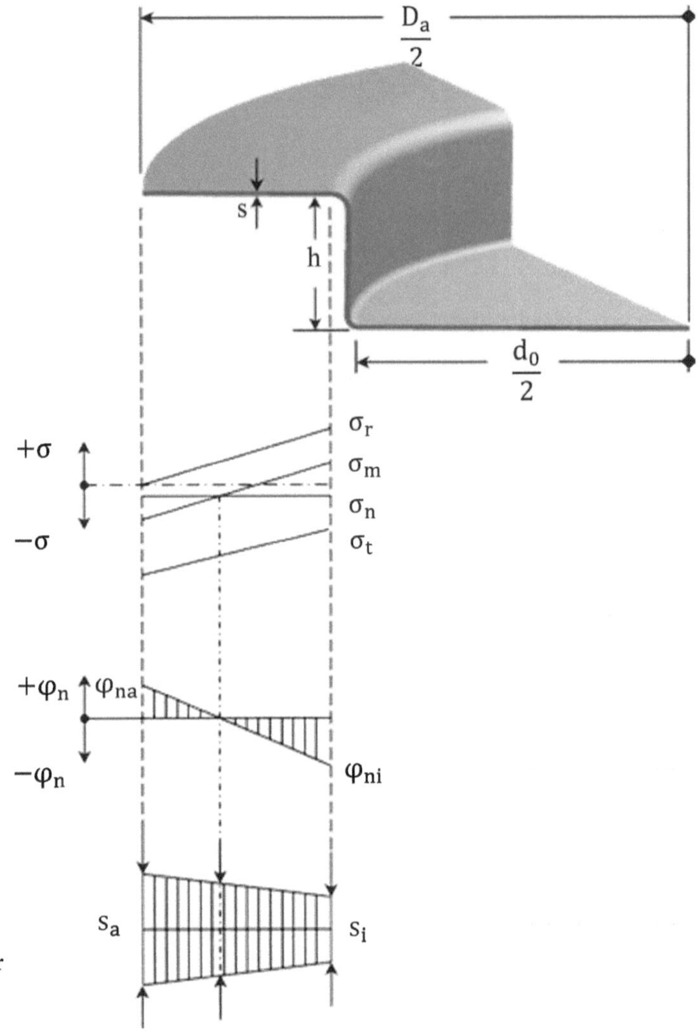

Abb. 4.6 Hauptspannungen und logarithmische Dickenformänderung in der der Umformzone beim Tiefziehen im Erstzug

Festzuhalten bleibt:

> Es gibt beim Tiefziehen rotationssymmetrischer Blechformteile im Erstzug einen Durchmesser im Flansch, bei dem die Blechdicke s gleich der Ausgangsblechdicke s_0 ist, und von dem aus zum Flanschaußenrand hin die Blechdicke zunimmt, während sie zur Ziehringrundung hin abnimmt. Für die gesamte Umformzone gilt die Annahme, dass im Mittel die Blechdicke s in etwa gleich der Ausgangsblechdicke s_0 ist.

4.1.5 Tiefziehverhältnisse

Beim Tiefziehen rotationssymmetrischer Blechformteile im Erstzug sind folgende Ziehverhältnisse zu unterscheiden:

Das jeweilige Ziehverhältnis β ist das Verhältnis des jeweiligen Flanschaußendurchmessers D_a zum Stempeldurchmesser d_0.

$$\beta = \frac{D_a}{d_0} \qquad \text{(Bez. 4.14)}$$

Das Ausgangsziehverhältnis β_0 ist das Verhältnis von Ausgangsrondendurchmesser D_0 zum Stempeldurchmesser d_0:

$$\beta_0 = \frac{D_a}{d_0} \qquad \text{(Bez. 4.15)}$$

Das Grenzziehverhältnis $\beta_{0_{max}}$ ist das Verhältnis von noch gerade ohne Versagen durch Reißen durchziehbarem, größtmöglichem Platinendurchmesser $D_{0_{max}}$ zum Stempeldurchmesser d_0.

$$\beta_{0_{max}} = \frac{D_{0_{max}}}{d_0} \qquad \text{(Bez. 4.16)}$$

4.1.6 Ziehspalt

Ein wesentlicher Parameter beim Tiefziehen rotationssymmetrischer Blechformteile ist der Ziehspalt (vgl. Abb. 4.7). Bei rotationssymmetrischen Blechformteilen ist der Ziehspalt w die halbe Differenz von Ziehringdurchmesser D_z und Stempeldurchmesser d_0.

Gemäß **Abb. 4.7** gilt:

$$w = \frac{1}{2}\left(D_z - d_0\right) \qquad \text{(Bez. 4.17)}$$

Ein wesentlicher Parameter beim Tiefziehen rotationssymmetrischer Blechformteile ist der Ziehspalt. Bei rotationssymmetrischen Blechformteilen ist der Ziehspalt w die halbe Differenz von Ziehringdurchmesser D_z und Stempeldurchmesser d_0.

Wie bei der Betrachtung der Formänderung im Flansch festgestellt, ergibt sich beim Tiefziehen im Flansch eine Blechdickenabnahme zum Flanschaußendurchmesser hin. Das heißt, dass das beim Tiefen in den Ziehspalt einlaufende Blech zunehmend dicker wird. Es ist daher darauf zu achten, dass der Ziehspalt mindestens so groß gewählt wird, dass das Blech im Ziehspalt nicht abgestreckt wird. Andererseits sollte der Ziehspalt aber nicht größer als notwendig sein, damit die Ziehringzarge nicht wellig wird (Falten 2. Art). Ist

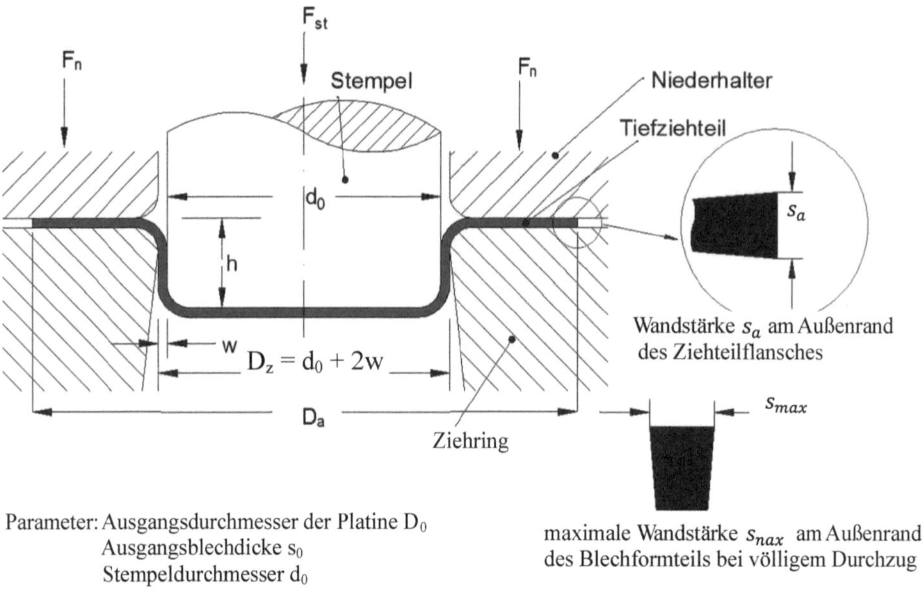

Abb. 4.7 Ziehspaltweite beim Tiefziehen rotationssymmetrischer Blechformteile

der Ziehspalt w kleiner als die Blechdicke s_a am Außenrand des Ziehringflansches, dann ergibt sich ein Abstrecken der Zarge (Bauteilwandung).

$s_a > w$ => *Abstrecken der Tiefziehteilwandung*
$s_a < w$ => *kein Abstrecken der Tiefziehteilwandung*

Zur Ermittlung der maximalen Blechdicke $s_a = s_{max}$ am Außenrand des Tiefziehteilflansches gilt entsprechend dem Fließgesetz:

$$\varphi_r : \varphi_t : \varphi_n = (\sigma_r - \sigma_m) : (-\sigma_m) : (\sigma_n - \sigma_m) \qquad \text{(Bez. 4.18)}$$

Für die mittlere Hauptspannung (vgl. Bez. 1.29) gilt:

$$\sigma_m = \frac{1}{3}(\sigma_r + \sigma_t + \sigma_n) \qquad \text{(Bez. 4.19)}$$

Geht man davon aus, dass am Außenrand des Ziehteilflansches die Randspannung $\sigma_{r/a}$ gleich Null und die Normalspannung $\sigma_{n/a}$ in etwa gleich Null ist, dann gilt mit

$$\sigma_m = \frac{1}{3}\left[(\sigma_{r/a} = 0) + \sigma_{t/a} + (\sigma_{n/a} \approx 0)\right] = \frac{1}{3}\sigma_{t/a} \qquad \text{(Bez. 4.20)}$$

Für das Fließgesetz

$$\varphi_{r/a} : \varphi_{t/a} : \varphi_{n/a} = (-\sigma_m) : (\sigma_{t/a} - \sigma_m) : (-\sigma_m) \tag{Bez. 4.21}$$

$$\varphi_{r/a} : \varphi_{t/a} : \varphi_{n/a} = \left(-\frac{1}{3}\sigma_{t/a}\right) : \left(\frac{2}{3}\sigma_{t/a}\right) : \left(-\frac{1}{3}\sigma_{t/a}\right) \tag{Bez. 4.22}$$

$$\varphi_{r/a} : \varphi_{t/a} : \varphi_{n/a} = (-1) : (+2) : (-1) \tag{Bez. 4.23}$$

$$\frac{\varphi_{n/a}}{\varphi_{t/a}} = \frac{-1}{+2} \tag{Bez. 4.24}$$

$$\varphi_{n/a} = \frac{1}{2}\sigma_{t/a} \tag{Bez. 4.25}$$

Bei Beachtung, dass die Tangentialformänderung $\varphi_{t/a}$ negativ ist, ergibt sich mit Bezug auf **Abb. 4.10** für die Dickenformänderung $\varphi_{n/a}$ am Napfaußenrand eine positive Formänderung, also eine Blechdickenzunahme.

Mit Bezug auf Beziehung (Bez. 4.21) ergibt sich unter Beachtung von

$$\varphi_{t/a} = \ln\frac{d_0}{D_0} \tag{Bez. 4.26}$$

$$\varphi_{n/a} = \ln\frac{s_{max}}{s_0} \tag{Bez. 4.27}$$

$$\beta_0 = \frac{D_0}{d_0} \tag{Bez. 4.28}$$

Die logarithmische Dickenformänderung am Flanschaußenrand beträgt:

$$\varphi_{n/a} = -\frac{1}{2}\ln\frac{d_0}{D_0} = \frac{1}{2}\ln\frac{D_0}{d_0} \tag{Bez. 4.29}$$

$$\varphi_{n/a} = -\frac{1}{2}\ln\beta_0 = \ln\sqrt{\beta_0} = \ln\frac{s_{max}}{s_0} \tag{Bez. 4.30}$$

Somit ist:

$$\frac{s_{max}}{s_0} = \sqrt{\beta_0} \tag{Bez. 4.31}$$

Damit ergibt sich mit der Ausgangsblechdicke s_0 am Flanschaußenrand des Tiefziehteils die Blechdicke

$$s_{max} = s_0\sqrt{\beta_0} \tag{Bez. 4.32}$$

Die größte Blechdicke beim Tiefziehen rotationssymmetrischer Blechformteile ist am Tiefziehteilaußenrand gegeben. Sie ist das Produkt von der Ausgangsblechdicken s_0 und der Wurzel aus dem Ausgangsziehverhältnis β_0. Bei völligem Durchzug erreicht die Blechdicke s_a ihren maximalen Wert s_{max}.

4.1.7 Ermittlung der mittleren Fließspannung

Beim Tiefziehen rotationssymmetrischer Blechformteile im Erstzug kann man die Fließspannungen am jeweiligen Flanschaußendurchmesser und am Eintritt in die Ziehringrundung ermitteln, wenn für ein beliebiges Stadium des Tiefziehprozesses der Durchmesser D' auf der Platine bekannt ist, auf dem sich die Volumenelemente, die gerade aus der Umformzone (Flansch) austreten, zu Beginn des Umformprozesses lagen.

Gemäß **Abb. 4.8** gelten:

$$\frac{\pi \cdot d_0^{\,2}}{4} + \pi \cdot d_0 \cdot h = \frac{\pi \cdot D'^2}{4} \qquad \text{(Bez. 4.33)}$$

und

$$\frac{\pi \cdot D_0^2}{4} = \pi \cdot d_0 \cdot h + \frac{\pi \cdot D_a^2}{4} \qquad \text{(Bez. 4.34)}$$

Mit den Beziehungen (Bez. 4.33) und (Bez. 4.34) erhält man

$$D' = \sqrt{D_0^{\,2} + d_0^{\,2} - D_a^{\,2}} \qquad \text{(Bez. 4.35)}$$

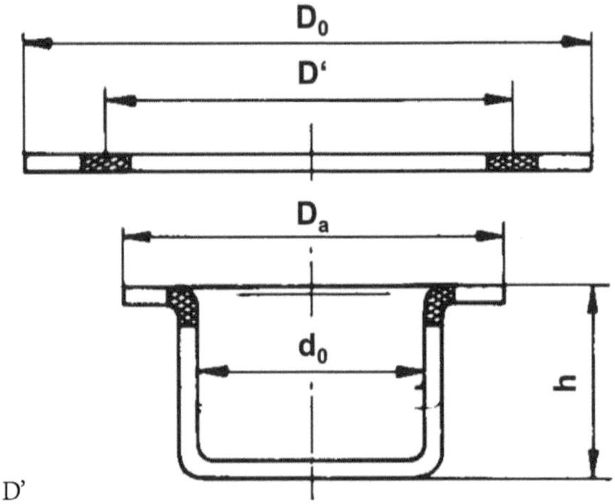

Abb. 4.8 Ermittlung des Durchmessers D'

Ferner erhält man aus Beziehung (Bez. 4.34)

$$D_0 = \sqrt{D_a^{\,2} + 4 \cdot d_0 \cdot h} \qquad \text{(Bez. 4.36)}$$

Nach der Hypothese von Tresca ist die logarithmische Hauptformänderung die dem Betrag nach größte der drei logarithmischen Formänderungen φ_t, φ_r und φ_n. Wenn die logarithmische Dickenformänderung φ_n gleich Null ist, dann gilt bei Berücksichtigung der Volumenkonstanz, dass die logarithmische Hauptformänderung φ_g gleich dem Absolutbetrag der logarithmischen Tangentialformänderung ist.

Somit gilt bei Austritt der Volumenelemente aus der Umformzone und Eintritt in die Ziehringrundung mit der logarithmischen Dickenformänderung $\varphi_s = 0$

$$\sum \varphi_i = 0 \qquad \text{(Bez. 4.37)}$$

$$\varphi_{g/i} = \left|\varphi_{r/i}\right| = \left|\varphi_{t/i}\right| \qquad \text{(Bez. 4.38)}$$

Somit erhält man für die logarithmische Hauptformänderung am Austritt der Volumenelemente aus der Umformzone mit Beziehung (Bez. 4.35)

$$\varphi_{g/i} = \left|\varphi_{t/i}\right| = \left|\ln\left(\frac{d_0}{D'}\right)\right| = \ln\left(\frac{D'}{d_0}\right) = \ln\sqrt{\frac{D_0^{\,2} + d_0^{\,2} - D_a^{\,2}}{d_0^{\,2}}} \qquad \text{(Bez. 4.39)}$$

Am Außendurchmesser D_a des Flansches beträgt die logarithmische Tangentialformänderung

$$\varphi_{t/a} = ln\left(\frac{D_a}{D_0}\right) \qquad \text{(Bez. 4.40)}$$

Damit ist die logarithmische Hauptformänderung am Flanschaußenrand

$$\varphi_{g/a} = \left|\varphi_{t/a}\right| = \ln\left(\frac{D_0}{D_a}\right) \qquad \text{(Bez. 4.41)}$$

Es ist zu beachten, dass bei Beginn des Tiefziehprozesses der jeweilige Flanschaußendurchmesser D_a gleich dem Platinenausgangsdurchmesser D_0 ist, und dass zum Ende des Tiefziehprozesses hin der jeweilige Flanschaußendurchmesser D_a gleich dem Stempeldurchmesser d_0 wird.

Mit den Beziehungen (Bez. 4.37 und Bez. 4.39) lassen sich für bestimmte Ziehtiefen "h" aus der Fließkurve des Umformgutes die zugehörigen Fließspannungen $k_{f/a}$ und $k_{f/i}$ entnehmen (vgl. **Abb. 4.8**). Hiermit kann dann die für die gesamte Umformzone geltende mittlere Fließspannung berechnet werden.

$$k_{f/m} = \frac{\left(k_{f/a} + k_{f/i}\right)}{2} \qquad \text{(Bez. 4.42)}$$

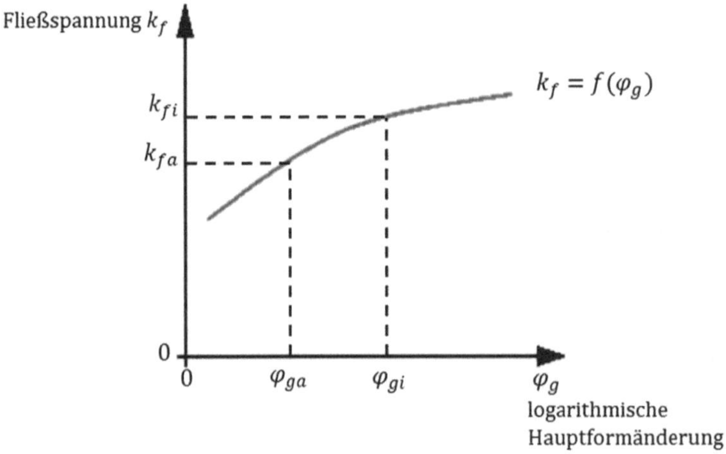

Abb. 4.9 Ermittlung der mittleren Fließspannung $k_{f/m}$

4.1.8 Ziehstempel-Teilkräfte und Ziehstempel-Gesamtkraft

In Anlehnung an [Pan61] ist beim Tiefziehen rotationssymmetrischer Blechformteile die Gesamtkraft F_{ges} die Summe nachfolgend aufgeführter Teilkräfte

$$F_{ges} = F_{id} + F_b + F_{RBl/N} + F_{RBl/Z} + F_{RBl/ZR} \qquad \text{(Bez. 4.43)}$$

Hierbei sind:

F_{id} die zur verlustlosen Umformung in der Umformzone erforderliche ideelle Kraft.

F_b die zur Biegung des Bleches um die Ziehringrundung erforderliche Biegekraft

$F_{RBl/N}$ die zur Überwindung der Reibung zwischen Blech und Niederhalter erforderliche Reibungskraft

$F_{RBl/Z}$ die zur Überwindung der Reibung zwischen Blech und Ziehring erforderliche Reibungskraft.

$F_{RBl/ZR}$ die zur Überwindung der Reibung zw. Blech und Ziehringrundung erforderliche Reibungskraft.

Die zur verlustlosen Umformung erforderliche ideelle Kraft ergibt sich aus der Gleichgewichtsbetrachtung an einem Volumenelement der Umformzone. Gemäß **Abb. 4.10** ergibt sich bei Vernachlässigung der Reibkräfte in radialer Richtung

$$(\sigma_r + d\sigma_r)(r + d_r)d_\alpha \cdot s - \sigma_r \cdot r \cdot d_\alpha \cdot s - 2\sigma_t sin\frac{d_\alpha}{2} \cdot d_r \cdot s = 0 \qquad \text{(Bez. 4.44)}$$

Mit $sin\frac{d_\alpha}{2} \approx \frac{d_\alpha}{2}$ und Vernachlässigung der Produkte von Differentialen ergibt sich:

$\sigma_r \cdot d_r + d_r \cdot r - \sigma_t \cdot d_r = 0$ und somit

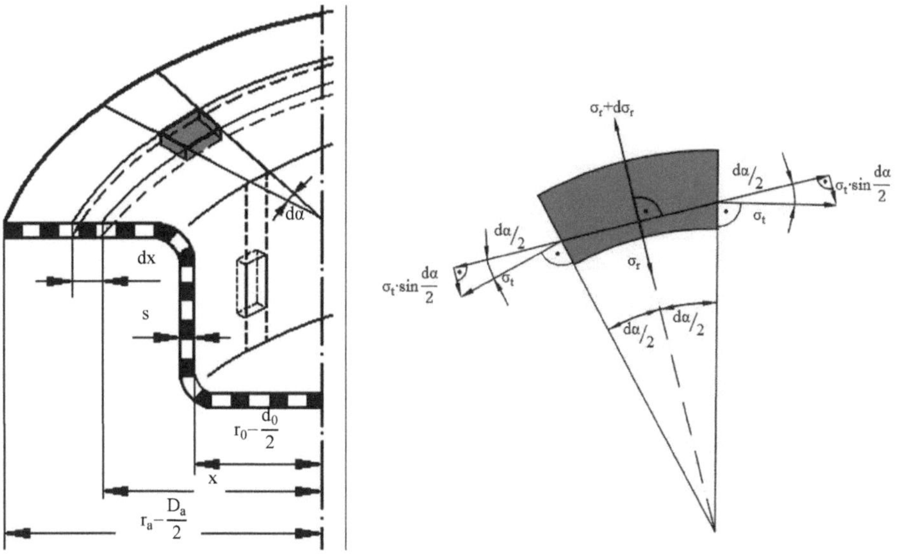

Abb. 4.10 Spannungsbetrachtung an einem Volumenelement der Umformzone (Flansch) beim Tiefziehen rotationssymmetrischer Blechformteile im Erstzug

$$d\sigma_r = \frac{d_r}{r}(\sigma_t - d_r) \qquad \text{(Bez. 4.45)}$$

Nach der Schubspannungshypothese von Tresca gilt $\sigma_{max} - \sigma_{min} = k_f$,

wobei $\sigma_{max} = \sigma_r$ und $\sigma_{min} = \sigma_t$

$$\sigma_r - \sigma_t = k_f \qquad \text{(Bez. 4.46)}$$

Mit den Beziehungen (Bez. 4.45) und (Bez. 4.46) erhält man

$$d\sigma_r = -k_f \frac{d_r}{r} \qquad \text{(Bez. 4.47)}$$

Die Fließspannung k_f ist eine Funktion des Radius r, wobei gilt:

$$\frac{D_0}{2} \geq r \geq \frac{d_0}{2}.$$

Bei der Festlegung, dass σ_r in Richtung zum Ziehstempel hin als positiv gelten soll, erhält man mit der mittleren Fließspannung gemäß Beziehung (Bez. 4.42)

$$\sigma_r = k_{fm} \cdot \ln r \Big|_{r=\frac{d_0}{2}}^{r=\frac{D_a}{2}}$$

$$\sigma_r = k_{fm} \cdot \ln\frac{D_a}{d_0} \qquad \text{(Bez. 4.48)}$$

Diese Spannung wurde für den reibungsfreien, also „verlustlosen" Umformvorgang ermittelt. Sie kann somit als ideelle Spannung bezeichnet werden.

$$\sigma_{id} = k_{fm} \cdot \ln \frac{D_a}{d_0} \qquad \text{(Bez. 4.49)}$$

Beim Tiefziehen rotationssymmetrischer Blechformteile im Erstzug wirkt in der Zarge die ideelle Spannung

$$\sigma_{id} = k_{fm} \cdot \ln \frac{D_a}{d_0}$$

als Längsspannung. Mit dem Zargenquerschnitt $A_z \cong d_0 \cdot \pi \cdot s_0$ erhält man als ideelle Umformkraft

$$F_{id} = d_0 \cdot \pi \cdot s_0 \cdot k_{fm} \cdot \ln \frac{D_a}{d_0} \qquad \text{(Bez. 4.50)}$$

Die Kraft, die zum Biegen des Umformgutes um die Tiefziehringrundung erforderlich ist, beträgt nach W. Panknin [Pan61]

$$F_b = \pi \cdot d_0 \cdot s_0 \cdot \frac{k_{fi} \cdot s_0}{4 \cdot r_M} \qquad \text{(Bez. 4.51)}$$

Die Berechnung der Niederhalterpressung erfolgt nach der von Siebel [Sie54] ermittelten Beziehung (Bez. 4.11).

Die Niederhalterkraft F_N ist das Produkt dieser Niederhalterpressung und der belasteten Fläche. Es ergibt sich

$$F_N = \frac{\pi}{4} \cdot \left(D_a^2 - d_0^2 \right) \cdot p_N \qquad \text{(Bez. 4.52)}$$

Hierbei ist D_a der Flanschaußendurchmesser.

Die Kraft, die zur Überwindung der Reibung zwischen Blech und Niederhalter $F_{RBl/N}$ sowie zwischen Blech und Tiefzieringrundung $F_{RBl/Z}$ beim Tiefziehen im Erstzug erforderlich ist, ergibt sich nach Panknin [Pan61][1] wie folgt

$$F_{RBl/N} = \mu_1 \cdot F_N \qquad \text{(Bez. 4.53)}$$

$$F_{RBl/Z} = \mu_2 \cdot F_N \qquad \text{(Bez. 4.54)}$$

Geht man davon aus, dass die Blechunterseite sich von der Blechoberseite unterscheidet, dann ergeben sich bei Zugrundelegung eines modifizierten Reibungsgesetztes unterschiedliche Reibungszahlen $\mu_1 \neq \mu_2 \neq \mu_3$ und somit unterschiedliche Reibungskräfte.

[1] In [Pan61] wird für die Ermittlung der Kräfte $F_{RBl/N}$ und $F_{RBl/ZR}$ die Multiplikation mit dem Korrekturwert d_0/D_a zur Berücksichtigung der Aufdickung des Flanschrandes vorgeschlagen. Hierauf wird im Rahmen dieser Ausführung aus didaktischen Gründen Abstand genommen.

Die Kraft, die zur Überwindung der Reibung zwischen Blech und Tiefziehwandung erforderlich ist, beträgt nach der Seilreibungsformel nach Euler und Eytelwein:

$$F_2 = F_1 \cdot e^{\mu_3 \cdot \alpha} \qquad \text{(Bez. 4.55)}$$

Hierbei ist μ_3 die Reibungszahl der Rundung zwischen Umformgut und Tiefziehringrundung bei einem Rundungswinkel $\alpha = \frac{\pi}{2}$.

Mit

$$F_1 = F_{id} + F_{RBl/N} + F_{RBl/Z} \qquad \text{(Bez. 4.56)}$$

erhält man die Kraft $F_{RBl/ZR}$, die zur Überwindung der Reibung zwischen Blech und Ziehringrundung erforderlich ist

$$F_{RBl/ZR} = F_2 - F_1 = \left(e^{\mu_3 \cdot \frac{\pi}{2}}\right) \cdot \left(F_{id} + F_{RBl/N} + F_{RBl/Z}\right) \qquad \text{(Bez. 4.57)}$$

Damit sind alle Teilkräfte der Gesamtkraft F_{ges} berechenbar. Es ergeben sich

- F_{id} aus [Bez. 4.50]
- $F_{RBl/N}$ aus [Bez. 4.53]
- $F_{RBl/Z}$ aus [Bez. 4.54]
- $F_{RBl/ZR}$ aus [Bez. 4.57]
- F_b aus [Bez. 4.51]

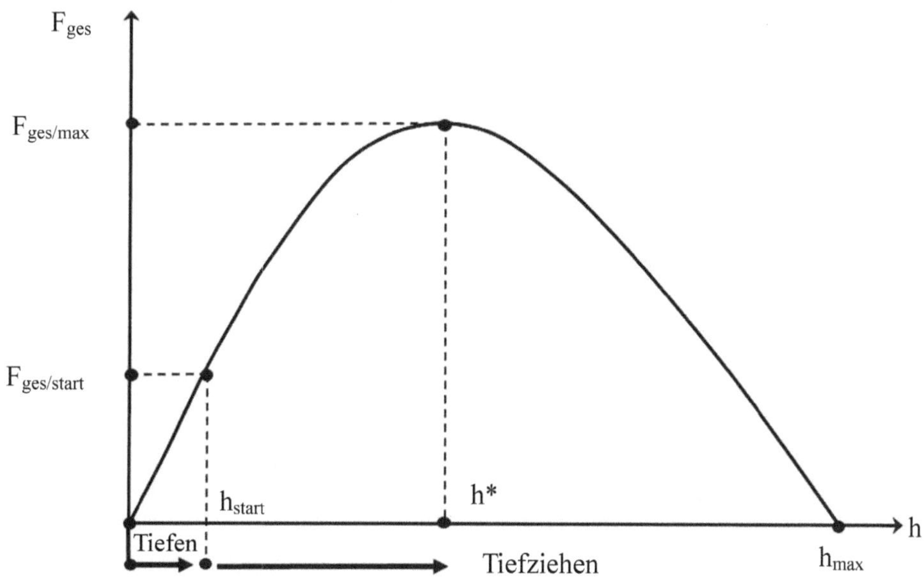

Abb. 4.11 Prinzipieller Kraft-Weg-Verlauf beim Tiefziehen

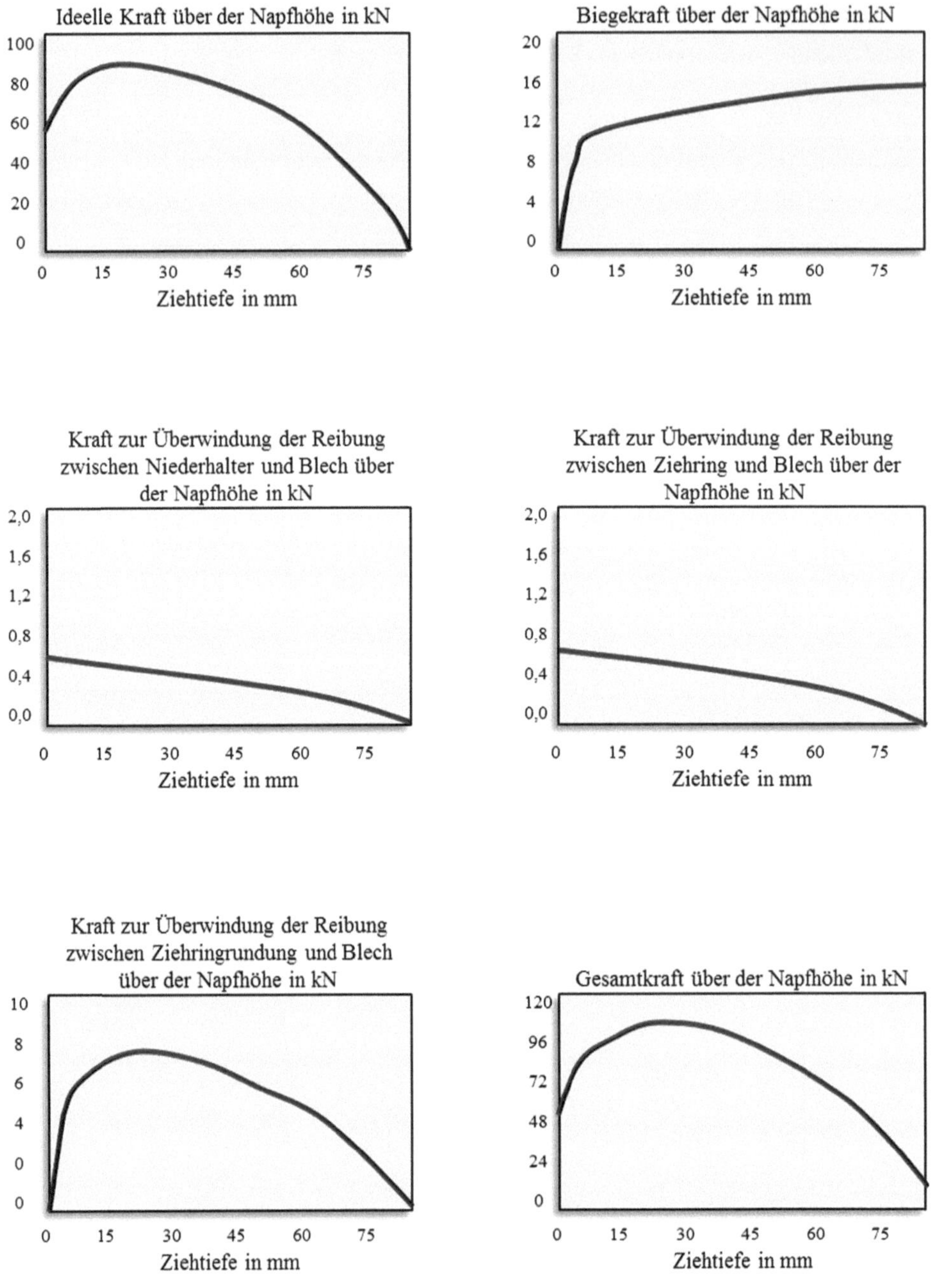

Abb. 4.12 Einzelkräfte und Gesamtkraft beim Tiefziehen über die Ziehtiefe h (D_0 = 200 mm, d_0 =100 mm, $\mu_1 = \mu_2 = \mu_3$ = 0,05, $r_{St} = r_m$ = 4 mm, k = $670 \cdot \varphi^{0,22}$ (N/mm^2), R_m = 300 N/mm^2)

Die Summe dieser Kräfte ergibt die Gesamtkraft F_{ges}

$$F_{ges} = F_{id} + F_{RBl/N} + F_{RBl/Z} + F_{RBl/ZR} + F_b \qquad \text{(Bez. 4.58)}$$

wobei

μ_1 die Reibungszahl des Tribosystems Niederhalter, Schmierstoff und Blech
μ_2 die Reibungszahl des Tribosystems Ziehring, Schmerstoff und Blech und
μ_3 die Reibungszahl des Tribosystems Ziehringrundung, Schmierstoff und Blech
ist.

Es ist ersichtlich, dass die Gesamtkraft F_{ges} nicht von Null aus startet, sondern von einem Wert F_{ges} bei der Ziehtiefe h_{start}. Erst bei Erreichen dieses Wertes erfolgt eine plastische Formänderung. Dann fließt das Blech zwischen Niederhalter und Tiefziehring. Im Bereich $h = 0$ bis h_{start} erfolgt lediglich eine elastische Formänderung beim Tiefen des Umformgutes. Dabei wird das Blech über den Stempel gestreckt.

Abb. 4.11 zeigt hierzu den Verlauf der Gesamtkraft über der Ziehtiefe und **Abb. 4.12** zeigt beispielhaft für vorgegebene Parameter den Verlauf der Teilkräfte und der Gesamtkraft über der Ziehtiefe h.

Da das Tiefziehen ein Verfahren der mittelbaren Krafteinleitung ist, bei dem die zur Umformung erforderliche Kraft gemäß **Abb. 4.3** über die Kraftübertragungszone in die Umformzone eingeleitet wird, gilt die Stabilitätsbedingung

$$F_{ges} = F_{St} \leq F_{Bruch} \qquad \text{(Bez. 4.59)}$$

d. h. die maximale Stempelkraft muss kleiner als die Bruchkraft sein.

Die Bruchkraft ist nach Doege [Doe63]

$$F_{Br} = R_m \cdot a_R \cdot A_{Zarge} \qquad \text{(Bez. 4.60)}$$

Dabei sind R_m die Zugfestigkeit und a_R der Reißfaktor nach Doege

$$a_R = 1{,}0 \ldots 1{,}4 \qquad \text{(Bez. 4.61)}$$

Die Querschnittsfläche A_{Zarge} ist

$$A_{Zarge} = \pi \cdot (d_0 + s_0) \cdot s_0 \approx \pi \cdot d_0 \cdot s_0 \qquad \text{(Bez. 4.62)}$$

4.1.9 Arbeitsdiagramm der Niederhalterkraft

Die Verfahrensgrenzen sind von den Eigenschaften des Blechwerkstoffes und des Schmierstoffes sowie von den Werkzeuggeometrie- und Umformparametern abhängig. Die obere Verfahrensgrenze wird durch das Auftreten von Reißern bestimmt. Die untere Verfahrensgrenze betrifft die Bildung von Falten erster Art (vgl. **Abb. 4.5**). Diese beiden Versagensarten begrenzen den „Arbeitsbereich" der Niederhalterkraft (vgl. **Abb. 4.13**).

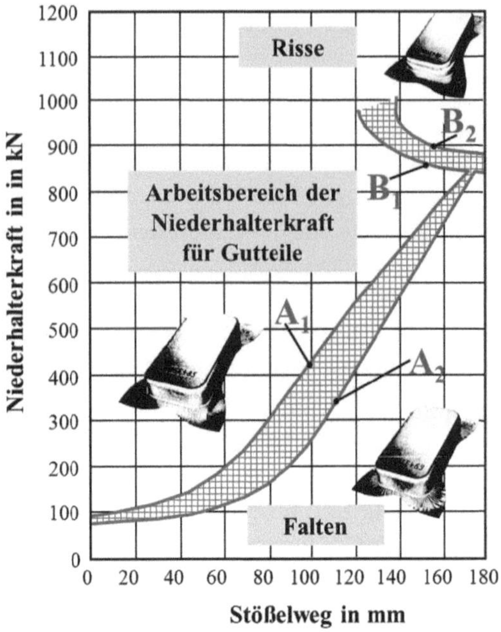

Abb. 4.13
Arbeitsbereich beim Tiefziehen [Kla94]
A_1) Grenzkurve für das Auftreten von Falten, alle Pinolen auf gleicher Höhe
A_2) Grenzkurve für das Auftreten von Falten, optimierte Pinoleneinstellung
B_1) Grenzkurve für das Auftreten von Reißern, alle Pinolen auf gleicher Höhe
B_2) Grenzkurve für das Auftreten von Reißern, optimierte Pinoleneinstellung

4.2 Tiefziehen nicht-rotationssymmetrischer Blechformteile

4.2.1 Ziehprozess

Das Ziehen nicht-rotationssymmetrischer Blechformteile kann als Kombination von mechanischem Tiefen (vgl. Kap. 3.2) und Tiefziehen aufgefasst werden. Beim mechanischen Tiefen liegt der Spannungszustand ausschließlich im Zug-Zugbereich, die Vergrößerung der Blechoberfläche ist nur möglich bei gleichzeitiger Blechdickenverringerung. Beim Tiefziehen dagegen kann das Blech nachfließen und wird unter der Wirkung radialer Zug- und tangentialer Druckspannungen ohne Oberflächenvergrößerung bzw. Blechdickenreduzierung umgeformt.

Berücksichtigt man, dass der Ziehteilboden vor dem eigentlichen Tiefziehprozess quasi in einem Streckziehvorgang ausgebildet wird, dann ist schon beim Tiefziehen mit Halbkugelstempel eine Kombination aus reinem Tiefziehen und Streckziehen gegeben. Insofern ist bei der Ausbildung des halbkugelförmigen Ziehteilbodens zwischen Stempel und Blech eine geringe Reibungszahl μ und ein hoher Verfestigungsexponent n erwünscht. Ein hoher Verfestigungsexponent des Blechwerkstoffes beim Streckziehen ist erwünscht, damit diese Bereiche trotz Reibungsbehinderung ausgezogen werden können. Sobald sich der Ziehteilboden vollständig ausgebildet hat, ist eine hohe Reibungszahl zwischen Blech und Stempel vorteilhaft, um den Reißfaktor (siehe Bez. 4.60) und damit die Kraftübertragung in die Umformzone zu erhöhen.

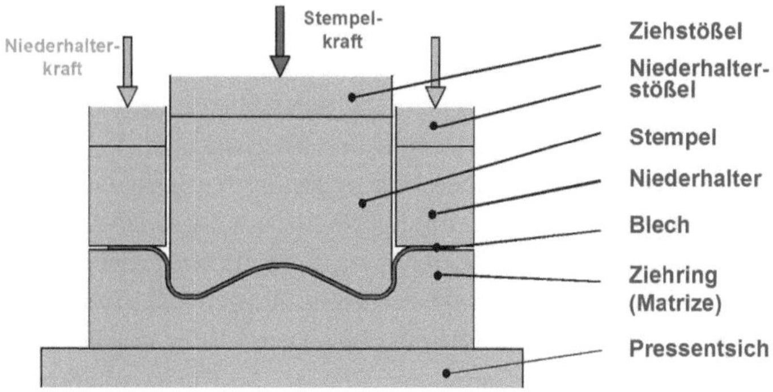

Abb. 4.14 Tiefziehen nicht-rotationssymmetrischer Blechformteile in doppeltwirkender Presse

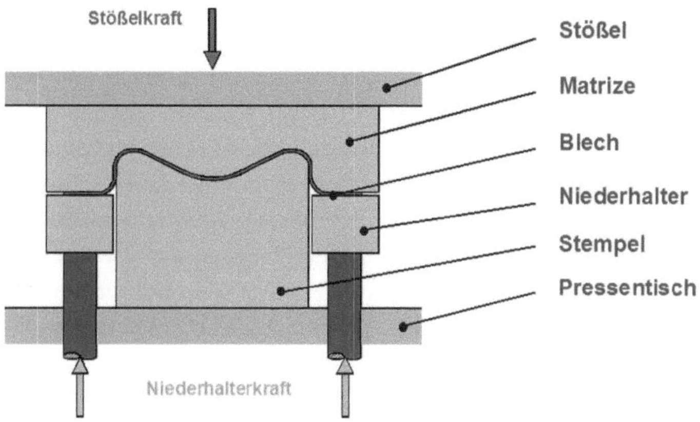

Abb. 4.15 Tiefziehen nicht-rotationssymmetrischer Blechformteile in einfachwirkender Presse

Für die Herstellung nicht-rotationssymmetrischer Blechformteile werden doppeltwirkende Pressen (**Abb. 4.14**) oder einfachwirkende Pressen (**Abb. 4.15**) eigesetzt.

4.2.2 Zieheinrichtungen im Pressentisch

Bei Ein- und Zweipunkt-Zieheinrichtungen wirken gemäß **Abb. 4.16** Hydraulik- oder Pneumatikzylinder auf eine sogenannte Ziehkissenplatte (Druckkasten), von der aus eine Vielzahl von Pinolen (Druckbolzen) die Niederhalterkräfte in den unteren Ziehrahmen (Niederhalter) eingeleitet werden. Derartige Zieheinrichtungen sind für das Tiefziehen kleiner und /oder einfach tiefziehbarer Blechformteile geeignet. Diese Zieheinrichtungen weisen aber den Nachteil auf, dass bei einer außermittigen wirkenden Niederhalterkraft-Resultierenden eine Kippung der Ziehkissenplatte erfolgt, was dann aufgrund hierdurch bedingter unterschiedlicher Pinolenkräfte zu ungewollt unterschiedlichen Flächenpressungen zwischen dem Blech und den Ziehrahmen führen kann. Diese Zieheinrichtungen sind daher für das Tiefziehen schwierig umformtechnisch herstellbarer Blechformteile nicht geeignet. Verglichen hiermit sind zweifachwirkende Pressen geeigneter.

Für schwierig tiefziehbare Blechformteile haben sich in den letzten Jahren einfachwirkende mechanische und hydraulische Pressen mit hydraulischer Vierpunkt-Zieheinrichtung im Pressentisch als bedeutend besser geeignet erwiesen als zweifachwirkende Pressen. Wie **Abb. 4.16** zeigt, wirken bei Vierpunkt-Zieheinrichtungen vier Hydraulikzylinder direkt auf die Eckpunkte des unteren Ziehrahmens. Damit ist es möglich, wie beim Tiefziehen mit zweifachwirkenden mechanischen Pressen die Niederhalterkräfte „vorn links" und „vorn rechts", „hinten links" und „hinten rechts" individuell einzustellen. Während bei der mechanischen zweifachwirkenden Pressen die Niederhalterkräfte relativ weit vom Niederhalter entfernt in den am Stößel oben angeordneten Druckpunkten eingestellt werden, wirken bei der hydraulischen Vierpunkt-Zieheinrichtung die vier Eckpunkt-Hydraulikzylinder direkt auf den unteren Ziehrahmen, was zu einer besseren Zuordnung der eingeleiteten Niederhalterkräfte zu den zwischen dem Blech und den Ziehrahmen wirkenden Flächenpressung führt. Auch ist es bei der hydraulischen Vierpunkt-Zieheinrichtung relativ einfach möglich, die Drücke in den Eckpunkt-Zylindern individuell zu steuern. Zu beachten ist, dass hydraulische Vierpunkt-Zieheinrichtungen wegen der Durchbiegung der Ziehrahmen zwischen den Niederhalterkrafteinleitungspunkten einer Größenbeschränkung unterliegen. Die Durchbiegung der Ziehrahmen wird mit zunehmender Ziehteilgröße problematischer, weil sich geometrisch nicht unbegrenzt die Ziehrahmen-Biegesteifigkeit erhöhen lässt. Vierpunkt-Zieheinrichtungen soll-

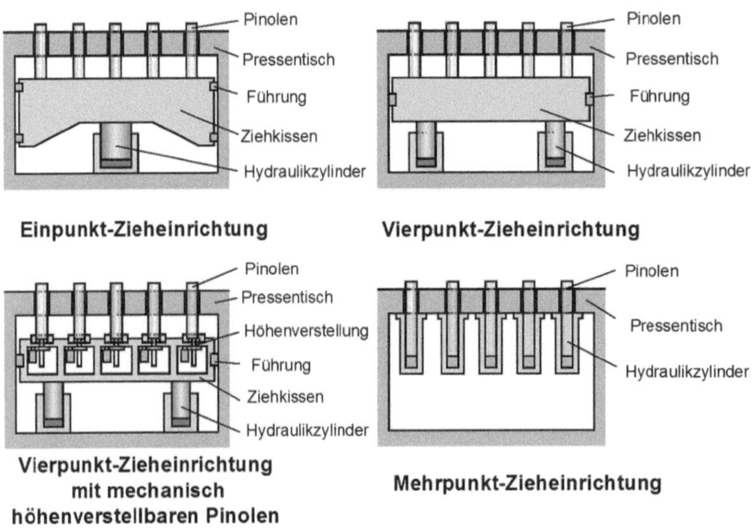

Abb. 4.16 Zieheinrichtungen im Pressentisch einfachwirkender Pressen [Häu02]

ten daher nur bis zu einer Ziehwerkzeugrundfläche von maximal 2.000 mm x 2.000 mm Anwendung finden. Hydraulische Vierpunkt-Zieheinrichtungen haben sich als Zieheinrichtungen in Großteilstufenpressen z. B. für die Fertigung von PKW-Türbeplankungen bewährt. Aufgrund der besseren Beeinflussbarkeit der Niederhalterpressung über der Niederhalterfläche durch die vier direkt auf den Niederhalter einwirkenden Hydraulikzylinder mit zugehörigen Proportional- bzw. Servo-Ventilen sind einfachwirkende Pressen mit passivhydraulischen Vierpunkt-Zieheinrichtungen zweifachwirkenden mechanischen und hydraulischen Pressen vorzuziehen. Es ist jedoch zu beachten, dass wie bei zweifachwirkenden Pressen auch bei einfachwirkenden Pressen mit Vierpunkt-Zieheinrichtung ein Eintuschieren der Ziehrahmen von Hand erforderlich ist.

4.2.3 Steuerung des Werkstoffflusses

Der Niederhalter hat die primäre Aufgabe, eine Rückhaltung der Platine zu erzeugen und damit den Platineneinlauf gezielt zu beeinflussen. Weiterhin erfüllt er die Aufgabe, insbesondere in den konkaven Bereichen des Ziehumrisses, Falten 1. Art zu unterdrücken, wobei seine Funktion bei konischen Zargen auf die Unterbindung von Falten 2. Art erweitert werden kann.

Der Platineneinlauf kann nach [Sie04a], [Zue85] und [Som86] prinzipiell durch eine einzelne (**Abb. 4.17**) oder die Kombination mehrerer der folgenden Maßnahmen beeinflusst werden:

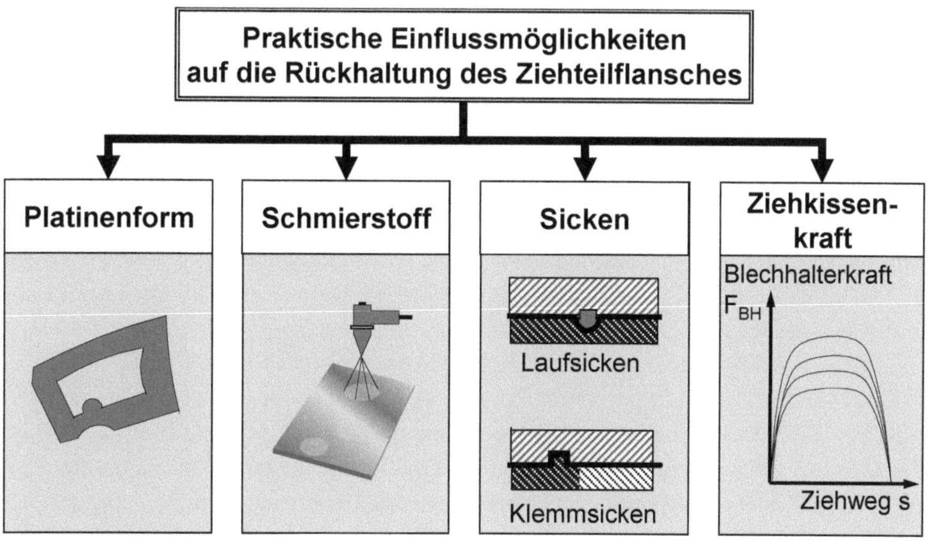

Abb. 4.17 Möglichkeiten zur Steuerung des Platineneinlaufs beim Tiefziehen.Quelle: K. Siegert, IFU – Universität Stuttgart

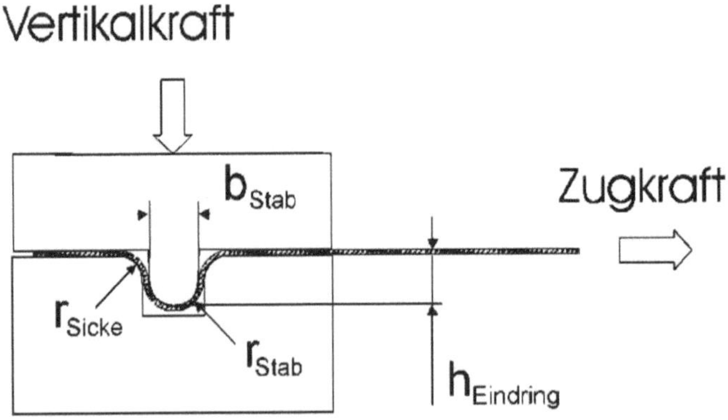

Abb. 4.18 Geometrische Verhältnisse an Ziehsicken

Platinenform: Durch örtliche Vergrößerung der zwischen den Ziehrahmen geführten Platinenbereiche werden sowohl die Umformkräfte als auch die Reibungskräfte erhöht, sodass sich hierüber eine Behinderung des Materialflusses ergibt. Umgekehrt ergibt sich durch örtliche Reduzierung der Platinengröße eine Begünstigung des Materialflusses.

Schmierstoff: Bestimmt durch Art, Menge und Verteilung des Schmierstoffs unter dem Niederhalter. Dabei wird das Einfließen des Blechwerkstoffs lokal unterstützt oder behindert.

Ziehsicken: Über Ziehsicken kann das Blech am Einfließen in die Matrize aufgrund von Reibungs- und Biegekräften gehindert werden (**Abb. 4.18**). Durch eine rechtwinklige Ausführung der Ziehsicke entsteht eine Abklemmsicke, die ein Einfließen des Umformguts in die Matrize komplett unterbindet. In diesem Fall ist eine dem mechanischen Tiefen vergleichbare Beanspruchung gegeben.

4.2.4 Tribologisches System im Niederhalterbereich

Durch eine gezielte Beeinflussung der Reibungsverhältnisse zwischen der Platine und dem Niederhalter bzw. der Matrize besteht eine weitere Möglichkeit der Steuerung des Materialflusses während des Prozesses. Beim Tiefziehen rotationssymmetrischer Blechformteile sollte die Niederhalterkraft lediglich so groß gewählt werden, dass eine Bildung von Falten 1. Art verhindert wird und der Blechwerkstoff ungehindert in die Kavität einfließen kann. Im Gegensatz dazu wird die Niederhalterkraft beim Tiefziehen von unregelmäßigen Blechformteilen für die Einstellung von am Ziehumriss lokal unterschiedlichen Reibungsverhältnissen eingesetzt, um den Materialfluss geometriespezifisch ausgestalten zu können. Unter der vereinfachten Annahme des Coulomb`schen Reibungsgesetzes ergibt sich ein direkter Zusammenhang zwischen der Niederhalterkraft F_N und der Reibungskraft F_R als Summe der zwischen Niederhalter, Matrize und Platine (auf deren Ober- und Unterseite, Indizes 1 und 2, Bez. 4.63) wirkenden Reibungskraft.

$$F_R = F_{R_{BH/Bl}} + F_{R_{ZR/Bl}} \text{ oder } F_R = (\mu_1 + \mu_2) \cdot F_{BH} \quad \text{(Bez. 4.63)}$$

Zur gezielten Einstellung der Reibungsverhältnisse zwischen Platine und Ziehmatrize bestehen mehrere Einflussmöglichkeiten:

- Applikation unterschiedlicher Schmierstoffarten und -menge pro Fläche auf der Platinenoberfläche.
- Erzeugung unterschiedlicher Flächenpressungen durch Eintuschieren der Druckverteilung zwischen Niederhalter und der gegenüberliegenden Fläche
- Einleitung unterschiedlicher Niederhalterkräfte.

4.2.5 Verteilung Flächenpressung unter dem Niederhalter

Ein wesentlicher Einflussparameter beim Tiefziehen nicht-rotationssymmetrischer Blechformteile ist die Elastizität der Ziehrahmen. Wie bereits ausgeführt, wird der Werkstofffluss zwischen den Ziehrahmen beeinflusst. Nun ist jedoch die elastische Verformung der Ziehrahmen aufgrund der Werkzeugverrippung nicht über der Ziehrahmenfläche konstant. Über den Vertikal-Rippen ist die Flächenpressung höher als über den nicht durch Rippen direkt gestützten Bereichen. **Abb. 4.19** zeigt exemplarisch die mittels

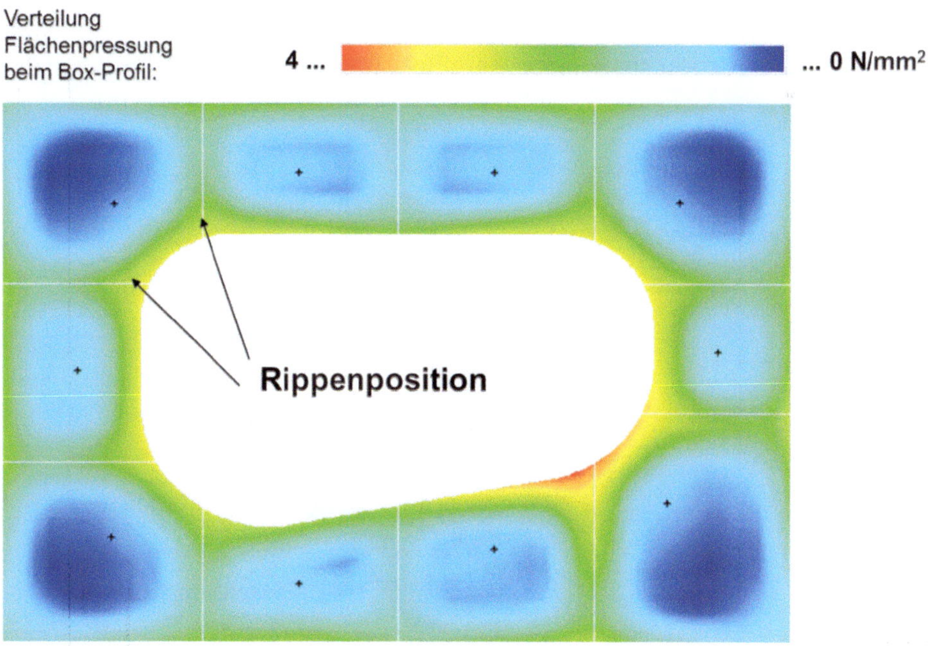

Abb. 4.19 Berechnete Verteilung der Niederhalterpressung [Häu02]

Finite-Elemente-Methode (FEM) berechnete Niederhalterpressung über der Ziehrahmenfläche. Deutlich ist hier der Einfluss der Verrippung erkennbar.

Nun kann man durch Tuschieren erreichen, dass überall über der Ziehrahmenfläche die gleiche Flächenpressung gegeben ist. Dieses trifft dann aber nur bei ganz bestimmten Niederhalterkräften zu. Werden aufgrund des Einsatzes von Platinen anderer Blechdicken oder anderer Blechgüten andere Niederhalterkräfte erforderlich, dann ergibt sich die Notwendigkeit, die Ziehrahmen wieder neu einzutuschieren. Auch wird sich das Tuschierbild mit der Anzahl der tiefgezogenen Teile aufgrund abrasiven Verschleißes verändern, so dass nach Produktion einer bestimmten Anzahl von Teilen eine Nachtuschieren erforderlich wird. Im Rahmen mehrere Forschungsarbeiten wurden, ausgehend von der Entwicklung eines Tiefziehwerkzeugs für Prototypteile, spezielle Werkzeugverrippungen entwickelt. Hierauf soll im Folgenden näher eingegangen werden.

4.2.6 Segmentelastischer Niederhalter

Abb. 4.20 zeigt eine Ziehrahmenausführung, bei der pyramidenstumpfförmige Metallkörper, vorzugsweise aus Stahl, in Kunstharz eingebettet sind. Zwischen den einzelnen „quasi starren" Metallkörpern wirkt der Kunststoff wie ein elastisches Gelenk. Dabei werden die Metallkörper so angeordnet, dass in sie die Niederhalterkräfte von einer vorzugsweise hydraulischen Vielpunktzieheinrichtung eingeleitet werden und dass über ihre Basisflächen eindeutig zugeordnete Teilflächen des Ziehrahmens kraftbeaufschlagt werden.

Jeder Zylinder der hydraulischen Vielpunktzieheinrichtung wirkt somit auf eine ihm zugeordnete geometrische eindeutig begrenzte Teilfläche der Kontaktfläche zwischen den

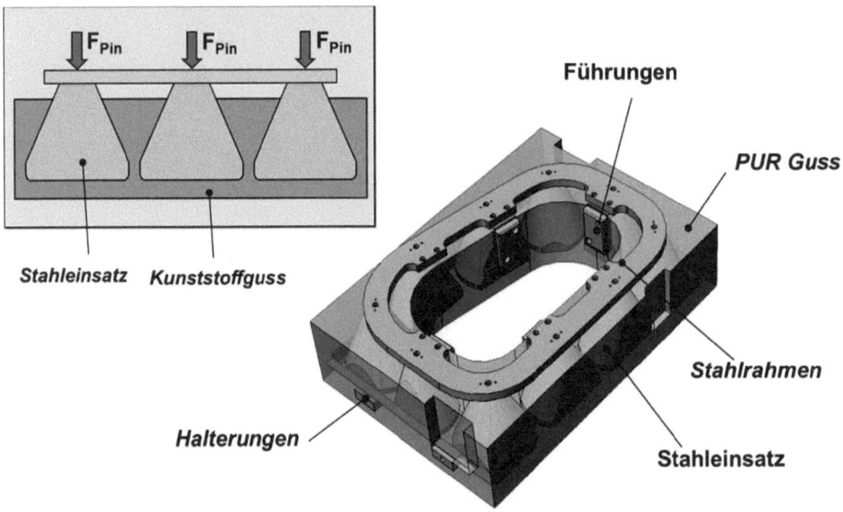

Abb. 4.20 Niederhalter mit in Kunstharz eingebetteten Pyramidenstümpfen. Quelle: IFU – Universität Stuttgart

Ziehrahmen und dem Blech. Tritt in einem bestimmten Bereich ein Reißer auf, dann kann man in diesen Reißer beeinflussenden Ziehrahmenbereich die Flächenpressung durch Verringerung der zugehörigen Niederhalterkräfte (Hydraulikzylinder-Drücke) reduzieren, ohne dass die von dieser Maßnahme nicht betroffenen Nachbarbereiche hiervon beeinflusst werden. Analog kann man einer Faltenbildung erster Art durch Erhöhung der Niederhalterpressung in den betreffenden Ziehrahmen-Teilflächen entgegenwirken.

Diese Werkzeugausführung wurde für Tiefziehwerkzeuge jeglicher Art so modifiziert, dass die einzelnen pyramidenstumpfförmigen Metallkörper durch eine obere und eine untere Deckplatte verbunden werden (**Abb. 4.21**). Die elastischen Gelenke stellen bei dieser Werkzeugausführung die die pyramidenstumpfförmigen Stahlgusskörper verbindende Plattenbereiche dar. Es ist zu beachten, dass die Pyramidenstümpfe und die obere sowie die untere Deckplatte als ein Stahlgussteil ausgeführt sein können.

Die Geometrie eines Segments ähnelt einem auf dem Kopf stehenden Pyramidenstumpf, wobei die Pinolenkraft an der kleineren Kopffläche des Stumpfes angreift. Die Pyramidenstumpfgeometrie entspricht etwa dem Spannungskegel, mit dem sich eine Punktlast in einer massiven Platte ausbreitet. So wird mit minimalem Materialaufwand eine optimale, gleichmäßige Verteilung der Flächenpressung am Ziehteilflansch erreicht. Die einzelnen Segmente sind durch eine dünne Deckplatte miteinander verbunden. Zur Erhöhung der Steifigkeit können die Segmente insbesondere bei nicht-planaren Ziehrahmenflächen durch eine dünne Grundplatte miteinander verbunden werden.

Durch diese Gestaltung des Niederhalters erhält man sehr steife Segmente, die durch „elastische Gelenke“ miteinander verbunden sind. Wie von Hohnhaus [Hoh99] nachgewiesen, werden durch die Pinolenkraft eines Segments die Flächenpressungen der Nachbarsegmente nur unwesentlich beeinflusst. Dies ist ideal für den Einsatz auf Vielpunktzieheinrichtungen, da man sich hier eine direkte Zuordnung der Flächenpressung eines Segments zu der dazugehörigen Pinolenkraft wünscht, um damit auf relativ einfache Weise den Materialfluss am Ziehteilflansch lokal beeinflussen zu können.

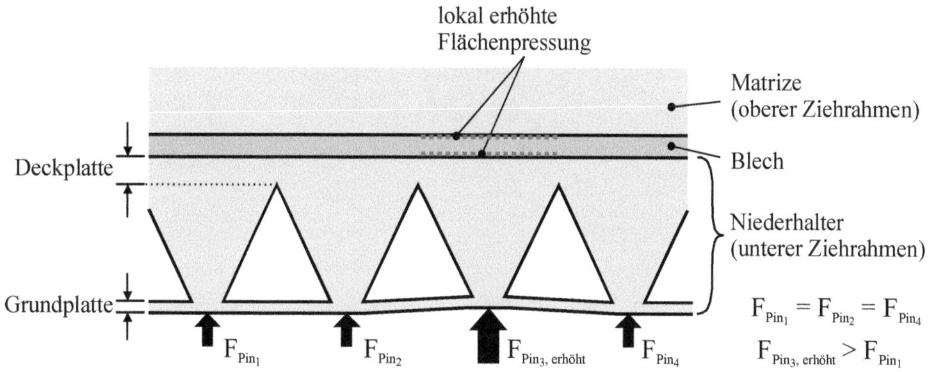

Abb. 4.21 Prinzip des segmentelastischen Niederhalters. Quelle: IFU – Universität Stuttgart

4.2.7 Prismatisch verrippte Matrize

Eine gleichmäßige Verteilung der Flächenpressung in einem Segmentbereich kann nur dann erreicht werden, wenn auch das gegenüberliegende Werkzeugteil, das zugehörige Matrizensegment, eine gleichmäßige Steifigkeit hat [Sie98]. Dies kann mit einer prismatisch verrippten Matrize erreicht werden, siehe **Abb. 4.22C**.

Hierbei wird die Matrize mit sehr vielen kleinen Hohlräumen verrippt. Die Hohlräume werden dadurch erzeugt, dass man ein Muster aus gleichmäßigen geschlossenen Konturen senkrecht zur Werkzeuggrundfläche nach oben extrudiert, wodurch prismatische Körper mit gleichen Querschnittsflächen erzeugt werden, welche die Hohlräume der Verrippung darstellen (vgl. **Abb. 4.23**).

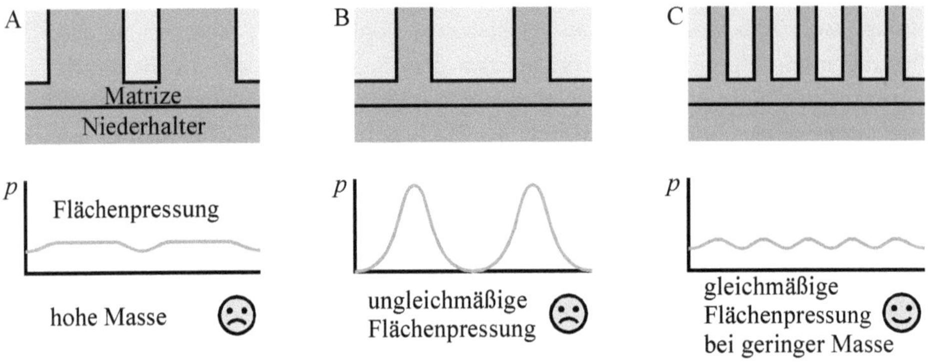

Abb. 4.22 Flächenpressung und Werkzeugmasse bei verschiedenen Matrizenverrippungen. Quelle: IFU - Universität Stuttgart

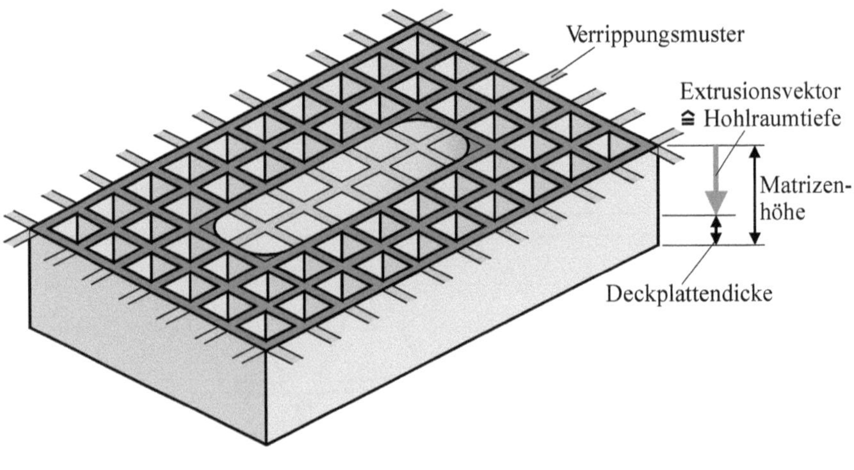

Abb. 4.23 Erzeugung einer prismatischen Matrizenverrippung. Quelle: IFU - Universität Stuttgart

Abb. 4.24 Beispiele für prismatische Verrippungsmuster. Quelle: IFU – Universität Stuttgart

Die Rippen zwischen den Hohlräumen sind einheitlich relativ dünn. Auf der Blechseite ist die Matrize mit einer dünnen Deckplatte abgeschlossen, stößelseitig ist die Verrippung der Matrize offen. Neben quadratischen können auch dreieckige, runde oder vorzugsweise sechseckige (wabenförmige) Verrippungsmuster verwendet werden (**Abb. 4.24**).

4.2.8 Ziehwerkzeuge mit integrierter Zieheinrichtung

Ein Werkzeug mit integrierter Vielpunkt-Zieheinrichtung, wie es **Abb. 4.25** zeigt, erfordert lediglich eine einfachwirkende Presse. Die „Intelligenz" liegt hier im Ziehwerkzeug. Wie **Abb. 4.26** für das in **Abb. 4.25** gezeigte Ziehwerkzeug mit segmentelastischem Niederhalter und integrierter Vielpunkt-Zieheinrichtung zeigt, ist eine segmentweise Einstellung der Niederhalterpressung über dem Ziehweg am Bildschirm möglich [Sie04b].

Selbstverständlich ist es jedoch auch möglich, gemäß **Abb. 4.16** die Vielpunkt-Zieheinrichtung im Pressentisch einer einfachwirkenden hydraulischen oder mechanischen Presse anzuordnen. Die „Intelligenz" liegt dann in der Presse.

Um die Möglichkeit einer Vielpunkt-Zieheinrichtung in Zusammenwirken mit einem segmentelastischem Niederhalter und einem prismatisch verripptem Ziehring demonstrieren zu können, erscheint der Aufbau von Ziehwerkzeugen

- mit integrierter Vielpunkt-Zieheinrichtung
- mit pyramidenstumpfähnlicher Niederhalter-Verrippung und
- mit prismatischer Ziehring-Verrippung äußerst sinnvoll.

Hiermit kann gezeigt werden;

- Eine segmentierte Einstellung der Niederhalterpressungen ist weitgehend ohne Tuschieren möglich.
- Ein reproduzierbarer Pressenbetrieb ist möglich. D.h. es können reproduzierbar die bei der letzten Abpressung qualitativ einwandfreier Teile eingestellten Niederhalterpressungen aufgerufen und eingestellt werden.
- Es ist lediglich eine einfachwirkende mechanische oder hydraulische Presse mit entsprechendem Stößelhub erforderlich.

Abb. 4.25 Längsträgerwerkzeug mit segmentelastischem Niederhalter und in das Tiefziehwerkzeug integrierten 18 über dem Ziehweg druckgeregelten Stickstoffzylindern [Hal03]

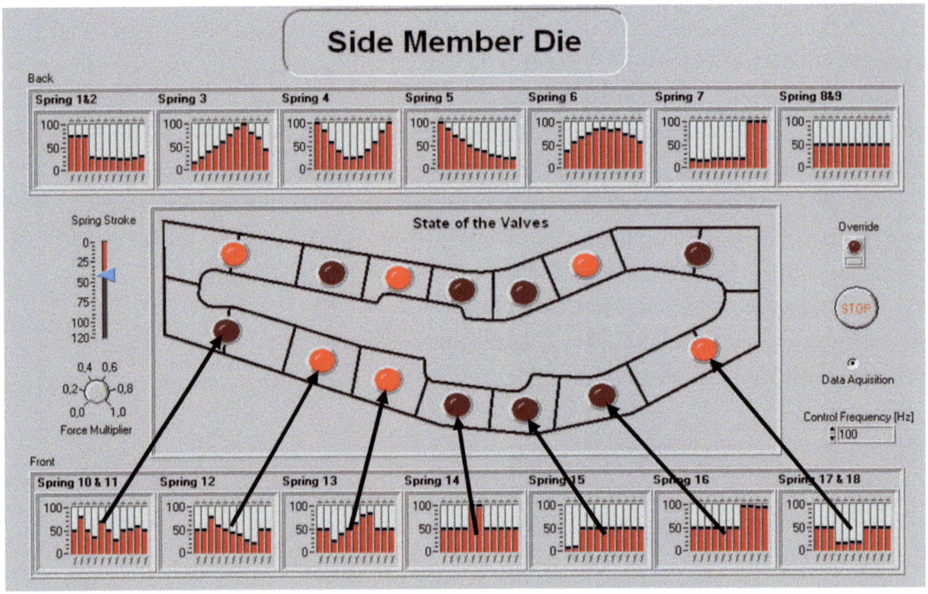

Abb. 4.26 Bedienoberfläche zur Einstellung der Niederhalterkräfte über den Ziehweg für jeden einzelnen Zylinder eines Längsträgerwerkzeuges (die Angabe der Niederhalterkräfte über dem Ziehweg ist prinzipieller Art und soll lediglich die Möglichkeiten aufzeigen)

- Für Ziehwerkzeuge, die zur Produktion von Blechformteilen geringer Gesamtstückzahlen dienen, empfiehlt sich aufgrund einer Produkt-Herstellkosten-Betrachtung die Integration der Vielpunkt-Zieheinrichtung in den Pressentisch.

Bei Ziehwerkzeugen, die zur Produktion von Blechformteilen großer Gesamtstückzahlen dienen, sind sowohl Werkzeuge mit integrierter Vielpunkt-Zieheinrichtung bei Einsatz einfachwirkender Pressen als auch Ziehwerkzeuge ohne integrierte Vielpunkt-Zieheinrichtung bei Einsatz einfachwirkender Pressen mit Vielpunkt-Zieheinrichtung im Pressentisch möglich.

4.3 Hydromechanisches Tiefziehen

4.3.1 Verfahrensprinzip

Das hydromechanische Tiefziehen ist eine Verfahrensvariante des Tiefziehens.

Beim hydromechanischen Tiefziehen zieht ein Stempel eine Platine durch einen Tiefziehring hindurch. Dabei presst ein hydrostatischer Druck (Gegendruck p_g) das Blech gegen einen Formstempel, wobei durch plastische Umformung das Tiefziehteil die Kontur des Stempels übernimmt.

Der wesentliche Unterschied zwischen konventionellem und hydromechanischem Tiefziehen ist darin zu sehen, dass beim hydromechanischen Tiefziehen anstelle der beim konventionellen Tiefziehen eingesetzten starren Matrize ein passiv durch Kompression erzeugter hydrostatischer Druck wirkt. Dieser führt zu unterschiedlichen Spannungs- und Formänderungszuständen, die beim hydromechanischen Tiefziehen, verglichen mit dem konventionellen Tiefziehen, höhere Grenzziehverhältnisse, bzw. größere Ziehtiefen und/oder das Tiefziehen schwierig umformbarer Blechwerkstoffe ermöglichen.

Im Folgenden wird zunächst anhand von Stadien der Umformprozess vorgestellt (**Abb. 4.27**). Dabei wird auf die Möglichkeit, zum Prozessende hin mittels eines externen Druckaggregats „aktiv" mit erhöhtem Druck ein Kalibrieren durchzuführen, hingewiesen.

Da beim hydromechanischen Tiefziehen stets eine Blechseite beim Umformen keinen Reibungskontakt zu starren Werkzeugkomponenten aufweist, entfallen bei hydromechanisch tiefgezogenen Blechformteilen mit hohen Oberflächenanforderungen die beim konventionellen Tiefziehen durch Kratzer und Riefen bedingten Schleif- und Polierarbeiten.

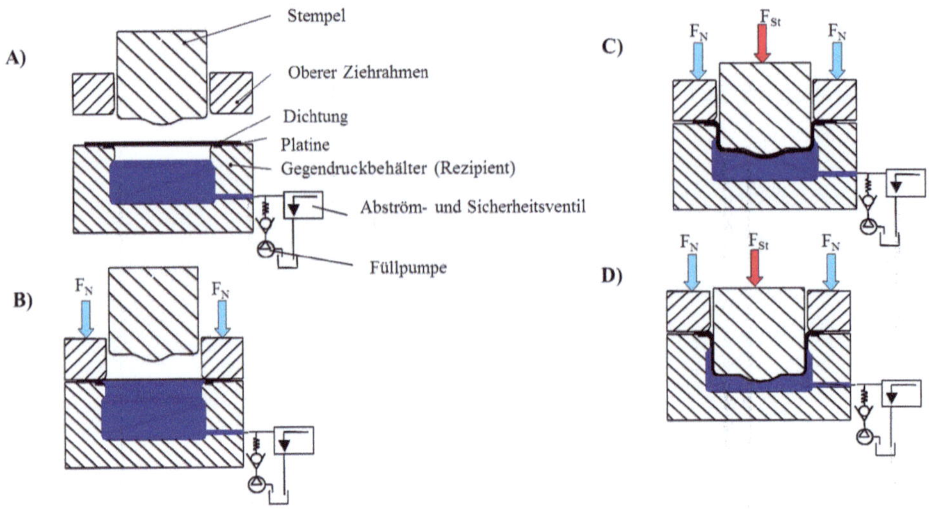

Abb. 4.27 Hydromechanisches Tiefziehen: a Füllen des Gegendruckbehälters und Einlegen des Blechs; b Schließen des Niederhalters und Aufbringen der Niederhalterkraft; c hydromechanisches Tiefziehen mit der Stempelkraft F_{St}, der Niederhalterkraft F_N und dem Gegendruck p_g; d Erreichen des unteren Totpunktes, Kalibrieren des Werkstückes durch Anpressen des Bleches an den Stempel mit hohem Druck (Gegendruck)

4.3.2 Verlauf des Gegendrucks über dem Stempelweg

Der Gegendruck wird dadurch erzeugt, dass ein Stempel eine Platine in einen mit einer Dichtung abgedichteten Druckraum hineinpresst, so dass der Gegendruck p_g „passiv" durch Kompression der im Druckraum sich befindenden Flüssigkeit (z. B. Öl-Wasser-Emulsion) über dem Stempelweg aufgebaut werden kann. Dabei steigt der Druck p_g entsprechend einer volumenspezifischen Druckanstiegskurve von Null ausgehend über der Ziehtiefe „h" bis zum Erreichen des Soll-Gegendrucks $p_{g/soll}$ (**Abb. 4.28**). Ab Erreichen des Soll-Gegendrucks $p_{g/soll}$ bis zum Ende des Umformprozesses wird der Gegendruck über ein Proportional- oder Servoventil, oder auch über mehrere parallel geschaltete Druckbegrenzungsventile über dem Stempelweg gesteuert. Der Druckraum wird vom Flüssigkeitsvolumen des Gegendruckbehälters sowie vom Volumen der Flüssigkeit zwischen Blech und Tiefziehring bis zur Dichtung zwischen Blech und Ziehring gebildet.

> Im Bereich zwischen der Dichtung und dem Außenrand der Platine sind die gleichen Formänderungen und Spannungen zu verzeichnen wie beim konventionellen Tiefziehen.

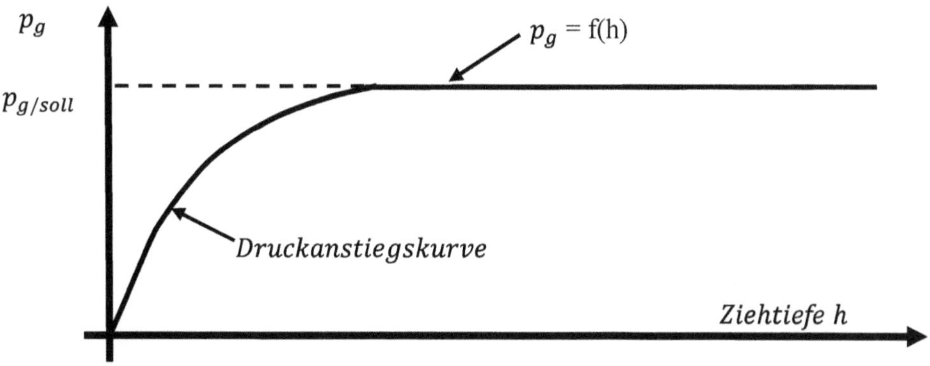

Abb. 4.28 Prinzipieller Verlauf des Gegendrucks über der Ziehtiefe

Der Druckraum ist gegen Bersten mit einem Druckbegrenzungsventil zu versehen. Dieses Ventil kann ggf. in Kombination mit dem Abströmventil als Abström- und Druckbegrenzungsventil ausgeführt werden.

4.3.3 Bildung einer Wulst entgegen Tiefziehrichtung

Beim hydromechanischen Tiefziehen ist es möglich, dass je nach Höhe des Gegendrucks und je nach Blechwerkstoff, Niederhalter- und Stempelkontur sowie Abstand zwischen Stempel und Niederhalter sich eine ringförmige Wulst entgegen Ziehrichtung ausbilden kann. Diese Wulst erstreckt sich zwischen dem Austritt des Blechwerkstoffes aus dem Spalt zwischen Niederhalter und Tiefziehring sowie der Kontaktlinie, bis zu der das Blech an dem Stempel anliegt. **Abb. 4.29** zeigt die Ausbildung einer Wulst entgegen Tiefziehrichtung.

Ein Versagen durch Bersten der Wulst kann durch Optimierung der o. g. Parameter vermieden oder zumindest zu größeren Ziehtiefen hin verschoben werden. Zu beachten ist, dass das Bersten der Wulst ein typischer Versagensfall des hydromechanischen Tiefziehens ist.

Beim Einsatz von Stempeln mit konischen Zargen ist es möglich, dass die Wulst zwischen Stempel und Niederhalter eingequetscht wird, was dann zum Versagen durch Abscheren führt.

> Es ist zu beachten, dass die Ausnutzung einer sich frei entwickelnden Wulst bei der Ziehwerkzeugauslegung berücksichtigt werden sollte.

Wie Untersuchungen mit einem Ziehwerkzeug für das Ziehen von Vorderkotflügeln zeigten, kann mit Ausnutzung einer sich frei entwickelnden Wulst ein ebener Ziehrahmen

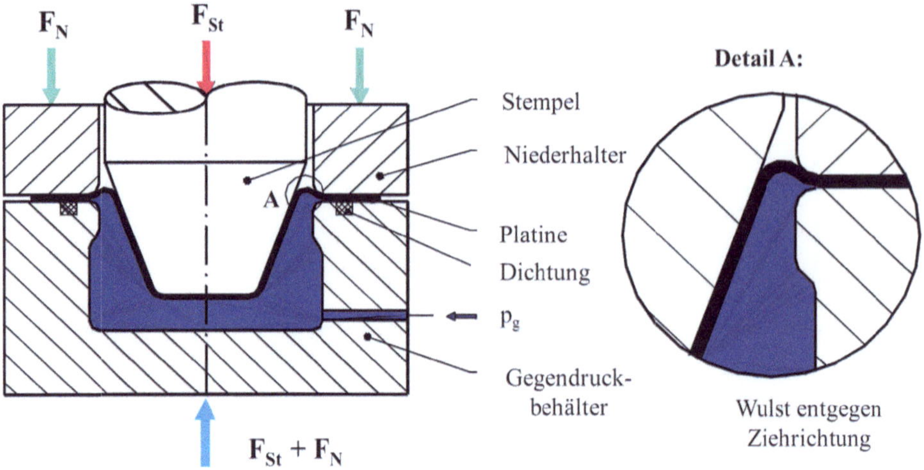

Abb. 4.29 Erzeugen einer Wulst beim hydromechanischen Tefziehen von Blechformteilen mit konischen Seitenwänden

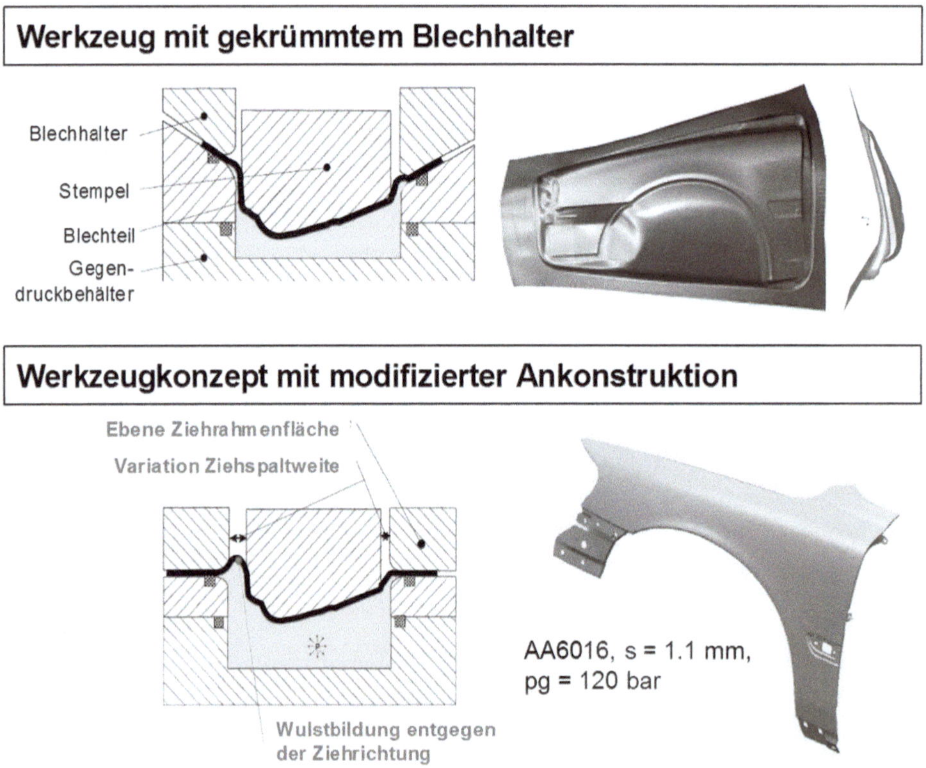

Abb. 4.30 Rahmenanlage unter Berücksichtigung einer sich frei ausbildenden Wulst [Obe06]

an Stelle eines gekrümmten Ziehrahmens zum Einsatz gelangen [Obe06]. **Abb. 4.30** zeigt hierzu die Optimierung der Rahmenanlage mittels FEM-Prozesssimulation. Es ist ersichtlich, dass durch eine gezielte Optimierung der Wulstgeometrie ein ebener Ziehrahmen möglich ist. Damit eröffnen sich völlig neue Möglichkeiten bei der Rahmenanlage, die hinsichtlich Ziehwerkzeug-Herstellkosten und Ziehwerkzeug-Herstellzeiten weitere Einsparmöglichkeiten bieten.

4.3.4 Kräfte beim hydromechanischen Tiefziehen

Hinsichtlich der Gesamt-Stempelkraft und der Stempel-Teilkräfte im Vergleich zu den beim konventionellen Tiefziehen zu verzeichnenden Kräften ist festzustellen:

- Die Kraft $F_{RBl/ZR}$ ist beim konventionellen Tiefziehen zur Überwindung der Reibung zwischen Blech und Tiefziehringrundung erforderlich (vgl. Bez. 4.57). Da beim hydromechanischen Tiefziehen auf Grund der Wulstbildung kein Kontakt zwischen Blech und Tiefziehringrundung besteht, ist die Kraft, die beim konventionellen Tiefziehen zur Überwindung der Reibung zwischen Blech und Tiefziehringrundung erforderlich ist, beim hydromechanischen Tiefziehen gleich Null.
  $F_{RBl/ZR} = 0$
- Auch ist die beim konventionellen Tiefziehen zum Biegen des Blechs um die Ziehringrundung erforderliche Kraft F_b beim hydromechanischen Tiefziehen nicht gegeben, weil der Gegendruck p_g das Blech nach Austritt aus dem Spalt zwischen Tiefziehring und Niederhalter gegen den Formstempel presst.

Somit ist festzuhalten, dass die Kraft, die beim konventionellen Tiefziehen zum Biegen des Bleches um die Tiefziehringrundung erforderlich ist, beim hydromechanischen Tiefziehen gleich Null ist.

$$F_b = 0$$

Somit ergibt sich hinsichtlich der Stempelkräfte beim hydromechanischen Tiefziehen:

$$F_{ges} = F_{id} + F_{RBl/N} + F_{RBl/Z} + p_g \, A_{St} \qquad \text{(Bez. 4.64)}$$

Hierin sind

A_{St} die größte horizontale Stempelquerschnittsfläche,

F_{id} die zur verlustlosen Formänderung erforderliche ideelle Kraft,

$F_{RBl/N}$ die zur Überwindung der Reibung zwischen Blech und Niederhalter erforderliche Kraft

$F_{RBl/Z}$ die zur Überwindung der Reibung zwischen Blech und Tiefziehring erforderliche Kraft.

Da das Produkt von Gegendruck und Stempelquerschnittsfläche bei Weiten größer ist, als die Summe von ideeller Kraft F_{id} und den beiden Reibungskräften $F_{RBl/N}$ und $F_{RBl/Z}$, können in der Regel die drei Kräfte F_{id}, $F_{RBl/N}$ und $F_{RBl/Z}$ bei der Diskussion der Vertikalkräfte als vernachlässigbar gering erachtet werden.

4.3.5 Einfluss des Gegendrucks

Beim hydromechanischen Tiefziehen presst der Gegendruck p_g das Blech gegen den Formstempel. Dabei steigt mit zunehmendem Gegendruck die Kraft die auf Grund der Reibung zwischen Blech und Stempeloberfläche über die Kraftübertragungszone in die Umformzone übertragen werden kann. Festzuhalten ist:

> Die über die Kraftübertragungszone in die Umformzone übertragbare Längskraft steigt mit zunehmendem Gegendruck p_g an. Je größer der Gegendruck p_g, desto größer ist die in die Umformzone einleitbare Stempelkraft.

So kann mit höherer übertragbarer Längskraft das Grenzziehverhältnis bzw. die maximal mögliche Ziehtiefe gesteigert und/oder das Tiefziehen schwer umformbarer Blechwerkstoffe ermöglicht werden.

Es ist auch darauf hinzuweisen, dass mit zunehmendem Gegendruck p_g kleinere Stempelkonturen und definierte Oberflächenstrukturen vom Formstempel auf das Bauteil übertragen werden können.

4.3.6 Grenzziehverhältnisse beim hydromechanischen Tiefziehen

Abb. 4.31 zeigt zylindrische Näpfe mit unterschiedlicher Bodengeometrie. Diese Tiefziehteile wurden im hydromechanischen Tiefziehverfahren hergestellt. Während beim konventionellen Tiefziehen Grenzziehverhältnisse von $\beta_{0/max} = 1{,}8 \; bis \; 2{,}2$ üblich sind, wurden beim hydromechanischen Tiefziehen Grenzziehverhältnisse von $\beta_{0/max} = 2{,}6 \; bis \; 2{,}8$ erreicht.

4.3.7 Einsatz von segmentelastischen Niederhaltern und Vielpunkt-Zieheinrichtungen beim hydromechanischen Tiefziehen

Es bietet sich an, die vom Institut für Umformtechnik (IFU) der Universität Stuttgart in Kooperation mit der Industrie entwickelten Ausführungen von Zieheinrichtungen und Niederhaltern (Kap. 4.2.6) nicht nur beim Tiefziehen, sondern auch beim hydromechanischen Tiefziehen einzusetzen, weil hiermit reproduzierbare robuste Tiefziehprozesse möglich sind.

Abb. 4.32 zeigt ein Werkzeug mit segmentelastischem Niederhalter und einer in das Werkzeug integrierten Zieheinrichtung für das hydromechanische Tiefziehen von PKW-

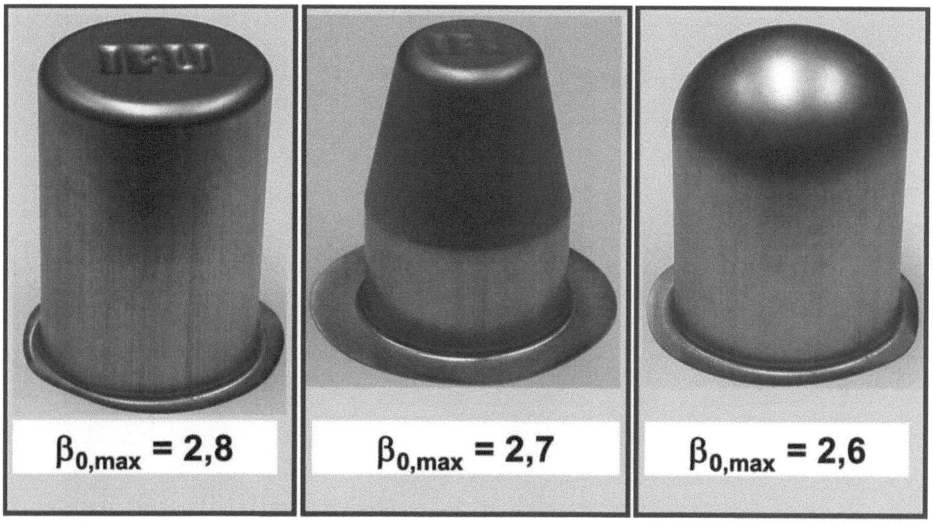

Abb. 4.31 Grenzziehverhältnisse beim Hydromechanischen Tiefziehen (Blechwerkstoff: DC04, Blechdicke 0,8 mm, Stempeldurchmesser 100 mm) [Aus03]

Abb. 4.32 Werkzeug mit segmentelastischem Niederhalter für das hydromechanische Tiefziehen einer Motorhaube. Quelle: IFU – Universität Stuttgart

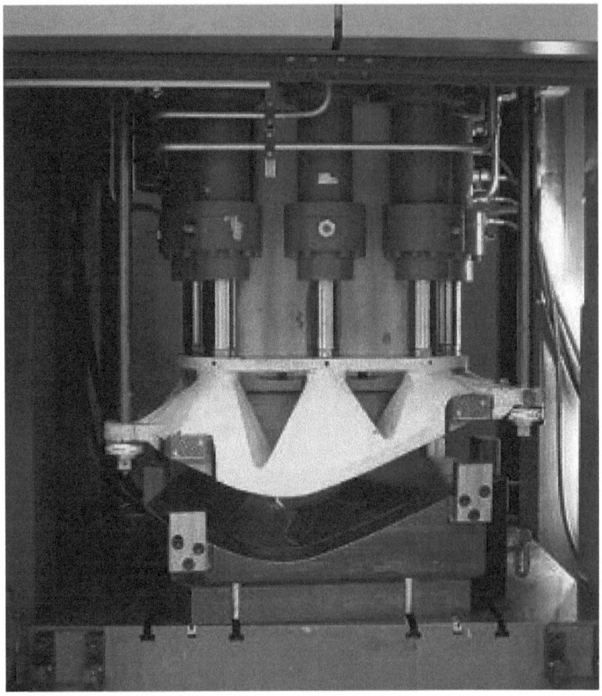

Abb 4.33 Werkzeug mit segmentelastischem Niederhalter für das hydromechanische Tiefziehen eines Vorderkotflügels. Quelle: IFU - Universität Stuttgart

Motorhaubenbeplankungen in einer hydraulischen 20.000 kN Presse. Gut zu erkennen ist die pyramidenstumpfähnliche Verrippung des Niederhalters. Jedes Niederhalter-Flächensegment wird über einen zugehörigen Pyramidenstumpf abgestützt. In die jeweils kleineren Querschnittsflächen der Pyramidenstümpfe werden die Teil-Niederhalterkräfte eingeleitet, so dass sie über die Pyramidenstümpfe auf die größeren Pyramidenstumpf-Querschnittsflächen, die zusammen die Niederhalterfläche bilden, wirken.

Abb. 4.33 zeigt ein Werkzeug für das hydromechanische Tiefziehen von Vorderkotflügeln. Dieses Werkzeug weist einen nicht-ebenen Ziehrahmen auf.

Wie bereits ausgeführt, laufen Bestrebungen, ein derartiges Werkzeug durch Berücksichtigung einer sich frei entwickelnden Wulst mit einem ebenen Ziehrahmen auszuführen.

4.3.8 Tendenzen und Zielsetzungen

Im Rahmen der Betrachtung des hydromechanischen Tiefziehens wurden die Vorteile dieses Verfahrens dargelegt. Diesen Vorteilen stehen aber folgende Nachteile gegenüber:

Zunächst ist festzustellen, dass aufgrund der beim hydromechanischen Tiefziehen erforderlichen hohen Vertikalkräfte Pressen mit großen Stößelkräften erforderlich sind. Es erscheint aber möglich, für das hydromechanische Tiefziehen einfachwirkende hydraulische Pressen in Plattenbauweise mit geringen Anforderungen an die Stößelführung sowie mit geringen Hüben pro Minute relativ kostengünstig herzustellen.

Führt man das Ziehwerkzeug mit einer in das Werkzeug integrierten Zieheinrichtung aus, womit die Intelligenz im Werkzeug liegt, dann ist die Zieheinrichtung kalkulatorisch als Teil des Werkzeugs eine produktspezifische Investition und führt zu hohen Betriebsmittelumlagen. In diesem Fall erscheint der Einsatz eines derartigen teuren Werkzeugs mit in das Werkzeug integrierter Zieheinrichtung kalkulatorisch besser für die Fertigung von Produkten großer Gesamt-Stückzahlen geeignet.

Wird das Ziehwerkzeug ohne Zieheinrichtung ausgeführt, dann werden die Hydraulik-Zylinder der Zieheinrichtung als Raster (z. B. Abstand 300 mm) in der Presse angeordnet und können einzeln aufgerufen werden. Die Intelligenz liegt in diesem Fall in der Presse. Da die Zieheinrichtung der Presse zuzuordnen ist, führt sie als allgemeine Sachinvestition zu entsprechenden Maschinen-Minutensätzen, was für den Einsatz beim hydromechanischen Tiefziehen von Produkten kleiner Gesamt-Stückzahlen spricht. Beim hydromechanischen Tiefziehen wirkt an Stelle der beim konventionellen Tiefziehen üblichen starren Matrize ein hydrostatischer Druck, der beim Vordringen des Stempels durch Kompression passiv erzeugt wird. Dieses führt beim hydromechanischen Tiefziehen, verglichen mit dem konventionellen Tiefziehen, zu ca. 30 % geringeren Werkzeugherstellkosten. Ferner sind bei Einsatz der oben beschriebenen modernen Vielpunkt-Zieheinrichtungen und segmentelastischen Niederhalterausführungen durch Kompression ca. 75 % geringere Werkzeugeinarbeitungszeiten möglich, was auch in die Werkzeugherstellkosten eingeht.

Beim hydromechanischen Tiefziehen ist von Nachteil, dass zwar kein Hydraulik-Hochdruckaggregat, jedoch eine passiv-wirkende Hydraulik-Anlage erforderlich ist.

Aufgrund des zunehmenden Einsatzes hoch- und höherfester Blechwerkstoffe sowie schwer umformbarer Aluminiumlegierungen ist bei Klein- und Großserien-PKW das Ziehen von Karosserieteilen mit dem hydromechanischen Tiefziehverfahren mit in Betracht zu ziehen. Dabei sind Vielpunkt-Zieheinrichtungen und segmentelastische Niederhalter einzusetzen.

Literatur

[Aus03] Aust, M.: Hydromechanisches Tiefziehen von Karosserieteilen. Beiträge zur Umformtechnik Nr. 40, Hrsg. Prof. Dr.-Ing. Dr. h.c. K. Siegert, Institut für Umformtechnik der Universität Stuttgart. Frankfurt/M.: MAT-INFO Werkstoff-Informationsgesellschaft, 2003. ISBN 3-88355-325-5

[Doe63] Doege, E.: Untersuchungen über die maximal übertragbare Stempelkraft beim Tiefziehen rotationssymmetrischer zylindrischer Teile. Diss. TU Berlin 1963

[Hal03] Haller, D.: Ziehwerkzeuge mit steuerbaren Stickstoffzylindern. Beiträge zur Umformtechnik Nr. 47, Hrsg. Prof. Dr.-Ing. Dr. h.c. K. Siegert, Institut für Umformtechnik der Universität Stuttgart. Frankfurt/M.: MAT-INFO Werkstoff-Informationsgesellschaft, 2003. ISBN 3-88355-334-4

[Häu02] Häussermann, M.: Zur Gestaltung von Tiefziehwerkzeugen hinsichtlich des Einsatzes auf hydraulischen Vielpunktzieheinrichtungen. Beiträge zur Umformtechnik Nr. 28, Hrsg. Prof. Dr.-Ing. Dr. h.c. K. Siegert, Institut für Umformtechnik der Universität Stuttgart. Frankfurt/M.: MAT-INFO Werkstoff-Informationsgesellschaft, 2002. ISBN 3-88355-306-9

[Hoh99] Hohnhaus, J.: Optimierung des Systems Vielpunkt-Zieheinrichtung/Werkzeug. Beiträge zur Umformtechnik Nr. 21, Hrsg. Prof. Dr.-Ing. Dr. h.c. K. Siegert, Institut für Umformtechnik der Universität Stuttgart. Frankfurt/M.: MAT-INFO Werkstoff-Informationsgesellschaft, 1999. ISBN 3-88355-286-0

[Kla94] Klamser, M.: Ziehen von Blechformteilen auf einfachwirkenden Pressen mit hydraulischer Zieheinrichtung im Pressentisch. Beiträge zur Umformtechnik Nr. 5, Hrsg. Prof. Dr.-Ing. Dr. h.c. K. Siegert, Institut für Umformtechnik der Universität Stuttgart. Frankfurt/M.: MAT-INFO Werkstoff-Informationsgesellschaft, 1994. ISBN 3-88355-211-9

[Obe06] Oberpriller, B.; Liewald, M.; Siegert, K.; Leihkauf, J.; Wehe, C.: Hydromechanisches Tiefziehen von Pkw-Außenhautteilen. In: Liewald, M. (Hrsg.): „Neuere Entwicklungen in der Blechumformung", 08. – 10. Mai 2006 in Leinfelden. Frankfurt/M.: MAT-INFO Werkstoff-Informationsgesellschaft, 2006. ISBN 3-88355-350-6

[Pan61] Panknin, W.: Die Grundlagen des Tiefziehens im Anschlag unter besonderer Berücksichtigung der Tiefziehprüfung. Z. Bänder, Bleche Rohre 1961, 133–143, 201–211, 264-271

[Sha61] Shawki, G.: Tiefziehen ohne Blechhalter in Ziehwerkzeugen mit verschiedenen Einlaufformen. Bänder, Bleche, Rohre 10 (1969) 10, S. 597-601 und 11 (1970) 10, S. 523-528.

[Sie54] Siebel, E.: Der Niederhalterdruck beim Tiefziehen. Z. Stahl und Eisen, Nr. 4 1954, S. 155-158

[Sie98] Siegert, K.; Häussermann, M.; Haller, D.; Wagner, S.; Ziegler, M.: Tendencies in Presses and Dies for Sheet Metal Forming Processes. In: Sheet Metal Conference (Columbus, Ohio, USA, October 5-7, 1998) Fabricators and Manufacturers Association International, 1998

[Sie04a] Siegert, K.: Forschung am IFU auf dem Gebiet der Blechumformung. In: Siegert, K. (Hrsg.): Neuere Entwicklungen in der Blechumformung. 11. und 12. Mai 2004 in Fellbach. Frankfurt/M.: MAT-INFO Werkstoff-Informationsgesellschaft, 2004. ISBN 3-88355-331-X

[Sie04b] Siegert, K.; Hengelhaupt, J.:Controlling the Metal Flow by Using the Friction between Sheet Metal and Die in Deep Drawing Processes. ICTMP Nyborg, Denmark, 2004

[Som86] Sommer, N.: Niederhalterdruck und Gestaltung des Niederhalters beim Tiefziehen von Feinblech. Dissertation IFUM Hannover, 1986

[Zue85] Zuenkler, B.: Zur Problematik des Blechhalterdrucks beim Tiefziehen. In: Bleche Rohre Profile 32 1985 Heft 7; S. 323-326

Blechbiegen

5

Burkhard Heller, Sami Chatti, Marco Schikorra, A. Erman Tekkaya, Matthias Kleiner
Institut für Umformtechnik und Leichtbau, Technische Universität Dortmund

5.1 Einleitung

Biegen bzw. Biegeumformen ist in Anlehnung an DIN 8586 [DIN71] plastisches Umformen eines festen Körpers, z. B. eines metallischen Bleches, wobei der plastische Zustand im Wesentlichen durch eine Biegebeanspruchung herbeigeführt wird.

Das Biegen gehört zu den am häufigsten angewendeten Verfahren im Bereich der industriellen Blechumformung und findet Anwendung in den unterschiedlichsten Einsatzgebieten [Rei90]. Die vielfältige Palette reicht dabei von der Einzelfertigung von Teilen für den Kessel-, Behälter- und Schiffsbau bis zur Massenproduktion kleinerer und kleinster Werkstücke, z. B. im Fahrzeugbau. Einen weiteren wichtigen Anwendungsbereich stellt die Herstellung von Profilen verschiedenster Querschnittsformen dar.

Entsprechend der Vielfalt möglicher Biegeteile wurde eine Vielzahl von Biegeverfahren entwickelt, da es nicht möglich ist, alle diese Teile mit ein und demselben Verfahren wirtschaftlich herzustellen. Nach DIN 8586 werden die Biegeverfahren nach der Werkzeugbewegung (**Abb. 5.1**) unterschieden in Verfahren mit

- geradliniger Werkzeugbewegung und solche mit
- drehender Werkzeugbewegung.

Bei den Biegeprozessen mit geradliniger Werkzeugbewegung (**Abb. 5.2**) kommt die wohl größte Bedeutung den Verfahren des Frei- und Gesenkbiegens zu.

Das querkraftfreie Biegen als eine spezielle Variante des Freibiegens ist zwar in der Praxis eher selten zu finden, es dient aber wegen seines einfachen Verfahrensprinzips und der daraus resultierenden einfachen Beanspruchungssituation sehr gut der Veranschaulichung der beim Biegen auftretenden Probleme sowie der Berechnungsgrundlagen. Während das Gesenkrunden beispielsweise bei der Herstellung von Behälterböden eingesetzt wird, lassen sich profilförmige Strukturen auf günstige Weise durch Gleitziehbiegen erzeugen. Das Rollbiegen dagegen findet Anwendung bei der Herstellung von Scharnierteilen oder der Erzeugung von Randverstärkungen von Blechteilen.

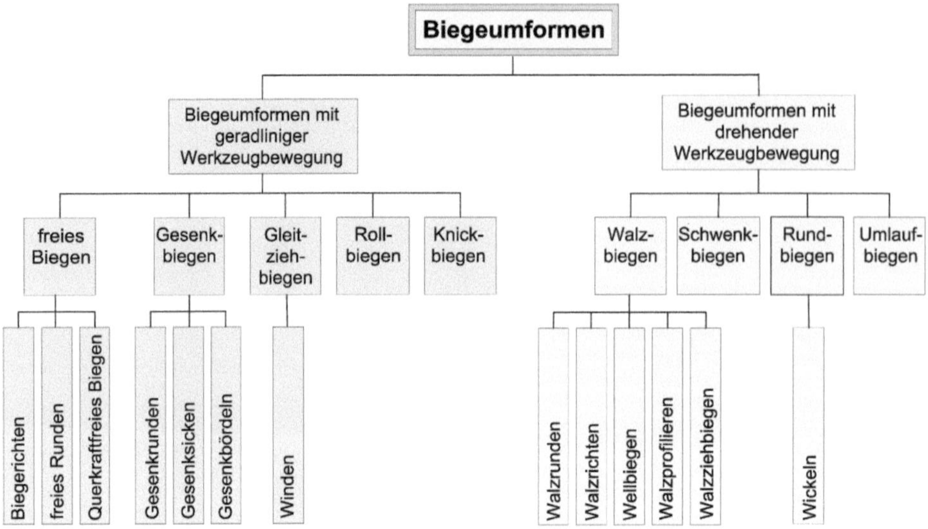

Abb. 5.1 Einteilung der Biegeumformverfahren nach DIN 8586 [DIN71]

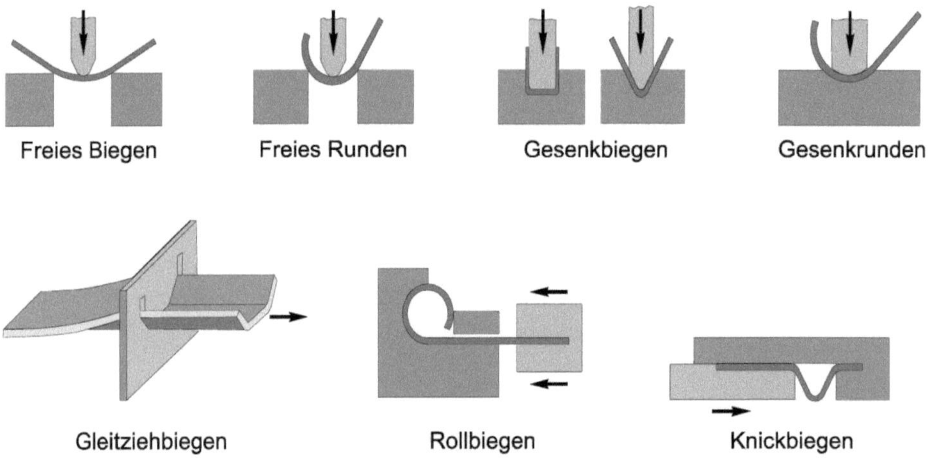

Abb. 5.2 Beispiele für Biegeumformen mit geradliniger Werkzeugbewegung nach DIN 8586 [DIN71]

Abb. 5.3 zeigt einige Beispiele für das Biegeumformen mit drehender Werkzeugbewegung. Das Walzrunden ist besonders geeignet zur Herstellung von zylindrischen oder kegelförmigen Teilen mit großem Krümmungsradius bzw. mit großem Innendurchmesser, z. B. Biegen von Blechteilen für den Behälterbau oder Biegen von Profilstäben mit T- oder L-Profilen. Mittels Walzprofilieren kann bandförmiges Ausgangsmaterial schrittweise zu Profilformen verschiedener Querschnitte umgeformt werden. Das Walzprofilieren eignet

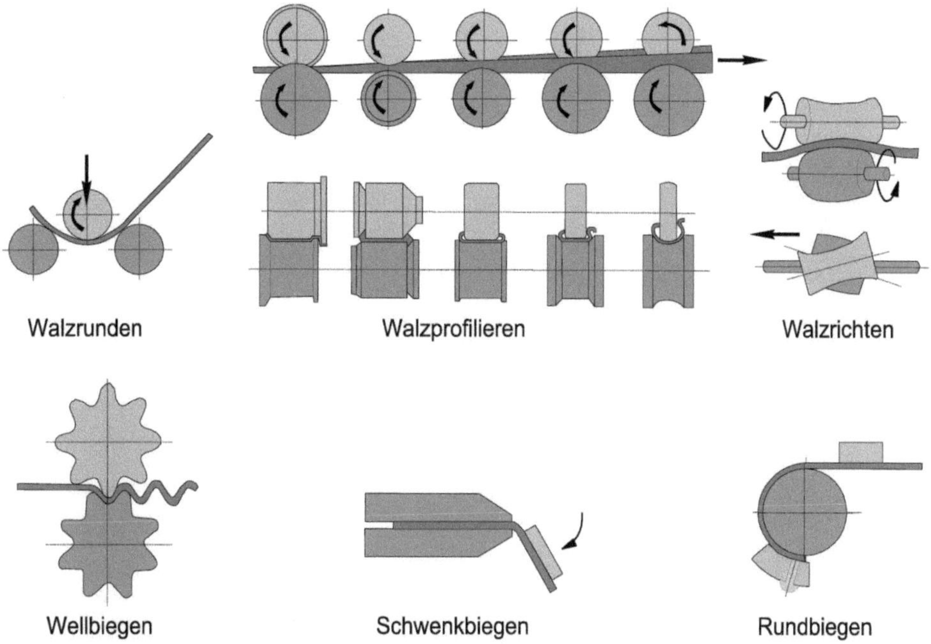

Abb. 5.3 Beispiele für Biegeverfahren mit drehender Werkzeugbewegung nach DIN 8586 [DIN71]

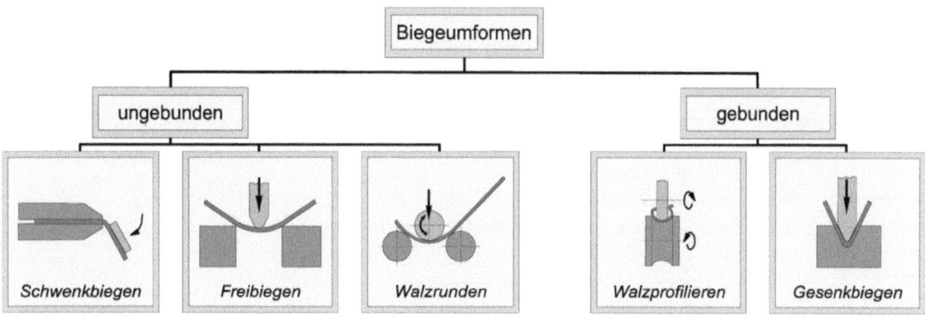

Abb. 5.4 Einteilung von Biegeumformverfahren nach der Gestalterzeugung (nach H. Kaiser)

sich besonders für die Massenfertigung. Werden kleinere Stückzahlen benötigt, bietet sich der Einsatz des aufgrund seiner Kinematik sehr flexiblen Schwenkbiegens an. Walzrichtprozesse werden eingesetzt, um unerwünschte Krümmungen an Bauteilen zu beseitigen.

Eine weitere Unterteilungsmöglichkeit besteht in der Einteilung der Biegeverfahren nach der Art der Gestalterzeugung (**Abb. 5.4**). Hierbei wird unterschieden zwischen gebundenen und ungebundenen Biegeverfahren. Ungebundene Biegeverfahren werden

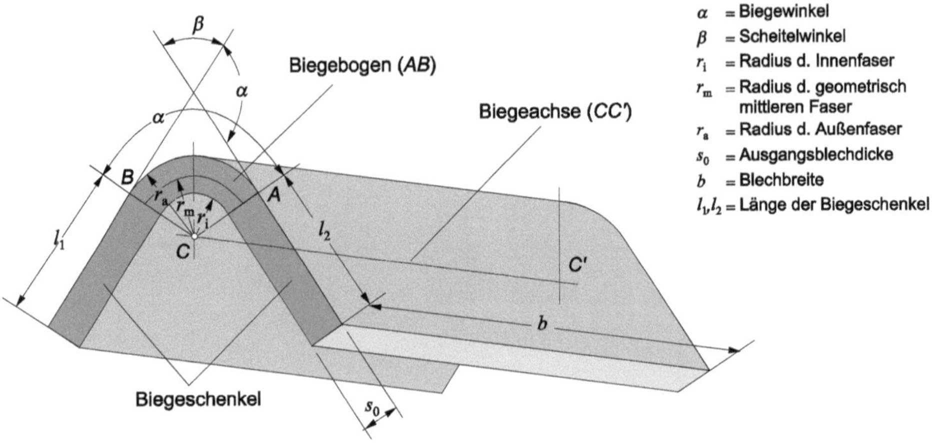

Abb. 5.5 Begriffe am Biegeteil [Kie52]

auch häufig als Verfahren mit kinematischer Gestalterzeugung bezeichnet. Man spricht von einer ungebundenen Umformung, wenn die Geometrie des erzeugten Werkstückes nur durch die Kinematik der Werkzeuge entsteht, wie z. B. beim Walzrunden. Beim gebundenen Umformen wird dem Werkstück mehr oder weniger die Form der Werkzeuge aufgeprägt. Beispiele hierfür sind das Walzprofilieren und das Nachdrücken im Gesenk.

Abb. 5.5 zeigt die für das Blechbiegen wichtigsten Begriffe und Bezeichnungen zur Beschreibung von Biegeteilen.

Im Folgenden werden die Verfahren „Freies Biegen“ und „Gesenkbiegen“ als Verfahren der Biegeumformung mit geradliniger Werkzeugbewegung sowie die Verfahren „Schwenkbiegen“, „Walzrunden“ und „Walzprofilieren“ als Verfahren der Biegeumformung mit drehender Werkzeugbewegung beschrieben und rechnerisch nachgebildet. Es erfolgt zunächst eine Betrachtung der Spannungen, Formänderungen und Momente sowie der Rückfederungen an einem Blechstreifenelement. Diese Betrachtung erfolgt auf der Basis der elementaren Biegetheorie.

5.2 Grundlagen des Blechbiegens

Zur Erläuterung der theoretischen Grundlagen des Blechbiegens wird im Folgenden zunächst das einfachste Biegeverfahren betrachtet, das sog. querkraftfreie Biegen.

Abb. 5.6 verdeutlicht das Prinzip dieses Biegeverfahrens. Dieses Verfahren wird in der industriellen Fertigung selten angewendet. Es lassen sich aber mit diesem Verfahren viele für das Blechbiegen typische Erscheinungen erklären und prinzipielle Vorgehensweisen bei der Berechnung von Blechbiegeprozessen sehr gut veranschaulichen. Die anhand des

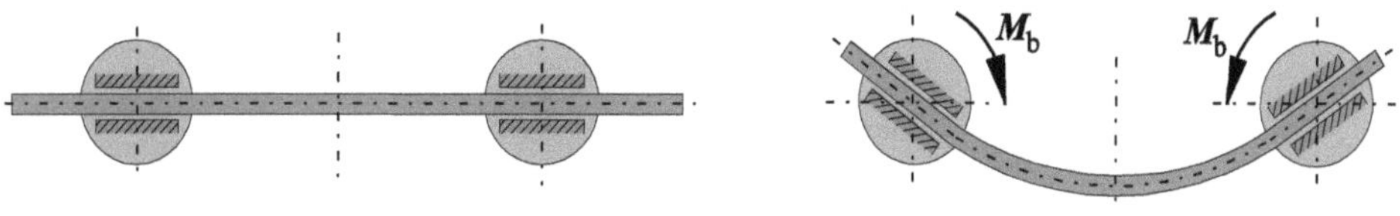

Abb. 5.6 Prinzip des querkraftfreien Biegens

reinen Momentenbiegens erläuterten elementaren Berechnungsmethoden können recht gut für erste Abschätzungen herangezogen werden.

5.2.1 Berechnungsmethoden

Eine der ersten und am weitesten verbreiteten mathematischen Beschreibungen des querkraftfreien Biegens stammt von Ludwik [Lud03]. Sie wurde von ihm 1903 veröffentlicht. Ausgehend von einem aus mehreren ideellen, voneinander unabhängigen Fasern bestehendem Blech und einer linearen Dehnungsverteilung, werden in diesem Modell den Dehnungen Spannungen aus dem einachsigen Zugversuch zugeordnet. Die Eckpfeiler dieser sog. *elementaren Biegetheorie*, die einer Vielzahl von Autoren als Grundlage zur Berechnung und Abschätzung von Biegevorgängen diente, werden aus den folgenden Annahmen gebildet:

- Das Blech wird durch ein reines Biegemoment beansprucht, sodass sich eine kreisförmige Biegelinie ausbildet. Vergleiche **Abb. 5.7** und **Abb. 5.8**.
- Das Blech ist breit im Verhältnis zur Blechdicke, sodass ein ebener Formänderungszustand zugrunde gelegt werden kann.
- Ebene Blechquerschnitte bleiben eben und senkrecht zur Blechoberfläche (Bernoulli-Hypothese).
- Es werden nur Spannungen in Umfangsrichtung (ψ) berücksichtigt; die auch bei reiner Biegung in Breiten- und Dickenrichtung auftretenden Spannungen werden vernachlässigt.
- Der Blechwerkstoff ist homogen, isotrop und inkompressibel.
- Die Spannungs-Dehnungs-Linien für Zug und Druck sind symmetrisch zum Nullpunkt.
- Die Blechdicke bleibt während des Biegens konstant.

5.2.2 Formänderungen, Spannungen und Biegemomente für das elastisch-plastische Biegen mit reinen Momenten

Aus den o. g. Annahmen folgt zum einen, dass bei der Bestimmung der Formänderungen und Spannungen ein beliebiger Querschnitt des Bleches betrachtet werden kann, und

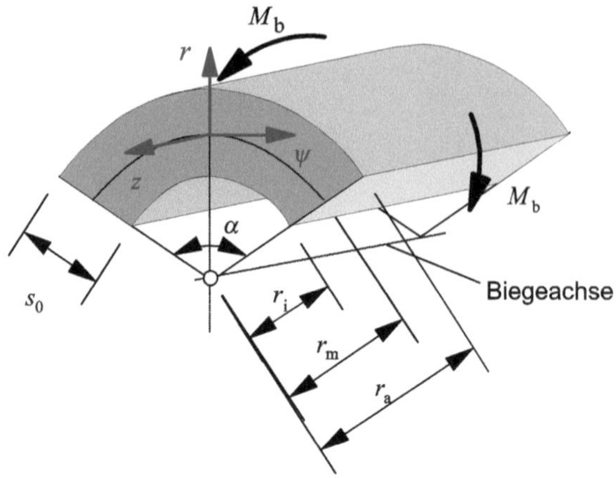

Abb. 5.7
Bezeichnungen am gebogenen Blech (nach [Rei90])

zum anderen, dass die Achsen des r, ψ, z – Koordinatensystems mit den Hauptachsen zusammenfallen. Unter Vernachlässigung der Spannungen in r- und z-Richtung reduziert sich der Spannungstensor auf die folgende sehr einfache Form:

$$\sigma = \begin{bmatrix} 0 & 0 & 0 \\ 0 & \sigma_{\psi\psi} & 0 \\ 0 & 0 & 0 \end{bmatrix} \qquad \text{(Bez. 5.1)}$$

Die Spannung $\sigma_{\psi\psi}$ kann somit direkt der Dehnung $\varepsilon_{\psi\psi}$, ermittelt im einachsigen Zugversuch, zugeordnet werden. Unter den obigen Annahmen ergeben sich die Dehnungen im Blechquerschnitt (**Abb. 5.8**) zu:

$$\varepsilon_{\psi\psi} = \frac{\Delta l}{l_0} = \frac{l - l_0}{l_0} = \frac{(r_m + y)\,\hat{\alpha} - l_0}{l_0} = \frac{y}{r_m} \quad \left(\text{mit } \hat{\alpha} = \alpha\,\frac{\pi}{180°}\right) \qquad \text{(Bez. 5.2)}$$

Für die Randdehnungen erhält man mit $y = s_0/2$:

$$\varepsilon_{\psi\psi\,a} = \frac{s_0}{2r_m}. \qquad \text{(Bez. 5.3)}$$

In der elementaren Biegetheorie sind die Dehnungen symmetrisch zur Blechmitte und die geometrisch mittlere Faser ist identisch mit der ungelängten Faser. Es stellt sich eine lineare Dehnungsverteilung ein (s. **Abb. 5.8**).

Zur Berechnung [Oeh63, Rei90] der Spannungen im elastischen Bereich (**Abb. 5.9**) wird das Hooke'sche Gesetz für den einachsigen Fall herangezogen:

$$\sigma_{\psi\psi} = E\varepsilon_{\psi\psi} \qquad \text{(Bez. 5.4)}$$

Mithilfe der auf diese Weise ermittelten Spannungen ergibt sich durch Integration für das Biegemoment im Fall der elastischen Biegung (mit Flächenträgheitsmoment I_z):

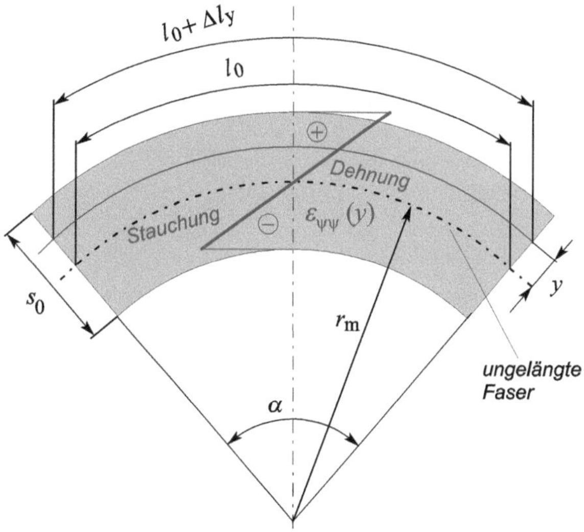

Abb. 5.8
Dehnungen im gebogenen Blechstreifen nach der elementaren Biegetheorie

$$M_{\text{be}} = 2\int_0^{s_0/2} \sigma_{\psi\psi}(y)\, b\, y\, \mathrm{d}y = \frac{E\, b\, s_0^3}{12 r_{\text{m}}} = \frac{E\, I_z}{r_{\text{m}}} \tag{Bez. 5.5}$$

Zur Berechnung des Biegemoments unter Berücksichtigung ebener Formänderungen ist der Elastizitätsmodul E durch den Platten-E-Modul E^* zu ersetzen:

$$E^* = \frac{E}{(1-\nu^2)} \tag{Bez. 5.6}$$

wobei ν die Querkontraktionszahl ist.

Im Grenzfall der elastischen Biegung erreichen die Spannungen in den Außenfasern die Fließspannung k_{f0} und mit $\varepsilon_{\text{f0}} = \varepsilon_{\psi\psi a}$ und $E = k_{\text{f0}}/\varepsilon_{\text{f0}}$ ergibt sich für das Biegemoment im Übergangsfall von der elastischen zur teilplastischen Biegung:

$$M_{\text{bf0}}(k_{\text{f0}}) = \frac{1}{6} k_{\text{f0}}\, b\, s_0^2. \tag{Bez. 5.7}$$

Ab diesem Biegestadium breiten sich von den Außenrändern her mit zunehmender Biegung sog. plastische Bereiche aus. Die Grenzen zwischen diesen plastischen und den elastischen Bereichen werden mit $\pm y_{\text{f0}}$ bezeichnet, wobei für y_{f0} gilt:

$$y_{\text{f0}} = \frac{k_{\text{f0}}\, r_{\text{m}}}{E} \tag{Bez. 5.8}$$

Das Biegemoment für die teilplastische Biegung ergibt sich durch Addition der elastischen und der plastischen Anteile zu:

$$M_{\text{b}} = M_{\text{be}} + M_{\text{bp}} = 2\int_{y=0}^{y=y_{\text{f0}}} \sigma_{\psi\psi}(y)\, b\, y\, \mathrm{d}y + 2\int_{y=y_{\text{f0}}}^{y=s_0/2} \sigma_{\psi\psi}(y)\, b\, y\, \mathrm{d}y. \tag{Bez. 5.9}$$

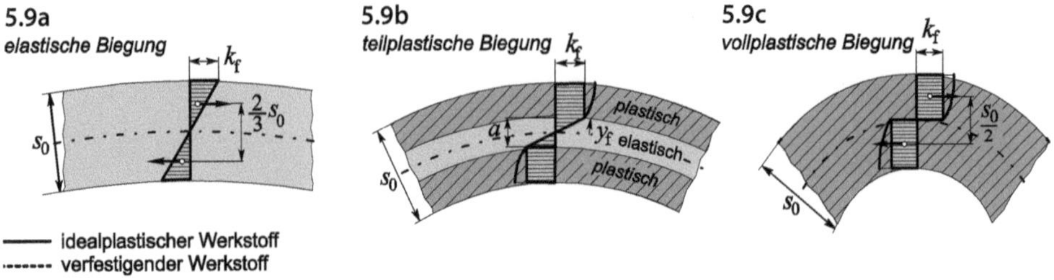

Abb. 5.9 Spannungen im Blechstreifen nach der elementaren Biegetheorie [Oeh63]

Mit Gl (5.2) und (5.8) erhält man für einen elastisch-idealplastischen Werkstoff mit konstanter Fließspannung $k_f = k_{f0}$ nach Integration der obigen Beziehung für das Biegemoment:

$$M_b = M_{be} + M_{bp} = \frac{2}{3} k_{f0}\, b\, y_{f0}^2 + k_{f0}\, b \left(\frac{s_0^2}{4} - y_{f0}^2 \right). \tag{Bez. 5.10}$$

Im Grenzfall der vollplastischen Biegung ($y_{f0} \rightarrow 0$) ergibt sich die folgende einfache und für überschlägige Betrachtungen geeignete Beziehung zur Berechnung des Biegemomentes [Oeh63, Rei90]:

$$M_{bvp} = \frac{1}{4} k_{f0}\, b\, s_0^2. \tag{Bez. 5.11}$$

Das Moment M_{bvp} kann als oberes Grenzmoment für den idealplastischen Werkstoff angesehen werden, da der vollplastische Querschnitt eigentlich erst bei einer unendlich großen Dehnung in den Randfasern bzw. bei einem Krümmungsradius $r_m = 0$ entsteht, der minimal erzielbare Radius jedoch durch $s_0/2$ begrenzt ist.

Für andere Werkstoffmodelle als das hier betrachtete elastisch-idealplastische ergeben sich für das jeweilige Modell charakteristische Biegemomentverläufe, die bei Berücksichtigung der Blechdickenänderung für sehr große Krümmungen wieder abnehmen.

Die aufzuwendende Biegearbeit kann aus dem Biegemoment und dem Biegewinkel mithilfe der folgenden Beziehung bestimmt werden:

$$W_b = 2 \int_0^{\alpha} M_b \, \mathrm{d}\alpha. \tag{Bez. 5.12}$$

In der älteren Literatur wird des Öfteren auch das sog. Einheitsbiegemoment verwendet, das durch die Normierung unabhängig von der Blechbreite und der Blechdicke ist und als Werkstoffkennwert angesehen werden kann[Rei90]:

$$m_b = \frac{M_b}{b\, s_0^2} \tag{Bez. 5.13}$$

5.2.3 Rückfederung beim reinen Momentenbiegen

Die für das Biegeumformen typische und im Vergleich zu anderen Umformverfahren besonders ausgeprägte Erscheinung der Rückfederung ist für die geometrische Genauigkeit von Werkstücken aus gebogenen Blechen von großer Bedeutung [Rei90, Sch52, Hel02]. Während ein rein elastisch gebogenes Blech bei der Wegnahme des Belastungsmomentes wieder in seine Ausgangslage zurückfedert, treten beim elastisch-plastischen Biegen nach erfolgter Entlastung bleibende Formänderungen (Restdehnungen) sowie Restspannungen auf. Für die Berechnung der Rückfederung bzw. der Restspannungen existieren in der Literatur unterschiedliche Ansätze. Eine häufig anzutreffende Methode zur Berechnung der Rückfederung beruht auf der Annahme eines Superpositionsprinzips [Rei90, Pro58, And84, Elk99, Tan94]. Dabei wird davon ausgegangen, dass die Entlastung des elastisch-plastisch verformten Blechstreifens rein elastisch geschieht. Für den Fall der vollständigen Entlastung wird dabei dem vor der Entlastung vorhandenen Biegemoment M_b ein dem Betrag nach gleich großes, fiktives Biegemoment M_b^* überlagert, durch das der Blechstreifen nur elastisch beansprucht wird (**Abb. 5.10**). Durch die Überlagerung der elastischen mit den vorher im Blech vorhandenen Spannungen erhält man die sog. Rest- oder Eigenspannungen. Aus mechanischer Sicht stellt dies natürlich eine Näherung dar.

Nach Untersuchungen von Kahl für das Frei- und Gesenkbiegen [Kah85] hängt die Größe der Rückfederung, die als Verhältnis von elastischer Dehnung ε_e zur Gesamtdehnung ε_t

$$S = \frac{\varepsilon_e}{\varepsilon_t} \qquad \text{(Bez. 5.14)}$$

mit

$$\varepsilon_t = \varepsilon_e + \varepsilon_p \qquad \text{(Bez. 5.15)}$$

definiert werden kann, u. a. von folgenden Einflussgrößen ab:

- Gesamtdehnung ε_t,
- Werkstoff (Spannungs-Formänderungs-Verhalten, mechanische Kennwerte: Streckgrenze $R_{p0,2}$, Elastizitätsmodul E, Verfestigungsexponent n, Werkstoffkonstante a),
- Schwankungen der Werkstoffkennwerte (zwischen Chargen, zwischen Blechen oder innerhalb eines Bleches),
- Blechdicke,
- Schwankungen der Blechdicke (zwischen Chargen, zwischen Blechen oder innerhalb eines Bleches),
- Biegeradius,
- Biegewinkel.

Einige der verschiedenen Einflüsse auf die Rückfederung zeigt **Abb. 5.11**. Eine Vergrößerung der Gesamtdehnung ε_t führt bei ansonsten gleichem Spannungs-Dehnungs-Verlauf zu einer größeren Rückfederung, weil der elastische Anteil der Dehnung ε_e größer wird.

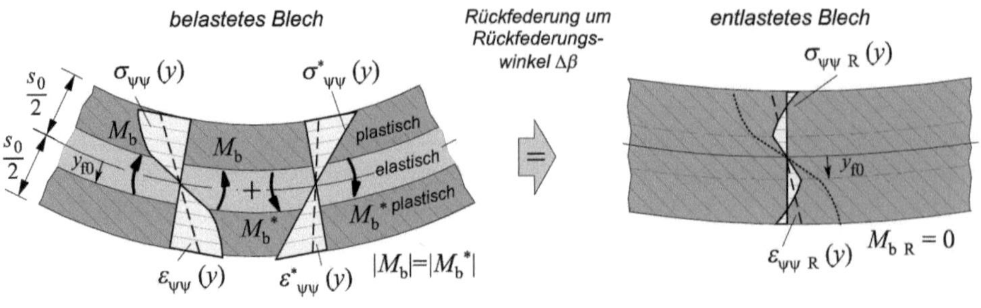

Abb. 5.10 Ermittlung der Rückfederung beim Biegen durch Anwendung des Superpositionsprinzips (nach [Rei90])

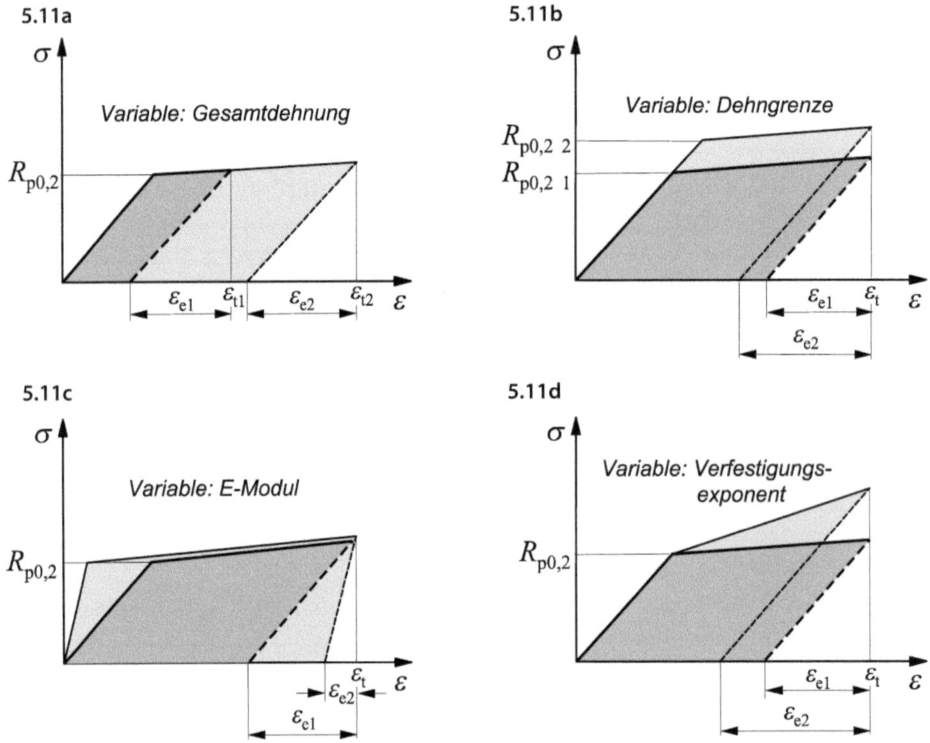

Abb. 5.11 Einflüsse auf den elastischen Rückfederungsanteil beim Freibiegen [Kah85]

Über die Gesamtdehnung kann auch der Einfluss des Biegeradius auf die Rückfederung erklärt werden. Bleche mit kleinem Biegeradius und entsprechend großer Gesamtdehnung federn weit weniger stark zurück als Bleche mit großem Biegeradius bzw. kleiner Dehnung gemäß der Definition der Dehnung beim Biegen von Blech. Weiterhin ist es wichtig, den Einfluss der Blechdicke auf die erzielten Biegewinkel zu kennen. Aufgrund der kleineren Gesamtdehnungen federn dünnere Bleche gegenüber dickeren nach Beziehung (5.14) und (5.15) stärker zurück.

Der Einfluss des Werkstoffs wird anhand der Diskussion einiger Werkstoffkennwerte deutlich. Eine Erhöhung der Streck- oder Dehngrenze $R_{p0,2}$ führt bei gleicher Gesamtdehnung ε_t zu größeren elastischen Dehnungen ε_e und somit zu einer stärkeren Rückfederung. Darüber hinaus wird die Rückfederung durch den Elastizitätsmodul beeinflusst. Wiederum bei gleicher Gesamtdehnung ε_t führt ein größerer E-Modul (höhere Steigung) zu einem kleineren elastischen Anteil ε_e an der Gesamtdehnung und so zu einer schwächeren Rückfederung. Außer von den bisher genannten Werkstoffkenngrößen hängt die Rückfederung vom Verfestigungsexponenten ab. Für Werkstoffe mit gleicher Streckgrenze $R_{p0,2}$ bewirkt eine Zunahme des n-Wertes eine Vergrößerung der elastischen Dehnung ε_e und somit eine Steigerung der Rückfederung. D. h. bei der Berechnung der Rückfederung spielt das Werkstoffmodell eine nicht unerhebliche Rolle, da unterschiedliche Modelle mit verschiedenen Verfestigungsverhalten zur Auswahl stehen.

Unter diesen Bedingungen führt für das Werkstoffmodell nach Nadai [Nad50] ($k_f = a\varphi^n$) eine Vergrößerung des n-Wertes gleichzeitig zu einer Erhöhung der Fließkurvenkonstanten a. Auch die Fließkurvenkonstante besitzt einen Einfluss auf den Rückfederungswinkel, wobei zu beachten ist, dass eine Variation der Fließkurvenkonstante a ebenso wie eine Variation des Verfestigungsexponenten n zu einer Änderung der Streckgrenze $R_{p0,2}$ führt. Dennoch ist der Einfluss insgesamt eher als gering einzustufen.

Generell nimmt beim Freibiegen der Rückfederungswinkel mit steigendem Biegewinkel zu, obwohl sich der Biegeradius im Scheitel verkleinert bzw. die Biegelinie sich stärker krümmt. Die Ursache für diese Erscheinung ist in der stetigen Verlängerung der Hebelarme und somit der Vergrößerung des elastisch-plastischen Bereichs zu suchen.

Während die Kenntnis des Restspannungszustandes z. B. für die Vermeidung von Bauteilversagen durch Überlagerung von Last- und Eigenspannungen, die Vermeidung eines Verzugs von Bauteilen bei einem nachfolgenden Bearbeitungsvorgang durch Werkstoffabtragung oder auch die Optimierung des Bauteilverhaltens durch gezielte Einbringung von Eigenspannungen wichtig sein kann [Pre87, Sch92, Haa98], ist für die Vorausbestimmung der sich bei der oben beschriebenen „Rückbiegung" einstellenden Verformung die Größe der damit einhergehenden Änderung des Biegewinkels bzw. des Biegeradius von größerem praktischen Interesse.

Mit Gl. (5.16) kann der Betrag des Rückfederungswinkels unter Vernachlässigung der Volumen- und Blechdickenänderung während der Rückfederung für schwach gekrümmte Bleche gemäß [Pro58] berechnet werden:

$$\Delta\alpha = \alpha_1 - \alpha_2 = \alpha_1 \frac{M_\mathrm{b}\left(1-\upsilon^2\right)}{E s_0^3} 12 r_{\mathrm{m}1} \qquad \text{(Bez. 5.16)}$$

Für den entlasteten Biegeradius gilt [Rei90]:

$$\frac{1}{r_{\mathrm{m}2}} = \frac{1}{r_{\mathrm{m}1}} - \frac{M_\mathrm{b}}{E I_\mathrm{z}} \qquad \text{(Bez. 5.17)}$$

Dabei bezeichnet ν die Querkontraktionszahl und I_z das Flächenträgheitsmoment. Der Quotient

$$K = \frac{r_{m1}}{r_{m2}} = \frac{r_{i1} + \frac{s_0}{2}}{r_{i2} + \frac{s_0}{2}} \qquad \text{(Bez. 5.18)}$$

wird als Rückfederungsverhältnis bezeichnet und hängt neben der Blechdicke und dem Biegeradius auch vom Werkstoff ab.

Das Rückfederungsbestreben ist bei allen Biegeverfahren zu berücksichtigen. Dabei zeigt sich, wie bereits erwähnt, dass schwach gebogene Bleche, deren Biegeradien viel größer als ihre Dicke sind, ein viel ausgeprägteres Bestreben haben, in ihre ursprüngliche Lage zurückzufedern. Die Rückfederung ist also abhängig vom Verhältnis des Biegeradius zur Blechdicke.

Um formgenaue Werkstücke zu erhalten, muss vor der Auslegung der Biegewerkzeuge bzw. der Festlegung der Prozessführung (z. B. Bestimmung der NC-Daten beim freien Biegen) das Rückfederungsverhalten des Blechwerkstoffs ermittelt werden. Eine Methode ist die Bestimmung des geforderten Biegewinkels nach Entlastung mithilfe von Gl. (5.18) unter Berücksichtigung des Rückfederungsfaktors K, mit dessen Hilfe die Rückfederung durch Überbiegen ausgeglichen werden kann. Die K-Werte hängen neben den Werkstoffeigenschaften vom Verhältnis des Biegeradius zur Blechdicke ab und werden in Form von Rückfederungsdiagrammen festgehalten, wie exemplarisch in **Abb. 5.12** dargestellt. Rückfederungsdiagramme für verschiedene Werkstoffe in Abhängigkeit vom Blechdicken-

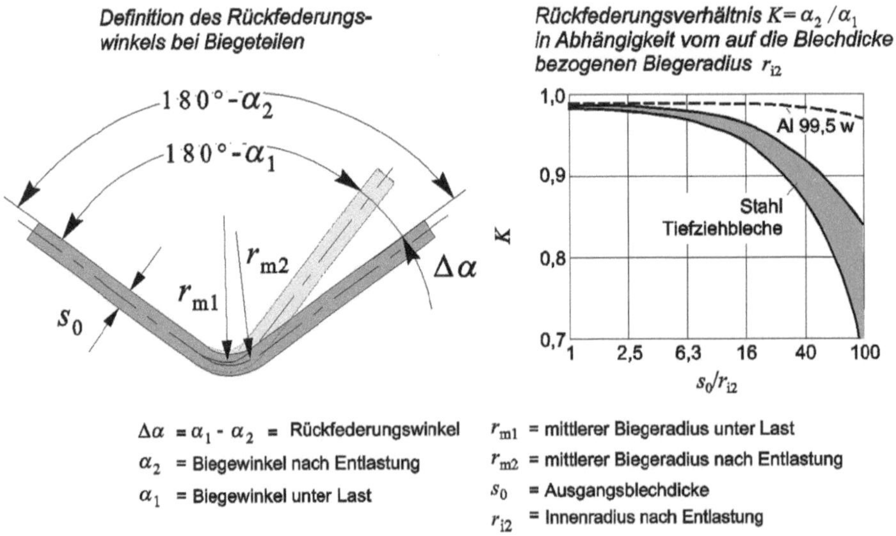

Abb. 5.12 Rückfederungswinkel und Rückfederungsverhältnis

Material	Rückfederungsverhältnis K	
	$r_{i2}/s_0 = 1$	$r_{i2}/s_0 = 10$
St 0-24, St 1-24	0,99	0,97
St 2-24, St 12	0,99	0,97
St 3-24, St 13	0,985	0,97
St 4-24, St 14	0,985	0,96
rostbeständ. austenit. Stähle	0,96	0,92
hitzebeständ. ferrit. Stähle	0,99	0,97
hitzebeständ. austenit. Stähle	0,982	0,955
Nickel w	0,99	0,96
Al 99 5 F 7	0,99	0,98
Al Mg 1 F 13	0,98	0,90
Al Mg Mn F 18	0,985	0,935
Al Cu Mg 2 F 42	0,91	0,65
Al Zn Mg Cu 1,5 F 49	0,935	0,85

Abb. 5.13 Rückfederungsverhältnisse für verschiedene Werkstoffe [Sch96]

Biegradius-Verhältnis sind z. B. in [Rei90, Kön86] zu finden. Eine weitere, zeitgemäßere, aber aufwendigere Methode besteht in der Durchführung von Simulationsrechnungen.

Im Falle des querkraftfreien Biegens gilt bei Beachtung von Beziehung (**5.18**)

$$K = \frac{\alpha_2}{\alpha_1} \tag{Bez. 5.19}$$

Die nach der Rückfederung im Biegeteil verbleibenden Eigenspannungen sind umso größer, je kleiner der Biegeradius im Verhältnis zur Blechdicke ist [Sch96] und können bei Werkstoffen, die empfindlich auf Spannungskorrosion reagieren, schon sehr bald nach der Umformung zum Bauteilversagen führen. Die Eigenspannungen können zum Beispiel durch Nachdrücken im Gesenk oder durch eine gezielte Wärmebehandlung verringert werden. Im letzteren Fall ist zu beachten, dass sich durch eine Wärmebehandlung auch die Winkel und die Radien am Werkstück ändern.

Abb. 5.13 zeigt beispielhaft einige Anhaltswerte für das Rückfederungsverhältnis in Abhängigkeit vom Werkstoff.

5.2.4 Erweiterungen der elementaren Theorie zur Berechnung des reinen Momentenbiegens

Sowohl die im Rahmen der elementaren Biegetheorie verwendete Annahme einer ortsfesten, neutralen Faser (Faser, bei der weder eine Längenänderung noch eine Spannung stattfindet) in der geometrischen Mitte des gebogenen Blechquerschnittes als auch die Annahme der Blechdickenkonstanz stellen bei großen Formänderungen zu starke Vereinfachungen der realen Verhältnisse dar. Wolter [Wol52] bemühte sich deshalb, die Vorstel-

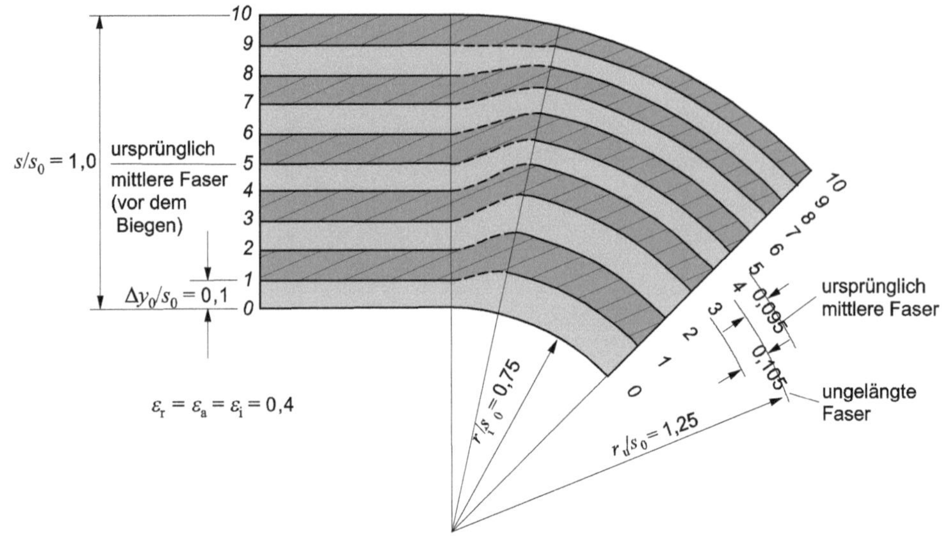

Abb. 5.14 Faserlagen im ungebogenen und im gebogenen Blech [Wol50, Kie55]

lung von den beim Biegen ablaufenden Deformationsmechanismen zu verbessern, indem er bei größeren Formänderungen zwischen der sogenannten *ungelängten* Faser (Faser, die nach dem Biegen ihre ursprüngliche Länge wieder angenommen hat) und der *spannungsfreien* Faser (Faser, die während des Biegens keine Spannungen aufweist) unterschied. Die Lage dieser Fasern ändert sich während des gesamten Biegevorgangs. **Abb. 5.14** veranschaulicht dieses Modell.

Entsprechend der Volumenkonstanz, die bei plastizitätstheoretischen Betrachtungen häufig vorausgesetzt wird, sind im rechten Teil des Biegebogens die inneren Schichten dicker, die äußeren dagegen dünner dargestellt. Die ursprünglich mittlere Faser *5* wird im Verlauf des Biegevorgangs nach außen verschoben. Faser *4* wird zunächst, da sie zu Beginn unterhalb der mittleren Faser liegt, gestaucht. Durch die Verschiebung der Fasern nach außen kommt es dann zu einer Dehnung, die dazu führt, dass die Faser *4* im dargestellten Zustand wieder ihre ursprüngliche Länge angenommen hat und daher als *ungelängte* Faser bezeichnet werden kann. Unter der Voraussetzung einer konstanten Blechdicke ist dabei die ungelängte Faser stets gleich der geometrisch mittleren Faser. Im linken Teil der **Abb. 5.15** ist der Formänderungsverlauf der Fasern in Abhängigkeit von der Randdehnung ε_r in Umfangsrichtung des Bleches dargestellt.

Demnach fällt die sog. *spannungsfreie* Faser *2,7*, die im rechts dargestellten Spannungs-Dehnungs-Diagramm nach anfänglicher Stauchung im Punkt *E* spannungsfrei wird, nicht mit der im betrachteten Zustand ($\varepsilon_r \cong 0{,}8$) ungelängten Faser *3* zusammen. Eine weitere wichtige Faser ist die von Schwark [Sch52] sogenannte *Grenzdehnungsfaser* (Faser, die im Übergangsbereich zwischen verschiedenen Belastungsarten im gebogenen Querschnitt steht, in **Abb. 5.15** Faser Nr. *1*). Sie ist von oben gezählt die erste Faser, die nicht gedehnt,

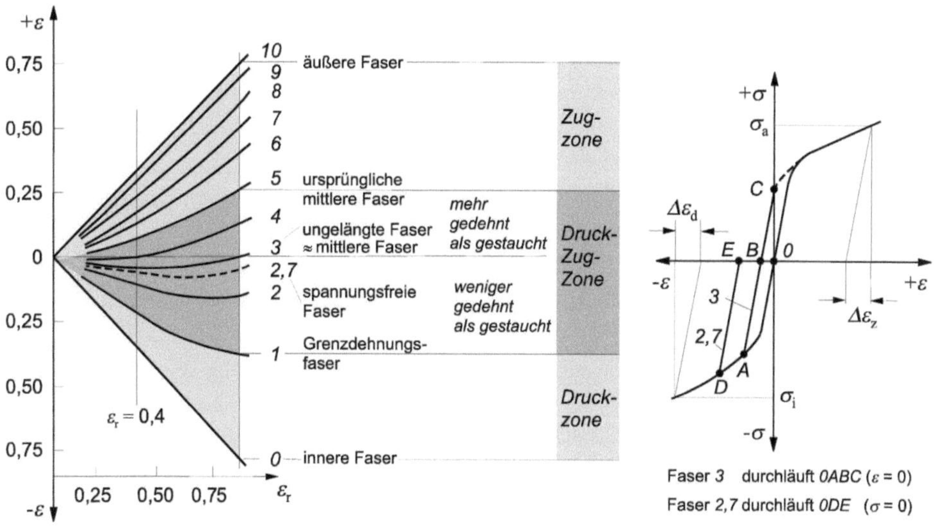

Abb. 5.15 Dehnungs- und Spannungsverlauf einzelner Fasern im Blechquerschnitt [Wol50, Kie55]

sondern nur gestaucht wird. Alle weiteren Fasern bis *0* werden ausschließlich gestaucht, so dass in einem gebogenen Querschnitt zwischen der Zugzone, der Druck-Zug-Zone und der Druckzone zu unterscheiden ist. Bei einer exakten Vorgehensweise muss demnach die Formänderungsgeschichte einzelner Fasern bis zu dem betrachteten Biegezustand und damit auch der sog. Bauschinger-Effekt berücksichtigt werden. Dieser Effekt wurde Ende des 19. Jahrhunderts von Bauschinger [Bau81, Bau86] beschrieben und nach ihm benannt. Bauschinger entdeckte, dass kalt vorgereckte oder vorgestauchte metallische Werkstoffe bei Umkehr der Belastungsrichtung, wie sie auch beim Blechbiegen im Bereich der neutralen Faser auftritt, eine niedrigere Fließgrenze haben.

Aufgrund der Annahme eines einachsigen Spannungszustands ist jedoch auch diese Erweiterung letztlich nur bei kleinen Formänderungen anwendbar. Es wurden deshalb mehrachsige Berechnungsmodelle (zunächst für reine Biegemomentenbelastung) entwickelt, bei denen z. T. auch die Blechdickenänderung explizit berücksichtigt wurde.

5.2.5 Mehrachsige Berechnungsansätze

Auch die erweiterte elementare Biegetheorie stellt aufgrund unzulässiger Annahmen über den Formänderungs- und Spannungszustand im Blech noch keine zufriedenstellende Beschreibung der Spannungen und Formänderungen dar. Somit ist nicht von einem einachsigen, sondern von einem dreiachsigen Spannungs- und Formänderungszustand auszugehen. Zu berechnen sind dabei im allgemeinen Fall 15 unbekannte Größen (sechs Komponenten des symmetrischen Spannungstensors, sechs Komponenten des symmetrischen Formänderungstensors, drei Verschiebungskomponenten) [Rei90], zu deren Berechnung 15 Gleichungen zur Verfügung stehen (drei differenzielle Gleichgewichtsbedingungen, sechs Gleichungen der Verformungskinematik und sechs Gleichungen der Spannungs-Formänderungsbeziehungen). Eine etwas ausführlichere Übersicht über das damit verbundene grundsätzliche Vorgehen ist z. B. in [Rei90] zu finden. An dieser Stelle sollen dagegen nur kurz die allerwichtigsten Ansätze im Bereich mehrachsiger Berechnungsmodelle für Biegeverfahren genannt werden.

Die wohl grundlegendste Arbeit in diesem Problemkreis stammt von Hill [Hil83], der 1950 darauf aufmerksam machte, dass die Radialspannungen beim Biegen nicht zu vernachlässigen sind, wenn die Biegeradien klein im Verhältnis zur Blechdicke sind. Hill erweiterte die elementare Theorie für das plastische Blechbiegen bei großen Umformgraden, indem er bei ebener Formänderung einen dreidimensionalen Spannungszustand im Blech berücksichtigte. Obwohl dabei das verwendete starr-idealplastische Werkstoffmodell u. a. keine Erfassung der Blechdickenänderung zuließ, wurde erstmals ein gangbarer Weg zu einer genaueren Analyse der beim Blechbiegen wirkenden Mechanismen aufgezeigt, der zusammen mit einer verbesserten Berücksichtigung des Werkstoffverhaltens die Entwicklung einer Theorie ermöglichte, die die realen Verhältnisse besser abbildet.

Einen Schritt in diese Richtung unternahm Proksa [Pro58] 1958, indem er, im Wesentlichen dem von Hill aufgezeigten Berechnungsgang folgend, die Werkstoffverfestigung in seine Betrachtungen einbezog. Unter der Annahme eines starr-plastischen Werkstoffs mit linearer Verfestigung und eines dreidimensionalen Spannungszustands im Blech berechnete Proksa u. a. die Formänderungs- und Spannungsverteilung sowie das Biegemoment in Abhängigkeit von der Blechkrümmung und gab eine numerisch lösbare Differenzialgleichung für die Blechdickenänderung sowie einen Ansatz zur Ermittlung der Rückfederung an. Zur qualitativen Berücksichtigung der Belastungsumkehr nahm er, wie später auch Nicklas [Nic76], für die Darstellung der Fließkurve im Bauschinger-Bereich an, dass der Betrag der Differenz aus Zug- und Druckfließkurve konstant ist.

In den Jahren nach 1960 stellten zunächst Poóza [Poo65] und später Deh [Deh68] Ansätze vor, in denen jeweils für einen ein- bzw. dreiachsigen Spannungszustand ein elastisch-plastisches Werkstoffverhalten mit nichtlinearer Verfestigung berücksichtigt wurde. Aufgrund diverser Vereinfachungen können diese Ansätze jedoch nur als erste Schritte im Hinblick auf die Berücksichtigung nichtlinearen Verfestigungsverhaltens verstanden werden. Ungefähr im gleichen Zeitraum erschienen Arbeiten von De Boer, Bruhns, Thermann und Lücke, die sich unter der Annahme eines dreiachsigen Spannungszustandes mit dem querkraftfreien, elastisch-plastischen Blechbiegen eines inkompressiblen [Deb67, Deb69, Lue73] bzw. eines kompressiblen [Bru69, Bru70] Materials befassten. De Boer [Deb67] kam im Rahmen seiner Untersuchungen zu dem Schluss, dass auch bei großen Formänderungen ein elastischer Kern im Inneren des Bleches verbleibt, der sich mit der dehnungsfreien Faser zunehmend in den Druckbereich des Blechquerschnitts verschiebt, und dass die Berücksichtigung des elastischen Formänderungsanteils eine wichtige Verbesserung der Berechnungsresultate bringt. Spätere Untersuchungen zum Dreipunktbiegen [Mül88] zeigten ebenfalls den großen Einfluss des elastischen Kerns.

De Boer und Bruhns [Deb69] verglichen die nach ihrem Ansatz berechneten Eigenspannungen mit den auf der Grundlage des häufig angewendeten, einfacheren Superpositionsprinzips ermittelten Eigenspannungen. Sie kamen zu dem Ergebnis, dass Restspannungen und Rückfederung in hinreichender Genauigkeit mithilfe des Superpositionsprinzips ermittelt werden können, sofern bei der Belastung der elastische Anteil der Formänderungen nicht vernachlässigt wird. Lücke [Lue73] wies besonders auf die Bedeutung der Wanderung des elastisch deformierten Blechbereichs mit zunehmender Last sowie die Mitberücksichtigung der Zonen erneuter Belastung für die Güte der berechneten Spannungsverläufe hin.

Während in den bisher genannten Arbeiten von einem querkraftfreien Biegevorgang ausgegangen wurde, beschäftigen sich die Arbeiten [Kie55, Leh58, Leh55, Rec66] mit dem Querkrafteinfluss bei unterschiedlichen Biegeverfahren. Berechnungsansätze für mehrfache Biegung, wie sie z. B. bei Biegerichtprozessen (vgl. 3.5) auftritt, wurden in [Pan67, Kri72, Har82, Noé86] vorgestellt. Bei der Berechnung derartiger Vorgänge kommt der Beschreibung des zyklischen Materialverhaltens bei Dehnungsumkehr, bei der verschiedenartige ver- und entfestigende Vorgänge im Werkstoff ablaufen, eine große Bedeutung zu. Erste Berechnungen des ebenen Gesenkbiegevorgangs unter Berücksichtigung von Querkräften lieferten Nicklas und Ismar [Nic76, Ism79].

Schließlich demonstrierten Nicklas [Nic76], gestützt auf eine halbanalytische Vorgehensweise, und später Oh und Kobayashi [Ohk80], gestützt auf FEM-Prozesssimulationen, die Leistungsfähigkeit rechnergestützter Verfahren zur Berechnung von Blechbiegeprozessen. Die von Nicklas sowie Oh und Kobayashi entwickelten Programmsysteme kamen hinsichtlich ihres Aufbaus und Ablaufes, gekennzeichnet durch eine realitätsnahe Modellierung und schrittweise numerische Durcharbeitung des mathematischen Problems, dem, was heutzutage unter einer Prozess-Simulation verstanden wird, sehr nahe. Sie schufen mit ihren Arbeiten eine Art Wendepunkt in der Entwicklung von Berechnungsverfahren für das plastische Blechbiegen, die entscheidend durch die Entwicklung immer realitätsnäherer und schnellerer Simulationsverfahren geprägt wurde.

Auf den Aufbau, die Funktionsweise und den derzeitigen Entwicklungsstand im Bereich der Prozess-Simulation von Blechbiegeprozessen wird in 5.4 näher eingegangen.

Die Bestimmung des Kraftbedarfs für die verschiedenen Umformverfahren ist stark abhängig von der Belastungskonfiguration des jeweiligen Biegeverfahrens. Auf überschlägige Berechnungsansätze wird in 5.7 bei der Betrachtung der jeweiligen Biegeprozesse eingegangen bzw. verwiesen.

5.3 Einfluss- und Störgrößen

Die bisher vorgestellten elementaren Ansätze zur Berechnung der Formänderungen, Spannungen und Biegemomente sowie der Rückfederung beruhen nicht nur auf dem einfachsten Biegeprozess, dem reinen Momentenbiegen, und einem in hohem Maße idealisierten Werkstoffverhalten, sondern auch auf der Vernachlässigung wichtiger bei Biegeprozessen auftretenden Einfluss- und Störgrößen, die bei der Entwicklung von Methoden zur genaueren Vorausberechnung bzw. Planung komplexerer Blechbiegeprozesse als dem reinen Momentenbiegen nach Möglichkeit zu berücksichtigen sind. Dabei wird der Grad der Einbeziehung dieser Einfluss- und Störgrößen und der damit verbundene Modellierungsaufwand immer das Ergebnis einer Abwägung sein, bei der neben den Eigenschaften sowie der Art und Bedeutung des Biegeprozesses auch die objektiven Möglichkeiten der Berechnung und die Frage der Wirtschaftlichkeit mit einbezogen werden müssen.

Biegeprozesse unterliegen einer Vielzahl von Fehlereinflüssen, die einzeln oder in ihrer Summe zu beträchtlichen Abweichungen bei Biegeresultaten führen können [Cha98]. Allgemein lassen sich die Einflussgrößen auf das Biegeergebnis bzw. auf die Qualitätsmerkmale unterteilen in

- Verfahrens-,
- Maschinen-,
- Werkzeug-,
- Werkstück- und
- Werkstoffeinflüsse.

An erster Stelle beeinflusst das gewählte Biegeverfahren maßgeblich das zu erzielende Biegeergebnis. Je nach Biegeverfahren stehen hier unterschiedliche Stellgrößen zur Einstellung der geforderten Biegeteileigenschaften zur Verfügung. Wichtig sind in diesem Zusammenhang die Kinematik des Biegeverfahrens, insbesondere die Anzahl und Anordnung der steuerbaren Achsen der an der Umformung beteiligten Werkzeugpartner, sowie die aufzuwendenden Biegekräfte und Biegemomente. Geschwindigkeitseinflüsse fallen dagegen bei den Biegeverfahren im Allgemeinen kaum ins Gewicht.

Auf der Maschinenseite begrenzen zunächst nominelle Leistungskenndaten wie z. B. die Nennkraft das herstellbare Teile- bzw. Werkstoffspektrum. Daneben haben auch die Wiederhol- und Positioniergenauigkeit der numerisch angesteuerten Achsen einer Biegemaschine sowie die Steifigkeit des Maschinengestells und anderer im Kraftfluss befindlicher Komponenten Einfluss auf die Fertigungsgenauigkeit. Schwingungen und zeitliche Veränderungen der Maschineneigenschaften, wie beispielsweise die Erwärmung des Hydrauliköls, können ebenfalls zu entstehenden Abweichungen beitragen.

Eng verknüpft mit der Maschine sind die werkzeugbedingten Fertigungseinflüsse. Zu nennen sind hier in erster Linie die Geometrie der beteiligten Werkzeugkomponenten sowie deren zeitliche Änderung durch Verschleißerscheinungen.

Eine wichtige werkstückseitige Einflussgröße ist neben der Ausgangsblechdicke und der Ausgangsblechbreite der Platine der Blechzuschnitt, der die Basis zur Erzielung genauer Werkstückabmessungen darstellt. Selbst bei einfachen Blechbiegeteilen können komplexe Abwicklungsgeometrien entstehen. Während der Blechzuschnitt selbst durch die Verfügbarkeit moderner Laserschneidanlagen problemlos herstellbar ist, ist die genaue rechnerische Vorhersage des erforderlichen Zuschnitts wegen der vielfältigen Einflussgrößen ungleich schwieriger (vgl. 3.2.3). Aufgrund der Ausbildung des Biegeradius als Radienverlauf bei Biegeverfahren mit freier Ausbildung der Umformzone wie dem Freibiegen ist auch die Kenntnis der gestreckten Länge zur Berechnung der Zuschnittsmaße erforderlich. Eine unzureichende Berücksichtigung des Biegelinienverlaufs führt zu Abweichungen von den Sollwerten sowohl beim erzielten Biegeradius als auch beim Biegewinkel und der Biegeschenkellänge. Nicht zuletzt basiert die genaue Einhaltung der Werkstückabmessungen auch auf der Einhaltung der geforderten Biegewinkel und –radien sowie einer genauen Positionierung des Blechbiegeteils relativ zu den Werkzeugen bei jeder Biegung.

Neben der Werkstückgeometrie sind auch die Werkstoffeigenschaften der Bleche von großer Bedeutung für die Qualität des Biegeergebnisses. Das Blechwerkstoffverhalten ist die wohl wichtigste und am schwierigsten zu berücksichtigende Einflussgröße auf die Form- und Maßgenauigkeit von Biegeteilen. Das Materialverhalten von Blechwerkstoffen wird im Wesentlichen durch die Materialkennwerte wie Elastizitätsmodul, Streckgrenze, Zugfestigkeit, Gleichmaßdehnung, durch das Fließ- und Verfestigungsverhalten des Werkstoffes (üblicherweise angegeben in Form einer sog. Fließkurve) sowie das unterschiedlich stark ausgeprägte Fließverhalten in bestimmten Orientierungen zur Walzrichtung des Halbzeugs.

Vor allem die mechanischen Eigenschaften und in engerem Sinne das Spannungs-Formänderungs-Verhalten beeinflussen die Rückfederung und auch die Winkelgenauigkeit in hohem Maße, sodass deutliche Unterschiede zwischen den verschiedenen Werkstoffgruppen auftreten. Auch Veränderungen der Werkstoffeigenschaften durch Alterungsvorgänge, Eigenspannungen oder Werkstoffinhomogenitäten können zu großen Abweichungen führen. *Chargenschwankungen* bewirken z. T. derart hohe Schwankungen der Werkstoffkennwerte, dass Materialkennwerte für jede Charge in neuen Versuchen (am weitesten verbreitet ist der Flachzugversuch nach DIN EN 10002) ermittelt werden müssen bzw. müssten. In der Praxis der Blechteilefertigung wird dies häufig aus Zeit- und Kostengründen unterlassen. Chargenabhängig schwankende Werkstoffkenndaten wie Streckgrenze, Zugfestigkeit, Verfestigungsexponent haben Auswirkungen auf die erforderliche Biegekraft, die Werkstückform und die Blechrückfederung und können somit zu deutlichen Winkelabweichungen führen. Ebenso wenig können für jede beliebige Ausrichtung der Biegekante relativ zur *Walzrichtung* genaue Angaben über das Werkstoffverhalten und damit das Biegeergebnis gemacht werden, weil die Prüfverfahren nur für diskrete Walzrichtungen durchgeführt werden. Bekanntlich zeigen Blechwerkstoffe in der Regel ein mehr oder weniger ausgeprägtes anisotropes Verhalten.

Aber auch bei in hohem Maße konstanten Bedingungen mit engen Materialtoleranzen und gleichbleibender Ausrichtung der Biegekanten zur Walzrichtung können *Streuungen der Biegeteileigenschaften* spürbare Winkelfehler nach sich ziehen.

Die Vorausberechnung von Blechbiegeprozessen wird u. a. dadurch erschwert, dass die Werkstoffeigenschaften nur *annähernd* durch Kennwerte und Fließkurven beschreibbar sind. Ein weiterer Grund für ein von der Planungsgrundlage abweichendes Werkstoffverhalten während der Produktion ist, dass die Werkstoffeigenschaften in Berechnungsverfahren für die Prozessdaten nur durch ein Modell beschrieben werden. Die Güte des Modells ist abhängig vom Abstraktionsgrad und den getroffenen Annahmen, so dass

Abweichungen in begrenztem Rahmen auch aufgrund einer nicht hundertprozentigen Modellabbildung wahrscheinlich sind.

Schließlich können auch äußere Störeinwirkungen wie z. B. Schwankungen der Umgebungstemperatur die Fertigungsgenauigkeit von Biegeverfahren beeinträchtigen.

Aus dem bisher Gesagten wird deutlich, dass eine solche Vielzahl von Einflussfaktoren auf die Biegeprozesse sowie deren gegenseitige Beeinflussung mithilfe elementarer analytischer Ansätze nicht auf angemessene Weise berücksichtigt werden kann. Mithilfe von Simulationsverfahren ist dies jedoch weitestgehend möglich. Prozess-Simulationen können schnell und mit relativ hohen Genauigkeiten wichtige Informationen über das Umformverhalten der Werkstückwerkstoffe und die Höhe von Maschinen- und Werkzeugbelastungen bereitstellen, die für die Auslegung von Biegewerkzeugen, die Auswahl der richtigen Maschine sowie die Festlegung der Prozessführung (z. B. in Form von NC-Programmen) erforderlich sind. Neben der Bestimmung optimaler Maschinen- und Werkzeugparameter bieten sie darüber hinaus die Möglichkeit, bereits im Vorfeld der Fertigung die Verfahrensgrenzen des Umformprozesses zu ermitteln.

Eine Berücksichtigung der o. g. Einflüsse durch Berechnungen bzw. Simulation des Umformprozesses mittels verschiedener Ansätze wurde vielfach untersucht (vgl. 5.2.1 und 5.4), hat aber, soweit erkennbar, bisher kaum Eingang in handelsübliche Produkte zur Prozessplanung bzw. Steuerung von Biegeprozessen gefunden. Gängige Praxis ist nach wie vor der Einsatz von Näherungsformeln und Trial-and-Error-Methoden (Biegen des Bleches, Vermessen von Hand, Eingabe des gemessenen Winkels in die Steuerung, Berechnung eines Korrekturweges durch die Steuerung basierend auf Erfahrungswerten) sowie der Rückgriff auf Erfahrungswerte für z. B. die Rückfederung in Form von Tabellen.

Obwohl Prozess-Simulationen aus der Konstruktion und aus der Fertigungsplanung nicht mehr wegzudenken sind, stoßen sie hinsichtlich der Genauigkeit der Prozessparameter jedoch noch an gewisse Grenzen. Die Einflüsse auf den Biegevorgang, die sich erst im Fertigungsprozess bemerkbar machen, können mithilfe einer Prozess-Simulation nicht oder nur unzureichend vorhergesagt und deshalb auch nicht durch präventive Maßnahmen kompensiert werden (**Abb. 5.16**).

Während die Werkstoff-, Werkstück- und Werkzeugparameter sowie elastische Auffederungen von Maschinen- und Werkzeugkomponenten (bei Kenntnis der entsprechenden Kennlinien) relativ gut in der Prozess-Simulation berücksichtigt werden können, ist eine Einbeziehung von Störeinflüssen wie Änderungen der Materialeigenschaften (hervorgerufen z. B. durch Chargenschwankungen, Werkstoffinhomogenitäten, Eigenspannungen oder Alterungsvorgänge), Blechdickenschwankungen, Verschleiß und Toleranzen der Werkzeuge sowie Abweichungen bei der Positionier- und Wiederholgenauigkeit der NC-Achsen in der Regel nicht möglich. Gerade in flexiblen Fertigungsumgebungen (z. B. beim Frei- und Schwenkbiegen) kann oft nicht gewährleistet werden, dass nur Bleche mit gleichbleibender Qualität und gleicher Zuschnittsfolge relativ zur Walzrichtung der Halbzeuge zur Verfügung stehen.

Um den ständig steigenden Anforderungen an die Form- und Maßgenauigkeiten von Blechbiegeteilen gerecht zu werden, ist der Einsatz problemangepasster Prozess-Simula-

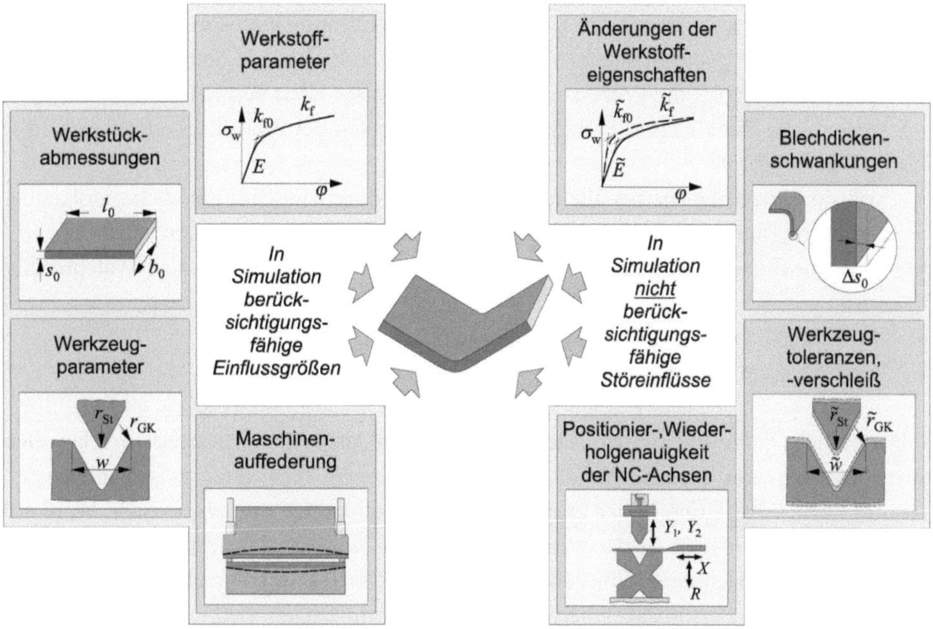

Abb. 5.16 Einflussgrößen auf das Biegeergebnis am Beispiel des Freibiegens im Gesenk

tionen (z. B. halbanalytischer Berechnungsverfahren) und höherer Berechnungsverfahren wie z. B. der Finite-Elemente-Methode unverzichtbar.

Resteinflüsse wie z. B. Schwankungen der Materialeigenschaften der Bleche innerhalb einer Charge bzw. sogar innerhalb eines Bleches können aber simulationstechnisch bisher nicht berücksichtigt werden. Bei Verfahren mit kinematischer Gestalterzeugung und kleinen Losgrößen mit sehr engen Winkeltoleranzen und geringen Biegekräften muss deshalb die Präzision der Biegeprozesse auf andere Art gesteigert werden. Hier bietet sich in Abhängigkeit vom Biegeverfahren eine rechnergestützte Prozesskontrolle und Prozesskorrektur bei Einsatz von Biegewinkel- und/oder Biegeradiusmesssystemen in Verbindung mit einer Prozesssimulation an, um die aus den oben genannten Störgrößen resultierenden Fehler bereits während des Fertigungsprozesses zu erkennen und gegebenenfalls zu kompensieren.

5.4 Prozess-Simulation und Prozessplanung

Bei der Biegeumformung von Blechen ist der Stand der Simulation und Planung der Umformprozesse unterschiedlich weit fortgeschritten. Bei industriell häufig eingesetzten Biegeverfahren wie dem Freibiegen wird die Prozess-Simulation, basierend auf einfachen Näherungsformeln und Erfahrungswerten routinemäßig zur Berechnung von Steuerdaten für NC-Maschinen eingesetzt. Und auch die Bestimmung kollisionsfreier Biegefolgen wird standardmäßig durchgeführt. Bei komplexen Verfahren wie dem kontinuierlichen Walzprofilieren erfolgt die Prozessbeschreibung noch auf Basis von Erfahrungswissen.

Wesentliche Punkte einer Prozessplanung im Bereich der Blechbiegeverfahren sind je nach Biegeverfahren:

- Kollisionskontrolle (ist bei allen Biegeverfahren durchzuführen) bzw. Biegefolgenbestimmung (bei Verfahren wie dem Frei-, Gesenk- und Schwenkbiegen),
- Werkstückhandhabung (außer bei kontinuierlichen Verfahren wie dem Walzprofilieren),
- NC-Datenbestimmung/Prozess-Simulation,
- Zuschnittsermittlung.

Obwohl die o. g. Punkte in mehr oder minder starker Ausprägung grundsätzlich bei allen Biegeprozessen mit geradliniger und drehender Werkzeugbewegung zu beachten sind, ist ihre Berücksichtigung in der Praxis jedoch unterschiedlich stark entwickelt. Wohl am weitesten fortgeschritten ist der Einsatz von Prozess-Simulations- und Prozessplanungsmethoden im Bereich des Freibiegens, sodass dieser Prozess im Folgenden als Beispiel zur Verdeutlichung der grundsätzlichen Problematik herangezogen wird.

5.4.1 Kollisionskontrolle und Biegefolgenbestimmung

Um Beschädigungen an Bauteilen, Werkzeugen oder im schlimmsten Fall an der Maschine zu vermeiden, ist es bei den meisten Biegeverfahren notwendig, vor Durchführung der eigentlichen Fertigungsoperationen eine Kollisionskontrolle vorzunehmen. Dabei darf während und nach dem Biegen keine Kollision auftreten. Kollisionen können auftreten zwischen Biegeteil und Maschine, zwischen Biegeteil und Werkzeugkomponenten und zwischen dem Biegeteil und sich selbst.

Bei der Kollisionsüberprüfung sind u. a. zu berücksichtigen:

- die Maschinengeometrie,
- Geometrie und Verfahrbewegungen von Werkzeug- und Maschinenkomponenten sowie
- Geometrie und Formänderung des Werkstücks, insbesondere unter Einbeziehung des Blechwerkstoffverhaltens (Rückfederung), die zu unterschiedlichen Geometrien unter und ohne Last führen.

Zur Fertigung von Biegeteilen mit mehr als einer Biegekante pro Biegeschritt, wie es beim Frei-, Gesenk- oder auch Schwenkbiegen sehr häufig vorkommt (Ausnahme z. B. U-Biegen, bei dem zwei Biegungen in einem Schritt ausgeführt werden), ist es im Allgemeinen notwendig, die Reihenfolge zu bestimmen, nach der die einzelnen Biegekanten gebogen werden müssen. Bei der Suche nach einer solchen Biegefolge sind u. a. die folgenden Bedingungen zu beachten [Abo85]:

- Anschlagmöglichkeit (Positionierung in der Maschine),
- Zugänglichkeit,
- Kollisionsfreiheit,
- Entnehmbarkeit,
- Handhabbarkeit,
- Werkstückhandling,
- Sicherheit,
- Toleranzen,
- Qualitätsgesichtspunkte sowie
- wirtschaftliche Aspekte.

Das Gewicht der einzelnen Bedingungen und der weiter unten vorgestellten Heuristiken zur Verringerung des Suchraumes für eine geeignete Biegefolge hängt zum Teil vom Aufbau des Blechbiegeteils ab. Eine Klassifizierung der Blechbiegeteile ist wichtig, um die für das jeweilige Problem optimale Strategie auswählen zu können. Eine mögliche Klassifizierung wird in [Abo85] vorgeschlagen. Detailliertere Klassifizierungen werden durch die Anwendung von Expertensystemen [Hof89, Cse91, Gei92], Neuronalen Netzen [Hof93] und Fuzzy-Logik [Hof94,Gei93] erreicht.

Während die Komplexität der Biegefolgenbestimmung mit steigender Komplexität des Biegeteils stark zunimmt, sinkt die Zahl möglicher Biegefolgen, die die o. g. Kriterien befriedigen. Die Anzahl der theoretischen Möglichkeiten, ein Blechteil zu biegen, hängt von der Anzahl der Biegekanten ab. Für ein Biegeteil mit n Biegekanten existieren prinzipiell $n!$ Möglichkeiten einer Biegefolge, die jedoch unter Zuhilfenahme der o. g. Kriterien erheblich reduziert werden können. Um den Suchraum weiter einzuschränken, werden für Biegeverfahren wie das Frei-, Gesenk oder Schwenkbiegen häufig Heuristiken verwendet, die auf dem Erfahrungswissen von Maschinenbedienern beruhen. In [Abo85, Gei95] werden die nachfolgenden Heuristiken vorgeschlagen:

- Flächen mit kleinem Flächeninhalt sind vor Flächen mit größerem Flächeninhalt zu überprüfen.
- Kurze Schenkel sollten vor langen Schenkeln gebogen werden.
- Biegekanten, die außen liegen, sollten vor innenliegenden Biegekanten gebogen werden.
- Gestaltbildende Biegekanten sollten am Ende gebogen werden.
- Zur Verringerung der Fertigungszeit sollten benachbarte Biegekanten nacheinander gebogen werden.
- Der Handhabungsbedarf kann verringert werden, wenn parallel zueinander liegende Kanten nacheinander gebogen werden.
- Technologisch unabhängige Biegekanten auf einer Biegeachse sollten gemeinsam gebogen werden, um die Gesamtzahl der Biegeoperationen zu vermindern.

Dabei ist es bei komplexen Biegeteilen aber häufig nicht möglich, eine kollisionsfreie Biegefolge unter Einsatz von Standardwerkzeugen zu finden. Zur Abhilfe können bereits ermittelte Kollisionsorte festgehalten und die entsprechenden Biegungen mithilfe speziell geformter Sonderwerkzeuge hergestellt werden. Die Möglichkeit der Verwendung von Spezialwerkzeugen muss schon bei der Biegefolgensuche mit einbezogen werden.

Bestehende Konzepte zur Bestimmung von Biegefolgen reichen in Abhängigkeit von der Komplexität des Biegeteils von der einfachen, rein zeichnerischen Kontrolle der Biege- und Werkzeugquerschnitte anhand der Sollvorgaben über Entscheidungstabellensysteme [Fle89, Hof91, Den84] und heuristische Verfahren [Vin94, Gei92a, Duf99] bis hin zu komplexen räumlichen Bestimmungsansätzen unter Berücksichtigung der Ergebnisse real-plastischer Simulationen unter Einsatz geeigneter Such- bzw. Optimierungsalgorithmen [Kle00].

5.4.2 Werkstückhandhabung

Die Bedeutung der Planung und Simulation der Werkstückhandhabung steigt mit fortschreitender Automatisierung auch im Bereich der Herstellung von Biegeteilen immer mehr an. Grundsätzlich kann die Werkstückhandhabung erfolgen durch:

- Maschinennutzer,
- mechanische Handhabungshilfen wie Biegehilfen,
- automatische Handhabungssysteme,
- Handhabungsroboter.

Der planerische Aufwand wird dabei zum einen indirekt durch die große Anzahl möglicher Handhabungsarten, die die Biegefolgenbestimmung erschweren, und zum anderen durch den zunehmenden Automatisierungsgrad bei den eingesetzten Handhabungssystemen erhöht. Während bei der reinen Handhabung durch einen Maschinennutzer entweder gar keine oder nur wenige Handhabungsanweisungen gegeben werden müssen, sind z. B. bei Einsatz von Handhabungsrobotern sämtliche Achsbewegungen auf die Kinematik des Biegeprozesses abzustimmen.

Die Handhabungsoperationen für ein Blechbiegeteil werden durch die Biegefolge direkt beeinflusst. Für die Einbeziehung automatischer Handhabungssysteme sind entsprechende Simulationsmodule erforderlich, mit denen die Bahnen für die erforderlichen Achsbewegungen ermittelt werden können.

5.4.3 Prozess-Simulation und NC-Datenbestimmung

Im Bereich des Blechbiegens beruhen die Prozessplanung und die Verfahrensoptimierung immer noch zum größten Teil auf Erfahrungswissen und empirischen Methoden. Für die Auslegung der Biegewerkzeuge und die Bestimmung sowie Korrektur der Verfahrensparameter werden vielfach einfache mathematische Näherungsformeln oder experimentell ermittelte Daten verwendet. Näherungsverfahren (z. B. nach DIN 6935 [DIN75], nach Oehler [Oeh63] etc.) sind flexibel und einfach in der Handhabung, liefern aber oftmals

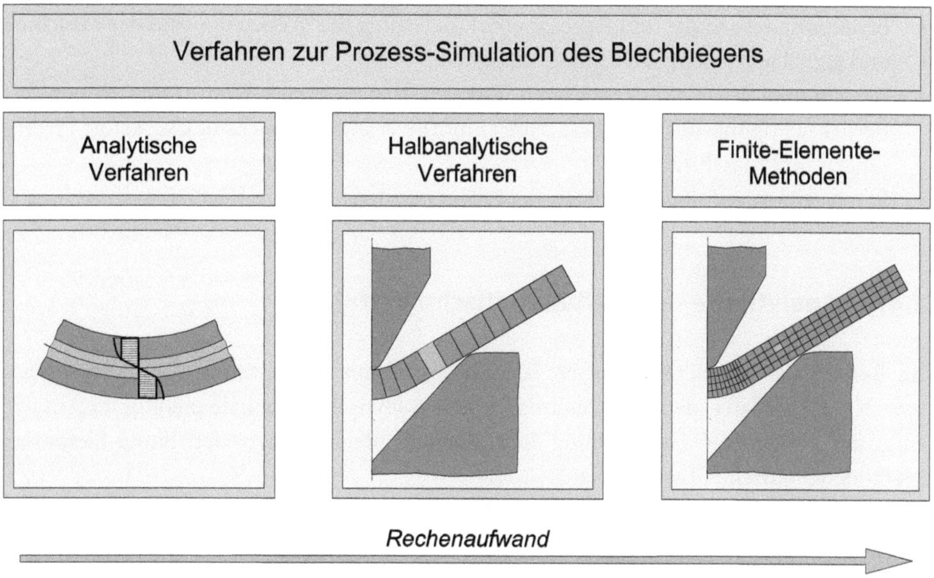

Abb. 5.17 Verfahren zur Prozess-Simulation des Blechbiegens [Hel02]

aufgrund starker Vereinfachungen, wie beispielsweise der Vernachlässigung der werkzeug- und werkstückabhängigen Ausbildung der Biegelinie, nur grobe Anhaltswerte und sind somit nur für erste Abschätzungen einsetzbar [Paw75].

In experimentell ermittelten Daten sind zwar die realen Gegebenheiten (Werkzeug-, Werkstückgeometrie etc.) berücksichtigt, sie erweisen sich aber als wenig flexibel gegenüber veränderten Bearbeitungsbedingungen und Materialkennwerten, sodass sie in aufwendigen fortlaufenden experimentellen Untersuchungen entsprechend ergänzt und angepasst werden müssen.

Mit Prozess-Simulationen hingegen können Umformvorgänge unter Berücksichtigung nahezu aller Einflussfaktoren zumeist realitätsnah mathematisch nachgebildet werden. Auch Anpassungen an veränderte Fertigungsbedingungen und Werkstückmaterialien sind hier schnell und einfach möglich.

Die Simulation von Umformprozessen, also auch des Biegens von Blechen, fällt in den Bereich nichtlinearer Berechnungen und erfordert deshalb im Allgemeinen eine inkrementelle Vorgehensweise. Dabei wird der gesamte Vorgang in mehrere Teilschritte zerlegt, um die Lösung im Endzustand zu erhalten. Im Bereich der Biegeumformung von Blechen werden zu diesem Zweck zurzeit die Finite-Elemente-Methode (FEM) und die so genannten halbanalytischen Simulationen eingesetzt [Kle91] (**Abb 5.17**).

Für Biegeverfahren ergeben sich dabei im Wesentlichen folgende Zielsetzungen [Fin93a]:

- Berechnung des Werkstoffflusses sowie des Spannungs- und Formänderungszustands während und nach der Umformung,

- Ermittlung von Kraft- und Arbeitsbedarf, Belastung der Werkzeuge und der Maschine und erzielbarer Form- und Maßgenauigkeit,
- Berechnung der CNC-Steuerdaten numerisch gesteuerter Umformmaschinen bei Berücksichtigung der Einflüsse von Umformverfahren, Werkstückwerkstoff, Werkzeugen und Maschinen.
- Bereitstellung von Referenzdaten für Prozessregelungsansätze [Hel02].

5.4.4 Analytische und halbanalytische Verfahren

Im Bereich der rechnerintegrierten Fertigung sind zur Bestimmung von Prozessdaten bzw. NC-Steuerdaten der Werkzeugmaschinen analytische und halbanalytische Ansätze aufgrund einfacherer Handhabung und kürzerer Rechenzeiten der Finite-Elemente-Methode vorzuziehen [Mae93, Sul95].

Geschlossene analytische Lösungen können in den meisten Fällen nur mithilfe sehr starker Vereinfachungen ermittelt werden, was sich negativ auf die Genauigkeit der Ergebnisse auswirkt. Ein Beispiel für einen solchen analytischen Ansatz ist der in 5.2.1 beschriebene Ansatz zur Berechnung des reinen Momentenbiegens.

Bei halbanalytischen Vorgehensweisen werden möglichst viele während eines Umformprozesses auftretende Effekte mit auf das jeweilige Problem speziell zugeschnittenen Modellierungsansätzen berücksichtigt, um daraus ein möglichst durchgängiges analytisches Berechnungsschema abzuleiten. Nur in Teilbereichen, in denen die resultierenden Gleichungssysteme nicht mehr geschlossen bestimmbar sind, wird auf numerische Lösungsverfahren zurückgegriffen. Im Vergleich zu FEM-Prozesssimulationen lassen sich bei Einsatz halbanalytischer Verfahren relativ hohe Genauigkeiten erzielen. Für halbanalytische Simulationen spricht, dass verglichen mit der FE-Methode analytische bzw. halbanalytische Ansätze häufig eine wesentlich klarere Einsicht in die wirkenden physikalischen Mechanismen gewähren [YuJ80].

Aus den oben genannten Gründen wurden in der Vergangenheit vornehmlich für Biegeverfahren mit freier kinematischer Gestalterzeugung, wie dem Frei- oder Schwenkbiegen, Simulationen auf der Basis halbanalytischer Betrachtungsweisen entwickelt. Ausgangspunkt für halbanalytische Betrachtungen freier Biegeprozesse ist häufig das Kräftegleichgewicht in r-Richtung [Hel02, Kah85, Rot90] an einem infinitesimal kleinen Volumenelement mit den Kantenlängen dr, rdψ, und dz (Vergl. **Abb. 5.18**):

$$\left(\sigma_{rr} + \frac{d\sigma_{rr}}{dr}\right)(r + dr)\,d\psi\,dz - \sigma_{rr}\,r\,d\psi\,dz - 2\sigma_{\psi\psi}\,dr\,dz\,\sin\left(\frac{d\psi}{2}\right) = 0 \qquad \text{(Bez. 5.20)}$$

Unter Anwendung eines Fließkriteriums und eines Ansatzes zur mathematischen Beschreibung des Zusammenhangs zwischen Formänderungen und Spannungen aus dem einachsigen Zugversuch (am weitesten verbreitet sind Potenzansätze) ergibt sich eine in der Regel elementar lösbare Differenzialgleichung zur Berechnung der Spannungen σ_{rr}, $\sigma_{\psi\psi}$ und σ_{zz}.

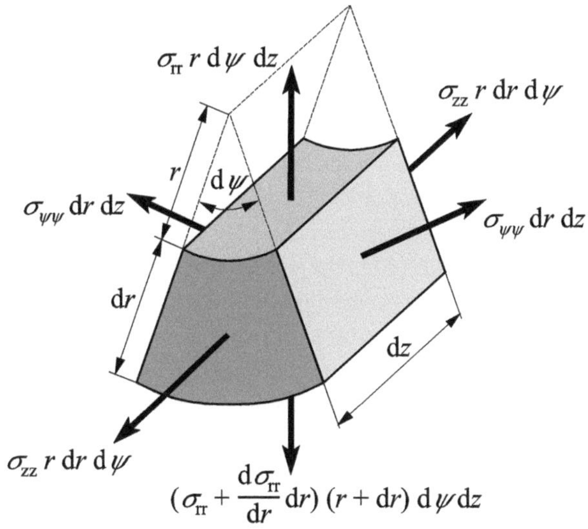

Abb. 5.18 Gleichgewichtsbetrachtung an einem infinitesimal kleinen Volumenelement bei der Biegeumformung [Hel02]

Das zum Biegen erforderliche Moment lässt sich mithilfe einer numerischen Integration berechnen. Die mathematische Abbildung der Rückfederung erfolgt zumeist auf Basis des in 5.2.1 vorgestellten Superpositionsprinzips. Der so bestimmte Zusammenhang zwischen Formänderungen und Biegemoment (sog. Momenten-Krümmungs-Beziehung), wird bei der Berechnung geometrisch nichtlinearer Biegeprozesse, wie beim Freibiegen oder auch beim Schwenkbiegen zur Berechnung der Formänderungen einzelner Blechsegmente herangezogen, in die das Blech in der Umformzone aufgeteilt wird. Dazu wird der jeweils betrachtete nichtlineare Biegeprozess mithilfe eines Näherungsansatzes auf reines Momentenbiegen zurückgeführt. **Abb. 5.19** verdeutlicht dieses Prinzip am Beispiel des Freibiegens. Im Gegensatz zur reinen Momentenbiegung, bei der die einzige äußere Beanspruchung das Biegemoment ist, wird die Biegung, die beim Freibiegen vorliegt, vornehmlich durch Querkräfte verursacht. Daneben treten Drücke und Reibung auf [Mül93, Nic76]. Diese Belastungen führen zu örtlich variablen dreiachsigen Spannungs- und Formänderungszuständen. Die zusätzliche Abhängigkeit der Beziehungen zwischen den Beanspruchungen und den Formänderungszuständen von den örtlich und zeitlich veränderlichen Werkstoffeigenschaften der Blechteile führt nicht nur zu erheblichen Schwierigkeiten bei der Berechnung von Biegeprozessen, sondern auch zu einem erhöhten zeitlichen Aufwand.

Um trotzdem in akzeptablen Rechenzeiten zu brauchbaren Lösungen zu kommen, bietet sich beim Freibiegen der Einsatz eines Näherungsverfahrens an, bei dem die Querkraftbiegung auf eine reine Momententbiegung zurückgeführt wird [Wol52, Nic76]. Dazu wird, wie in **Abb. 5.19** angedeutet, das Blech in kleine Streifensegmente aufgeteilt, von denen angenommen wird, dass sie nur durch ein näherungsweise konstantes Biegemoment beansprucht werden.

Eine Besonderheit des Freibiegevorgangs ist dabei die geometrische Nichtlinearität [Nic72]. Darunter wird die Änderung der Gleichgewichtsbeziehungen im Verlauf der

Formänderungsgeschichte verstanden. Während zu Beginn der Biegung beispielsweise noch alle Querschnitte frei von Normalkräften sind, liegen bei einem Biegewinkel von 90° in der Kontaktregion zwischen Stempel und Blech Normal- und Querkräfte schon in der gleichen Größenordnung vor. Auch das Biegemoment ist in jedem Segment eine Funktion der augenblicklichen Geometrie, da durch das Hineinziehen des Bleches in das Gesenk die belastete Länge des Bleches mit fortschreitender Biegung wächst. Die Abhängigkeit der Prozessgrößen bzw. der Gleichgewichtsbeziehungen von den kinematischen Verhältnissen lässt sich als Funktion der Zeit nicht in geschlossener Form angeben. Es ist jedoch möglich, diese Schwierigkeit durch schrittweise erfolgendes Aufbringen der Belastung zu umgehen. Bei diesem Vorgehen dient die Geometrie des jeweils vorhergehenden Berechnungsschrittes als Grundlage für die Aufstellung der Gleichgewichtsbeziehungen für die Berechnung des nächsten Schrittes. Nach einer energetischen Abschätzung von Nicklas [Nic72] können in diesem Zusammenhang für genügend große Verhältnisse von Gesenkweite zu Ausgangsblechdicke nicht nur die am Blech angreifenden Längs-, sondern auch die Querkräfte bei der Berechnung vernachlässigt werden, sodass die Umformung des Bleches in erster Linie durch das vom Stempel eingeleitete Biegemoment erfolgt. Als

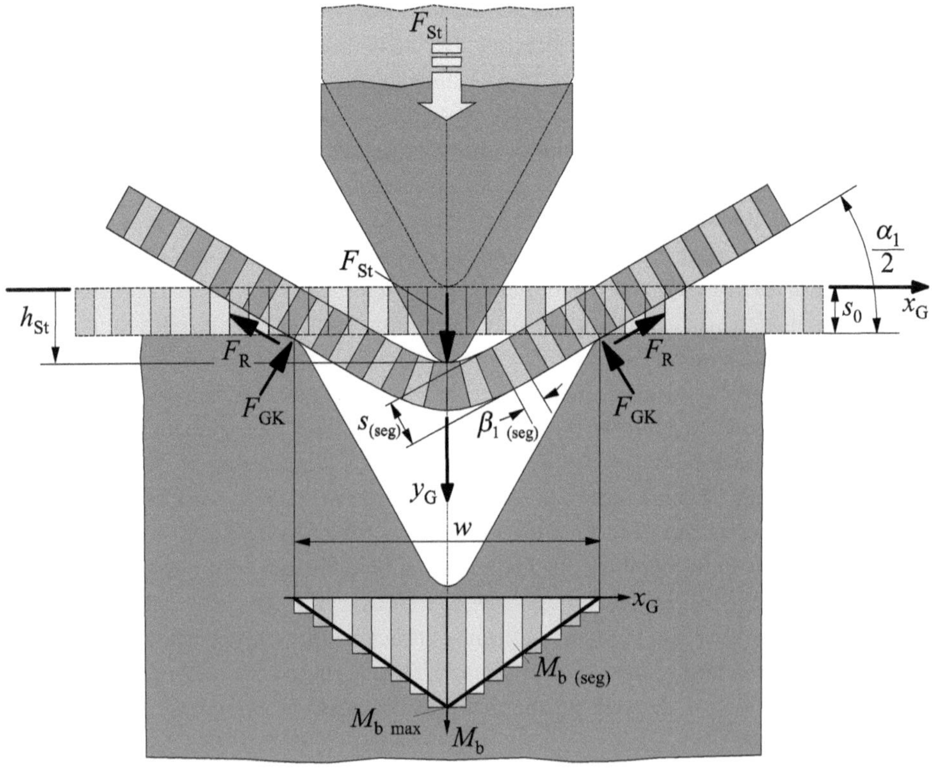

Abb. 5.19 Rückführung des Freibiegens im Gesenk auf reines Momentenbiegen [Hel02]

äußere Beanspruchung kann unter dieser Voraussetzung einzig ein aus den angreifenden Stempel-, Gesenkkanten- und Reibkräften resultierendes, örtlich und zeitlich variables Biegemoment angenommen werden.

Abb. 5.20 zeigt beispielhaft den Aufbau einer Prozess-Simulation des Freibiegens [Hel02] mit Berücksichtigung der Blechdickenänderung. Die eigentliche Prozess-Simulation besteht aus den drei übergeordneten Funktionsblöcken: Dateneingabe, Berech-

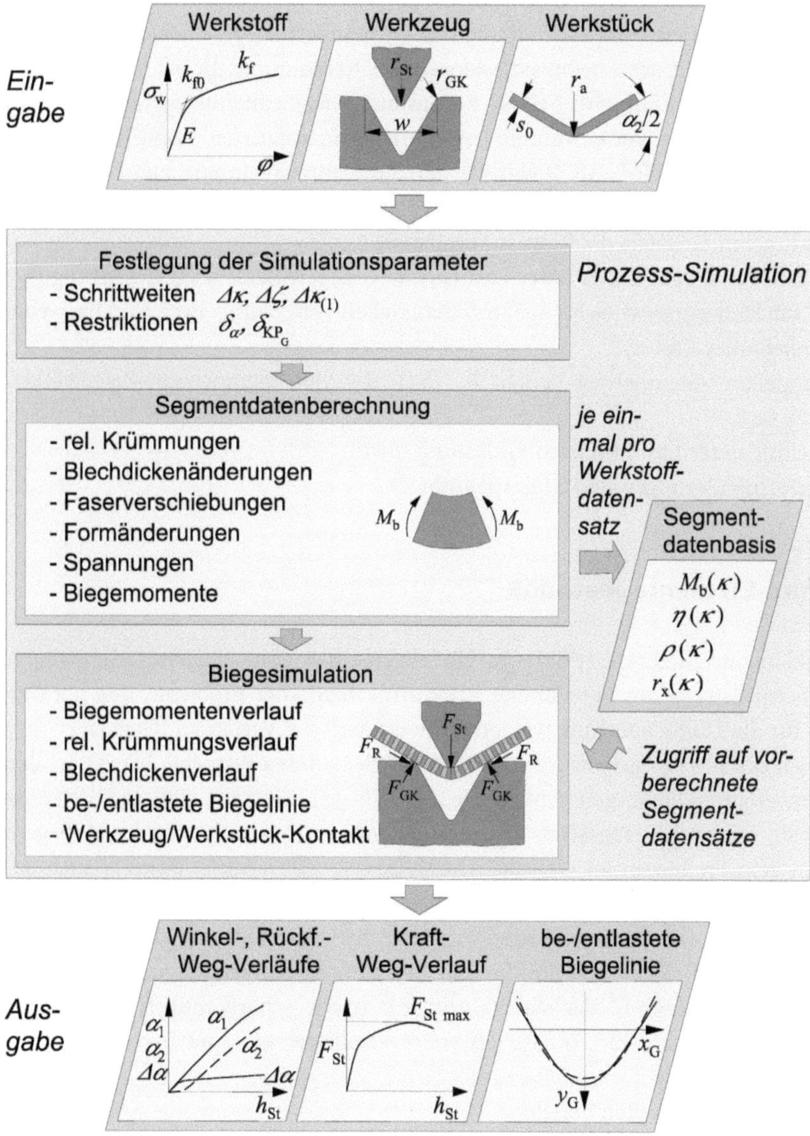

Abb. 5.20 Schematische Darstellung des Ablaufs einer halbanalytischen Prozess-Simulation [Hel02]

nungsteil und Datenausgabe. Als Eingangsdaten werden in der Simulationsrechnung u. a berücksichtigt:

- die Materialeigenschaften (Elastizitätsmodul, Fließkurve etc.),
- die Werkzeuggeometrien (Stempelradius, Gesenkkantenradius, Gesenkweite, Stempel- und Gesenkwinkel) und
- die Anfangsgeometrie des Werkstücks (Blechdicke, Blechbreite)

Der Berechnungsteil dieser Prozess-Simulation des Freibiegens beginnt mit einer Vorausberechnung der Daten zur Beschreibung der Formänderungsgeschichte eines Blechsegmentes, deren wichtigstes Ergebnis die Momenten-Krümmungs-Beziehung ist. In der eigentlichen Biegesimulation wird bei der Bestimmung der Segmentbiegemomente und -krümmungen auf diese zuvor bestimmte Beziehung zurückgegriffen, wodurch das Laufzeitverhalten verbessert wird. Als Zielgröße der Simulationsrechnung kann wahlweise der Biegewinkel nach Entlastung (α_2) oder der Biegewinkel unter Last (α_1) vorgegeben werden. Als Ergebnisse liefert die Prozess-Simulation u. a.

- die Verläufe des Biegewinkels unter Last (α_1), des Biegewinkels nach Entlastung (α_2) und des Rückfederungswinkels ($\Delta\alpha$) in Abhängigkeit vom Stempelweg (h_{St}) bzw. vom Biegewinkel unter Last $\alpha_{1,}$
- den Stempelkraft-Stempelweg-Verlauf F_{St} (h_{St}) bzw. den Stempelkraft-Biegewinkel-Verlauf F_{St} (α_1),
- die Biegelinie unter Last und nach Entlastung sowie
- die Biegeformänderungen und Biegespannungen.

5.4.5 Finite-Elemente-Methode

Die Finite-Elemente-Methode (FEM) ist ein allgemeines, sehr vielseitig einsetzbares Werkzeug, beispielsweise zur Berechnung strukturmechanischer Probleme, und gilt deshalb als das für die Umformtechnik bedeutendste numerische Verfahren [Gei93a].

Im Bereich des Blechbiegens wurde die Methode der Finiten Elemente bereits bei den Biegeumformverfahren Freibiegen [Ohk80, Pre87], U-Biegen [Nag87, Gei90] und Schwenkbiegen [War96] erfolgreich eingesetzt. In Untersuchungen zur Berechnung des V-Biegens wurde neben dem Freibiegen im Gesenk [Ano97, Ism97, Nil97, Str99, Ham01] auch das Prägebiegen [Sch92, For98, Oga01] betrachtet. Berechnungen zum Walzrunden werden in [Gän02] vorgestellt, auf das Walzprofilieren wird in [Sch93, Sch96a, Ist98] eingegangen.

Problematisch ist bei der Berechnung von Blechumformvorgängen, dass die Blechwerkstücke häufig sehr groß, flächenhaft und mit relativ scharfkantigen Übergängen (kleinen Radien) versehen sind, sodass ein hoher Idealisierungs- und Berechnungsaufwand besteht.

Zusätzliche Schwierigkeiten bereiten

- die sich während des Umformvorgangs ständig ändernde Kontaktgeometrie zwischen Werkzeug und Werkstück [Her89],

- die Berücksichtigung der Reibung an Kontaktflächen [Her91], die bei Blechumformvorgängen besonders ausgeprägt ist, und
- die Berechnung der Rückfederung.

Diese bei der Berechnung von Blechumformvorgängen häufig anzutreffenden Probleme führen in Verbindung mit dem hohen Komplexitätsgrad auch kommerzieller Programme dazu, dass der Einsatz der FEM im Allgemeinen ein hohes Maß an Sachkenntnis und Erfahrung erfordert. Dies gilt schon allein deshalb, weil die Berechnungsergebnisse entscheidend von den zugrunde gelegten Annahmen beeinflusst werden. Zudem ist ihre Anwendung häufig mit hohem Hard- und Softwareaufwand sowie langen Rechenzeiten verbunden.

Typische Beispiele für die Anwendung der FEM im Bereich des Blechbiegens sind

- die Analyse komplexer Vorgänge,
- die Werkzeugauslegung bzw. -optimierung,
- Untersuchungen hinsichtlich Werkzeug- und Werkstückversagen sowie
- die Eigenspannungsermittlung.

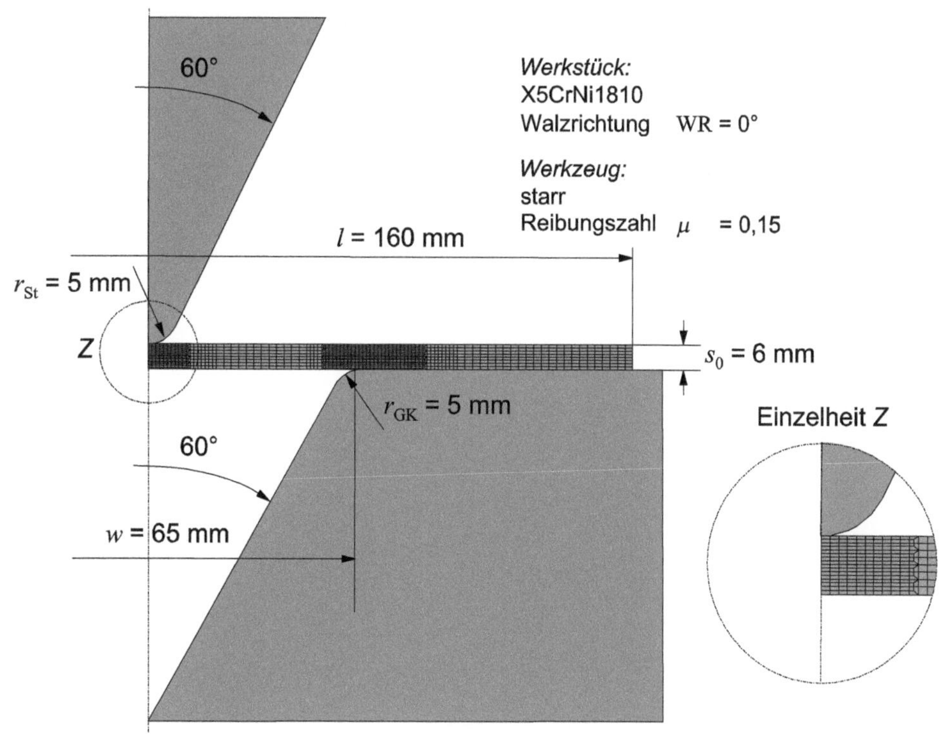

Abb. 5.21 2D-FEM-Modell zur Berechnung des Freibiegens im Gesenk [Hel02]

5.4.6 Zuschnittsermittlung

Für die Fertigung von Blechbiegeteilen durch z. B. Frei-, Gesenk- oder Schwenkbiegen ist insbesondere die Genauigkeit der Ermittlung des Blechzuschnitts von großer Bedeutung, da sie entscheidenden Einfluss auf die Einhaltung von Längen- und Anschlussmaßen hat. Dies gilt in besonderem Maße für Teile mit mehreren Biegekanten, bei denen es bei gleichsinnig gebogenen Winkeln zu einer Aufsummierung von Fehlern kommen kann. Im Gegensatz zum Biegewinkel kann ein fehlerhafter Zuschnitt in der Fertigung kaum noch ausgeglichen werden, so dass eine möglichst genaue Vorhersage des Längenbedarfs besonders wichtig ist.

Die Zuschnittlänge (gestreckte Länge) eines Blechbiegeteils wird bestimmt durch die Länge der ungelängten Faser, also der Faser, die nach erfolgter Biegung ihre ursprüngliche Länge aufweist. Sie ist nicht identisch mit der geometrisch mittleren Faser (vgl. 5.2.4). Diesen Umstand berücksichtigend, erfolgt die Berechnung der Zuschnittlänge in der Praxis zwar unter Bezugnahme auf die Abwicklung der geometrisch mittleren Faser, jedoch bei Anwendung von Längenkorrekturen. Gebräuchliche Verfahren zur Bestimmung der Zuschnittlänge sind die Verfahren nach Oehler [Oeh63] und nach DIN 6935 [DIN75].

Bei der Berechnung nach DIN 6935 [DIN75] kann die gestreckte Länge berechnet werden zu

$$l_g = \sum_i l_{si} + \sum_j l_{vj}. \qquad \text{(Bez. 5.21)}$$

Dabei werden mit l_{si} die Längen der Biegeschenkel (vgl. **Abb. 5.22,** $l_{s1} = l_a$, $l_{s2} = l_b$) und mit l_{vj} die auf die Biegekanten bezogenen Längenkorrekturen bezeichnet, die sowohl positive als auch negative Werte annehmen können. Zu beachten ist, dass β den Öffnungswinkel des Blechbiegeteils und nicht den Biegewinkel α angibt (vgl. **Abb. 5.5**).

Für Öffnungswinkel $0° \le \beta \le 90°$ gilt für den Ausgleichswert (Längenkorrektur) einer Biegekante:

$$l_v = \pi\left(\frac{180° - \beta}{180°}\right)\left(r + \frac{s}{2}k\right) - 2(r+s). \qquad \text{(Bez. 5.22)}$$

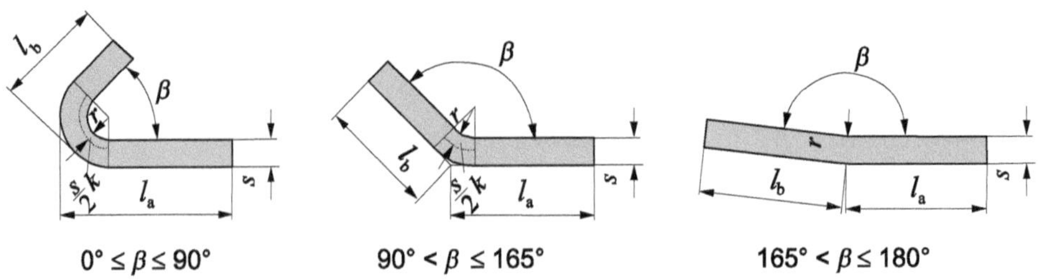

Abb. 5.22 Geometrische Größen zur Berechnung der gestreckten Länge (nach DIN 6935 [DIN75])

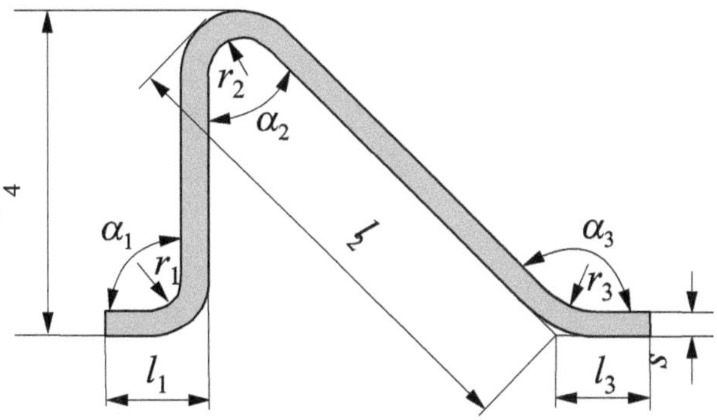

Abb. 5.23 Berechnung der Schenkellänge (Beispiel)

Bei Öffnungswinkeln $90° \leq \beta \leq 165°$ ist dagegen die folgende Beziehung zu verwenden:

$$l_v = \pi\left(\frac{180° - \beta}{180°}\right)\left(r + \frac{s}{2}k\right) - 2(r + s)\tan\frac{180° - \beta}{2}. \qquad \text{(Bez. 5.23)}$$

Für Öffnungswinkel $165° \leq \beta \leq 180°$ sind die Werte für l_v vernachlässigbar klein, sodass l_v gesetzt werden kann zu:

$$l_v = 0. \qquad \text{(Bez. 5.24)}$$

Dabei kann der Korrekturfaktor k zur Ermittlung der Zuschnittlänge, der die Abweichung der Lage der neutralen Faser von der geometrisch mittleren Faser berücksichtigt, mithilfe der nachstehenden Beziehungen bestimmt werden:

$$k = 0{,}65 + \frac{1}{2}\log\frac{r}{s} \qquad \text{(Bez. 5.25)}$$

für $r/s \leq 5$ sowie

$$k = 1 \qquad \text{(Bez. 5.26)}$$

für $r/s > 5$.

Beispiel: Ermittlung der Blechzuschnittlänge
Ein 2 mm dickes Blech aus dem Werkstoff X5CrNi1810 (Werkstoff-Nr. 1.4301) soll durch Biegen in die in **Abb. 5.23** abgebildete Profilform gebracht werden. Das Profil habe die folgenden Längenmaße: l_1 = 20 mm, l_2 = 98 mm, l_3 = 20 mm und l_4 = 68 mm. Die Radien sollen r_1 = 6 mm, r_2 = 4 mm und r_3 = 12 mm betragen und die Winkel seien vom Konstrukteur zu α_1 = 90°, α_2 = 45° und α_3 = 135° vorgegeben.

Lösung:
Für die erste Biegekante (l_1, r_1, α_1) erhält man mit $r/s = 3$:

$$k_1 = 0{,}65 + \frac{1}{2}\log\frac{6}{2} = 0{,}89$$

$$l_{v1} = \pi\left(\frac{180° - 90°}{180°}\right)\left(6\,\text{mm} + \frac{2\,\text{mm}}{2}0{,}89\right) - 2\left(6\,\text{mm} + 2\,\text{mm}\right) = -5{,}17\,\text{mm}$$

Für die zweite Biegekante (l_2, r_2, α_2) ergibt sich mit $r/s = 2$:

$$k_2 = 0{,}65 + \frac{1}{2}\log\frac{4}{2} = 0{,}80$$

$$l_{v2} = \pi\left(\frac{180° - 45°}{180°}\right)\left(4\,\text{mm} + \frac{2\,\text{mm}}{2}0{,}80\right) - 2\left(4\,\text{mm} + 2\,\text{mm}\right) = -0{,}69\,\text{mm}$$

Und für die dritte Biegekante (l_3, r_3, α_3) erhält man mit $r/s = 6$:

$$k_3 = 1$$

$$l_{v3} = \pi\left(\frac{180° - 135°}{180°}\right)\left(12\,\text{mm} + \frac{2\,\text{mm}}{2}1\right) - 2\left(12\,\text{mm} + 2\,\text{mm}\right)\tan\frac{180° - 135°}{2} = -1{,}39\,\text{mm}$$

Die gestreckte Länge ergibt sich damit zu:

$$l_g = l_1 + l_2 + l_3 + l_4 + l_{\text{vges}} =$$
$$68\,\text{mm} + 20\,\text{mm} + 98\,\text{mm} + 20\,\text{mm} + (-5{,}17\,\text{mm} - 0{,}69\,\text{mm} - 1{,}39\,\text{mm}) = 198{,}75\,\text{mm}.$$

In DIN 6935 wird empfohlen, das Ergebnis aufzurunden. Gewählt wird demnach eine Länge von 199 mm für den Blechzuschnitt.

Wesentliche Nachteile bei der Ermittlung der Zuschnittlänge nach DIN 6935 sind, dass weder das spezielle Biegeverfahren noch die verwendeten Werkzeuge oder die Materialkennwerte des Werkstoffes berücksichtigt werden. Bei höheren Genauigkeitsanforderungen wird deshalb der Zuschnitt vielfach auf empirischer Grundlage für jede Kombination von Werkstoff, Blechdicke und Biegewinkel gesondert ermittelt. Da ein solches Vorgehen offensichtlich sehr unflexibel und zeitaufwendig ist, ist es möglich, die Zuschnittlänge mithilfe von verfahrensnahen Prozess-Simulationen [Hel02, Rot90] vorauszuberechnen. Dieses ermöglicht eine schnelle und exakte Ermittlung der gestreckten Länge bei Berücksichtigung des Werkstoffverhaltens sowie verfahrensspezifischer Einflüsse.

5.4.7 Fertigungsgrenzen und Fertigungsfehler

Die in 5.3 erläuterten Einfluss- und Störgrößen können zu den in **Abb. 5.24** skizzierten Fertigungsfehlern führen. Es ist ersichtlich, dass diese Fehler hauptsächlich Form- und Maßabweichungen sind und oft in kombinierter Form auftreten.

Ein besonders wichtiger Fehler ist die Bildung von Rissen in den Randlagen der Biegekanten eines Werkstücks infolge einer Erschöpfung des Formänderungsvermögens. Da derartige Überschreitungen werkstoffbedingter Fertigungsgrenzen in der Fertigung nicht mehr kompensiert werden können, wird im Allgemeinen versucht, ihr Eintreten durch Vorgabe eines Mindestinnenradius r_i des Blechformteils zu verhindern. Angaben über Mindestbiegeradien für Stahlbleche in Abhängigkeit von der Blechdicke, der Zugfestigkeit und der Lage der Biegeachse zur Walzrichtung können der DIN 6935 [DIN75] entnommen werden. Ferner erscheint die Vorgabe einer Mindestgleichmaßdehnung sinnvoll. Die Risseinleitung kann durch Grat, der beim Zuschneiden der Bleche entsteht, begünstigt werden, sodass dieser entweder in den druckbeanspruchten Teil des Biegebogens gelegt oder vor dem Biegen entfernt werden sollte [Rei90].

Maßfehler an den Biegekanten können in erster Linie durch einen falsch bemessenen Zuschnitt oder durch Fehler bei der Positionierung der Blechteile in der Biegemaschine entstehen.

Zu Formfehlern an den Biegekanten zählen neben Abweichungen der Ist-Radien von den Sollradien auch unerwünschte Randverformungen, die häufig auch als sog. Randaufwölbung bezeichnet werden. Darunter wird der vor allem beim Biegen dicker Bleche

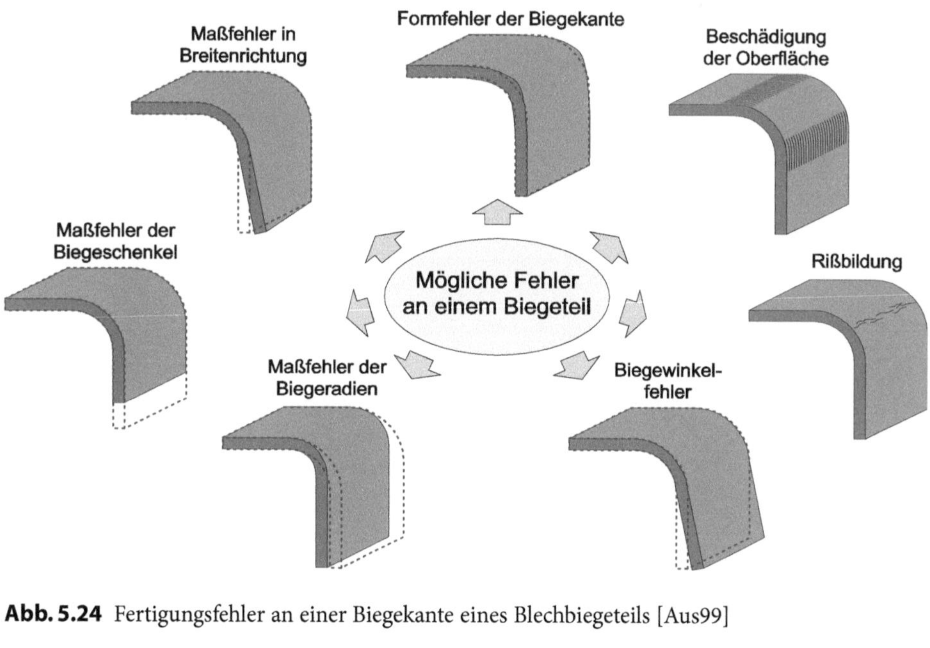

Abb. 5.24 Fertigungsfehler an einer Biegekante eines Blechbiegeteils [Aus99]

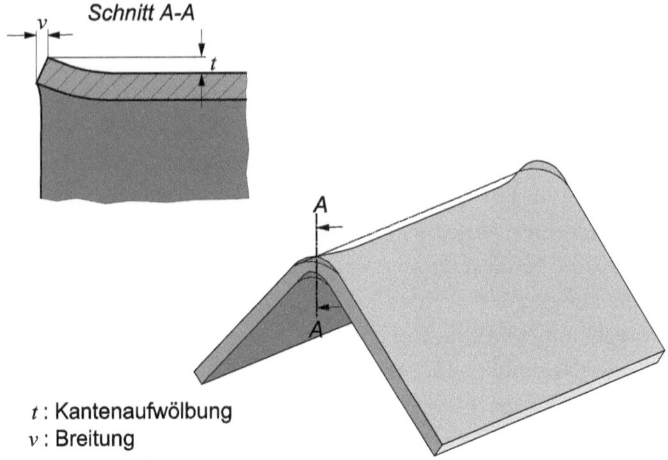

Abb. 5.25 Formabweichungen im Randbereich eines Bleches [Kah85]

mit kleinem Innenradius deutlich in Erscheinung tretende Effekt verstanden, dass der an der inneren Biegekante liegende Werkstoff gestaucht wird und daher an den Stirnseiten versucht, seitlich zum Rand auszuweichen. Dabei stellen sich die Stirnflächen schräg und die Biegeradien im Bereich dieser Randaufwölbung vergrößern sich gegenüber den in der Querschnittsmitte auftretenden Radien. Hervorgerufen werden diese Randverformungen durch die bei realen Biegevorgängen vorhandenen Spannungen in Richtung der Biegeachse. Diese im Allgemeinen unerwünschten Randverformungen lassen sich bei Verwendung geschlossener Gesenke durch Nachdrücken im Gesenk einebnen (vgl. 5.7.1).

Beschädigungen der Oberfläche treten z. B. auf, wenn beim Biegen im Gesenk das Blech beim Eintauchen in das Gesenk über die Gesenkkanten gezogen wird.

Unabhängig von den durch Materialversagen gegebenen Verfahrensgrenzen sind zu berücksichtigen:

- Biegekantenbreite,
- Mindestschenkellänge,
- Biegekraft,
- Biegewinkel und
- Vermeidung von Kollisionen.

5.5 Prozessregelung

Die Anforderungen an die Form- und Maßgenauigkeit von Blechbiegeteilen nehmen ständig weiter zu. Ursachen für diesen Trend sind u. a. in den immer komplexer werdenden Teilegeometrien zu suchen, bei deren Bearbeitung sich Genauigkeitsabweichungen einzelner Biegekanten zu beträchtlichen Fehlern am Gesamtteil aufsummieren können. Aber auch sicherheitskritische und in automatisierten Folgeprozessen weiterzuverarbeitende Teile erlauben nur ganz geringe Toleranzen. Neben der Sicherheit von Mensch und Maschine sind hierbei auch Produkthaftungsrisiken und Folgekosten zu bedenken.

Obwohl die Fertigteilequalität und die Wirtschaftlichkeit des Fertigungsablaufs entscheidend durch die Fertigungsplanung bestimmt werden [Mae93], wird das Biegeergebnis durch eine Reihe anderer Faktoren beeinflusst, die in der Fertigungsplanung nicht oder nur mit unvertretbar hohem Aufwand berücksichtigt werden können (s. auch 5.3). Derartige Einflussgrößen, die einzeln oder in ihrer Summe zu beträchtlichen Abweichungen bei den Biegeresultaten führen können, sind u. a.:

- Schwankungen der Werkstoffkenngrößen, hervorgerufen z. B. durch Chargenschwankungen, Werkstoffinhomogenitäten, Eigenspannungen oder Alterungsvorgänge),
- Schwankungen der Blechdicke,
- Toleranzen der Werkzeuge,
- Abweichungen bei der Positionier- und Wiederholgenauigkeit der NC-Maschinenachsen,
- äußere Störeinwirkungen (Schwingungen, Schwankungen der Umgebungstemperatur) sowie
- zeitliche Veränderungen der Prozesseigenschaften (z. B. durch Erwärmung des Hydrauliköls der Biegemaschine oder Verschleiß der Werkzeuge).

Zur Verbesserung der Form- und Maßgenauigkeit gibt es unterschiedliche Ansätze. Neben dem Bestreben Biegeprozesse mithilfe von Simulationsprogrammen möglichst genau vorherzuberechnen, kommen entweder rein verfahrenstechnische, konstruktive Lösungen oder aber Lösungen auf Basis einer rechnergestützten Prozesskontrolle und -korrektur in Betracht. Rein konstruktive Lösungen wie z. B. das Präzisionsbiegen im V-Gesenk [Sch83] oder das Dreipunktbiegen sind jedoch trotz prinzipiell höherer erzielbarer Genauigkeiten immer abhängig von der Qualität und Gleichmäßigkeit des verwendeten Blechmaterials. Gerade dieses kann jedoch in modernen, flexiblen Fertigungsumgebungen oftmals nicht gewährleistet werden. Bei kleinen Losgrößen und engen Teiletoleranzen bietet sich dagegen eher eine rechnergestützte Prozesskontrolle und Prozesskorrektur an [Cha98]. Im Gegensatz zur Blechherstellung in Walzwerken, bei der Regelkreise und Kontrollmechanismen schon in vielfältiger Weise eingesetzt werden, sind im Bereich des Blechbiegens Lösungsansätze fast ausschließlich für Verfahren des Freibiegens und vereinzelt für das Schwenkbiegen anzutreffen.

Im Folgenden sollen die wichtigsten Vorgehensweisen beim Einsatz einer Prozess-Simulation und einer Prozessregelung beispielhaft anhand des Freibiegens erläutert werden. Zur Verbesserung der Biegeergebnisse bei Verfahren des Freibiegens sind in der Literatur im Wesentlichen zwei Lösungsansätze [Hec93] anzutreffen, die z. T. auch kombiniert werden:

- Ableitung relevanter Werkstoffkenndaten aus anderen, einfacher erfassbaren Größen, wie z. B. dem Kraft-Weg-Verlauf mittels einer Prozess-Simulation als Zustandsbeobachter und Verwendung als Regelgröße für den Biegeprozess.
- Direkte (Online-)Erfassung des Biegewinkels mit nachgeschalteter Korrekturmöglichkeit.

Die Ansätze der ersten Kategorie beruhen auf der Erfassung indirekter Messgrößen und Messwertverläufe wie zum Beispiel des Stempelkraft-Stempelweg-Verlaufs [Mül93, Rid08]. Das Hauptproblem bei diesen Methoden besteht in der Komplexität der Wirkzusammenhänge zwischen messbaren Prozessgrößen und Werkstoffkennwerten. Durch eine als Zustandsbeobachter bezeichnete mathematische Nachbildung des Biegeprozesses (Simulation) kann zwar aus den Messwerten auf die Zielgröße geschlossen werden. Nachteilig wirkt sich aber aus, dass bei Ableitung des während der Biegung unbekannten Biegewinkels aus anderen Prozessgrößen zusätzliche Unsicherheitsfaktoren entstehen können. Diese Schätzung kann jedoch mittels adaptiver Anpassung der Modellparameter an die tatsächlichen Parameter optimiert werden. Biegewinkelkorrekturen mit einer Erfassung des Kraft-Weg-Verlaufs wurden z. B. in [Mül93, Har82a, Koy87, Ste89, Yan90, Lut96, Rid08] vorgestellt. Diese Ansätze sind durch Anwendung moderner Werkzeuge der Informatik wie neuronale Netze [Yan92, For98a, Elk99a, Thi93] und Fuzzy-Logik [Yan97] weiterentwickelt worden.

Die wahrscheinlich wirkungsvollsten Vorgehensweisen beruhen jedoch auf einer direkten (Online-)Erfassung des Biegewinkels mit nachgeschalteter Korrekturmöglichkeit. Regelungen mit direkter Erfassung der Regelgröße versprechen bei vergleichsweise einfacher Realisierungsmöglichkeit eine hohe Effektivität. Die Methode, die für die prozessbegleitende Erfassung des Biegewinkels zur Kontrolle des Umformvorgangs angewendet wird, hängt stark vom Biegeverfahren ab [Fin93]. Als Sensoren zur Erfassung der Ist-Biegewinkel kommen optische, akustische und mechanisch tastende Sensoren infrage. Die meisten dieser Sensoren werden am oder im Unterwerkzeug appliziert, einige wenige wurden auch in das Oberwerkzeug integriert (**Abb. 5.26**).

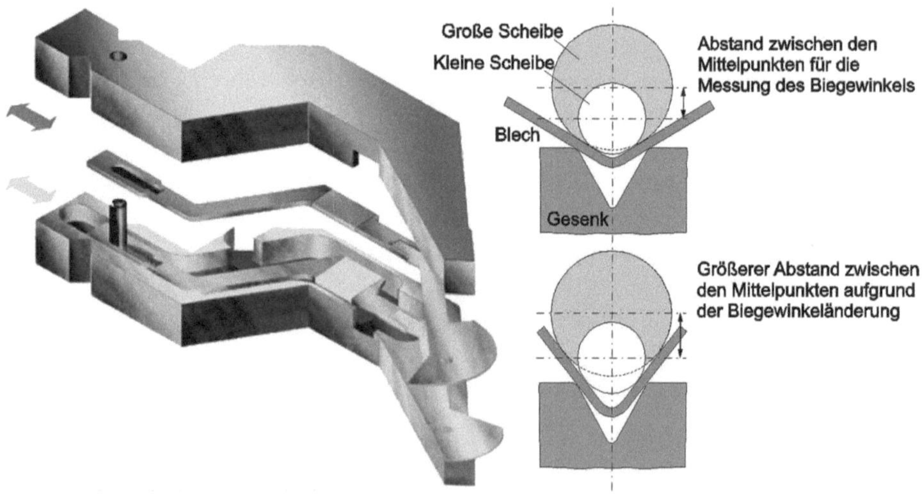

Abb. 5.26 In einen Stempel integrierte Biegewinkel-Messsensorik [Hau96]

Die Genauigkeit der eingesetzten Sensoren ist von wesentlichem Einfluss auf die Genauigkeit der Prozessregelung. Die Genauigkeiten handelsüblicher Systeme werden dabei mit Werten zwischen ±0,3° und ±0,5° angegeben. Übersichten über die verschiedenen Systeme zur Online-Erfassung des Biegewinkels werden in [Hor98, Köl97, Ser01, Rid08] gegeben.

Zur direkten Regelung und Online-Korrektur des Biegewinkels, die sich in der Praxis eher zögerlich durchsetzt, gibt es eine Vielzahl von Ansätzen [Mül93, Rot90, Sul95, Fin97, Elk99, Hec94, Ser01, Mai94, Lie01, Hel02]. Die erste und einfachste Methode zur Regelung von Freibiegeprozessen, die sich bei Verwendung eines In-Prozess-Biegewinkel-Messsystems anbietet, besteht darin, den Ablauf Biegen-Entlasten so lange zu wiederholen, bis sich der gewünschte Biegewinkel nach Entlastung einstellt. Dem Vorteil dieser Regelungsstrategie, dass bei der Biegung keine näheren Informationen über das Werkstück vorliegen müssen, steht der Nachteil eines beträchtlichen Zeitbedarfs entgegen. Etliche inkrementelle Korrekturbiegungen, unterbrochen durch zeitraubende Phasen der Entlastung zur Messung des entlasteten Biegewinkels, die zur Fertigung einer gewünschten Biegekante erforderlich sind, machen das Konzept wenig empfehlenswert für den Einsatz in der industriellen Produktion. Eine häufiger verfolgte Strategie ist deswegen, die Rückfederung über eine einzige Zwischenentlastung online zu messen und um den solcherart gemessenen Betrag der Rückfederung zu überbiegen. Besonders bei Werkstoffen, die eine hohe Verfestigung in Verbindung mit einem niedrigen Elastizitätsmodul aufweisen, ist eine solche Korrektur jedoch unzureichend, da hier die Rückfederung mit steigendem Biegewinkel zunimmt. Deshalb wurden Varianten dieser Methode entwickelt, bei denen der zu erwartende Prozess- bzw. Rückfederungsverlauf durch z. B. Einbeziehung einer Prozess-Simulation berücksichtigt wird. **Abb. 5.27** zeigt den Aufbau eines solchen Systems [Hel02], in dem sowohl die Information über den online gemessenen Biegewinkel als auch über die Stempelkraft zur Prozessregelung des Freibiegens verwendet wird.

Um sowohl der Forderung nach einer kurzen Regelungszeit als auch nach einer möglichst hohen Genauigkeit nachzukommen, wird dabei ein Regelungskonzept verfolgt, bei dem durch eine einzige Korrekturbiegung unabhängig vom Werkstoffverhalten ein gutes Biegeergebnis erzielt wird. Im ersten mit maximaler Geschwindigkeit des Oberwerkzeugs durchgeführten Prozessschritt wird das Blech bis zum Erreichen des Sollbiegewinkels unter Last α_{1S1} gebogen. Der sich dabei einstellende Biegewinkel α_{1M1} wird mithilfe der Online-Biegewinkelmessung erfasst und für die Berechnung der Winkelkorrektur zwischengespeichert. Der nächste Schritt besteht in einer nicht vollständigen Zwischenentlastung des Werkstückes zur Ermittlung eines Rückfederungswinkels $\Delta\alpha_M$ bzw. $\Delta\alpha_{MTE}$, der die realen Rückfederungseigenschaften charakterisiert. Der Index TE deutet in diesem Zusammenhang an, dass es sich bei der Entlastung um keine Vollentlastung, sondern um eine Teilentlastung handelt. Der Vorteil dieses Vorgehens besteht darin, dass eine Kippung durch die fortwährende Klemmung des Bleches auch während der Zwischenentlastung nicht auftreten kann. Die Teilentlastung durch schrittweises Hochfahren des Oberwerkzeugs der Gesenkbiegepresse wird so lange fortgeführt, bis eine bestimmte Restkraft F_{TE} erreicht ist, die gerade noch ausreicht, um das Blech zu klemmen.

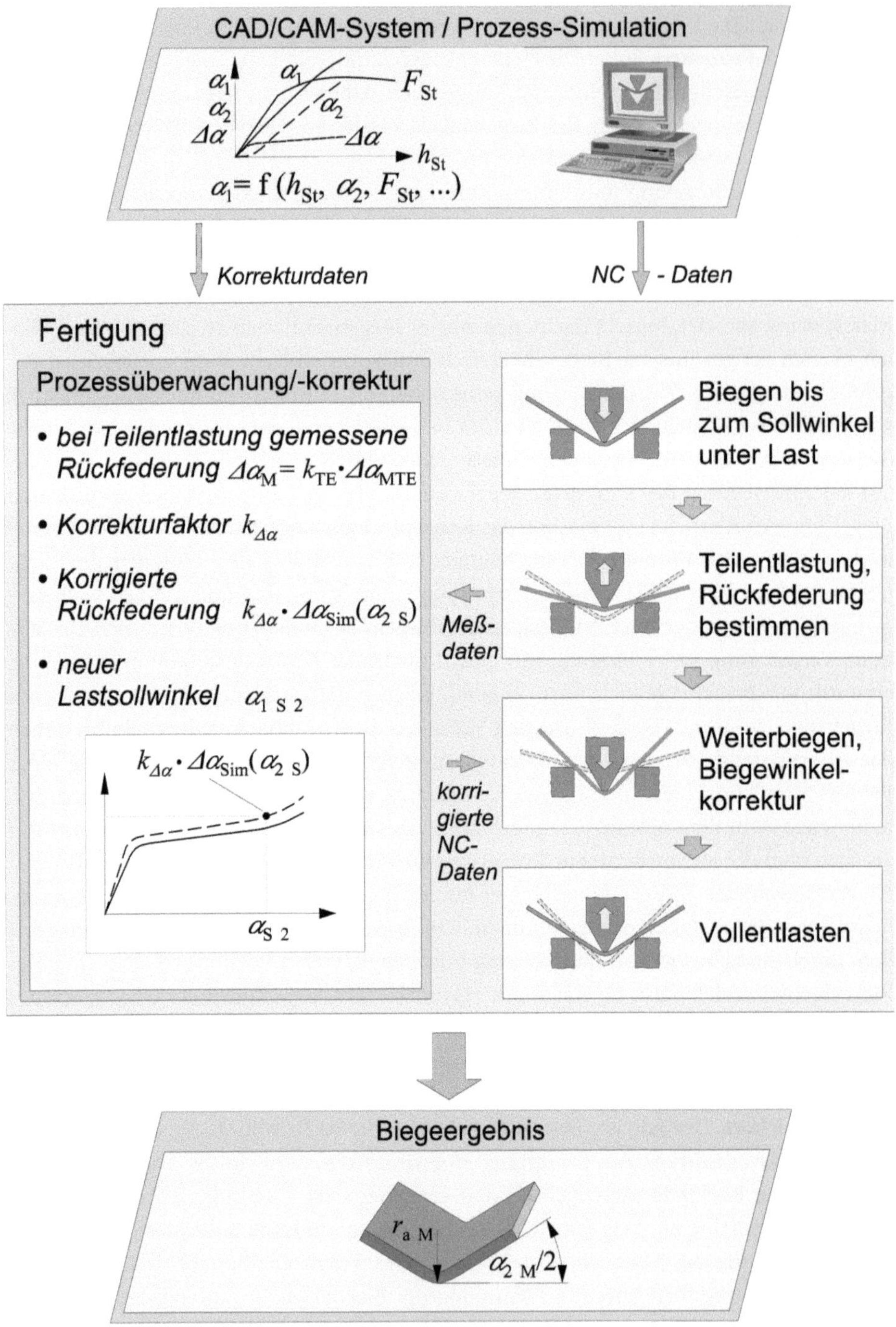

Abb. 5.27 Algorithmus zur Online-Biegewinkelkorrektur beim Freibiegen von Blechen im Gesenk [Hel02]

Anhand des gemessenen Rückfederungswinkels $\Delta\alpha_{MTE}$ kann dann ein Korrekturwert für das anschließende Weiterbiegen ermittelt werden. Die erforderliche Prozesszeit für die Zwischenentlastung hängt dabei von der Höhe der Restkraft ab. Je geringer die geforderte Restkraft ist, desto mehr Zeit nimmt die Zwischenentlastung in Anspruch. Die Grundlage für die Bestimmung des Korrekturwertes bilden die mithilfe einer Prozess-Simulation bestimmten Prozessverlaufsprognosen. Auf Basis eines Vergleichs zwischen der gemessenen und der berechneten Rückfederung für den Biegewinkel unter Last α_{1M1} wird ein korrigierter Wert für den Rückfederungswinkel ermittelt. In diesem korrigierten Wert ist demnach nicht nur die gemessene Rückfederung, sondern auch die mithilfe der Simulation ermittelte Information über den Verlauf der Rückfederung in Abhängigkeit des Biegewinkels enthalten. Es findet also kein einfaches Überbiegen um den gemessenen Rückfederungsbetrag statt. Dies ist insofern von Bedeutung, als der nächste anzusteuernde Lastwinkel α_{1S2} höher liegt als der zur Bestimmung der realen Rückfederung herangezogene Winkel α_{1M1}. Der Betrag des tatsächlich für den Sollwinkel nach Entlastung α_{S2} zu erwartenden Rückfederungswinkels $\Delta\alpha_E$ lässt sich durch Multiplikation eines Korrekturfaktors $k_{\Delta\alpha}$ der die Abweichung des bei Teilentlastung gemessenen vom simulierten Winkel berücksichtigt, mit dem simulierten Rückfederungswinkel $\Delta\alpha_{Sim}$ (α_2) bestimmen. Der neue Lastsollwinkel α_{1S2} kann somit berechnet werden zu:

$$\alpha_{1S2} = \alpha_{2S} + \Delta\alpha_E\left(\alpha_{2S}\right) \qquad \text{(Bez. 5.27)}$$

Die Prozessführung erfolgt bei dem hier vorgestellten Beispiel für eine Prozessregelung des Freibiegens durch den Biegewinkel. Das bedeutet, der Biegevorgang wird während der Korrekturphase winkelgesteuert durchgeführt. Dabei ist der online gemessene Winkel die Führungsgröße. Der Vorteil dieser Vorgehensweise liegt darin, dass die Rückfederungswerte nicht in Werte für den Stempelweg umgerechnet werden müssen. Für eine Bestimmung des korrigierten Stempelwegs müsste die sich während des Biegeprozesses einstellende Biegelinie bekannt sein. Da die Biegelinie beim Freibiegen von den Materialeigenschaften des Blechwerkstoffes abhängt, ist dies nur mit Einschränkungen möglich. Außerdem können bei manchen Wegmesssystemen die Gestellauffederung und die Durchbiegung des Maschinentisches den Stempelweg verfälschen. Durch den winkelgesteuerten Biegeprozess können diese Fehlerquellen nahezu ausgeschlossen werden. Somit lassen sich mit dieser Methode Fehler kompensieren, die sowohl durch Chargenschwankungen als auch durch Auffederungserscheinungen hervorgerufen werden.

Abb. 5.28 verdeutlicht anhand der online gemessenen Verläufe von Stempelkraft und Biegewinkel in Abhängigkeit vom Stempelweg die einzelnen bei einer solchen Online-Biegewinkelkorrektur ablaufenden Teilschritte. In Punkt A beginnt der eigentliche Biegevorgang. Dieser wird bis kurz vor Erreichen des Sollwinkels unter Last α_{1S1} weggesteuert durchgeführt. Von diesem Zeitpunkt an wird der Biegeprozess winkelgesteuert durchgeführt. Sobald der Sollbiegewinkel unter Last α_{1S1} (B) erreicht ist, wird der Teilentlastungsvorgang (B-C) eingeleitet, der tatsächliche Rückfederungswinkel bestimmt und unter Berücksichtigung eines Ausgleichsfaktors für die unvollständige Entlastung der Korrekturwert für das anschließende Weiterbiegen und abschließende Vollentlasten (C-D-E) ermittelt.

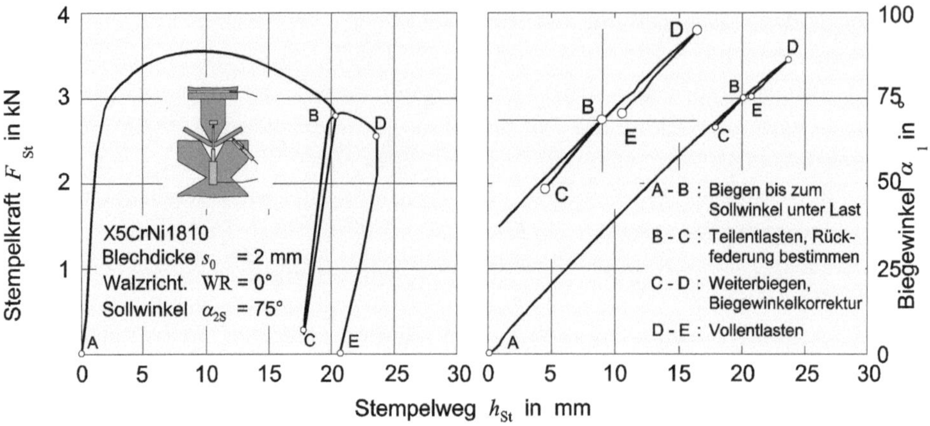

Abb. 5.28 Ablauf des Biegevorgangs bei der Online-Biegewinkelkorrektur [Hel02]

5.6 Qualitätskriterien für Blechbiegeteile

Die wichtigsten geometriebezogenen Qualitätsmerkmale der Biegekante eines Blechwerkstücks beinhalten die Maßgenauigkeit der Biegeschenkel sowie die Biegewinkelgenauigkeit. Dazu ist die Einhaltung eines vorgegebenen Biegeradius (vgl. **Abb. 5.5** und Gleichung 5.17) ebenso von Bedeutung wie die Kenntnis der erzielbaren Formgenauigkeit der Biegekante, da sich diese Größen ebenfalls auf die erstgenannten primären Geometriemerkmale auswirken.

Die Qualitätsansprüche an Blechbiegeteile steigen ständig, sodass die damit zusammenhängenden Aspekte zur Sicherung eines stabilen Fertigungsprozesses bekannt sein müssen. Damit Blechbiegeteile die von Seiten des Konstrukteurs geforderten Funktionalitäten bereitstellen können, ist es wichtig, dass nicht nur Längen- und Anschlussmaße eingehalten werden, sondern auch, dass die Parallelität und Orthogonalität von Kanten und Flächen innerhalb der verlangten Toleranzen liegt.

Als Hauptqualitätsmerkmal ist die Einhaltung des vorgegebenen Biegewinkels und der Außenmaße anzusehen, während die Größe des Biegeradius häufig keinen höheren Toleranzansprüchen unterliegt. Zu den Genauigkeitsanforderungen werden ferner die Maßhaltigkeit und die Gleichmäßigkeit des Ergebnisses gezählt. Die Genauigkeitsanforderungen sind eng mit dem Verwendungszweck des Biegeteils verknüpft. Wie in 3.2.4 bereits erwähnt, erlauben z. B. sicherheitskritische und in automatisierten Folgeprozessen weiterzuverarbeitende Teile nur sehr geringe Form- und Maßabweichungen.

Die Biegewinkel eines Blechbiegeteils bestimmen neben den Schenkelgeometrien maßgeblich die Blechbiegeteilgestalt. Die geforderten Biegewinkel müssen möglichst genau eingehalten werden, da Fehler bei den Biegewinkeln zu ungenauen Positionierungen des Blechbiegeteils bei weiteren Biegungen führen und somit die Differenz zwischen

Ist- und Sollwinkel neben den aus den normalen Störgrößen für eine Biegung resultierenden Abweichungen weiter vergrößert wird. Bei Nichteinhaltung der Soll-Biegewinkel entstehen sich aufsummierende Fehlerketten, die zu einer Nichteinhaltung von Längen- und Anschlussmaßen führen oder die Parallelität bzw. Orthogonalität von Flächen und Kanten verhindern können.

Der Biegeradius übernimmt in einem Blechbiegeteil selten eine funktionale Aufgabe, sodass seine Dimensionierung eher von Designentscheidungen beeinflusst wird. Dennoch sollten die vorgegebenen Biegeradien möglichst genau eingehalten werden, da Abweichungen vom jeweils geforderten Biegeradius zu entsprechenden Fehlern bei den Schenkellängen und durch Fehlerfortpflanzung zur Nichteinhaltung der geforderten Anschlussmaße des Biegeteils führen können. Ferner können Fehlerfortpflanzungen zu Abweichungen der Anschlussmaße vom Sollwert führen.

Auch Blechdickenschwankungen können die Qualität eines Biegeteils beeinflussen. Bei der Prozessplanung und der Ermittlung der Prozessparameter wird von einer konstanten Blechdicke ausgegangen. Die Blechdicke wird jedoch innerhalb einer Charge nicht durchgehend eingehalten, sodass die Blechdicke von Blechbiegeteil zu Blechbiegeteil variiert. Für kaltgewalztes, unlegiertes Stahlblech der Blechdicke 2 mm sind z. B. Blechdickenschwankungen um 0,12 mm zulässig [DIN91a]. Nach [Hec94] können derartige Abweichungen in der Blechdicke beim Freibiegen eines 90°-Winkels zu einer Veränderung des erreichten Biegewinkels von bis zu 1,7° führen. Dieses ist durch den Einfluss der Blechdicke auf die Rückfederung zu erklären. Bei einer größeren Blechdicke nimmt beispielsweise die Rückfederung ab und der erreichte Biegewinkel ist kleiner als der geforderte Sollwinkel, sodass ein nachträgliches Aufbiegen notwendig wird. Blechdickenschwankungen müssen also bei der Herstellung von Blechbiegeteilen berücksichtigt werden. Da zufällige Blechdickenschwankungen jedoch rechnerisch nicht erfasst werden können, müssen aus Blechdickenschwankungen resultierende Fehler direkt im Fertigungsprozess kompensiert werden. Hilfestellung können dabei z. B. Vorrichtungen zur Blechdickenmessung oder auch Online-Biegewinkelmesssysteme leisten (s. 5.5).

Neben Biegewinkel und Biegeradius sind die Schenkelgeometrien ausschlaggebend für die Blechbiegeteilgestalt. Abweichungen schon bei der Länge nur eines Schenkels können bei bestimmten Biegeverfahren wie beispielsweise dem Freibiegen bei späteren Biegungen zu Positionierungsfehlern beim Anschlagen führen und sich somit schnell zu großen Abweichungen aufsummieren.

5.7 Blechbiegeverfahren

Im folgenden Abschnitt werden die für den Bereich der Blechumformung wichtigsten Biegeverfahren erläutert. Für die einzelnen Verfahren werden dabei, soweit verfügbar, gängige verfahrensspezifische Näherungsansätze zur Abschätzung der bei der Umformung auftretenden Biegekräfte angegeben.

5.7.1 Frei- und Gesenkbiegen

Zu den am häufigsten eingesetzten Biegeverfahren zählen die Verfahren Freibiegen und Gesenkbiegen. Dabei sind beide Verfahren insofern miteinander verknüpft, als einem Gesenkbiegvorgang stets eine Phase des freien Biegens im Gesenk vorangeht, bevor mit dem Nachdrücken begonnen werden kann.

Freibiegen

Im Gegensatz zum Gesenk- oder Prägebiegen, bei dem das Werkstück mit großer Kraft bis zur Anlage in das Werkzeug gedrückt wird, dienen beim Freibiegen die Werkzeuge nur der Übertragung der Kräfte bzw. Biegemomente auf das Werkstück [Rei90], sodass sich die Biegelinie in der Umformzone frei ausbildet. Auch das in 5.2 zur Erläuterung der beim Blechbiegen auftretenden theoretischen Zusammenhänge herangezogene sog. querkraftfreie Biegen (**Abb. 5.6**) ist zu den Freibiegeverfahren zu zählen.

Die resultierende Geometrie des Werkstücks (im Wesentlichen gekennzeichnet durch Biegewinkel und Biegeradius) hängt somit beim Freibiegen im Gesenk (**Abb. 5.29**) primär

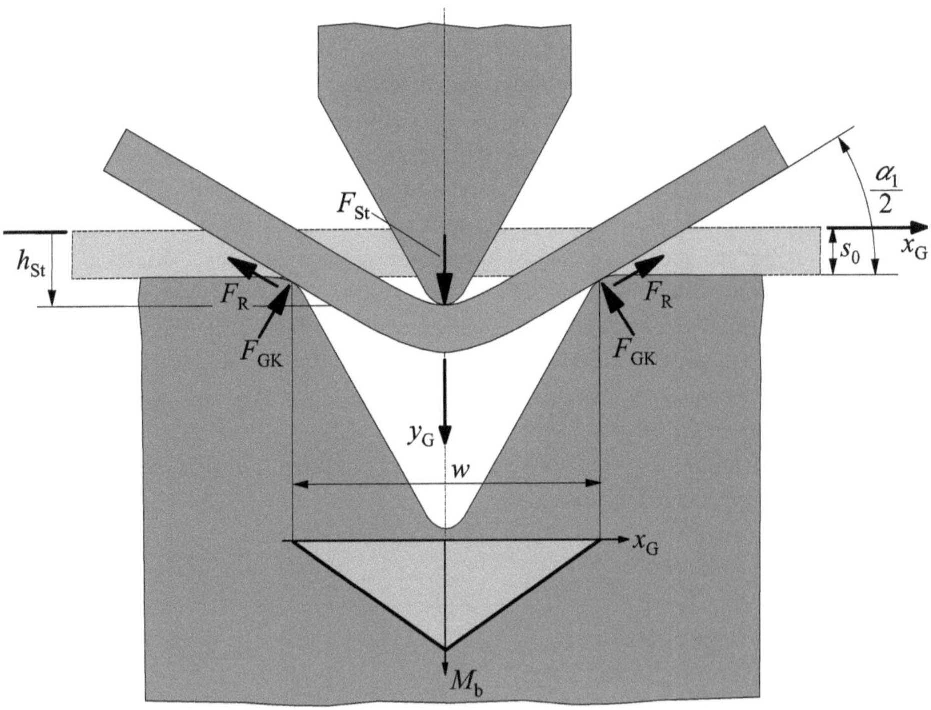

Abb. 5.29 Prinzipielle Darstellung des Freibiegens im Gesenk. F_{St} Stempelkraft; F_R Reibkraft; F_{GK} Gesenkkantenkraft; h_{St} Stempelweg; s_0 Ausgangsblechdicke; α_1 Biegewinkel unter Last; w Gesenkweite; M_b Biegemoment; x_G, y_G globale Koordinaten

nicht von der Werkzeugform, sondern von der relativen Lage des Stempels zur Matrize, von der Fließkurve des eingesetzten Blechwerkstoffs sowie von der Ausgangsblechdicke ab. Der Biegewinkel kann direkt über die Variation der Eintauchtiefe des Stempels (Stempelweg h_{St}) beeinflusst werden. Ohne zeitaufwendigen Wechsel von Werkzeugelementen lassen sich schon mit einem einzigen Werkzeugsatz viele unterschiedliche Biegewinkel erzielen. Freies Biegen ist damit unter Verwendung numerischer Steuerungen für den Einsatz in flexiblen Fertigungssystemen und zur Erfüllung der Anforderungen an eine moderne Produktion (große Teilevielfalt auch bei kleinen und kleinsten Losgrößen) besonders geeignet [Kle91].

Im Vergleich zur Präzision des Prägebiegens im V-Gesenk ist die Maßgenauigkeit des Freibiegens jedoch eher als unbefriedigend einzustufen. Schwankungen der Rückfederung und andere Störgrößen wie Blechdickenabweichungen wirken sich relativ stark auf Biegewinkel und Biegeradius aus, sodass Abweichungen in der Größenordnung von einem halben bis zu mehreren Grad beim konventionellen Freibiegen möglich sind [Mül93]. Dieses ist bei der Festlegung der Einstellparameter (s. 5.4) zu berücksichtigen oder durch Kompensationsmaßnahmen in der Fertigung (s. 5.5) auszugleichen.

Zur Abschätzung der maximalen Stempelkraft beim Freibiegen (vgl. **Abb. 5.33**) kann z. B. die folgende vereinfachte Beziehung nach Oehler/Cali [Oeh63, Rei90] verwendet werden, die für Stahlbleche mit Blechdicken in den Bereichen 0,5 mm $\leq s_0 \leq$ 10,0 mm für Verhältnisse $5 \leq w/s_0 \leq 20$ und $w/r_{St} \geq 5$ Gültigkeit besitzt:

$$F_{St1} = \left(1 + \frac{4\,s_0}{w}\right) R_m\, b \frac{s_0^2}{w} \qquad \text{(Bez. 5.28)}$$

Darin sind R_m die Zugfestigkeit, b die Blechbreite, s_0 die Blechdicke und w die Gesenkweite. Weitere Ansätze zur Berechnung der Stempelkraft beim Freibiegen werden z. B. in [Rei90] vorgestellt.

Speziell im Bereich des Freibiegens werden seit vielen Jahren Anstrengungen zur weiteren Steigerung der Flexibilität bei gleichzeitig sinkenden Losgrößen unternommen. Eine Verbesserung in diesem Bereich stellen beispielsweise diskret oder auch stufenlos verstellbare Unterwerkzeuge (**Abb. 5.30**) dar, mit denen es möglich ist, innerhalb einer gewissen, durch die Werkzeugabmaße bestimmten Bandbreite den Biegeradius gezielt zu beeinflussen und auf diese Weise nicht nur unterschiedliche Radien bei gleichem Biegewinkel, sondern auch Bleche mit unterschiedlichen Dicken ohne einen Matrizenwechsel zu biegen.

Derartige Werkzeugsysteme werden sowohl für das Freibiegen im Gesenk als auch für das sog. Freibiegen mit drehbaren Gesenkelementen (**Abb. 5.30**) von verschiedenen Werkzeugherstellern angeboten. Bezüglich der theoretischen Durchdringung dieser Verfahrensvariante wird verwiesen auf [Sul95]. Das Freibiegen mit drehbaren Gesenkelementen gestattet durch die Verwendung abgeflachter Walzenelemente als Unterwerkzeug, die eine stets flächenförmige Berührzone und damit eine deutlich geringere Flächenpressung zwischen Werkzeug und Werkstück zur Folge haben [Rot90],eine oberflächenschonende Umformung und eignet sich damit auch für das Biegen beschichteter Bleche.

In [Kle03] wurde eine Möglichkeit aufgezeigt, Bleche mit unterschiedlichen Blechdicken, sog. Tailor Rolled Blanks (TRB), mittels Freibiegen zu belastungsangepassten Komponenten umzuformen. Das Kernproblem beim Biegen flexibel gewalzter Bleche ist die inhomogene Rückfederung, die auf die durch den Walzprozess eingebrachten unterschiedlich starken Dicken und Festigkeiten in den Tailor Rolled Blanks zurückzuführen ist. Zur Kompensation dieser Einflüsse wurde in [Kle03] eine Werkzeugstrategie verfolgt,

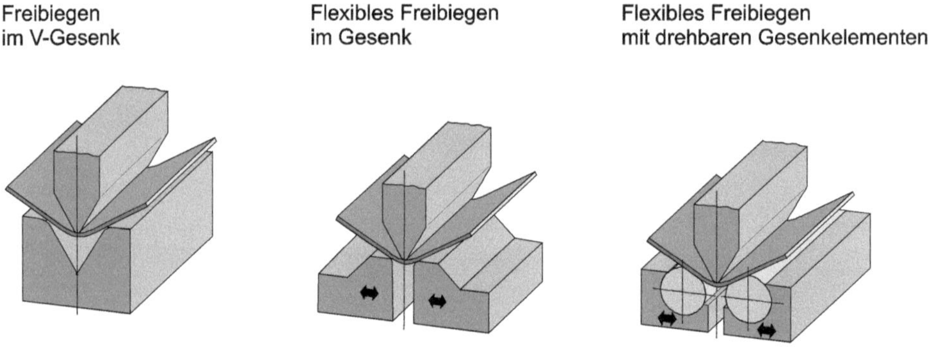

Abb. 5.30 Flexible Varianten des Freibiegens

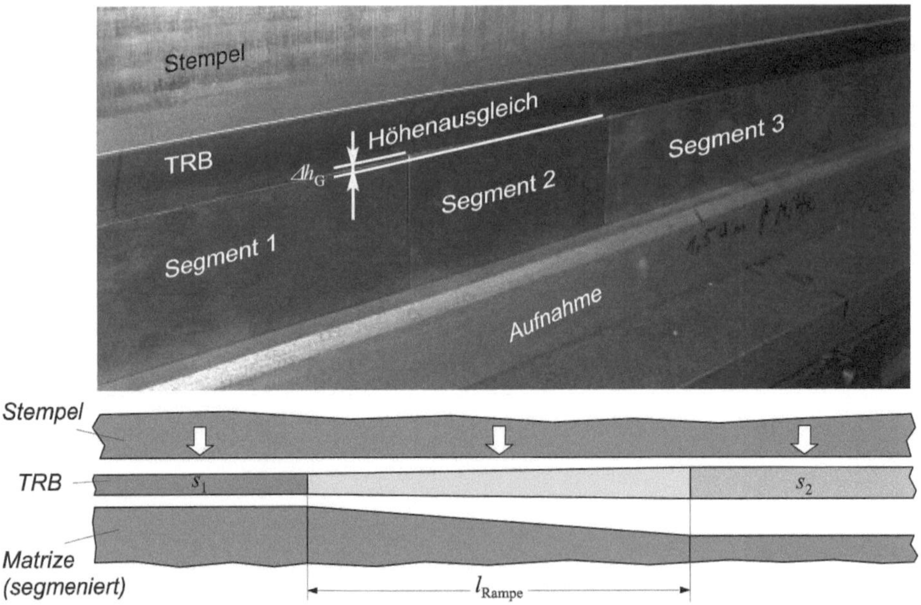

Abb. 5.31 Prinzip des Freibiegens von Tailor Rolled Blanks mit bereichsweiser Anpassung des effektiven Stempelwegs durch Höhenausgleich am Gesenk [Kle03]

die auf einer bereichsspezifischen Einstellung des effektiven Stempelweges und/oder der Gesenkweite beruht (**Abb. 5.31**).

Prägebiegen im V-Gesenk

Freies Biegen ist nur so lange gegeben, wie der kleinste innere Biegeradius des Werkstücks größer ist als der Stempelradius (vgl. auch **Abb. 5.32**). Wenn darüber hinaus das Werkstück mit großer Kraft bis zur Anlage in das Werkzeug gedrückt wird, wird von Prägebiegen gesprochen. Unter Präge- oder Gesenkbiegen nach DIN 8586 [DIN71] wird das Biegen zwischen Stempel und Gesenk bis zur Anlage des Werkstücks verstanden, das mit Gesenkdrücken im gleichen Arbeitsgang kombiniert werden kann.

Abb. 5.32 verdeutlicht die einzelnen Phasen beim Gesenkbiegen mit Nachdrücken im halboffenen Gesenk. Der Freibiegevorgang, der mit dem Aufsetzen des Stempels auf das Werkstück beginnt, ist dann beendet, wenn sich die Schenkel des Biegeteils an die Gesenkwände anlegen, d. h., wenn der Biegewinkel unter Last α_1 gleich dem Gesenkwinkel α_G ist.

Der Ablauf des Biegevorgangs sowie die erzeugte Geometrie des Biegeteils werden maßgeblich von der Beschaffenheit des Werkzeugs bestimmt. Der Freibiegevorgang geht unmittelbar in den Prägevorgang über. Ziel des Prägevorgangs ist es, unter Aufwendung vergleichsweise hoher Biegekräfte das Biegeteil an die Werkzeugform anzupassen und auf diese Weise den gewünschten Biegewinkel und Biegeradius zu erzeugen. Durch das Nachdrücken wird die Rückfederung verringert, und die Form des Biegeteils wird auf diese Weise weitgehend an die Werkzeugform angepasst [Kah83]. Dies erfordert zwar hohe Kräfte, verbessert aber die Genauigkeit der Biegeteile erheblich, sodass das Gesenkbiegen immer dort zur Anwendung kommt, wo enge Toleranzen einzuhalten sind. Beim sogenannten *Präzisionsbiegen* können Winkeltoleranzen kleiner als 10 Winkelminuten (0,17°) eingehalten werden [Kah85]. Die Fertigungsgenauigkeit ist damit höher als bei allen anderen konventionellen Biegeverfahren. Um diese Toleranzen einzuhalten, sind bei eng tolerierten Bauteilen sogar für Standardwerkstoffe für jede Charge vorhergehende Biegeversuche zur Anpassung der Maschineneinstellungen und der Werkzeuge unum-

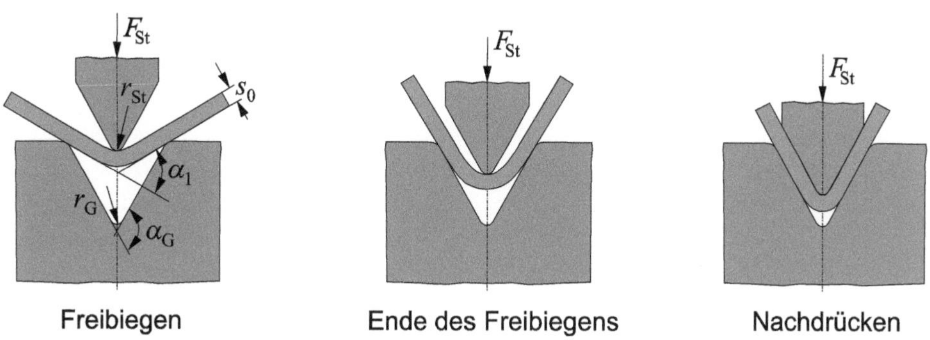

Abb. 5.32 Teilvorgänge beim Prägebiegen im halboffenen V-Gesenk

gänglich. Die häufig vorgebrachte Forderung, schon das erste Biegeteil als Gutteil zu fertigen, kann mit dem Biegen im V-Gesenk also nicht erfüllt werden. Vielversprechender sind in dieser Hinsicht Ansätze zur Prozessregelung von Freibiegeverfahren (s. 3.2.4), mit denen prinzipiell im Rahmen der Messgenauigkeit der jeweils eingesetzten Sensorik eine Nullfehler-Fertigung, allerdings unter Inkaufnahme entsprechend längerer Fertigungszeiten, möglich ist.

Beim Gesenkbiegen ist für jeden Biegewinkel ein zugehöriger Werkzeugsatz bereitzustellen, dessen Werkzeugwinkel an Werkstoff, Biegewinkel und -radius angepasst werden muss [Kah85]. Dies wirkt sich negativ auf die Flexibilität dieses Verfahrens aus. Das Gesenkbiegen ist sehr unflexibel bzgl. des Biegewinkels und weist nur eine geringe Flexibilität hinsichtlich der Blechdicke auf. Zudem erfordern die gegenüber dem Freibiegen 6- bis 10-fach höheren Prägekräfte (**Abb. 5.33**) stabiler ausgelegte und damit kostenintensivere Werkzeuge und Maschinen. Trotzdem ist aufgrund der höheren Präzision und der geringeren Störanfälligkeit im Vergleich zum Freibiegen das Prägebiegen nach wie vor eine gute Alternative für die Fertigung vor allem großer Losgrößen unter engen Toleranzvorgaben.

Beim Biegen im V-Gesenk stellt sich in der Regel ein dem in **Abb. 5.33** skizzierten Kraft-Weg-Diagramm ähnlicher Verlauf ein. Wie bereits erwähnt, können zwei wesentliche Phasen unterschieden werden. Der ersten freien Biegephase, in der die Biegelinie des Bleches zwischen den Gesenkkanten und dem Stempel verläuft, folgt eine zweite Biegephase, in der das Blech zunehmend durch die Form der Gesenk- und Stempelflächen geprägt wird. In der Freibiegephase wird das Blech zunächst elastisch gebogen und die Kraft steigt annähernd linear über dem Stempelweg an. Beim weiteren Absenken des Stempels setzt dann von der Mitte des Bleches aus zu den Rändern hin die Plastifizierung ein. Die durch die Verfestigung des jeweils gebogenen Materials bestimmten plastischen Eigenschaften prägen den Kraft-Weg-Verlauf jenseits der Elastizitätsgrenze. Es kommt zu dem typischen unterlinearen Anstieg. Gleichzeitig rutscht jedoch mit zunehmender Biegung das Blech immer mehr in das Gesenk, sodass der wirksame Hebelarm sich vergrößert und der Unterschied zwischen der Richtung der Gesenkkantenkräfte und der Richtung der Stempelkraft immer mehr zunimmt. Während in der ersten Hälfte der Anstieg des zur Biegung des Bleches erforderlichen Biegemomentes dominant ist, überwiegen im weiteren Verlauf die geometrischen Änderungen. Es kommt zur Ausbildung eines Kraftmaximums $F_{St\,1}$, vergleichbar mit der Erscheinung der Einschnürung im einachsigen Zugversuch. Durch die Anlage des Bleches an einzelne Stellen des Gesenks und die damit verbundenen Verschiebungen der Auflagepunkte kommt es schließlich bei Beginn der Prägephase zu einer Verkürzung des wirksamen Hebelarms der Reaktionskräfte und damit zu einer starken Zunahme der Stempelkraft im Vergleich zum Freibiegen. Während sich durch das in der Prägephase auftretende Rückbiegen der am Stempel anliegenden freien Biegeteilschenkel noch einmal eine geringe Erhöhung des Kraftbedarfs ergibt, hängt gegen Ende des Nachdrückens die Höhe der Stempelkraft nur noch von der relativen Lage des Stempels zum Gesenk ab und kann nach oben hin fast beliebig hohe Werte annehmen.

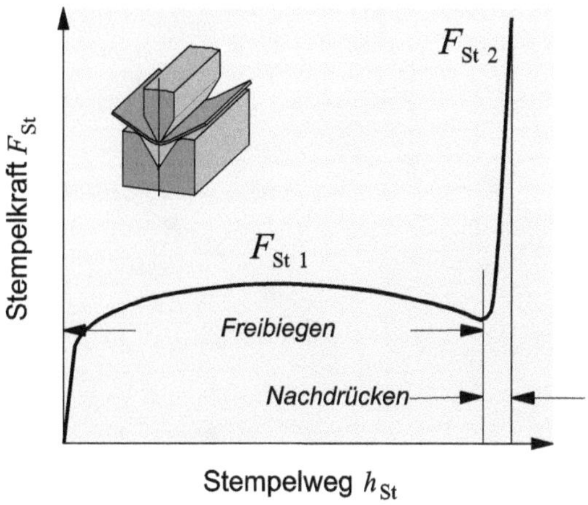

Abb. 5.33
Prinzipieller Stempelkraft-Stempelweg-Verlauf beim Biegen im V-Gesenk

Eine exakte Beziehung zur Berechnung der zum Nachdrücken erforderlichen Stempelkraft $F_{St\,2}$ ist aus der Literatur nicht bekannt. Zur näherungsweisen Ermittlung dieser Kraft gibt es jedoch einige Ansätze. Einer davon stammt von Zünkler [Zün66]:

$$F_{St2} = \frac{b\,s_0}{2}\left[\frac{\left(R_m - R_{p0,2}\right)}{3A_g}\left(\frac{s_0}{r_{St}+\frac{s_0}{2}}\right)^2 + R_{p0,2}\left(\frac{s_0}{r_{St}+\frac{s_0}{2}}\right)\right]\frac{\cos\frac{\alpha}{2}+\mu\sin\frac{\alpha}{2}}{\frac{\hat{\alpha}}{2}} \quad \left(mit\ \hat{\alpha} = \alpha\frac{\pi}{180°}\right) \qquad \text{(Bez. 5.29)}$$

Mithilfe der Beziehung (5.29) kann bei Kenntnis der Zugfestigkeit R_m, der 0,2%-Dehngrenze und der Gleichmaßdehnung A_g, sowie des Stempelradius r_{St}, der Reibungszahl μ der Reibung zwischen Werkstück und Werkzeug, der Blechdicke s_0 und des Biegewinkels α die für das Nachdrücken im halboffenen Gesenk mindestens erforderliche Stempelkraft berechnet werden.

Erfolgversprechend aber vergleichsweise aufwendig gestaltet sich dagegen die Berechnung des Prägebiegens mithilfe der FEM. In den Arbeiten [Ano97, Ism97, Nil97, Str99, Ham01, Sch92, For98, Oga01] wurden diesbezügliche Untersuchungen durchgeführt.

Biegen mit elastischen Matrizen

Ein in der industriellen Fertigung selten eingesetztes Verfahren ist das Biegen mit Matrizen aus einem elastischen Werkstoff [Gei92b] (**Abb. 5.34**). Bei dieser auch als Druckbiegen [Sch83] bezeichneten Variante des Gesenkbiegens drückt ein starrer Stempel das Blech in ein „Gummikissen" hinein. Dabei steigt die Stempelkraft über der Eindringtiefe wie bei Kunststofffedern. Beim sogenannten Druckbiegen besteht die Matrize meist aus einem Polyurethan-Kissen, das in einem Stahlrahmen, dem sogenannten „Koffer", horizontal abgestützt wird.

Der entscheidende Vorteil dieses Verfahrens liegt in der großen Gestaltungsfreiheit der Werkstückgeometrie durch die flexible Anpassung an die Stempelform beim Biegen.

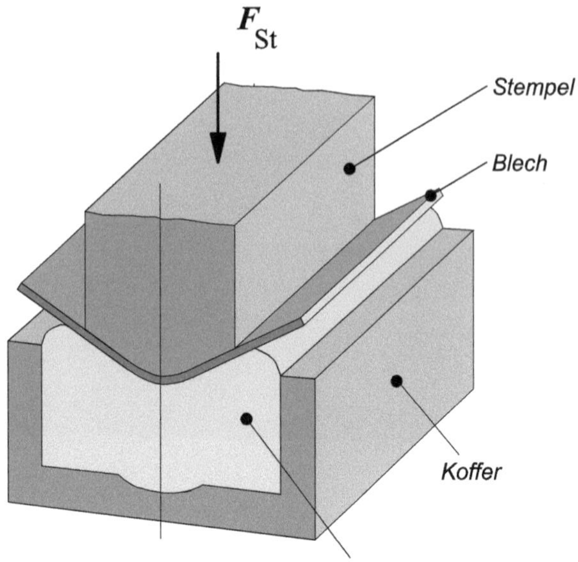

Abb. 5.34
Biegen mit elastischen Kissen

Allein der Wechsel des Stempels erlaubt unterschiedliche Radien und Biegeformen. Weil kein Gleiten des Werkstücks an den Werkzeugkanten stattfindet, ist das Biegen mit elastischen Matrizen zudem besonders für die Herstellung von Biegeteilen mit empfindlichen Oberflächen geeignet. Allerdings müssen gegenüber dem Freibiegen deutlich höhere Stempelkräfte aufgebracht werden, da ca. 50..90 % der Prozessenergie zur elastischen Verformung der nahezu inkompressiblen Elastomer-Matrize sowie zur Überwindung der Reibung zwischen Matrize und Koffer aufzuwenden sind [End91]. Die mittels Biegen mit elastischen Matrizen erreichbare Maßgenauigkeit ist zum einen abhängig von der Kissenhärte und zum anderen von den Kissenabmessungen. Negativ kann sich ein erhöhter Verschleiß am Kissen bei höheren Kissentemperaturen auswirken.

Dreipunktbiegen

Vor allem für das Biegen von Blechformteilen mit kleinen Radien und geringen Schenkellängen ist das Dreipunktbiegen [Hae76, Rei86] eine mögliche Alternative zum Frei- und Gesenkbiegen. Durch die für enge Radien erforderlichen kleinen Gesenkweiten können schon geringfügige Änderungen der Position der Stempelspitze spürbare Winkelabweichungen hervorrufen. Beim Dreipunktbiegen ergibt sich der Öffnungswinkel des Blechformteils aus der Stempeleintauchtiefe und der Weite des Biegegesenks [Mül93], vgl. **Abb. 5.35**. Der freien Biegephase kann optional eine Prägephase folgen, in der der Stempel das Blech bis zu einem eingestellten Grenzdruck auf den höhenverstellbaren Matrizenboden presst.

Durch das Nachprägen wird die Rückfederung reduziert und bei sehr hohen Biegekräften können Auswirkungen von Unterschieden in Dicken- und Materialeigenschaften

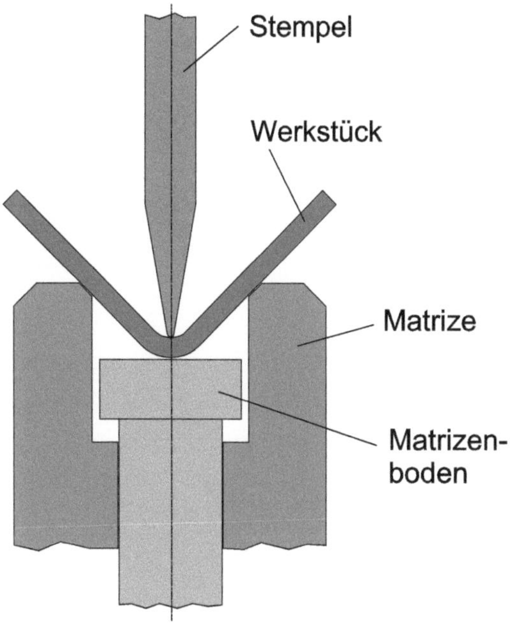

Abb. 5.35
Prinzip des Dreipunktbiegens [Mül93]

verringert werden. Durch die Verstellmöglichkeit von Stempelweg und Matrizenboden kann im Gegensatz zum Gesenkbiegen mit einem einzigen Werkzeug ein großer Blechdicken- und Materialbereich abgedeckt werden. Die Anordnung der Verstellelemente über die gesamte Breite der Biegekante wirkt Fehlereinflüssen auf die Werkstückgeometrie durch eventuelle Maßabweichungen von Werkzeugen und Maschinentisch sowie durch die Gestellauffederung entgegen. Zur Verbesserung der Genauigkeit wurde für das Dreipunktbiegeverfahren eine computergestützte Prozesskontrolle entwickelt [Mül93]. Diese Verfahrensvariante wird als adaptives Dreipunktbiegen bezeichnet. Wegen der im Vergleich zum konventionellen Frei- und Prägebiegen kostspieligeren Werkzeuge und Maschinen ist das Dreipunktbiegeverfahren jedoch in der Praxis weniger häufig anzutreffen.

Zur überschlägigen Berechnung der Stempelkraft in der Freibiegephase können die für das Freibiegen angegebenen Beziehungen verwendet werden.

U-Biegen mit und ohne Gegenhalter

Bei den Verfahren des Biegens im U-Gesenk wird die Endform des Werkstücks im Wesentlichen durch die Form der Werkzeuge und durch die Prägekraft bestimmt. Der wesentliche Unterschied zum Prägebiegen im V-Gesenk besteht in der Form des Stempels und der Matrize. Um das Auftreten von Bodenaufwölbungen zu vermeiden, werden beim U-Biegen häufig sog. Gegenhalter eingesetzt (vgl. **Abb. 5.36** rechts), die schon während des Biegevorgangs gegen den Werkstückboden drücken.

Wie beim V-Biegen lassen sich beim U-Biegen ohne Gegenhalter mehrere Phasen unterscheiden. Zu Beginn des Vorgangs wird frei gebogen, und es stellt sich zunächst eine

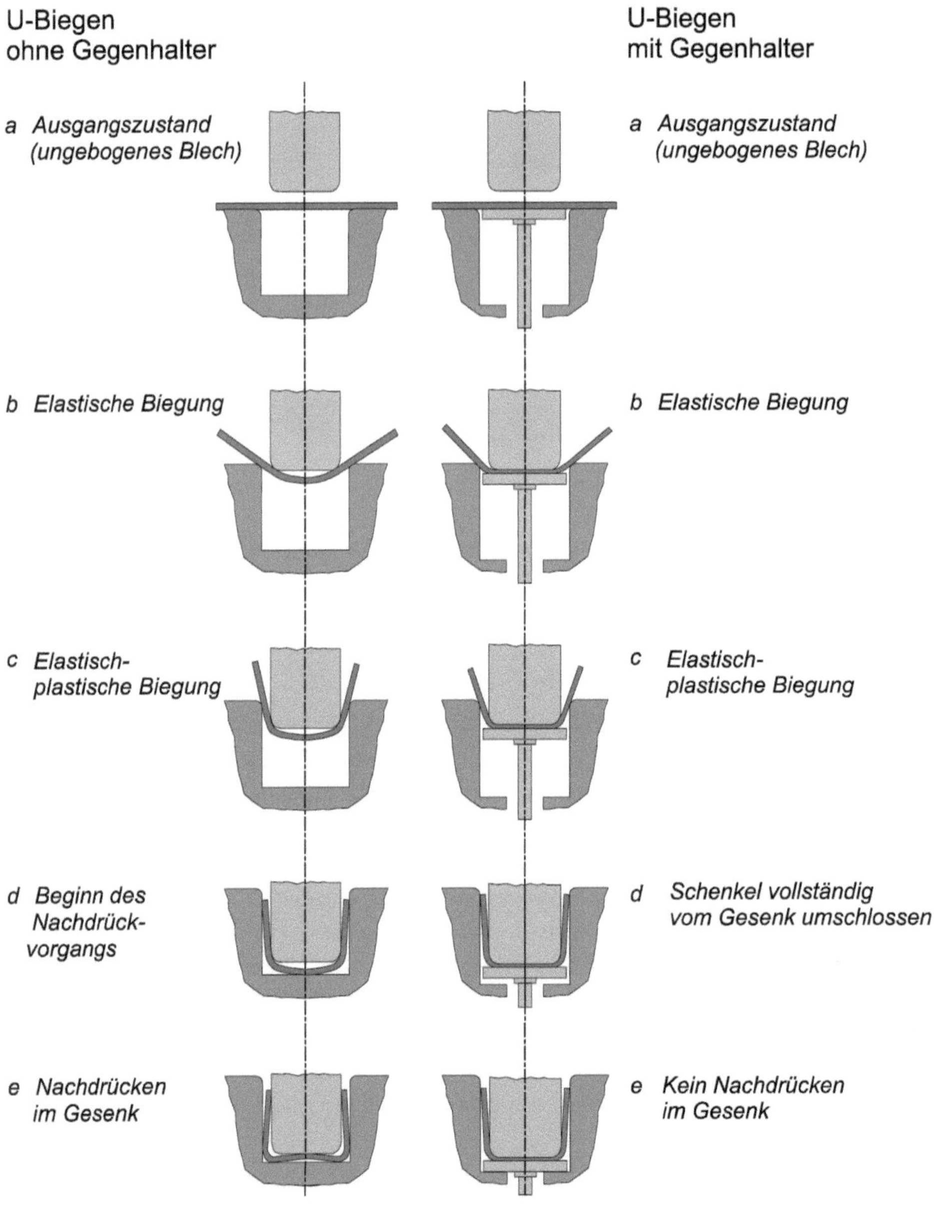

Abb. 5.36 U-Biegen mit und ohne Gegenhalter [Rei90]

elastische Durchbiegung ein, die im Stegbereich eine kreisbogenförmige Gestalt annimmt. Die elastische Freibiegephase geht bei weiterem Weg des Stempels in eine elastisch-plastische Phase über, während sich die Schenkel auf relativ kurzem Weg schnell in Richtung des Stempels klappen. In dieser Phase erhöht sich die Stegkrümmung kaum noch. In der Folge

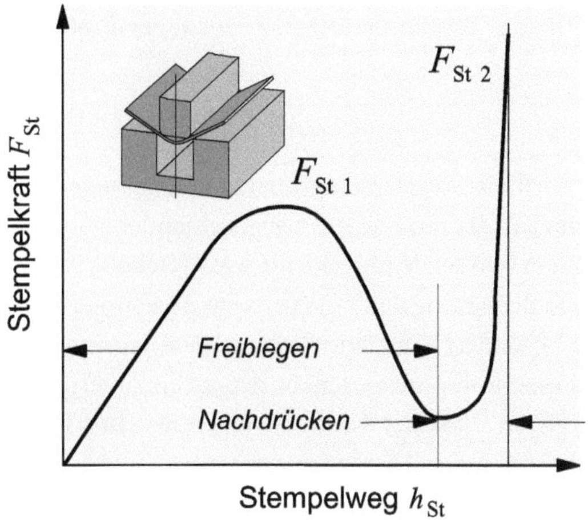

Abb. 5.37 Prinzipieller Stempelkraft-Stempelweg-Verlauf beim U-Biegen ohne Gegenhalter (schematisch)

wird das Werkstück dann mit zunehmendem Stempelweg in das U-Gesenk hineingezogen, wobei sich das Biegeteil kaum noch verformt, bis es mit dem untersten Punkt der Stegkrümmung den Matrizenboden berührt. Die letzte Phase des U-Biegens ohne Gegenhalter besteht in einem Einebnen des Stegs, bei dem sich die Schenkel an den Stempel anlegen und der Steg, nachdem er sich zunächst noch nach innen in Richtung des Stempels wölbt, schließlich durch hohen Druck an die Form des Matrizenbodens angepasst wird.

Das U-Biegen unter Zuhilfenahme eines Gegenhalters läuft im Prinzip genauso ab wie das U-Biegen ohne Gegenhalter. Im Gegensatz zum U-Biegen ohne Gegenhalter erfährt der Steg jedoch hierbei keine Durchbiegung, da der Gegenhalter während des gesamten Biegevorgangs das Werkstück gegen den Stempel presst. Das Nachdrücken zur Einebnung des Steges entfällt somit.

Abb. 5.37 zeigt schematisch einen typischen Kraft-Weg-Verlauf für das U-Biegen ohne Gegenhalter. Die Stempelkraft steigt während der freien Biegephase zunächst bis auf einen Maximalwert $F_{St\,1}$ an und fällt in der Folge beim Hineinziehen des Bleches in das Gesenk wieder ab, bevor sie in der Prägephase wieder ansteigt und ein zweites Kraftmaximum $F_{St\,2}$ erreicht. Diese Kraft ist häufig die maximal mögliche Stößelkraft bzw. Nennkraft der Maschine bzw. Presse. Für die Berechnung des ersten Kraftmaximums $F_{St\,1}$ beim U-Biegen ohne Gegenhalter wird häufig die folgende empirische Gleichung [Zün85] verwendet, die aber, da in ihr der Einfluss der Werkzeuggeometrie vernachlässigt wird, nur für Überschlagsrechnungen verwendet werden kann:

$$F_{St1} = 0{,}4\, b\, s_0\, R_m \qquad (5.30)$$

Dabei sind b und s_0 die Blechbreite und die Ausgangsblechdicke und R_m die Zugfestigkeit des eingesetzten Blechwerkstoffs. Weitere Ansätze zur Berechnung der Stempelkraft beim U-Biegen sind in [Oeh63, Zün85, Zün66a] zu finden.

Das U-Biegen bietet gegenüber dem Prägebiegen im V-Gesenk Vorteile bei der Durchführung U-förmiger Biegungen, da zwei Biegekanten in einem Arbeitsgang gefertigt werden können. Deshalb kann es für das Biegen derartiger U-förmiger Profile in großen Losgrößen interessant sein.

Z- oder N-Biegen

Unter Z- oder auch N-Biegen (**Abb. 5.38**) wird ein Biegevorgang verstanden, bei dem zwei winklige Gesenkstempel in einem horizontalen Abstand versetzt gegeneinander wirksam werden, sodass das eingelegte Blech zu einem *Z* oder *N* umgeformt wird [Oeh63]. Wenn auch das Z-Biegen längst nicht die praktische Bedeutung des V-Biegens hat, so kann es doch in der Herstellung komplizierterer Profile besonders dort eine Rolle spielen, wo versucht wird, in möglichst wenigen Stufen Hohlrahmenprofile auf Gesenkbiegepressen zu fertigen.

Versuche an Stahlblechen [Oeh63] ergaben, dass der Kraftaufwand hinsichtlich der Biegekraft und Biegearbeit bei einem scharfkantigen Werkzeug gegenüber einem stark abgerundeten etwa 10% mehr beträgt. Der zwischen den Biegespitzen liegende Werkstoff wird auch bei scharfkantigem Werkzeug nicht so stark auf Zug beansprucht, dass sich dies in einer Veränderung des Randgefüges ausdrücken kann.

Bei weichen, in ihrer Festigkeit unregelmäßigen Werkstoffen wie z. B. Aluminium gräbt sich hingegen eine scharfe Biegekante tief in das Blech ein, sodass dort immer größere Radien gewählt werden sollten.

Maschinen- und Werkzeuge zum Frei- und Gesenkbiegen

Das Biegen mit geradliniger Werkzeugbewegung (und da vorwiegend das Frei- und Prägebiegen) wird zumeist auf sog. Gesenkbiegepressen durchgeführt. Als Gesenkbiege-

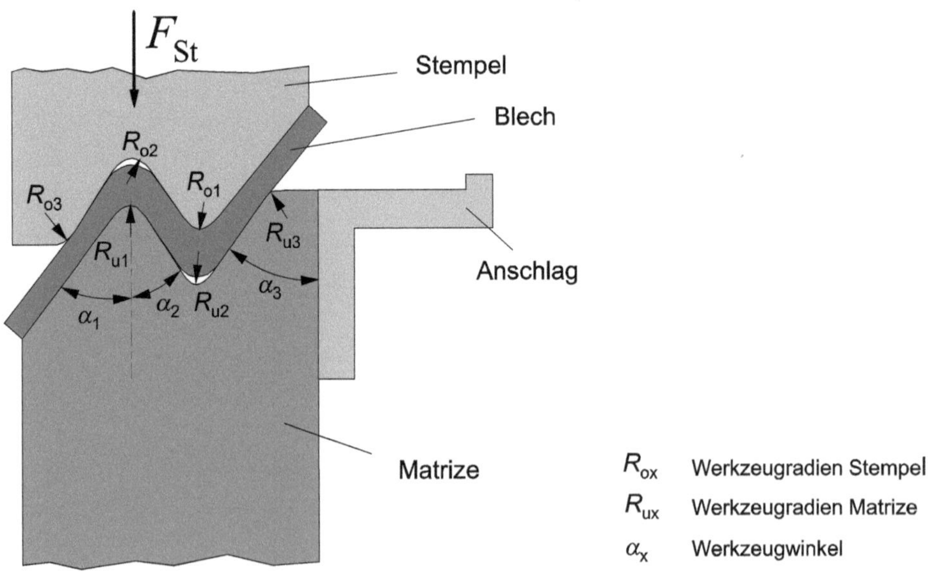

Abb. 5.38 Werkzeug zum Z- oder N-Biegen [Oeh63]

pressen werden in der Mehrzahl der Fälle hydraulische C-Gestell-Pressen in Doppelständerausführung (vgl. **Abb. 5.39**) verstanden. Das vielfältige Spektrum reicht von leichten, manuell bedienbaren Pressen zur Werkstattfertigung mit maximalen Biegekräften von 100 kN bis hin zu sehr schweren und breiten Maschinen für spezielle Anwendungen mit Kräften bis 30 MN und Breiten über 10 m zur Umformung von Blechen mit Dicken bis 30 mm [Kle91]. Die maximale Presskraft einer Maschine liegt ungefähr im Bereich zwischen 500 und 8000 kN [Hau96]. Gewöhnlich handelt es sich bei den Maschinenrahmen von Gesenkbiegepressen um Stahlschweißkonstruktionen. Die Positioniergenauigkeit der Y-Achsen zur Einstellung des Stempelwegs (vgl. **Abb. 5.39**) hydraulischer Gesenkbiegepressen liegt in der Regel bei 0,01 mm. Es werden auch elektromechanisch angetriebene Pressen angeboten, die bedingt durch ihre sehr hohe Positions- und Wiederholgenauigkeit besonders für die Fertigung qualitativ hochwertiger Teile aus Feinblech geeignet sind und bei denen z. B. mithilfe von AC-Servomotoren für die Y-Achsen Positioniergenauigkeiten bis 0,001 mm erreicht werden. Die maximalen Presskräfte derartiger Pressen liegen aber deutlich unter denen der hydraulischen.

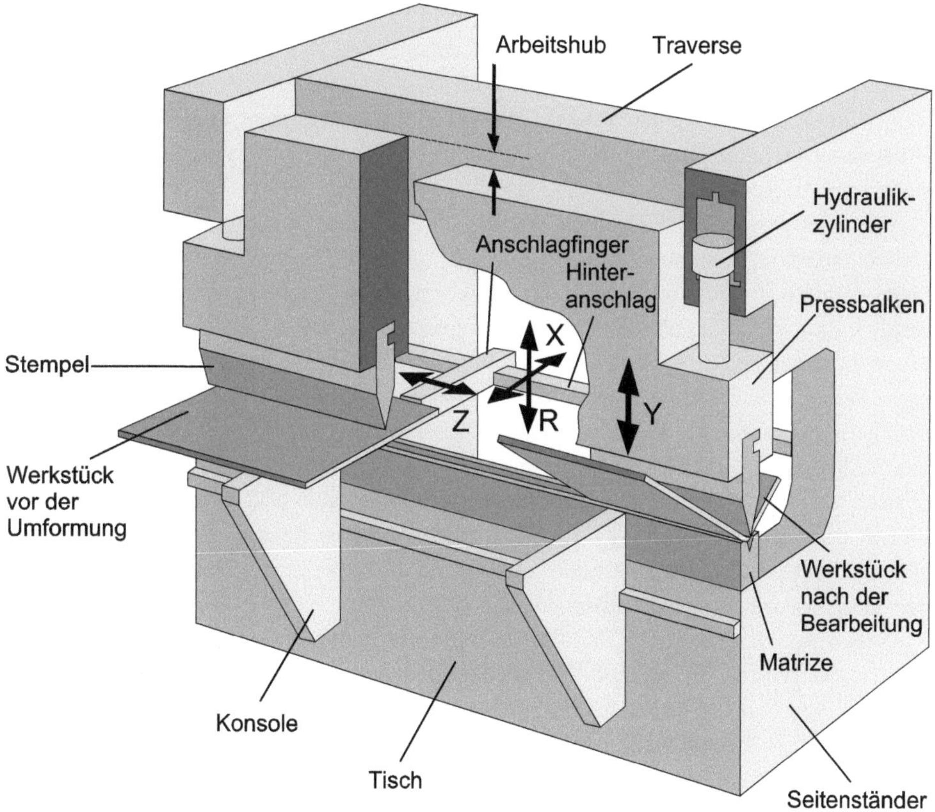

Abb. 5.39 Aufbau einer Gesenkbiegepresse mit numerisch steuerbaren Achsen (nach [Hau96])

Tisch und Stößel hydraulischer Pressen werden meist durch trapezförmige Platten gebildet, an denen die Unter- und Oberwerkzeuge befestigt werden. Die Matrizenblöcke enthalten oft mehrere Gravuren mit unterschiedlichen Gesenkweiten, die durch Drehen und/oder Verschieben unter dem jeweils eingebauten Stempel positioniert werden. Des Weiteren sind Gesenkbiegepressen mit Hinteranschlagsystemen ausgerüstet. Diese dienen als Positionierhilfe für das Werkstück und sind je nach Ausführung über 2 bis 12 Achsen numerisch ansteuerbar. Moderne Gesenkbiegepressen sind mit NC-Steuerungen ausgerüstet, mit deren Hilfe Stempelwege und Hinteranschlagpositionen berechnet und numerisch angesteuert werden können und die darüber hinaus je nach Software auch die Möglichkeit bieten, z. B. Kollisionsüberprüfungen für die programmierten Bauteile vorzunehmen. Die Gesenkbiegepressen können einerseits direkt an den Maschinensteuerungen programmiert werden. Andererseits existieren wie für die meisten numerisch gesteuerten Maschinen auch für Gesenkbiegepressen Programmiersysteme, die die Möglichkeit bieten, NC-Programme, mit deren Hilfe letztendlich die numerischen Achsen der Maschine angesteuert werden, maschinenfern zu erstellen.

Werkzeugsätze für Gesenkbiegepressen bestehen in der Regel aus einem Stempel und einer Matrize. Die Matrize wird auch als Gesenk bezeichnet. Die Härte der Werkzeuge hängt vom verwendeten Werkzeugwerkstoff und von der Art der Wärmebehandlung ab [Hau96]. Häufig werden die Arbeitszonen besonders gehärtet. Lasergehärtete Arbeitszonen aus CrMo-Stahl erreichen Härten von bis zu 60 HRC. Der Verschleiß an den Werkzeugen aufgrund der vergleichsweise starken Beanspruchungen ist trotz aufwendiger Herstellungsverfahren immer wieder eine Quelle für Winkelabweichungen und Druckstellen am Werkstück.

Die hinsichtlich der Flexibilität ständig steigenden Anforderungen verlangen den Einsatz mehrteiliger, segmentierter Werkzeuge, bei denen die erforderliche Bearbeitungslänge dadurch erreicht wird, dass die Einzelwerkzeuge derart nebeneinander gerüstet werden, dass ein durchgehendes Werkzeug entsteht. Zudem können mehrteilige Werkzeuge durch das relativ geringe Gewicht auch ohne technische Hilfsmittel von einer einzigen Person gehandhabt werden. Viele Hersteller bieten mittlerweile anstelle der sonst üblichen mechanischen Klemmung auch selbstzentrierende, per Knopfdruck lösbare mehrteilige Stempel an, die nicht mehr seitlich aus der Presse herausgeschoben werden müssen, sondern einfach vorne entnommen werden können und mithilfe einer hydraulischen Schnellspanneinrichtung fixiert werden. Ähnliche hydraulische Klemmsysteme gibt es auch für Matrizen. Zu diesem Zweck sind die Matrizen mit einem Steg versehen, der dann zwischen den Klemmbacken festgehalten wird.

Neben der Flexibilität der Handhabung und der Reduzierung der Rüstzeiten besteht ein weiterer Vorteil mehrteiliger Werkzeuge in der gegenüber einteiligen Werkzeugen höheren Präzision, da mehrteilige Werkzeuge mit geringeren Parallelitätsabweichungen gefertigt werden können. Darüber hinaus schränken einteilige Werkzeuge das Teilespektrum ein. Das Biegen von Querschnitten, deren Verlängerung in eine schon gebogene Kante verläuft, sowie Umformungen innerhalb eines Werkstücks sind nur mit Werkzeugen möglich, die genau die Länge der Biegelinie aufweisen. Für die Bearbeitung solcher

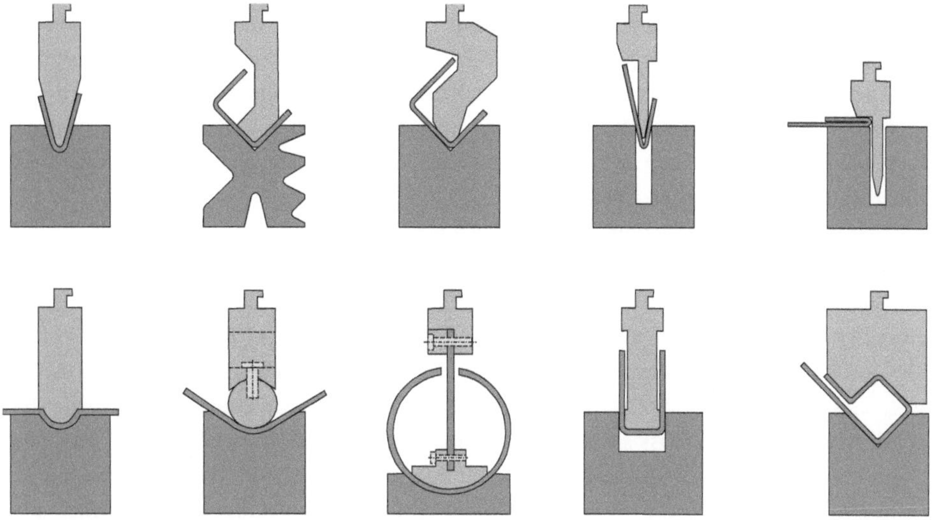

Abb. 5.40 Ober- und Unterwerkzeuge zur Herstellung profilförmiger Werkstücke auf Gesenkbiegepressen

Teile wird die Maschine üblicherweise mit mehreren sog. Werkzeugstationen aus mehrteiligen Werkzeugen gerüstet. Da Umrüstzeiten je nach Zahl der Stationen 2 bis 5 Minuten betragen können, wird versucht, das NC-Programm so zu erstellen, dass die Maschine mit allen Werkzeugen bestückt werden kann, bevor die Fertigung des Biegeteils beginnt.

Die Biegewerkzeuge (**Abb. 5.40**) besitzen in der Regel eine über ihre ganze Länge gleichbleibende Form, wobei ihr Hauptunterscheidungsmerkmal der Querschnitt ist. Für Stempel charakteristisch sind die Ausladung, also die Form, mit der der Stempel nach vorne oder hinten von der Senkrechten abweicht, sowie Winkel und Radius an der Stempelspitze. Beim Freibiegen können mit einem einzigen Stempel unterschiedliche Winkel gebogen werden. Für rechtwinklige Biegungen werden z. B. Stempel mit Stempelwinkeln zwischen 30° und 88° [Hau96] eingesetzt. Dabei wird die Form der Ausladung maßgeblich durch die Werkstückform beeinflusst. Für eine U-förmige Biegung in einer V-Matrize ist eine Ausladung erforderlich, deren Gestalt sowohl von der Schenkellänge als auch der Weite des U's abhängt.

Für das Biegen von Werkstücken mit großen Radien kommen gerundete Stempelformen zum Einsatz (**Abb. 5.40** unten). Die Höhen von Matrize und Stempel sind so zu wählen, dass das Teilehandling ungehindert möglich ist. Insbesondere sollte dabei der Durchgang der Werkzeuge (größtmögliche Entfernung zwischen Stempelspitze und Matrizenoberseite) groß genug sein, damit das Biegeteil in jeder Bearbeitungsphase von der Maschinenvorderseite aus eingelegt und entnommen werden kann. Dies ist aber nicht bei allen Werkstückformen möglich, sodass in einigen Fällen eine seitliche Entnahme, die Zeit kostet und damit die Produktivität der Maschine verringert, unvermeidlich ist. Manchmal genügt es aber auch, die Biegefolge zu ändern oder einen Stempel mit einem anderen Querschnitt zu wählen, der eine Entnahme des Werkstücks an der Vorderseite ermöglicht.

Die Form der Matrizen wird im Wesentlichen durch das eingesetzte Biegeverfahren geprägt. Die verschiedenen Biegeverfahren und die Form der Unterwerkzeuge wurden bereits bei der Erläuterung der Verfahren vorgestellt und sollen deshalb an dieser Stelle nicht weiter besprochen werden.

In der industriellen Fertigung am häufigsten zu finden sind nach wie vor die konventionellen V-Matrizen, die sowohl zum Freibiegen als auch zum Prägen eingesetzt werden.

Insbesondere durch die zur Bearbeitung großer Werkstücke notwendige große Weite zwischen den C-Gestellen von Gesenkbiegepressen kommt es bei hohen Umformkräften zur Auffederung bei C-Gestell-Pressen. Zur Kompensation dieser Auffederung rüsten viele Gesenkbiegepressenhersteller ihre Maschinen mit einer Wegmessung aus, die derart durchgeführt wird, dass sie nicht direkt am Gestell, sondern beispielsweise an einem eigens zu diesem Zweck angebrachten Verbindungsflansch erfolgt. Auf diese Weise kann in der Steuerung der Stempelweg unabhängig von der Gestellauffederung ermittelt und kompensiert werden. Da die Gestellauffederung direkt den Stempelweg verfälscht, ist dies besonders wichtig, um die Abweichungen zwischen simulierten oder anderweitig bestimmten und tatsächlichen Stempelwegen gering zu halten, wenn keine Prozessregelungen auf Basis von Online-Winkelmessungen eingesetzt werden.

Maschinenverformungen in Breitenrichtung, die besonders beim Biegen von breiten und dicken Blechen auftreten, können durch sogenannte Bombierungen ausgeglichen werden. Dabei werden zur Kompensation der Auffederung von Maschinentisch und Pressbalken (vgl. **Abb. 5.39**) die Teile partiell vorgespannt. Der durch die Durchbiegung der Oberwange und des Tisches hervorgerufene ungleichmäßige Verlauf des Biegewinkels über die Blechbreite wird mithilfe von Hydraulikzylindern, die für eine Durchbiegung in umgekehrter Richtung sorgen, ausgeglichen, sodass Tisch und Wange während des Biegevorganges gerade bleiben.

Auch automatische Werkzeugwechselsysteme für Stempel und Matrizen erfreuen sich zunehmender Beliebtheit. Die Vorteile automatischer Werkzeugwechselsysteme liegen zum einen in der einfachen und kurzen Umrüstung auf andere Produkte, und zum anderen darin, dass mit ihrer Hilfe auch komplizierte Profile, die sonst mehrere Biegeoperationen mit unterschiedlichen Werkzeugen erfordern würden, in einem Arbeitsdurchgang ohne Zwischenablage gefertigt werden können. Insgesamt kann mit Hilfe von Werkzeugschnellwechseleinrichtungen die erzielbare Mengenleistung beim Gesenkbiegen z. T. ganz erheblich gesteigert werden.

Daneben gibt es eine Vielzahl von Peripheriesystemen, die dazu beitragen sollen, den Biegevorgang zu erleichtern bzw. zeitlich zu kürzen. Diesbezüglich sind zu nennen: Hinteranschlagsysteme, Biegehilfen sowie der Einsatz von Industrierobotern in sog. Biegezellen.

Das Spektrum der auf Gesenkbiegepressen hergestellten Produkte kann auch mit Schwenkbiegen und Walzprofilieren hergestellt werden. Ausschlaggebend für die Wahl des Fertigungsverfahrens sind die Fertigungskosten.

5.7.2 Schwenkbiegen

Das Schwenkbiegen gehört zu den Umformverfahren mit drehender Werkzeugbewegung. **Abb. 5.41** verdeutlicht das Verfahrensprinzip und die charakteristischen Elemente einer Schwenkbiegemaschine. Im Gegensatz zum Gesenkbiegen, bei dem das Blech auf dem Unterwerkzeug aufliegt, wird das Werkstück beim Schwenkbiegen zwischen Ober- und Unterwange eingespannt und durch die Schwenkbewegung der Biegewange (auch Schwenkwange genannt) gebogen. Dabei handelt es sich um einen Freibiegevorgang, wenn der kleinste Biegeradius am Werkstück noch größer ist als der Radius der eingesetzten Biegeschiene.

Untersuchungen von Fait [Fai90] zeigten, dass beim konventionellen Schwenkbiegen die Berührfläche zwischen Blech und Schwenkwange während des Biegevorgangs wandert und dass es bei größeren Schwenkwinkeln zu einem Abheben des umgeformten Blechschenkels von der Schwenkwange kommt. Wie in **Abb. 5.42** illustriert, liegt die erste Kontaktfläche an der äußeren Biegeschienenkante ($\alpha_s = 0°$). Durch die Ausbildung der asymmetrischen Biegelinie während des Biegens legt sich das Blech tangential an die Biegeschiene an ($0° < \alpha_s = \alpha_1 < 0°$). Erfasst schließlich der Kontaktbereich den bereits plastisch gebogenen Bereich (bei $\alpha_s = 90°$), so beginnt sich der Kontaktpunkt in Richtung der Einspannung zu verschieben ($\alpha_s > 90°$). Das Abheben des Schenkels von der Schwenkwange bei größeren Biegewinkeln führt dazu, dass der Schwenkwinkel und der Biegewinkel unter Last nicht mehr identisch sind. Die Wanderung der Berührfläche zieht eine Änderung des jeweils wirksamen Hebelarms nach sich, was sich wiederum deutlich im Kraft-Schwenkwinkel-Verlauf bemerkbar macht. Während zunächst die Biegekraft infolge eines vergleichsweise großen Hebelarms zu Beginn der Biegung niedrig bleibt und

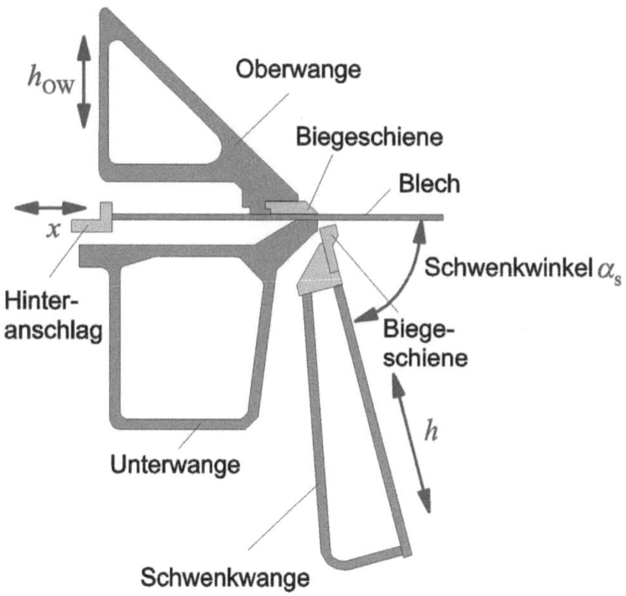

Abb. 5.41 Verfahrensprinzip des Schwenkbiegens [War96]

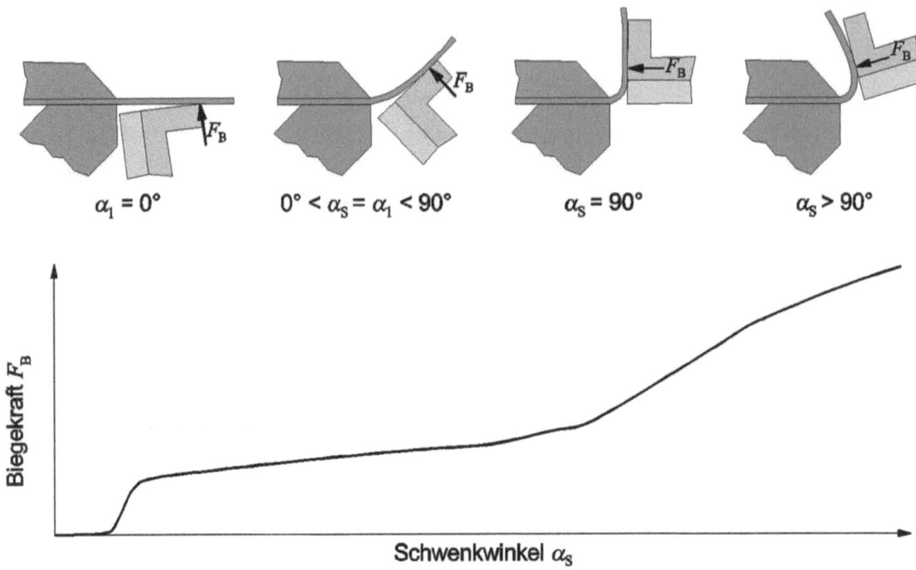

Abb. 5.42 Kontaktverschiebung und Biegekraft-Schwenkwinkel-Verlauf beim Schwenkbiegen (schematisch)

mit steigendem Winkel in Abhängigkeit von der Verfestigung des Werkstoffs nur mäßig ansteigt, kommt es in der zweiten Phase zu einem starken Anstieg des Kraftbedarfs, der auf die Verkürzung des wirksamen Hebelarms zurückzuführen ist.

Wie das Gesenkbiegen wird auch das Schwenkbiegen zur Herstellung von Profilen mit verschiedenen Querschnitten verwendet. Die einseitige Einspannung erlaubt jedoch gegenüber dem Gesenkbiegen wesentlich kürzere Schenkellängen und ist deshalb besonders günstig bei der Herstellung von großflächigen Biegeteilen und Werkstücken mit starken Asymmetrien in den Längen der Biegeschenkel einsetzbar.

Das Schwenkbiegen wird in der Regel auf speziell für diesen Zweck konstruierten und optimierten Maschinen, sog. Schwenkbiegemaschinen, durchgeführt. Charakteristische Elemente (**Abb. 5.41**) einer Schwenkbiegemaschine sind die Schwenk- oder Biegewange, die durch die Schwenkbewegung um den Schwenkwinkel α_s den Biegevorgang durchführt und durch die Schwenkwangenanstellung h direkt Einfluss auf den Biegeradius hat, die Oberwange, die in den Seitenständern geführt wird und u. a. zum Spannen des Werkstückes vertikal verstellt (h_{OW}) werden kann, die Unterwange, die als Gegenlager zur Einspannkraft der Oberwange dient und bei manchen Bauformen durch eine vertikale Verstellung eine Veränderung der Lage des Bleches, bezogen auf den Drehpunkt der Schwenkwange, ermöglicht und der Anschlag, über dessen Einstellung x das Werkstück gezielt positioniert werden kann.

Die Oberwerkzeuge für das Schwenkbiegen sind wie die Stempel beim Gesenkbiegen in vielfältigen Formen erhältlich (**Abb. 5.43**). Während Spitzschienen größere Biegewin-

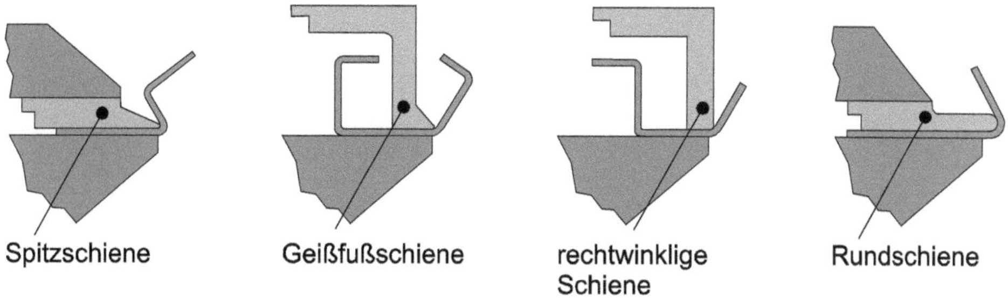

Abb. 5.43 Ober- und Unterwerkzeuge zur Profilherstellung durch Schwenkbiegen [Zün85]

kel erlauben als z. B. Geißfußschienen, die aber günstigere Festigkeitseigenschaften aufweisen, können mithilfe von Rundschienen Biegeradien gezielt eingestellt werden. Geißfußschienen und rechtwinklige Schienen kommen zum Einsatz, wenn aus Platzgründen Standardwerkzeuge nicht eingesetzt werden können. Neuere Werkzeugentwicklungen, alternative Prozessführungsstrategien sowie Ansätze zur Prozessregelung des Schwenkbiegens werden in [War96] vorgestellt.

5.7.3 Walzrunden

Das Walzrunden ist ein ungebundenes Verfahren, d. h. die Werkstückform entsteht allein durch den Bewegungsablauf der Werkzeuge. **Abb. 5.44** verdeutlicht das Prinzip des Walzrundvorganges anhand einer asymmetrischen Dreiwalzenanordnung. Bei der gezeigten Anordnung ist die Oberwalze drehbar, aber ortsfest angebracht, während die beiden Unterwalzen sowohl eine translatorische als auch eine rotatorische Bewegung durchführen können.

In **Abb. 5.45** ist ein typischer Arbeitsablauf für das Walzrunden auf einer Dreiwalzenbiegemaschine dargestellt. Zunächst werden die Unterwalzen quer in die sog. Anbiegestellung verschoben, die u. a. von dem gewünschten Krümmungsradius des Blechbiegeteils abhängig ist. Nach dem Einlegen des Bleches in die Maschine wird das linke Blechende angebogen, indem die Oberwalze vertikal zugestellt und damit das Blech gegen die Oberwalze gepresst wird und die Unterwalzen im Rechtslauf angetrieben werden. Nach dem Anrunden wird das Fertigrunden durch Walzrunden des Bleches bei Linkslauf der Unterwalzen eingeleitet. Um das noch ungebogene rechte Blechende umzuformen, werden im Anschluss daran bei stillgesetztem Antrieb die Unterwalzen in die Anbiegeposition für das rechte Blechende verschoben, wobei das Blechteil so zurückgefahren wird, dass der bereits vollständig gebogene Bereich des Blechteils auf beiden Unterwalzen aufliegt. Durch Zustellung der Oberwalze und Antrieb der Unterwalzen im Linkslauf wird das Blech schließlich fertiggebogen, sodass zu guter Letzt das Rohr durch Schweißen geschlossen werden kann.

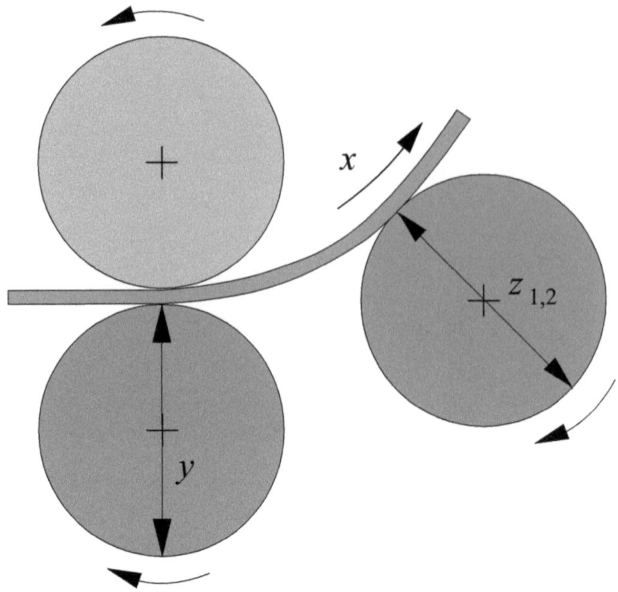

Abb 5.44 Verfahrensprinzip und steuerbare Achsen beim Walzrunden [Rei90] (x Blecheinzug, y Unterwalzenzustellung, $z_{1,2}$ Biegewalzenposition)

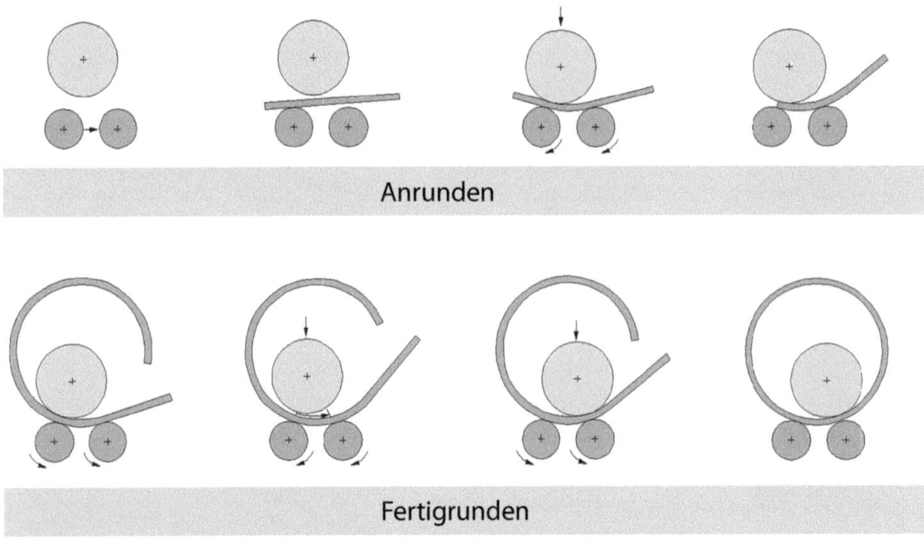

Abb. 5.45 Arbeitsablauf beim Walzrunden auf einer Dreiwalzenmaschine [Zün85]

Auch bei einer Vierwalzenanordnung (**Abb. 5.46**) können die Phasen Anrunden und Fertigrunden unterschieden werden. Zum Anrunden wird hierbei das Blech zunächst mithilfe der in der Mitte befindlichen Unterwalze gegen die Oberwalze gepresst. Durch schräges Hochfahren der linken Walze wird dann das rechte Blechende angebogen, bevor

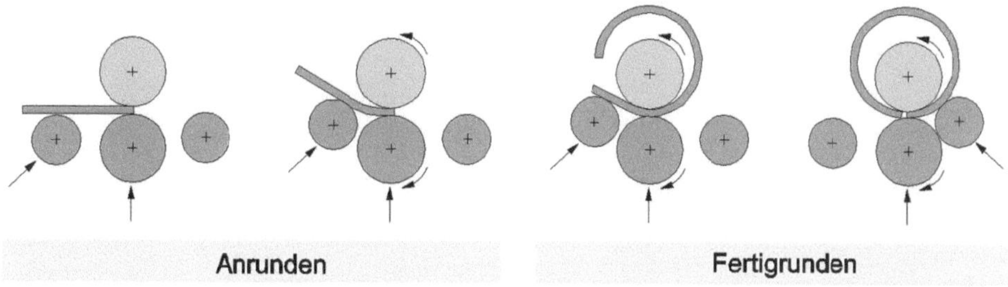

Abb. 5.46 Arbeitsablauf beim Walzrunden auf einer Vierwalzenmaschine (nach [Zün85])

das eigentliche Walzrunden, das Fertigrunden, durch Rechtslauf der mittleren Unterwalze beginnt. Auch hier wird das Fertigrunden durch einen dem Anrunden ähnlichen Vorgang am rechten Blechende abgeschlossen. Dazu wird die rechte Walze schräg nach links oben zugestellt.

Walzrundbiegemaschinen werden vorwiegend zur Kleinserienfertigung von runden Blechteilen mit relativ großen Innenradien im Behälterbau und zum Walzrunden von Grobblechen im Apparatebau eingesetzt. Diese Maschinen sind im Allgemeinen Sonderkonstruktionen, bei denen der Walzenantrieb und die Walzenanstellmöglichkeiten sehr unterschiedlich ausgeführt werden.

Abb. 5.47 zeigt noch einmal eine Auswahl möglicher Walzenanordnungen. Dabei stellt die Zweiwalzenbauform mit einer elastomerbeschichteten Unterwalze [Sul95] eher einen Sonderfall dar, der vor allem dann zur Anwendung gelangt, wenn es bei den zu rundenden Blechen auf eine kratzfreie Oberfläche ankommt. Die Gestalterzeugung erfolgt bei diesem Verfahren weniger durch freies Biegen als durch Druckbiegen. Wegen der kurzen wirksamen Hebelarme und der für das Druckbiegen erforderlichen hohen Kontaktpressungen liegt der Einsatzbereich dieses Verfahrens eher im Bereich der Feinbleche.

Bei den Dreiwalzenmaschinen wird unterschieden zwischen asymmetrischer und symmetrischer Anordnung der Walzen. Vor allem für den symmetrischen Fall sind vielfältige Typvarianten erhältlich, die sich im Wesentlichen durch die Anzahl und Verfahrrichtung der numerisch gesteuerten Achsen unterscheiden. Bei Dreiwalzenanordnungen liegen auch die günstigsten Belastungsverhältnisse mit vergleichsweise geringen Kräften vor, sodass Dreiwalzenmaschinen häufig zum Runden dicker Bleche eingesetzt werden, wobei berücksichtigt werden muss, dass das Anbiegen in der von den Belastungsverhältnissen her ungünstigeren asymmetrischen Walzeneinstellung erfolgt.

Die häufigste Art der Walzenanordnung ist die asymmetrische Walzenanordnung. Sie ist auch die kostengünstigste Alternative, da nur zwei Walzen angetrieben werden und die dritte Walze als Schleppwalze ausgeführt ist. Der Nachteil im Vergleich zur symmetrischen Anordnung besteht darin, dass das Blech beim Anrunden der zweiten Blechseite der Maschine vorübergehend entnommen werden muss.

Die meist teureren Vierwalzenmaschinen ermöglichen, wie bei der Beschreibung der Arbeitsfolge bereits angedeutet, eine reversierende Arbeitsweise. Sie sind wegen ihrer

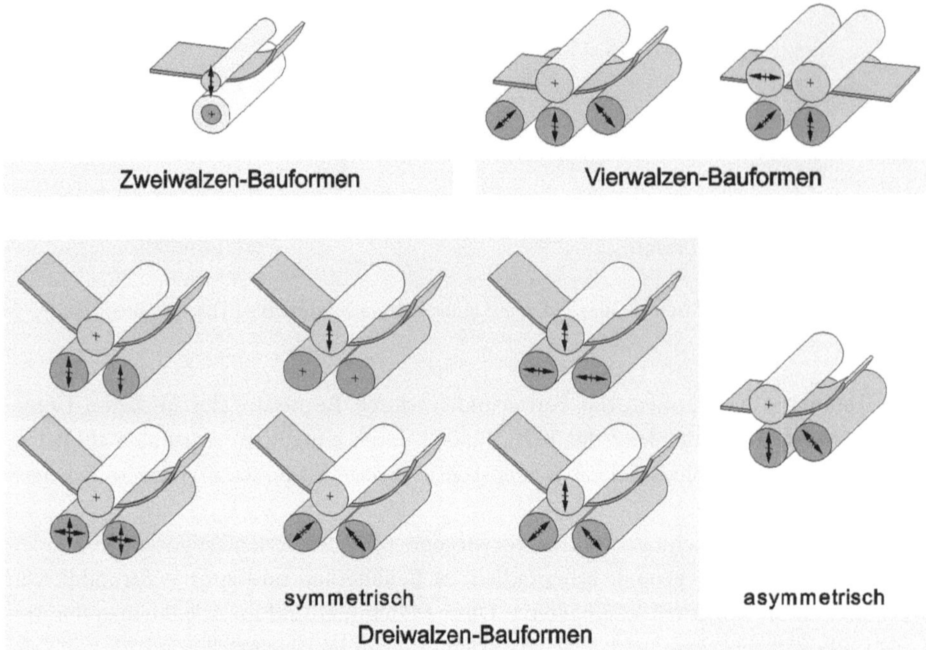

Abb. 5.47 Typische Bauformen von Walzrundmaschinen

steiferen Anordnung für dickere Bleche, die in mehreren Durchgängen gebogen werden, geeignet.

Neuere Untersuchungen von Gänsicke [Gän02] zeigten, dass durch gezielte Überlagerung von Druckspannungen unterhalb der Fließgrenze mittels harter oder auch elastomerbeschichteter mittlerer Unterwalzen eine deutliche Verbesserung des Formänderungsvermögens beim Walzrunden auf Vierwalzenmaschinen erreicht werden kann.

Das Walzrunden ist nicht auf die Fertigung von zylindrischen Werkstücken beschränkt. Es ermöglicht auch die Herstellung beliebig gekrümmter, also nicht kreiszylindrischer Werkstücke, wie die in **Abb. 5.48** dargestellte Formenordnung der Walzrundteile verdeutlicht. Beispielsweise können kegelförmige Blechteile durch schräges Anstellen der Walze, die das Blech biegt, erzeugt werden. Mithilfe entsprechend angepasster Walzen können darüber hinaus auch profilförmige Strukturen durch Walzrunden hergestellt werden.

5.7.4 Walzprofilieren

Als weiteres Biegeverfahren steht das so genannte Walzprofilieren in Konkurrenz zum Gesenkbiegen und zum Schwenkbiegen. **Abb. 5.49** verdeutlicht anhand eines einfachen Beispiels das Walzprofilieren. Das Walzprofilieren ist ein Umformverfahren, bei dem

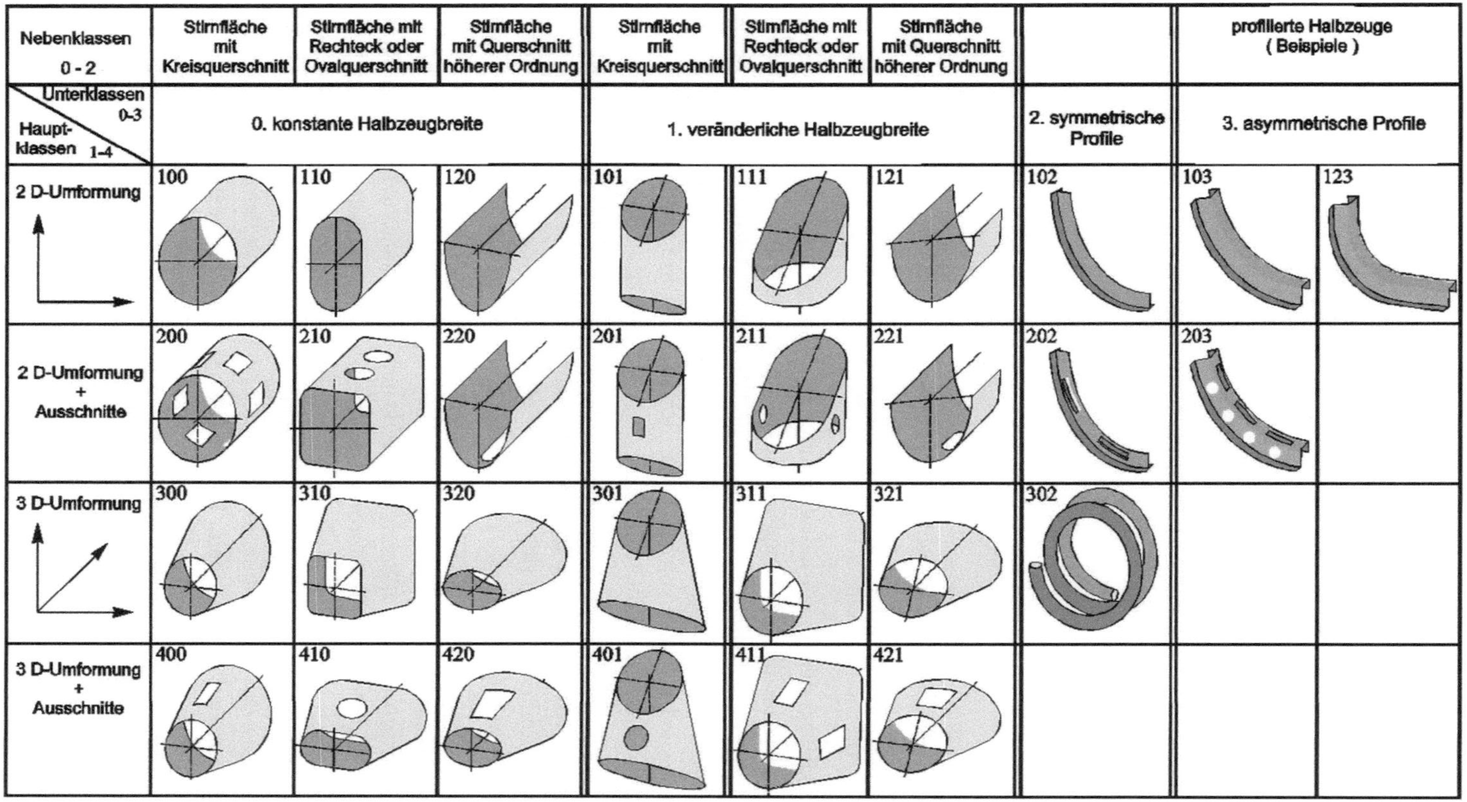

Abb. 5.48 Formenordnung der Walzrundteile [Lud81]

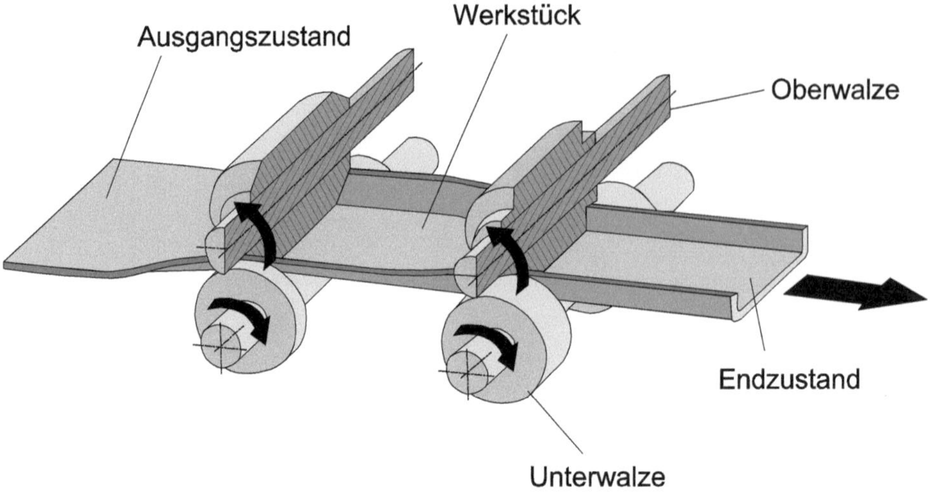

Abb. 5.49 Herstellung eines U-Profils durch Walzprofilieren [Kön90]

Blechbänder oder -streifen durch hintereinander angeordnete, angetriebene und jeweils geometrisch unterschiedliche Rollenpaare umgeformt werden. Die Vorschubkraft wird dabei durch Reibschluss zwischen den Walzen und dem Blech erzeugt. Mithilfe der Rollenpaare wird das Band stufenweise umgeformt, wobei der Spalt zwischen der Ober- und Unterwalze eines jeden Paares von der anfänglich flachen Form schrittweise in die gewünschte Endform des Profils überführt wird. Neben dem Biegeumformen können auch versteifende und festigkeitserhöhende Arbeitsgänge wie Falzen, Bördeln und Sicken mit dem Walzprofilieren in den Prozess integriert werden.

Mittels Walzprofilieren lassen sich aber nicht nur einfache, sondern auch verhältnismäßig komplexe Profilformen verwirklichen. Die Fertigung des in **Abb. 5.50** gezeigten, relativ komplizierten Trapezprofils beispielsweise kann durch Walzprofilieren in 31 Schritten realisiert werden.

Obwohl auch beim Walzprofilieren das Werkstück vornehmlich durch Biegung beansprucht wird und ähnliche Profilformen hergestellt werden können, gibt es doch bestimmte charakteristische Unterschiede zum Gesenk- oder Schwenkbiegen (**Abb. 5.51**). Während beim Gesenkbiegen das Werkzeug gleichzeitig auf der ganzen Länge des Streifens angreift, wird beim Walzprofilieren nur jeweils ein begrenzter Bereich zwischen den Rollen gebogen. Weiterhin treten beim Walzprofilieren neben Biegedehnungen über der Blechdicke in den hochgebogenen Bereichen konstante (homogene) Längsdehnungen auf. Diese homogenen Längsdehnungen entstehen durch unterschiedlich lange Wege der Bandteile eines Querschnittes beim Übergang vom ebenen Blech zum gebogenen Blechprofil. Diese homogenen Längsdehnungen sind das entscheidende Merkmal des Walzprofilierens und werden mit steigendem Biegewinkel und mit wachsender Schenkellänge größer.

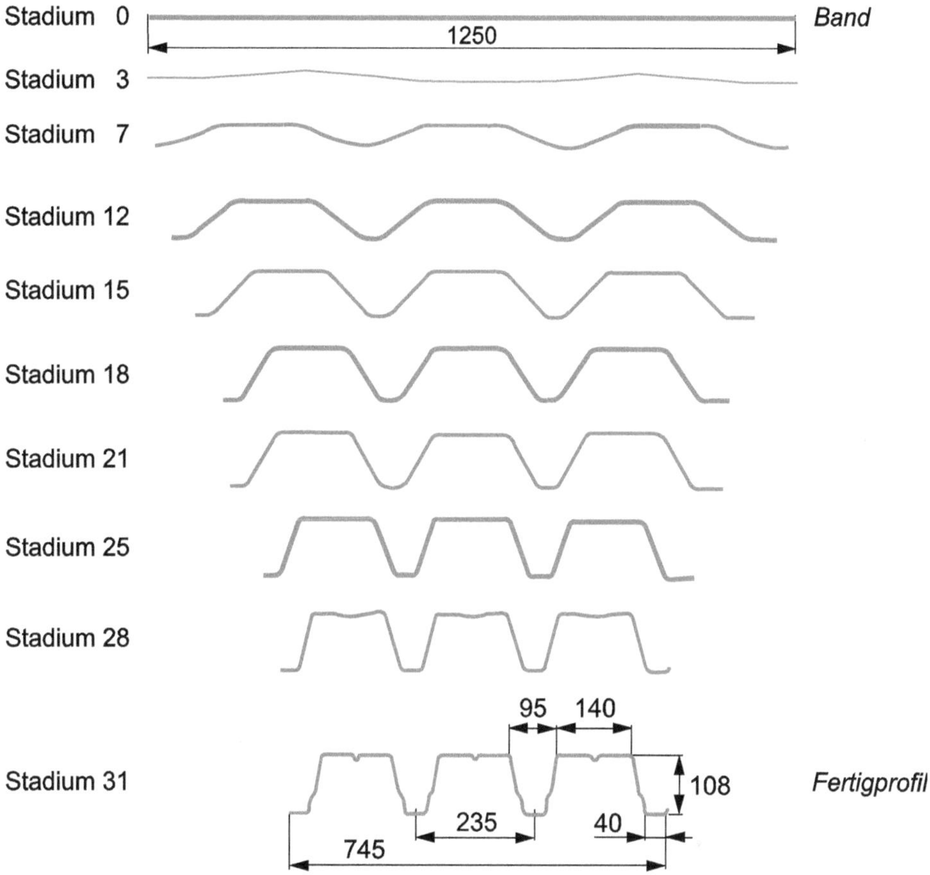

Abb. 5.50 Stadienplan zum Walzprofilieren eines Trapezprofils (nach SAG)

Durch zahlreiche praktische Maßnahmen, wie z. B.

- Vermeiden des Biegens langer Schenkel,
- Biegen um nur wenige Grad je Stufe oder auch
- kontinuierliches Richten (vgl. 5.9),

bemüht man sich, dass die homogenen Längsdehnungen den elastischen Bereich des Werkstoffes nicht überschreiten, da sonst bleibende Dehnungen im Schenkel, die dem fertigen Profil eine unerwünschte Krümmung geben oder zur Wellenbildung führen, zurückbleiben.

Auch für das Walzprofilieren existiert ein Sonderverfahren, das sogenannte Druckprofilieren. Hierbei wird die Unterwalze mit einem elastisch verformbaren Kunststoff, z. B. Polyurethan, ummantelt. Damit können gezielt Druckspannungen in das Werkstück eingeleitet werden, sodass Rissbildungen in den Außenfasern des Werkstücks verhindert werden können.

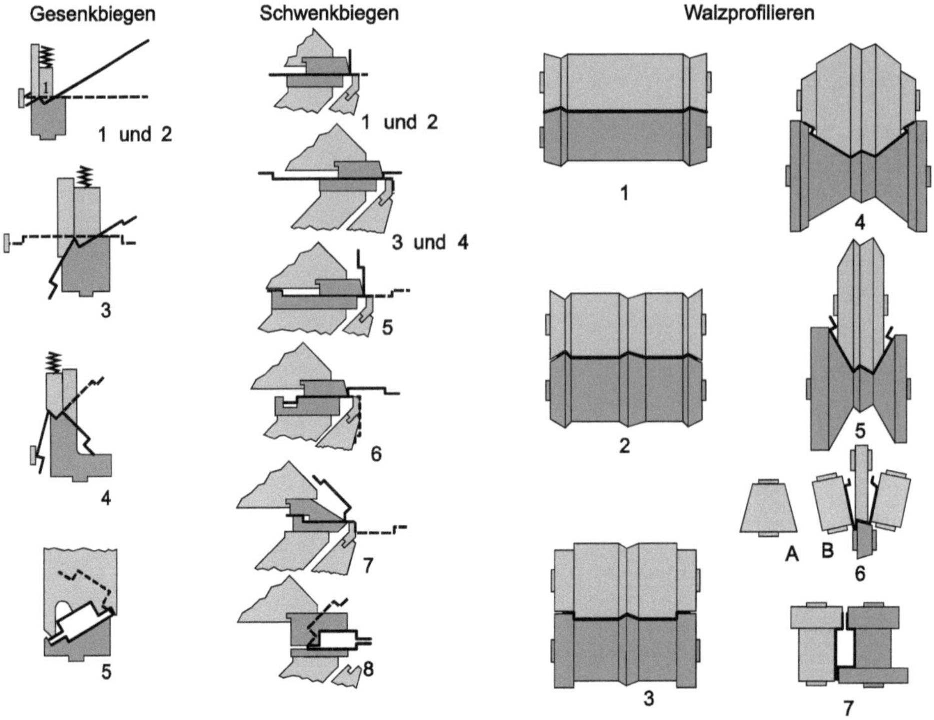

Abb. 5.51 Fertigung eines Türrahmenprofils durch Gesenk-, Schwenkbiegen oder Walzprofilieren [Rei90]

Neuere Ansätze gehen zudem in Richtung der Entwicklung von Verfahren zur Walzprofilierung von belastungsangepassten Bauteilen mit über die Längsachsen unterschiedlichen Querschnitten[Ist98a, Ist00, Hie00].

Profile können durch Walzprofilieren in einer großen Formenvielfalt hergestellt werden. Die Bandbreite reicht hier von einfachen bis hin zu sehr komplexen Blechprofilen fast beliebiger Länge aus Bändern von z. B. 10 bis 2000 mm Breite und von etwa 0,2 bis 20 mm Dicke, die bei Geschwindigkeiten bis zu 100 m/min gefertigt werden können.

Ein typisches Beispiel für das Walzprofilieren von breiten Bändern ist die Fertigung von Wellblechen, Rippen und Trapezblechen für Wandverkleidungen und Bedachungen. Blechbänder geringerer Breite und größerer Dicke werden häufig zu sogenannten Kaltprofilen für den Nutzfahrzeugbau umgeformt und Feinblechbänder zu Scharnieren oder Zierleisten.

Die vergleichsweise großen Blechvorschubgeschwindigkeiten beim Walzprofilieren erlauben die Ausbringung einer relativ großen Mengenleistung. Dabei sind die wirtschaftlichen Mindestmengen abhängig von der Größe und Komplexität des Profils, von der Anzahl der erforderlichen Rollensätze, von der Möglichkeit, gleiche Rollensätze für andere Profile zu verwenden, und natürlich von der Auslastung einer Walzprofiliermaschine. Generell liegt das wirtschaftliche Einsatzgebiet des Walzprofilierens jedoch im Bereich mittlerer bis großer Losgrößen.

Walzprofilieranlagen werden nach der Betriebsart unterschieden in sog. Start-Stop-Anlagen und kontinuierlich laufende Anlagen [Sch96]. Mithilfe des Start-Stop-Verfahrens können z. B. auch Stanz- und Prägeoperationen auf der Profiliermaschine ausgeführt werden. Im Gegensatz dazu arbeiten die Anlagen der zweiten Kategorie, auf denen Blechplatinen oder Blechstreifen verarbeitet werden können, mit gleichbleibender Geschwindigkeit. Zwei wesentliche Vorteile kontinuierlich laufender Anlagen bestehen in der höheren Ausbringung bei längeren Profilstücken und der Möglichkeit der Kombination mit anderen kontinuierlich laufenden Prozessen wie Längsnahtschweißen, Kleben oder Schäumen. Die Maschinen sind in der Regel für einen raschen Walzenaustausch ausgelegt, um eine schnelle Umstellung von einer Profilform auf die andere zu ermöglichen. Dazu wurden verschiedenen Wechseltechniken entwickelt. Ein Überblick über derartige Techniken wird z. B. in [Sch96] gegeben. Walzprofiliermaschinen können nur dann optimal genutzt werden, wenn Trennmaschinen nachgeschaltet werden.

Die Antriebsleistung von Walzprofiliermaschinen kann für spezielle Profilformen über die Umformarbeit berechnet werden. Ein Ansatz hierzu wird in [Zün85] beschrieben.

Die Auslegung der Werkzeuge, bei der das Auftreten bzw. Vermeiden von Verwerfungen durch Kantendehnungen berücksichtigt werden muss, erfolgt meist noch empirisch [Rei90].

Empirische Beziehungen zur Berechnung des minimalen und maximalen Walzbiegeradius werden in [Sch96] angegeben. In der Literatur finden sich Ansätze, das Walzprofilieren mithilfe der Methode der Finiten Elemente abzubilden [Sch93, Sch96a, Ist98] bzw. mithilfe der Theorie der dünnen Schalen [Sed99] (**Abb. 5.52**).

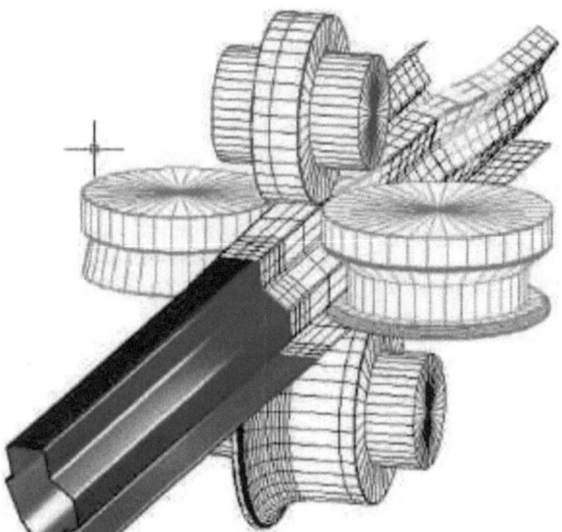

Abb. 5.52
Prozess-Simulation des Walzprofilierens mithilfe der Theorie dünner Schalen [Sed99]

5.8 Falzen und Bördeln

Beim Falzen und Bördeln handelt es sich um umformtechnisches Fügen formschlüssiger Verbindungen, die durch einen Biegeprozess erzeugt werden. Während beim Bördeln die Enden rohrförmiger bzw. zylindrischer Werkstücke bearbeitet werden, handelt es sich beim Falzen im Allgemeinen um das Fügen ebener Bleche.

5.8.1 Falzen

Falzen ist nach DIN 8593 [DIN03] ein Fügeverfahren, bei dem die Ränder vorbereiteter Blechteile ineinandergelegt oder -geschoben werden und durch Umlegen und Anpressen eine formschlüssige Verbindung erzeugt wird.

Das Fügen mittels Falzverbindung gehört zu den Fertigungsverfahren des Biegeumformens. Es eignet sich vorwiegend für Werkstücke aus dünnen, ebenen Blechen [Bec93]. Dazu werden die Kanten der zu verbindenden Bleche zunächst durch Gesenkbiegen vorbereitet, dann aneinandergelegt und abschließend erneut gebogen, um eine formschlüssige Verbindung zu erhalten. Die entstehende Verbindung ist unlösbar, starr und bewirkt durch die Materialaufdopplung eine Versteifung in der Fügezone. Im Gegensatz zum Fügen durch Schweißen entstehen kein Verzug und keine Spannungen im Bauteil. Außerdem behalten oberflächenveredelte Bleche ihre Korrosionsbeständigkeit während und nach der Umformung bei.

Neben ebenen und polygonalen Bauteilen können durch Falzen entlang zweier Kanten des gleichen Werkstücks rotationssymmetrische, trichterförmige oder spiralförmige Werkstücke wie z. B. Kabelummantelungen erzeugt werden. Beim Falzen von rotationssymmetrischen Bauteilen muss mindestens eine Kante durch Bördeln oder Tiefziehen hochgestellt werden.

Für die Ausführung steht eine Vielzahl möglicher Falzformen (**Abb. 5.53** und **Abb. 5.54**) zur Verfügung, die sich durch Form, Dichtheit und Anzahl der Biegekanten unterscheiden. Dichtheit und Haltbarkeit einer Verbindung werden außer von der Falzart auch wesentlich von der Falzbreite bzw. Überlappungsbreite beeinflusst. Schmale Falze sind meist undicht und können sich leicht öffnen, wohingegen zu breite Falze an zylindrischen Werkstücken zu tangentialen Druck- oder Zugspannungen und damit zu Riss- oder Faltenbildung führen können. In erster Näherung können für 1 mm starke Bleche Falzbreiten von 5–12 mm verwendet werden.

Für die Verbindung ebener Bleche bieten sich Stehfalz, liegende Falz oder Schiebefalz an. Stehfalze als Einfach- oder Doppelfalze kommen wegen der einfachen Montage vor allem bei Metalldacheindeckungen zur Anwendung. Die Dichtheit kann durch Verwendung einer Dichtungsmasse im Falz oder durch Verlöten erhöht werden. Die Höhe eines

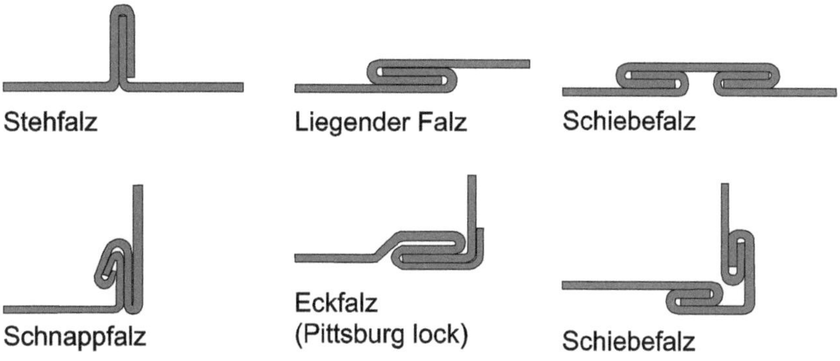

Abb. 5.53 Falzformen für ebene bzw. rechtwinklige Anschlüsse von Blechteilen

liegenden Falzes oder Schiebefalzes kann dadurch wesentlich geringer ausfallen. Allerdings weist diese Verbindung eine geringere Dichtheit gegen drückende Flüssigkeiten auf. Ihr Einsatz für Klimakanäle in der Lüftungsindustrie ist aber möglich. Da die Bleche in verschiedenen Ebenen liegen, kann es bei Temperaturschwankungen nicht zu Zwängungen kommen. Liegt die Verbindung im Eckbereich eines Blechformteils, so können Eckfalze oder Schiebefalze mit gebogenem Überwurfblech eingesetzt werden. Bei der Verwendung eines Schnappfalzes reduziert sich der Fügeprozess auf das Zusammenschieben der Fügepartner. Ein Zusammendrücken der Verbindung kann entfallen.

Bei gekrümmten Blechen kommen Doppel-, Rund- oder Halbrundfalze zum Einsatz, die sich besonders durch ihre Dichtheit auszeichnen. Durch die Verwendung von Dichtungsmitteln kann eine nahezu hundertprozentige Dichtheit erzeugt werden, wodurch auch die im Falzgrund liegenden Schnittkanten vor Korrosion geschützt werden. Es ist jedoch darauf zu achten, dass zwischen dem Boden und dem Falz noch mindestens 1 mm Abstand bleibt, damit sich beim Umbiegen nicht die Gebindewand einzieht, was beim Verpressen des Falzes zu Problemen führen kann.

Da beim Falzen häufig Biegungen um 180° auftreten, ergeben sich lokal z. T. sehr hohe Umformgrade. Daher ist es notwendig, dass der Werkstoff im kalten Zustand eine hohe Gleichmaßdehnung besitzt, um das Risiko evtl. auftretender Risse klein zu halten. Üblicherweise werden deshalb Feinbleche aus unlegierten, weichen Stählen verwendet, die Blechstärken zwischen 0,2 bis 2,0 mm aufweisen. Auch oberflächenveredeltes Blech (kunststoffbeschichtet oder verzinkt) kommt zum Einsatz. Beim Falzen von Aluminiumblechen muss die niedrigere Brucheinschnürdehnung und die geringere Fähigkeit zum Ausgleich von Spannungskonzentrationen beachtet werden, wodurch sich Beschränkungen bezüglich des kleinstmöglichen Biegeradius ergeben. Bei nicht vorgestrecktem Blech sollte mindestens ein Verhältnis von Biegeradius zu Blechstärke von 0,8 eingehalten werden.

Das Herstellen von Falzverbindungen kann manuell durch Hämmer oder auch mithilfe spezieller Falzmaschinen geschehen. Universal-Falzformer formen das Werkstück

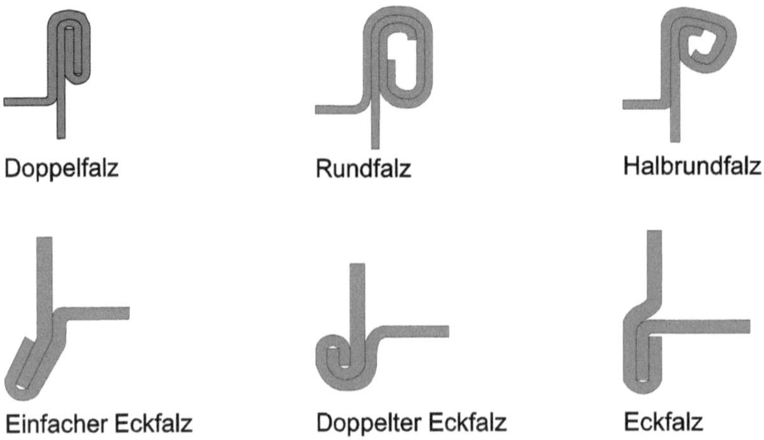

Abb. 5.54 Falzformen für Böden oder Deckel von Gebinden

durchlaufend mittels austauschbarer Rollensätze um. Sie eignen sich besonders für große Stückzahlen oder lange Bauteile, wie sie z. B. in der Lüftungsindustrie vorkommen. Rohrfalzmaschinen dagegen dienen zur Herstellung von zylindrischen oder konischen Rohren. Nach dem Ablängen wird automatisch durch Falzen ein geschlossenes Rohr erzeugt.

5.8.2 Bördeln

Das Bördeln ist ein spanloses Roll- bzw. Stauchumformverfahren zur Kragenherstellung an rohrförmigen Werkstücken.

Durch das Herstellen eines Bördels kann sowohl eine Versteifung des Randes eines Bauteils als auch eine formschlüssige Verbindung eines Hohlkörpers mit einem zu fügenden Werkstück erreicht werden. Letzteres wird nach DIN 8593 [DIN03] als „Fügen durch Bördeln" bezeichnet. **Abb. 5.55** zeigt gängige Verfahrensvarianten des Bördelns. Dabei wird unterschieden zwischen dem Fügen, bei dem nur das Ende eines rohrförmigen Werkstücks umgeformt wird, und dem gemeinsamen Bördeln, bei dem die Fügepartner ineinandergeschoben werden und durch gemeinsames Bördeln verbunden werden. Es entsteht eine nicht lösbare, starre Verbindung.

Beim Drahteinbördeln wird zur Verstärkung der Randbereiche von zylinderförmigen Werkstücken ein Draht in den Bördel eingelegt und dieser anschließend verschlossen.

Das zu bördelnde Blech sollte wegen der lokal hohen Umformgrade eine hohe Dehnbarkeit besitzen, um auftretende Risse zu vermeiden. Auch sollte es über eine niedrige Brucheinschnürdehnung verfügen, um die benötigten Prozesskräfte klein zu halten. Die üblicherweise verwendete Blechstärke liegt bei ca. 0,5 bis 1 mm, wobei als Richtwert für

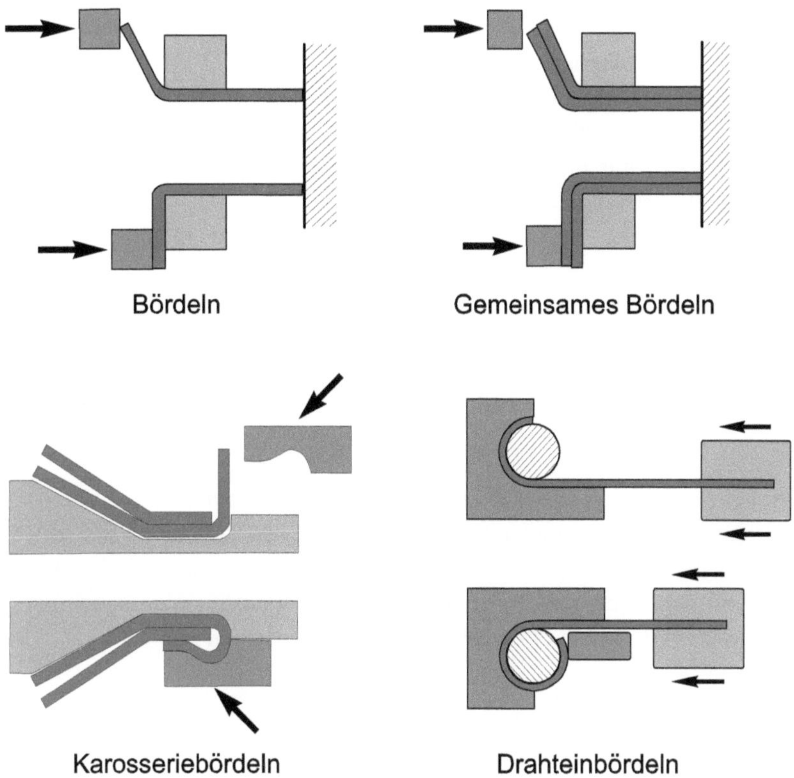

Abb. 5.55 Praxisübliche Bördelarten und -verfahren

den Bördelradius bei Stahlblechen die halbe Blechstärke verwendet werden kann. Bei der Verwendung von Werkstoffen mit niedriger Brucheinschnürdehnung und geringer Grenzformänderung (z. B. Aluminium) muss der Bördelradius entsprechend größer gewählt werden [Bec93].

Durch konstruktive Maßnahmen wie z. B. eine niedrige Bördelhöhe kann bei konvexen Kanten das Risiko der Faltenbildung aufgrund des tangentialen Stauchens bzw. bei konkaven Kanten die ungünstige Überlagerung von tangentialen Zugspannungen vermieden werden.

Bördel können sowohl von Hand als auch maschinell hergestellt werden. Das Bördeln von Hand wird im Wesentlichen in der Prototypen- und Kleinserienfertigung eingesetzt. Dazu wird das Bauteil erwärmt und die Kante partiell von innen nach außen angelegt. In der Mittel- und Großserienfertigung werden verschiedene Maschinentypen eingesetzt [Bec93]:

- Universalbördelmaschinen mit Bördelhöhen- und Blechdickenverstellung zum Anstellen rechtwinkliger Bördel (z. B. in der Lüftungsindustrie),
- Hydraulisch betriebene Bördelmaschinen mit Roboterhandling (z. B. im Karosseriebau),

- Drahteinrollmaschinen zum Umbördeln, Drahteinlegen und Zudrücken in einem Arbeitsgang (z. B. im Karosseriebau),
- Rollbördelmaschinen mit gegenläufig drehenden Bördelköpfen zur spannungsreduzierten Verarbeitung dünner Bleche (z. B. Dosen),
- Stauchbördelmaschinen mit nicht rotierenden Profilwerkzeugen für große Blechdicken und geringe Blechstreckgrenzen (z. B. Gebinde),
- Kombinierte Sickenauspress- und Expandierbördelmaschinen zur integrierten Fertigung von Sicken und Borden (z. B. Dosen).

5.9 Biegerichten

Biegerichtverfahren, die nach DIN 8586 [DIN71] zu den Biegeverfahren mit drehender Werkzeugbewegung zu zählen sind, werden eingesetzt, um unerwünschte Krümmungen an plastisch verformten Blechen zu beseitigen, die z. B. durch eine unsymmetrische Ausbildung von Restspannungen nach umformenden, spanenden oder thermisch beeinflussten Bearbeitungsschritten entstehen können.

Ein typisches Anwendungsbeispiel ist das Richten von Blech nach der Abwicklung vom Coil in einer Richtmaschine, bevor es weiter umgeformt wird.

Abb. 5.56 verdeutlicht das Prinzip des Walzrichtens durch mehrfaches wechselseitiges plastisches Biegen. Für ein gutes Richtergebnis sollte anfänglich derart elastisch-plastisch

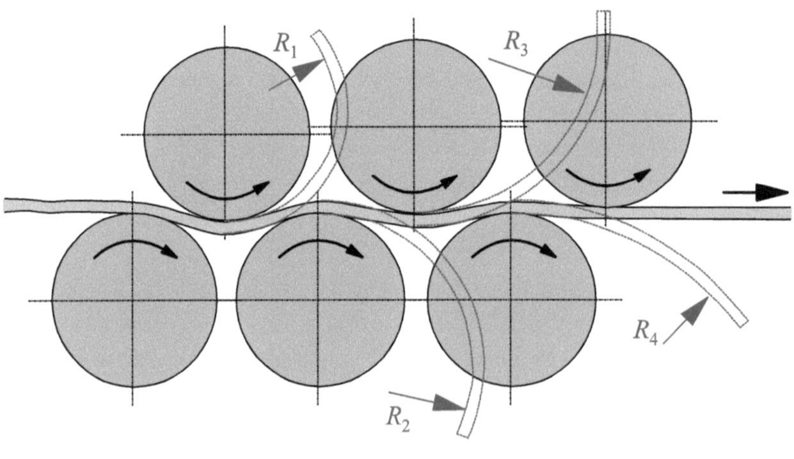

Abb. 5.56 Prinzip des Walzrichtens durch wechselseitiges Biegen [Sch96]

gegengebogen werden, dass die resultierende Krümmung größer ist als die größte im ungerichteten Blech vorhandene Krümmung. Mit abklingendem elastisch-plastischem Hin- und Herbiegen kann im weiteren Verlauf des Richtprozesses die Krümmung des Werkstücks schrittweise abgebaut werden. Dabei ist darauf zu achten, dass das Richtgut durch den Walzprozess nicht beschädigt wird. Insbesondere zu starke Biegung kann bei spröden Materialen leicht zu Rissen an der Oberfläche führen.

Das Spektrum gerichteter Flachzeuge reicht dabei von Blechtafeln, die Dicken von 50 mm und mehr erreichen können, über Blechbänder bis hin zu dünnsten Folien, die

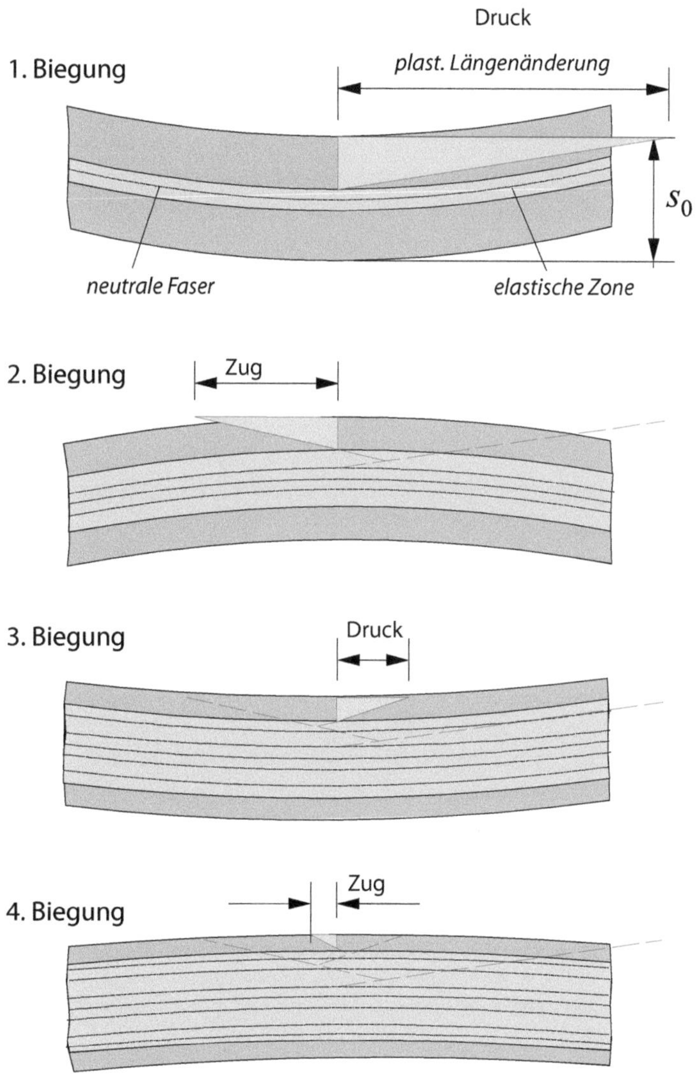

Abb. 5.57 Spannungen im Blech beim Richten durch wechselseitiges Biegen [Sch96]

vor ihrer Weiterverarbeitung auf Walzrichtmaschinen gerichtet werden. Das Richten von Flachzeugen, wie Bleche, Streifen oder Bänder, erfolgt im Durchlaufverfahren zwischen zwei Reihen versetzt hintereinander angeordneter Richtwalzen nach dem oben beschriebenen Prinzip des wechselseitigen Biegens mit abnehmender Krümmung.

Die Anzahl der Richtwalzen, die sich oben und unten über Zwischenwalzen auf sog. Stützwalzen abstützen, hängt u. a. von der Dicke des Richtguts, der Fließspannung und dem Elastizitätsmodul ab, wobei dünne Bleche mit hoher Fließspannung und geringem Elastizitätsmodul die größten Schwierigkeiten bereiten und deshalb vergleichsweise viele Walzen erfordern. Während zum Richten dicker Tafeln oder Bänder bzw. bei geringeren Ansprüchen an die Richtgenauigkeit schon fünf Walzen ausreichend sein können, werden bei hohen Präzisionsanforderungen oder dünnen Blechen Maschinen mit bis zu 21 Walzen eingesetzt [Sch96]. Im Allgemeinen kann umso spannungsfreier gerichtet werden, je mehr Walzen im Eingriff sind.

Bei dem beschriebenen wechselseitigen Ansatz nehmen Biegung für Biegung die Krümmungsradien zu, während die Restspannungen im Material dementsprechend immer geringer werden, bis schließlich der gewünschte Richtgrad erreicht ist und nur noch minimale Spannungen im Richtgut vorhanden sind (vergleiche **Abb. 5.57**). Das wechselseitige Biegen muss dabei jeweils oberhalb der Fließgrenze des Materials erfolgen, sodass die Biegerichtung nach der Rückfederung erhalten bleibt. Die letzte Biegung muss so eingestellt sein, dass das Blech nach der Rückfederung eine ebene Form annimmt. Durch das Hin- und Herbiegen nehmen die im Blech vorhandenen Restspannungen mit der Zahl der Biegungen und mit zunehmenden Krümmungsradien ab [Sch96].

Durch Überlagerung von Zugspannungen (Streckbiegerichten) [Noé71] kann das Richtergebnis von Walzrichtprozessen verbessert werden.

Auf Ansätze zur Berechnung von Walzrichtprozessen wird z. B. in [Fan84] eingegangen. Der grundsätzliche Aufbau von Walzrichtmaschinen wird in [Sch96] skizziert.

Literatur

[Aus99] Austerhoff, N.: Integrierte Produkt- und Prozessgestaltung für die Herstellung von Blechbiegeteilen. Dr.-Ing. Dissertation, Universität Dortmund, 1999.

[Abo85] Abolins, G.: Modellierung prismatischer Werkstücke und Blechteile. Dr.-Ing. Dissertation, RWTH Aachen, 1985.

[And84] Andreen, O.; Crafoord, R.: Calculation of Springback of Sheet Metal Bends. In: Advanced Technology of Plasticity 1984, Proc. 1st Int. Conf. On Technology of Plasticity, Tokyo, Bd. 1.

[Ano97] Anokye-Siribor, K.; Singh, U. P.: Physical Modelling of Air-Bending Process. In: Proceedings of the SheMet ´97, 5th International Conference on Sheet Metal 1997, Ulster, Apr. 8-10, S. 481-491.

[Bau81] Bauschinger, J.: Über die Veränderung der Elastizitätsgrenze und des E-Moduls verschiedener Werkstoffe. Ziviling. 18 (1881) 1, S. 299-348.

[Bau86] Bauschinger, J.: Über die Veränderung der Elastizitätsgrenze und der Festigkeit des Eisens und Stahls durch Strecken und Quetschen, durch Erwärmen und Abkühlen und durch oftmals wiederholte Beanspruchung. Mitt. Mech.-Techn. Lab. K. Techn. Hochsch. München 13 (1886), S. 1-116.

[Bec93] Becker, N.; Gräber, A. Liebig, H. P.: Fügen durch Umformen. In: Umformtechnik – Handbuch für Industrie und Wissenschaft, K. Lange (Hrsg.), Bd. 4: Sonderverfahren, Prozesssimulation, Werkzeugtechnik, Produktion. Berlin, Heidelberg, New York: Springer, 2. Auflage, 1993, S. 271-305.

[Bru69] Bruhns, O.; Thermann, K.: Elastisch-plastische Biegung eines Plattenstreifens bei endlichen Formänderungen. Ingenieur-Archiv 38 (1970) 3, S. 141-152.

[Bru70] Bruhns, O.: Berücksichtigung einer isotropen Werkstoffverfestigung bei der elastisch-plastischen Blechbiegung mit endlichen Formänderungen. Ingenieur-Archiv 39 (1970), S. 63-72.

[Cha98] Chatti, S.: Optimierung der Fertigungsgenauigkeit beim Profilbiegen. Dr.-Ing. Dissertation, Universität Dortmund, 1998.

[Cse91] Cser, L.; Geiger, M.; Greska, W.; Hoffmann, M.: Three Kinds of Case-Based Learning in Sheet Metal Manufacturing. Computers in Industry 17 (1991), S. 195 –206.

[Deb67] De Boer, R.: Die elastisch plastische Biegung eines Plattenstreifens aus inkompressiblem Werkstoff. Ingenieur-Archiv (1967) 36, S. 145-154.

[Deb69] De Boer, R.; Bruhns, O.: Zur Berechnung der Eigenspannungen bei einem durch endliche Biegung verformten inkompressiblen Plattenstreifen. Acta Mechanica 8 (1969), S. 146-159.

[Deh68] Deh, R.: Zur Berücksichtigung der Werkstoffeigenschaften beim plastischen Blechbiegen. Wiss. Z. der TH Magdeburg 12 (1968) 5/6, S. 543-547.

[Den84] Systematisierung und Automatisierung der Konstruktion und Fertigung von Gesenkbiegewerkzeugen. Dr.-Ing. Dissertation, Universität-Gesamthochschule Siegen, 1984.

[Duf01] Duflou, J. R.; Collin, P.; Kruth, J. P.; Oudheusden, D. van: Automatic Process Planning for Bent Sheet Metal Parts: Implemenation Aspects and Performance Evaluation. In: 9th Int. Conf. On Sheet Metal, Leuven, 2001, S. 371-378.

[DIN71] DIN 8586: Fertigungsverfahren Biegeumformen. Berlin: Beuth, 1971.

[DIN75] DIN 6935: Kaltbiegen von Flacherzeugnissen aus Stahl. Berlin: Beuth, 1975.

[DIN91] DIN EN 10002-1: Zugversuch – Teil 1: Prüfverfahren. Berlin: Beuth, 1991.

[DIN91a] DIN EN 10131: Kaltgewalzte Flacherzeugnisse ohne Überzug aus weichen Stählen sowie aus Stählen mit höherer Streckgrenze zum Kaltumformen. Berlin: Beuth, 1991.

[DIN03] DIN 8593: Fertigungsverfahren Fügen – Teil 5: Fügen durch Umformen; Einordnung, Unterteilung, Begriffe. Berlin: Beuth, 2003.

[Elk99] Elkins, K. L.; Sturges, R. H.; Springback Analysis and Control in Small Radius Air Bending. J. Manuf. Sci. Eng. 121 (1999), S. 679-688.

[Elk99a] Elkins, K. L.; Sturges, R. H.: Non-Iterative Control of Small-Radius Bend Angle. J. Manuf. Processes 1 (1999) 1, S. 18-31.

[End91] Ende, A. v.: Untersuchungen zum Biegeumformen mit elastischer Matrize. Dr.-Ing. Dissertation, Universität Erlangen, 1991.

[Fai90] Fait, J.: Technologische Grundlagenuntersuchungen zur Erhöhung der Flexibilität des Schwenkbiegens. Dr.-Ing. Dissertation, Universität Dortmund, 1990.

[Fan84] Fangmeier, R.: Grundlagen für das Richten von Flachmaterial, Profilen, Rundstäben und Rohren. Arch. Eisenhüttenwes. 55 (1984), S. 251-255.

[Fin93] Finckenstein, E. v.; Kleiner, M.; Sulaiman, H.: Flexible Biegeumformung an der Gesenkbiegepresse. Blech Rohre Profile 40 (1993) 9, S. 656-659.

[Fin93a] Finckenstein, E. v.: Biegen. In: W. Dahl, R. Kopp, O. Pawelski (Hrsg.), Umformtechnik – Plastomechanik und Werkstoffkunde. Stahleisen: Düsseldorf. Springer: Berlin Heidelberg New York, 1993, S.851ff.

[Fin97] Finckenstein, E. v.; Austerhoff, N.; Heller, B.; Sulaiman, H.: In-process Control System for Flexible Air Bending of Sheet Metal. Production Engineering 4 (1997) 2, S. 109-114.

[Fle89] Fleischer, J.: Rechnergestützte Werkzeugplanung für Blechbiegeteile. Dr.-Ing. Dissertation, Universität Karlsruhe, 1989.

[For98] Forcellese, A.; Fratini, L.; Gabrielli, F.; Micari, F.: The Evaluation of Springback in 3d Stamping and Coining Processes. J. Mat. Proc. Tech. 80-81 (1998), S. 108-112.

[For98a] Forcellese, A.; Gabrielli, F.; Ruffini, R.: Effect of the Training Set Size on Springback Control by Neural Network in an Air Bending Process. J. Mat. Proc. Tech. 80-81 (1998), S. 493-500.

[For98a] Forcellese, A.; Gabrielli, F.; Ruffini, R.: Effect of the Training Set Size on Springback Control by Neural Network in an Air Bending Process. J. Mat. Proc. Tech. 80-81 (1998), S. 493-500.

[Gän02] Gänsicke, B.: Verbesserung des Formänderungsvermögens bei der Blechumformung mittels partiell überlagerter Druckspannung. Dr.-Ing. Dissertation, Ruhr-Universität Bochum, 2002.

[Gei92b] Geiger, M; Engel, U., Ende, A. v.: Untersuchungen zum Blechbiegen mit elastischen Werkzeugen. Blech Rohre Profile 39 (1992) 3, S. 191-198.

[Gei92] Geiger, M.; Hoffmann, M.; Kluge, B.: Inferenzmaschine für ein Biegestadienplanungssystem. ZwF 87 (1991) 5, S. 261-264.

[Gei92a] Geiger, M.; Hoffmann, M.: Wissensbasierte Biegestadienplanung von komplexen Blechbiegeteilen. In: Neuere Entwicklungen in der Blechumformung. 1992. Vortragstext zum gleichnamigen Symposium in Fellbach, am 7./8.4.1992.

[Gei93] Geiger, M.; Backes, F.; Greska, W.: Formklassifizierung von Blechteilen mit Fuzzy-Logic. CIM-management 93 (1993) 5, S. 54-59.

[Gei93a] Geiger, R.; Hänsel, M.; Sobis, T.; Engel, U.: Optimierungsstrategien zur Verbesserung der Lebensdauer von Umformwerkzeugen. In: K. Lange (Hrsg.), Abschlusskolloquium des PSU-Projektes, S. 103--124. Stuttgart: 31. März 1993.

[Haa98] Haase, F.: Eigenspannungsermittlung an dünnwandigen Bauteilen und Schichtverbunden. Dr.-Ing. Dissertation, Universität Dortmund, 1998.

[Hae76] Haenni, E.; Zborny, V.: Das Dreipunktbiegeverfahren. Sonderdruck aus: Fertigung Nr. 3, Juni 1976.

[Ham01] Hambli, R.; Potiron, A.: Damage and Fracture Prediction in Bending Processes using 3D Finite Element Model. In: Proceedings of the SheMet 2001, International Conference on Sheet Metal 2001, Leuven, Apr. 2-4, S. 229-236.

[Har82] Hartig, W.: Untersuchung über das mehrfache Biegen von Stahlband mit Längszug. Dr.-Ing. Dissertation, RWTH Aachen, 1982.

[Har82a] Hardt, D.E.; Webb, R.D.: Sheet Metal Die Forming Using Closed-Loop Shape Control. In: Proc. CIRP, Bd. 2.1982.

[Hau96] Hauss, H. (Hrsg.): Faszination Blech – Flexible Bearbeitung eines vielseitigen Werkstoffs. Stuttgart: Raabe, 1996.

[Hel02] Heller, B.: Halbanalytische Prozess-Simulation des Freibiegens von Fein- und Grobblechen. Dr.-Ing. Dissertation, Universität Dortmund, 2002.

[Hec94] Heckel, W.: Optische 3D-Konturerfassung und Online-Biegewinkelmessung mit dem Lichtschnittverfahren. Dr.-Ing. Dissertation, Universität Erlangen-Nürnberg, 1994.

[Her89] Herrmann, M; Keck, P.; Wilhelm, M.: Finite-Element-Simulation für die Blechumformung. In: O.T. Bruhns (Hrsg.), Große plastische Formänderungen, 5.Workshop, Bad Honnef, 12.7.-16.9.1988, Mitteilungen aus dem Institut für Mechanik Nr. 63, Ruhr-Universität Bochum, S. 33-37. 1989.

[Her91] Herrmann, M.: Beitrag zur Berechnung von Vorgängen der Blechumformung mit der Methode der Finiten Elemente. Dr.-Ing. Dissertation, Universität Stuttgart, 1991.

[Hie00] Hiestermann, H.; Istrate, A.: Verfahren zum Walzprofilieren von Bauteilen mit über der Längsachse veränderlichen Querschnitten. In: 7. Umformtechnisches Kolloquium Darmstadt – Anforderungen – Innovationen -Perspektiven. Meisenbach: Bamberg, 2000, S. 89-96.

[Hil83] Hill, R.: The Mathematical Theory of Plasticity. Oxford: Clarendon Press, 1983.

[Hof89] Hoffmann, M.; Geißler, U.: Automatisierte Fertigungsvorbereitung in der Blechbearbeitung, Teil 2: Biegestadienplanung. CAD-CAM-Report 10 (1989), S. 58 –65.

[Hof91] Hoffmann, M.: Entwicklung einer CAD/CAM-Prozesskette für die Herstellung von Blechbiegeteilen. Dr.-Ing. Dissertation, Universität Erlangen-Nürnberg, 1991.

[Hof93] Hoffmann, M.; Backes, F.: Wissensbasierte Biegestadienplanung. wt Produktion und Management (1993), S. 61 –62.

[Hof94] Hoffmann, M.; Greska, W.; Geiger, M.: Integrierte Konstruktion und Fertigungsvorbereitung. Blech Rohre Profile 41 (1994) 1, S. 56-59.

[Hor98] Horn, A.: Online-Biegewinkelsensorik zur Erhöhung der Genauigkeit beim Freibiegen. In: Genauigkeit in der Blechverarbeitung, EFB-Kolloquium, Fellbach bei Stuttgart, D, 10./11.3.98, S. 1-13. Fellbach: 1998.

[Ism79] Ismar, H.; Mahrenholtz, O.: Technische Plastomechanik, Braunschweig: Vieweg, 1979.

[Ism97] Ismar, H.; Reinert, U.; Streicher, F.: Studie zum Einfluß des plastisch anisotropen Werkstoffverhaltens auf technische Umformprozesse. Materialwissenschaft und Werkzeugtechnik 28 (1997) 3, S. 103-109.

[Ist98] Istrate, A.; Schmoeckel, D.: Integration der FE-Analyse in den Stufenauslegungsprozess beim Walzprofilieren und Prozessparameter mittels numerischer Berechnungsverfahren (FEM). Kolloquium „Walzprofilieren von Stahl". Neue Impulse aus der Forschung, der Prozess- und Anlagentechnik. Tagungsband 722, Studiengesellschaft Stahlanwendung e. V.: Düseseldorf, 1998.

[Ist98a] Istrate, A.; Schmoeckel, D.: Forschungsergebnisse und Perspektiven für die Weiterentwicklung und Perfektionierung des Kaltprofilierens. Kolloquium „Walzprofilieren von Stahl". Neue Impulse aus der Forschung, der Prozess- und Anlagentechnik. Tagungsband 722, Studiengesellschaft Stahlanwendung e.V.: Düsseldorf, 1998.

[Ist00] Istrate, A.: Entwicklung eines Verfahrens zur Walzprofilierung von Bauteilen mit über der Längsachse unterschiedlichen Querschnitten. Fachtagung Walzprofilieren, TU Darmstadt, 5.-6. September 2000.

[Kah83] Kahl, K.-W., Schiefenbusch, J.: Möglichkeiten zur Verbesserung der Form- und Maßgenauigkeit bei der Umformung hochfester kaltgewalzter Feinbleche. Blech Rohre Profile 30 (1983) 2, S. 39-43.

[Kah85] Kahl, K.-W.: Untersuchungen zur Verbesserung der Form- und Maßgenauigkeit beim Biegen von Blechen. Dr.-Ing. Dissertation, Universität Dortmund, 1985.

[Kie52] Kienzle, O.: Untersuchungen über das Blechbiegen. Mitt. der Forschungsges. Blechverarb. 3 (1952), S. 57-65.

[Kie55] Kienzle, O.: Wissenschaftliche Vergleichspunkte zwischen den verschiedenen Biegeverfahren für Blech. Mikrotechnik 9 (1955), S. 34-41.

[Kle91] Kleiner, M.: Prozesssimulation in der Umformtechnik. Habilitationsschrift, Universität Dortmund, 1991.

[Kle00] Kleiner, M.; Austerhoff, N.; Dirksen, U.; Heller, B.; Maevus, F.: Virtual Prototyping for Air Bending of Thin and Medium-Thick Sheet Metal. Production Engineering 4 (1997) 2, S. 109-114.

[Kle03] Kleiner, M.; Kopp, R.; Chatti, S.; Heller, B.; Wiedner, C.: Umformung und Weiterverarbeitung von flexibel gewalzten Stahlblechen (Tailor Rolled Blanks) für Leichtbaustrukturen. Studiengesellschaft Stahlanwendung e. V.: Düsseldorf, 2002.

[Köl97] Köhler, T.: Messtechnik an Abkantpressen. Bänder Bleche Rohre 38 (1997) 6, S. 24-29.

[Kön90] König, W.: Fertigungsverfahren. Bd. 5: Blechumformung. Düsseldorf: VDI, 1986.

[Koy87] Koyama, K. et. al.: Precision Bending Process of Sheet Metal. J. of JSTP 28 (1987), S. 118-122.

[Kri72] Krisch, A.: Über die Entstehung eines Bauschingereffektes bei plastischer Biegung. Arch. Eisenhüttenwes. 43 (1972), S. 667-674.

[Leh55] Lehmann, T.: Zum Problem der Biegefließkurven. Mitt. Forsch.ges. Blechverarb. (1955) 1.

[Leh58] Lehmann, T.: Probleme des Blechbiegens. VDI-Z. 100 (1958), S. 1295-1300.

[Lie01] Liet, R.: Darley´s ACS Angle Measurement System for Press Brakes. In: Proceedings of the SheMet 2001, International Conference on Sheet Metal 2001, Leuven, Apr. 2-4, S. 467-474.

[Lud81] Ludowig, G.; Zicke, G.: Steuern von CNC-Walzrundmaschinen durch Simulation. Industrie Anzeiger 103 (1981) 95, S. 34-35.

[Lud03] Ludwik, P.: Technologische Studie über Blechbiegung – Ein Beitrag zur Mechanik der Formänderungen. Technische Blätter 35 (1903), S. 133 –159.

[Lue73] Lücke, B.: Die Berücksichtigung von Entlastungszonen und Zonen erneuter Belastung bei der elastisch-plastischen Blechbiegung mit endlichen Formänderungen. Ingenieur-Archiv 43 (1973), S. 33-43.

[Lut96] Lutters, D.; Streppel, A. H.; Kroeze, B.; Kals, H. J. J.: Adaptive Press Brake Control in Air Bending. Laboratory of Production and Design, University of Twente, Enschede, The Netherlands, 1996.

[Mae93] Maevus, F.: Rechnerintegrierte Blechteilefertigung am Beispiel des Gesenkbiegens. Dr.-Ing. Dissertation, Universität Dortmund, 1993.

[Mai94] Maier, F.: Rechnergestützte Prozessregelung beim flexiblen Gesenkbiegen durch Rückführung von Qualitätsinformationen. In: Forschungsberichte aus dem Institut für Werkzeugmaschinen und Betriebstechnik, Bd. 51. Univ. Karlsruhe: 1994.

[Mül88] Müller-Duysing, M.; Reissner, J.: Computer Aided Control of Sheet Bending. In: Proc. 3rd Int. Conf. Computer-Aided Production Engineering, 1.-3.6.1988, University of Michigan, College of Engineering, Ann Arbor, USA.

[Mül93] Müller-Duysing, M.: Die Berechnung und adaptive Steuerung des Drei-Punkt-Biegens. Dr.-Ing. Dissertation, Eidgenössische Technische Hochschule Zürich, 1993.

[Nad50] Nadai, A.: A Theory of Flow and Fracture of Solids. 1950.

[Nag87] Nagai, Y.; Makinouchi, A.: Finite Element Simulation Of Bending-Restriking Process of Steel Sheets. In: K. Lange (Hrsg.), Advanced Technology of Plasticity 1987, Proceedings of the 2nd International Conference on Technology of Plasticity, Stuttgart 24.-28.8.1987, Bd. I. Berlin, Heidelberg, New York: Springer, 1987.

[Nic76] Nicklas, G.: Das Biegen von Blechen anhand einer Biegung in V-Gesenken. In: Fortschrittberichte VDI, Nr. 33, Reihe 2. Düsseldorf: VDI, 1976.

[Nil97] Nilsson, A.; Melin, L.; Magnusson, C.: Finite-Element Simulation of V-Die Bending: A Comparison with experimental results. J. Mat. Proc. Tech. 65 (1997), S. 52-58.

[Noé71] Noé, O.: Einfluss des kontinuierlichen Streckbiegerichtens auf die Bandeigenschaften. Stahl Eisen 91 (1971), S. 916-924.

[Noé86] Noé, A.: Theoretische und praktische Untersuchungen zum Streckrichten. Stahl Eisen 106 (1986), S. 1131ff.

[Oeh63] Oehler, G.: Biegen. München: Carl Hanser, 1963.

[Oga01] Ogawa, H.: A Study of Bottoming Bend and Coining of Sheet Metal. In: Proceedings of the SheMet 2001, International Conference on Sheet Metal 2001, Leuven, Apr. 2-4, S. 247-254.

[Ohk80] Oh, S.-I.; Kobayashi, S.: Finite Element Analysis of Plane-Strain Sheet Bending. Int. J. Mech. Sci. 22 (1980) 9, S. 683-594.

[Pan67] Panknin, W.: Der Einfluss einer Umkehr der Verformungsrichtung auf die Formänderungsfestigkeit von metallischen Werkstoffen. Draht 18 (1967), S. 1-6.

[Paw75] Pawalkat, H.: Grobbleche mit großen Radien biegen: Beitrag zur Bestimmung der Biegekräfte. Bänder Bleche Rohre 16 (1975) 9, S. 373-381.

[Poo65] Poócza, A.: Rundbiegen von Blechen bei nichtlinearem Materialgesetz. Blech (1965) 12, S. 64-67.

[Pre87] Preckel, U.: Rechnerunterstützte Bestimmung von Eigenspannungen I. Art in umgeformten Bauteilen. Dr.-Ing. Dissertation, Universität Dortmund, 1987.

[Pro58] Proksa, F.; Zur Theorie des plastischen Blechbiegens bei großen Formänderungen. Dr.-Ing. Dissertation, TH Hannover, 1958.

[Rec66] Rechlin, B.: Vergleichende Untersuchungen verschiedener Kaltbiegeverfahren für Blech. Dr.-Ing. Dissertation, TH Hannover, 1966.

[Rei86] Reissner, J.; Ehrismann, R.: Rechnerunterstütztes Dreipunktbiegen von Vielkantprofilen. Blech Rohre Profile 33 (1986) 1, S. 17-19.

[Rei90] Reissner, J.; Müller-Duysing, M.; Dannenmann, E.; Ladwig, J.: Biegen. In: Umformtechnik – Handbuch für Industrie und Wissenschaft, K. Lange (Hrsg.), Bd. 3: Blechbearbeitung. Berlin, Heidelberg, New York: Springer, 2. Auflage, 1990, S. 243-310.

[Rid08] Ridane, N.: FEM-gestützte Prozessregelung des Freibiegens. Dr.-Ing. Dissertation, Universität Dortmund, 2008.

[Rot90] Rothstein, R.: Einsatz der Prozeßsimulation zur Analyse und Weiterentwicklung von Gesenkbiegeverfahren. Dr.-Ing. Dissertation, Universität Dortmund, 1990.

[Sch83] Schiefenbusch, J.: Untersuchungen zur Verbesserung des Umformverhaltens von Blechen beim Biegen. Dr.-Ing. Dissertation, Universität Dortmund, 1992.

[Sch92] Schilling, R.: Finite-Elemente-Analyse des Biegeumformens von Blechen. Dr.-Ing. Dissertation, Universität Dortmund, 1992.

[Sch93] Schmoeckel, D.; Geyer, S.; Stricker, N.: Computer-Aided Pass Sequence Planning for Roll Forming. Production Engineering 1 (1993) 1, S. 61-64.

[Sch96] Schuler GmbH: Handbuch der Umformtechnik. Berlin, Heidelberg, New York: Springer, 1996.

[Sch96a] Schmoeckel, D.; Stricker, N.: Technology-Oriented Planning Instruments for Roll Forming Based on FEM Simulation. Production Engineering 3 (1996) 2, S. 75-78.

[Sch52] Schwark, H.-F.: Rückfederung an bildsam gebogenen Blechen. Dr.-Ing. Dissertation, TH Hannover, 1952.

[Ser01] Serruys, W.: Adaptive Bending. In: Proceedings of the SheMet 2001, International Conference on Sheet Metal 2001, Leuven, Apr. 2-4, S. 503-512. 2001.

[Sed99] Sedlmaier, A.; Tann, J.: Simulation vereinfacht das Optimieren von kaltgewalzten Stahlprofilen. Maschinenmarkt, Würzburg 105 (1999) 11, S. 32-37.

[Ste89] Stelson, K.A.: An Adaptive Pressbrake Control for Strain Hardening Materials. Tr. ASME. J. Eng. Indust. 108 (1989).

[Str99] Streppel, A. H.; Lutters, D.; ten Brinke, E.; Pijlman, H. H.; Kals, H. J. J.: Process Modelling for Air Bending: Equilibrium Model and FEM-Simulation. In: M. Geiger (Hrsg.), Proceedings of the SheMet ′99, 7th International Conference on Sheet Metal 1999, Sept. 27-28, S. 161ff.

[Sul95] Sulaiman, H.: Erweiterung der Einsetzbarkeit von Gesenkbiegepressen durch die Entwicklung von Sonderwerkzeugen. Dr.-Ing. Dissertation, Universität Dortmund, 1995.

[Tan94] Tan, Z.; Li, W. B.; Persson, B.: On Analysis and Measurement of Residual Stresses in the Bending of Sheet Metals. Int. J. Mech. Sci. 36 (1994) 5, S. 483-491.

[Thi93] Thieme, S.; Müller-Duysing, M; Reissner, J.: Neuronale Netze in der Umformtechnik: Der Natur auf der Spur? Schweizer Maschinenmarkt (1993) 31, S. 100-103.

[Vin94] Vin, L. J. de; Vries, J. de; Streppel, A. H.; Klaassen, E. J. W.; Kals, H. J. J.: The Generation of Bending Sequences in a CAPP-System for Sheet Metal Components. J. Mat. Proc. Tech. (1994) 41, S. 331-339.

[War96] Warstat, R.: Optimierung der Produktqualität und Steigerung der Flexibilität beim CNC-Schwenkbiegen. Dr.-Ing. Dissertation, Universität Dortmund, 1996.

[Wol50] Wolter, K. H.: Das freie Biegen von Blechen im V-Gesenk. Mitt. Forsch.ges. Blechverarb. (1950) 29, S. 1-6.

[Wol52] Wolter, K. H.: Freies Biegen von Blechen. VDI-Forschungsheft 435, Deutscher Ingenieur-Verlag, Düsseldorf, 1952.

[Yan90] Yang, M.; Shima, S.: Development of an Intelligent V-Bending Process with a Feedforward Control System. In: Advanced Technology of Plasticity 1990, Proc. of the 3rd Int. Conf. of the Jap. Soc. for Technology of Plasticity, Kyoto, Japan, 1.-6.7.1990, Bd. 3, S. 1483-1488.

[Yan92] Yang, M.; Shima, S.; Watanabe, T.: Development of Control System Using Neural Network Combined with Deformation Model for an Intelligent V-Bending Process of Sheet Metals. In: Flexible Automation 1992, The Japan/USA Symposium, ASME and Inst. of Systems, Control and Information Engineers of Japan, San Francisco, CA, USA, 13.-15.7.1992, Bd. 2, S. 1485-1490.

[Yan97] Yang, M.; Kojima, N.; Manabe, K.; Nishimura, H.: High Accuracy V-Bending Process with an On-Line Database and Modified Fuzzy Models. JSME Intl. Journal 40 (1997) 1, S. 157-162.

[YuJ80] Yu, T. X.; Johnson, W.: The Press Brake Bending of Rigid/Linear Work-Hardening Plates. Intl. J. Mech. Sci. 23 (1980), S. 307-318.

[Zün66] Zünkler, B.: Rechnerische Erfassung der Vorgänge beim Biegen im V-Gesenk. Ind. Anz. 88 (1966), S. 1601-1605.

[Zün66a] Zünkler, B.: Theoretische Ermittlung der Stempelkraft beim Biegen von Blechen im U-förmigen Gesenk. Bänder Bleche Rohre 7 (1966), Ind. Anz. 88 (1966), S. 829-832.

[Zün85] Zünkler, B.; Biegeumformung. In: Handbuch der Fertigungstechnik, G. Spur und T. Stöferle (Hrsg.), Bd. 2/3. Umformen und Zerteilen. München, Wien: Carl Hanser, 1985, S. 1287-1337.

Schneiden

6

Dr.-Ing. Peter Demmel, MAN Truck & Bus AG, München
Dr.-Ing. Roland Golle, Technische Universität München, Lehrstuhl für Umformtechnik und Gießereiwesen
Prof. Dr.-Ing. Hartmut Hoffmann, Technische Universität München, Lehrstuhl für Umformtechnik und Gießereiwesen
Dr.-Ing. Raphael Petry, MAN Truck & Bus AG, München

6.1 Zerteilen

Zerteilen ist mechanisches Trennen von Werkstücken ohne Entstehen von formlosem Stoff.

Da zum Zerteilen vielfach Werkzeugmaschinen eingesetzt werden wie sie auch in der Umformtechnik Anwendung finden, wird diese Gruppe von Trennverfahren meist zusammen mit der Umformtechnik betrachtet. Zudem ist fast jedem Umformvorgang ein Zerteilvorgang voran beziehungsweise nachgeschalten. Bei allen Zerteilverfahren wird der zu trennende Werkstoff so lange plastisch verformt, bis Bruch eintritt und der Werkstoff vollständig getrennt ist.

Beim Zerteilen werden die Verfahren Scherschneiden, Messerschneiden, Beißschneiden, Spalten, Reißen und Brechen unterschieden (**Abb. 6.1**). Das Scherschneiden hat dabei die größte industrielle Bedeutung in der Blechverarbeitung (siehe Kapitel 6.2 Scherschneiden (Normalschneiden)).

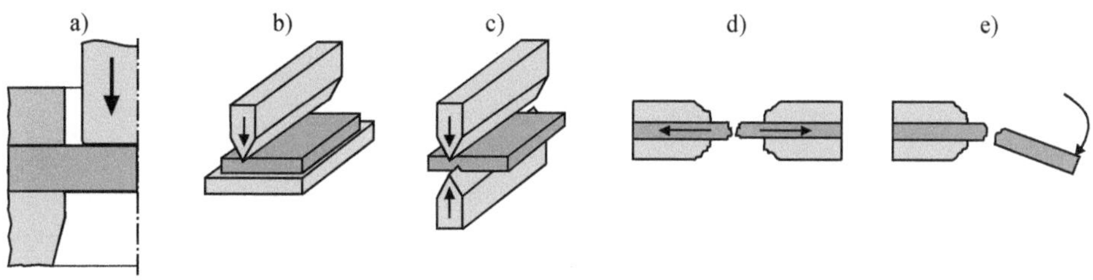

Abb. 6.1 Trennverfahren: a) Scherschneiden, b) Messerschneiden, c) Beißschneiden, d) Reißen, e) Brechen. Quelle: nach [DIN8588]

Die Keilschneidverfahren Messerschneiden, Beißschneiden und Spalten spielen nur in speziellen Anwendungsfeldern eine Rolle. Beim Messerschneiden (einschneidiges Keilschneiden, **Abb. 6.1b**) dringt das Messer in das auf einer Auflage befindliche Werkstück bis zu vollständigen Werkstofftrennung, unter Umständen sogar nach dem Zerteilen auch noch in die Auflage, ein. Das Prinzip wird zum Beispiel bei Meißeln, Rohrschneidern und beim Schneiden mit Locheisen angewandt. Die Hauptanwendungsgebiete dieses Verfahrens liegen in der nicht-metallverarbeitenden Industrie, wie etwa in der Textil-, Papier- oder Kunststoffverarbeitung. Beim Beißschneiden (zweischneidiges Keilschneiden, **Abb. 6.1c**) wird der Werkstoff von zwei sich aufeinander zu bewegende Keilschneiden zerteilt. Das Prinzip wird unter anderem beim Schneiden mit Kneifzange und dem Schneiden mit Seitenschneider eingesetzt. Die zum Zerteilen notwendige Kraft steigt mit zunehmendem Keilwinkel aufgrund steigender horizontaler Abdrängkräfte an. Um bei geschlossenen Schnitten rechtwinklige Schnittflächen zu erhalten, müssen Messer für Innenformen außen rechtwinklig und innen um den Keilwinkel geneigt sein, bei Außenformen umgekehrt. Spalten ist Zerteilen durch ein keilförmiges Werkzeug, das in das Werkstück hineingetrieben wird, bis das Werkstück entlang einer vorgegebenen Trennungslinie weiterreißt. Diese Anwendung beschränkt sich auf spröde Werkstoffe oder solche mit bevorzugten Spaltebenen wie Schieferplatten, Kristalle oder Holz in dessen Faserrichtung. [Schm85]

Reißen (**Abb. 6.1d**) ist Zerteilen durch eine Zugbeanspruchung, durch die das Werkstück an einer bestimmten Stelle über seine Bruchfestigkeit hinaus beansprucht wird, während mit Brechen (**Abb. 6.1e**) ein Zerteilen durch eine Biege- oder Drehbeanspruchung über die Bruchfestigkeit hinaus bezeichnet wird.

Reißen und Brechen sind nicht werkzeuggebundene Verfahren, da keine Werkzeuge auf das Werkstück während des Zerteilvorganges einwirken. Beide Trennverfahren werden in der Bauteilfertigung jedoch nur selten angewandt. Reißen wird häufig bei der Ermittlung von Werkstoffkennwerten im Zugversuch genutzt. Das Brechen wird beispielsweise in der Pleuelfertigung zum Trennen des großen Lagerauges eingesetzt (**Abb. 6.2**). Neben fertigungstechnischen Vorteilen ermöglicht das Brechen bei der Montage eine höchste Passgenauigkeit der beiden Teile, da die Bruchoberflächen unweigerlich zueinander passen [Hoe09].

Die Scher-, Messer- und Beißschneidverfahren werden nach der angestrebten Werkstückform bzw. nach dem verfolgten Zweck weiter unterteilt:

- Abschneiden (**Abb. 6.3**, links) ist ein vollständiges Abtrennen eines Werkstücks entlang einer offenen Schnittlinie. Anfang und Ende der Schnittlinie liegen somit am Rand des Ausgangswerkstücks.
- Lochen (**Abb. 6.3**, Mitte) ist das vollständige Trennen eines Abfallstücks (Butzen) vom Werkstück entlang einer geschlossenen Schnittlinie zur Erzeugung einer Innenkontur am Bauteil.

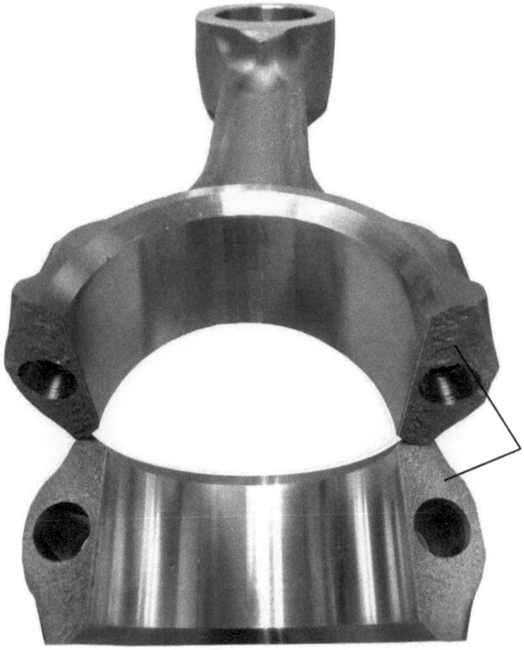

Abb. 6.2 Gebrochenes PKW-Pleuel. Quelle: Alfing Kessler Sondermaschinen GmbH, Aalen (Deutschland)

- Ausschneiden (**Abb. 6.3**, rechts) ist Schneiden entlang einer geschlossenen Schnittlinie, bei dem Anfang und Ende der Schnittlinie nicht am Rand des Ausgangswerkstücks liegen. Dabei ist das innenliegende Teil das Schnittteil (Bauteil). Der außenliegende Bereich ist der Abfall.
- Zerschneiden ist das vollständige Trennen eines Ausgangswerkstückes in mehrere Einzelwerkstücke.
- Beschneiden ist das Abtrennen von überschüssigem Werkstoff am Bauteilrand entlang einer offenen oder geschlossenen Schnittlinie. Unter Abgraten versteht man das Beschneiden des Grates von Guss- und Schmiedeteilen.
- Einschneiden ist das teilweise Trennen längs einer offenen Schnittlinie, wobei der Anfang der Schnittlinie am Rand des Ausgangswerkstücks und das Ende der Schnittlinie im Bauteilinneren liegen. Meist wird Einschneiden in Verbindung mit Biegeoperationen angewandt.
- Ausklinken ist das Herausschneiden von Flächenteilen an der inneren oder äußeren Werkstückbegrenzung längs einer an zwei Randstellen begrenzten offenen Schnittlinie.

Im Rahmen der folgenden Ausführungen soll auf das Scherschneiden (Normalschneiden) und auf das Feinschneiden vertieft eingegangen werden, da diese Zerteilverfahren von besonderer Bedeutung in der industriellen Fertigung sind.

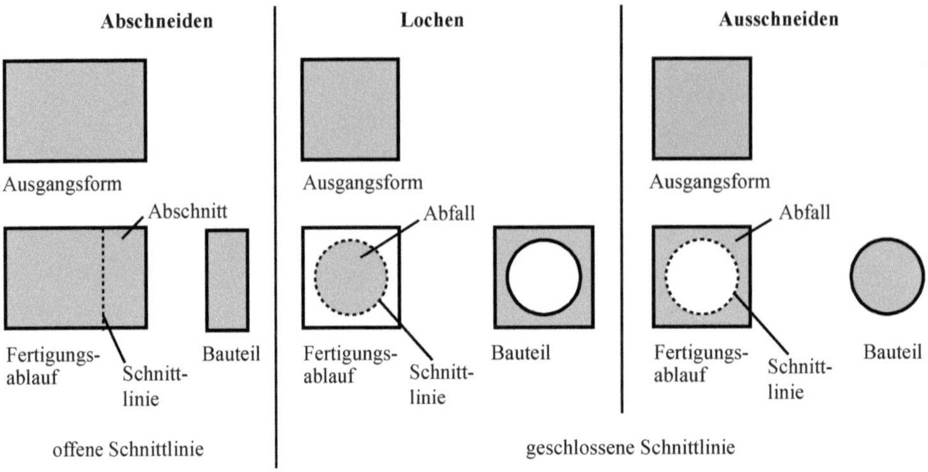

Abb. 6.3 Zweckorientierte Unterteilung der Schneidverfahren Abschneiden, Lochen und Ausschneiden. Quelle: nach [DIN8588]

6.2 Scherschneiden (Normalschneiden)

6.2.1 Einführung

Scherschneiden ist mechanisches Zerteilen von Werkstücken zwischen zwei Schneiden, die sich aneinander vorbei bewegen ohne Entstehen von formlosem Stoff.

Im Laufe der Fertigungskette wird nahezu jedes aus Blech hergestellte Bauteil als Rohteil aus dem Halbzeug zugeschnitten und/oder nach Abschluss von Umformoperationen beschnitten. Somit ist das Scherschneiden das am häufigsten angewandte Fertigungsverfahren in der Blechbearbeitung. Doch auch für Massivumformteile (z.B. zum Abgraten von Gesenkschmiedestücken) und Gussteile (z.B. zum Abtrennen von Anguss- und Speisersystemen) sowie bei der Herstellung von Kunststoff- und Verbundwerkstoffteilen werden Verfahren des Scherschneidens eingesetzt.

Scherschneiden gehört als Unterverfahren des Zerteilens nach DIN 8580 zur Verfahrensgruppe „Zerteilen". Zum Scherschneiden gehören nach DIN 8588 alle Zerteilverfahren, bei denen die Werkstofftrennung zwischen zwei sich aneinander vorbei bewegten Schneiden, oder zwischen einer Schneide und einem Wirkmedium erfolgt. Der Werkstoff wird durch die von beiden Seiten eindringenden Schneidkanten so lange umgeformt, bis dessen Formänderungsvermögen erschöpft ist und Bruch eintritt.

6.2.2 Ablauf des Scherschneidvorgangs

Das Arbeitsprinzip des Scherschneidens wird durch den grundsätzlichen Werkzeugaufbau bestimmt. Schematisch ist in **Abb. 6.4** ein Werkzeug zum Scherschneiden am Beispiel eines geschlossenen Schnittes einer rotationssymmetrischen Geometrie dargestellt. Das Werkzeug besteht aus einem Schneidstempel, einer Schneidplatte (Matrize) und in der Regel einem Niederhalter, der eine Durchbiegung des zu schneidenden Werkstoffes während des Scherschneidvorganges verhindert. Der Blechwerkstoff wird in Form von Platinen, vom Coil (Band) oder als Streifen zwischen die Aktivelemente Schneidstempel und Schneidplatte geschoben und durch die Abwärtsbewegung des Schneidstempels getrennt. Die geometrische Form der Aktivelemente bestimmt dabei die Form des Schnittteils, wobei der Schneidstempel um ein definiertes Maß kleiner ist als die Matrize. Der gleichmäßige horizontale Abstand zwischen den Schneidkanten von Schneidstempel und Schneidplatte wird als Schneidspalt u bezeichnet. Damit die Butzen bzw. die ausgeschnittenen Teile sich in der Schneidplatte nicht verklemmen, ist der Durchbruch üblicherweise nicht komplett zylindrisch, sondern mit einem Freiwinkel versehen.

Im Folgenden wird am Beispiel des vollkantigen Scherschneidens der geschlossene Schnitt mit rotationssymmetrischer Schnittlinie und Niederhalter beschrieben. Der Scherschneidvorgang kann, wie in **Abb. 6.5** zu sehen, in fünf Phasen eingeteilt werden [Tim57, Cam86, Schm07]:

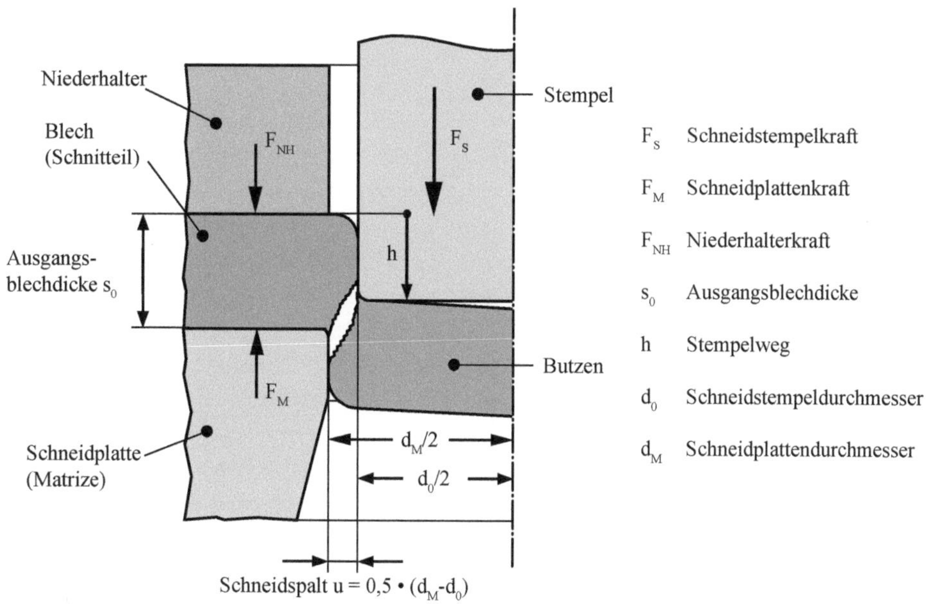

Abb. 6.4 Schematische Darstellung des Scherschneidens. Quelle: nach [Schü90]

Phase 1
Das Blech wird zwischen Niederhalter und Matrize mit einer definierten Kraft, der sogenannten Niederhalterkraft, eingeklemmt. Die Niederhalterkraft beträgt meist rund 30 Prozent der erwarteten maximalen Schneidkraft [Loi03]. Anschließend setzt der Stempel mit einer definierten Geschwindigkeit auf der Blechoberfläche auf.

Phase 2
Nach dem Aufsetzen des Schneidstempels auf das Blech wird dieses elastisches verformt. Dadurch wird in der Blechebene um eine Achse tangential zur Schneidkante ein Biegemoment erzeugt, dessen Größe abhängig von Stempeldurchmesser, Schneidspalt und Blechdicke ist. Dieses Biegemoment bewirkt bei Verwendung eines Niederhalters eine elastische Durchbiegung des Blechbereiches unter der Stirnfläche des Stempels. Im Kontaktbereich des Bleches mit den Stirnflächen von Stempel und Matrize entstehen somit stark belastete Ringzonen. Durch die Niederhalterkraft wird eine Durchbiegung des Bleches im außerhalb der Schnittlinie liegenden Bereich verhindert.

Phase 3
Die vom Stempel auf das Blech wirkende Kraft und die entsprechende Reaktionskraft der Matrize erzeugen im Blech im Bereich der Schneidkanten Spannungen. Sobald diese Spannungen die Scherfestigkeit des Werkstoffes erreichen, tritt plastische Formänderung ein. Durch Nachfließen des Blechwerkstoffes in den Schneidspalt bildet sich der Kanteneinzug am Schnittteil und am Butzen aus (vgl. **Abb. 6.6**). Dem Kanteneinzug folgt in dieser Phase der plastischen Formänderung der sogenannte Glattschnitt, da in diesem Bereich die Schnittflächen eine sehr glatte Oberfläche aufweisen. Die Durchbiegung des Butzens aus Phase 2 bleibt erhalten, da sich das Biegemoment nicht mehr ändert.

Phase 4
Mit fortschreitender Eintauchtiefe des Schneidstempels erreicht die maximale Schubspannung im Blech zwischen Stempel- und Matrizenkante die werkstoffabhängige Scherbruchgrenze. Es kommt zu ersten Rissbildungen im Blechwerkstoff, die meist von der Matrizenschneidkante ausgehen, da sich die Zugspannungen aus der Werkstoffstreckung und der Blechdurchbiegung dort aufsummieren. Die Zugspannungen an der dem Stempel zugewandten Blechoberseite sind geringer, da dort die Zugspannungen aus der Werkstoffstreckung durch die Druckbeanspruchung aus der Blechdurchbiegung teilweise kompensiert werden. Daher entstehen hier die Risse erst später. Die Risse breiten sich aus und führen zu einer vollständigen Werkstofftrennung. Durch spezielle Schneidkantenpräparationen kann die Rissentstehung beeinflusst werden. Beispielsweise geht durch eine Facettierung der Matrizenschneidkante die Rissinitiierung von der Schneidstempelschneidkante aus (vgl. **Abb. 6.10**, rechts).

Phase 5
Nach der Trennung des Bleches werden Spannungen freigesetzt, die zu einer Rückfederung des Blechwerkstoffes im Bereich der Schnittfläche führen. Hiermit sind Maß- und

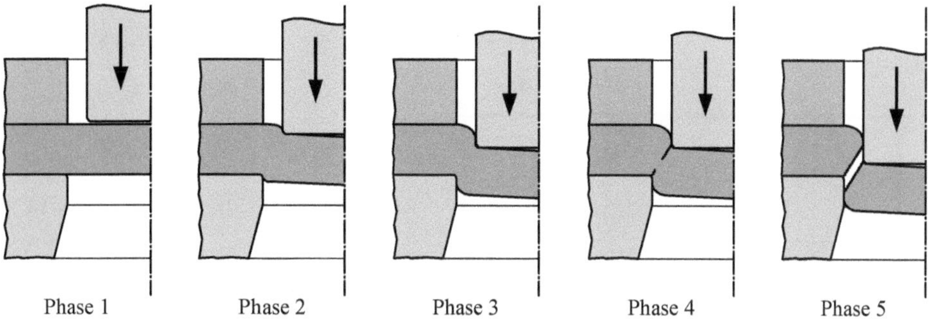

Abb. 6.5 Phasen des Scherschneidvorganges

Formänderungen der Schnittfläche hervorgerufen. Während des Rückzuges des Schneidstempels herrschen daher Schubspannungen zwischen Stempel und gelochtem Außenteil sowie zwischen Matrize und Schneidbutzen. An den Mantelflächen von Stempel und Matrize führt dies zu abrasivem und/oder adhäsivem Verschleiß.

6.2.3 Schnittflächenkenngrößen

Die Fertigungsqualität kann zum einen durch die Maßgenauigkeit der Schnittlinie und zum anderen durch Kenngrößen der Schnittfläche beurteilt werden. In der VDI-Richtlinie 2906 Blatt 2 sind Schnittflächenkenngrößen (**Abb. 6.6**) festgelegt, anhand derer Schnittteile bewertet und miteinander verglichen werden können.

Häufig werden die Höhe von Bruchfläche h_B und Glattschnittanteil h_S bezogen auf die Blechdicke s_0 dargestellt. Bleche verschiedener Dicke können so miteinander verglichen werden. Die Bedeutung der einzelnen Schnittflächenkenngrößen kann nicht allgemein gültig angegeben werden. Sie wird durch die individuellen Anforderungen an das schergeschnittene Werkstück bestimmt. Häufig ist jedoch eine hohe Schnittflächenqualität durch geringen Kanteneinzug, geringen Bruchflächenanteil und kleinen Schnittgrat bei hohem Glattschnittanteil und einem Glattschnittflächenwinkel von 90° gekennzeichnet [Hoo99].

Die Höhe des Glattschnittanteiles wir im Wesentlichen durch den Blechwerkstoff und die Größe des Schneidspaltes u bestimmt. Kleine Schneidspalte führen zu einer Reduzierung der Bruchfläche und damit zu einer Erhöhung des Glattschnittanteiles [Hör09]. Bei spröden Blechwerkstoffen ist unter gleichen Prozessbedingungen mit einem frühzeitigeren Bruch und damit größerem Bruchflächenanteil zu rechnen, als bei duktileren Werkstoffen bei denen der Bruch später einsetzt und daher der Bruchflächenanteil geringer ist.

Während der Ausbildung des Kanteneinzuges in der dritten Phase des Scherschneidprozesses formt sich der Blechwerkstoff in die Schneidkanten von Stempel und Schneidplatte

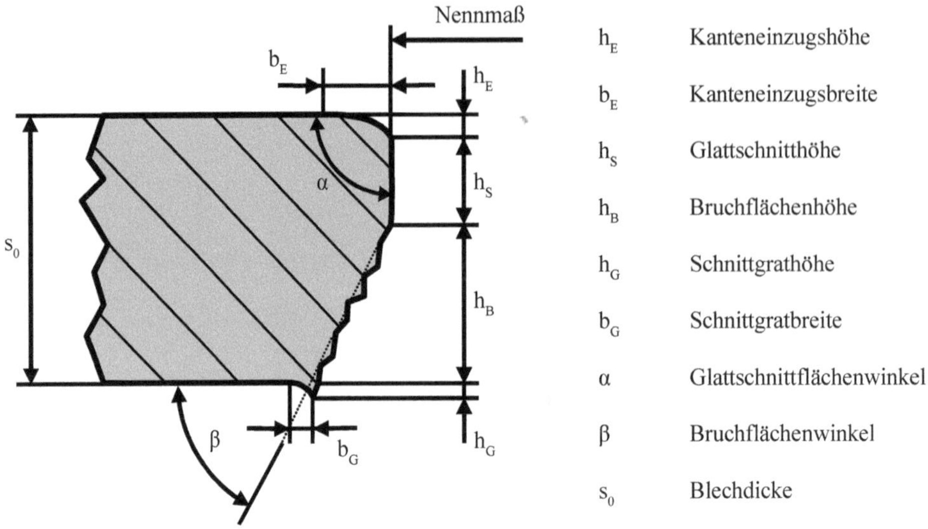

Abb. 6.6 Schnittflächenkenngrößen beim Scherschneiden. Quelle: nach [VDI2906/2]

ein. Bei Erreichen des Formänderungsvermögens, in Phase 4 des Scherschneidprozesses, verläuft der Bruchfortschritt im Blech nicht direkt von den Schneidkanten aus, sondern ausgehend von den Mantelflächen der Aktivelemente [Tim56]. Dadurch bildet sich der typische Grat beim Scherschneiden aus. Grate sind jedoch am Bauteil meist unerwünscht und müssen daher oft in aufwendigen Nachbearbeitungsschritten entfernt werden, da sie zum Beispiel die Montierbarkeit des Bauteiles behindern und bei der Handhabung eine Verletzungsgefahr darstellen [Prz91]. Verfahren zur Entfernung des Grates sind das Bandschleifen, Gleitschleifen, mechanische Entgraten und das Grat verprägen. Die Höhe des Schnittgrates h_G ist primär abhängig vom Blechwerkstoff und der geometrischen Beschaffenheit der Schneidkanten. Steigender Schneidkantenverschleiß der Aktivelemente Schneidstempel und Schneidplatte bewirkt somit eine Erhöhung des Schnittgrates [Bue71].

6.2.4 Schneidkraft

Für das Scherschneiden sowie zum Zurückziehen des Schneidstempels aus dem Blech sind Kräfte erforderlich, die von der Werkzeugmaschine aufgebracht werden müssen. Diese sind bei der Maschinen- und Werkzeugauslegung zu berücksichtigen.

6.2.4.1 Kräfte beim Scherschneiden

Die für eine Scherschneidvorgang erforderliche Schneidkraft F_S bestimmt die Größe der Maschine. Daher müssen Beträge und Wirkrichtungen der Kräfte beachtet werden.

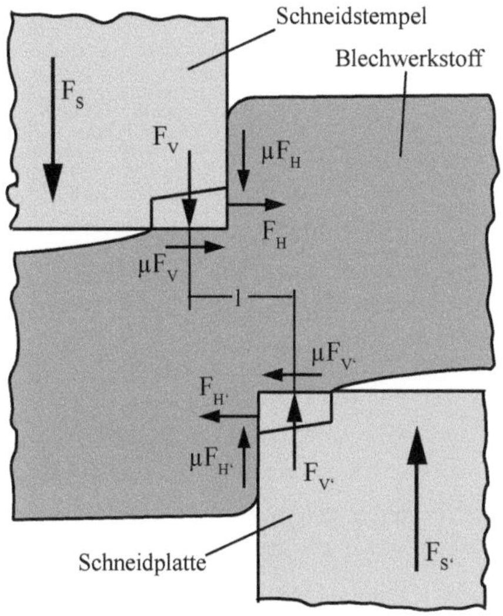

F_S	Schneidkraft
$F_{S'}$	Reaktionskraft an der Schneidplatte
Stempelseitig auf das Werkstück wirkende Kräfte:	
F_V	Vertikalkraft
F_H	Horizontalkraft
μF_V	Vertikale Reibkraft
μF_H	Horizontale Reibkraft
Schneidplattenseitig auf das Werkstück wirkende Kräfte:	
$F_{V'}$	Vertikalkraft
$F_{H'}$	Horizontalkraft
$\mu F_{V'}$	Vertikale Reibkraft
$\mu F_{H'}$	Horizontale Reibkraft
l	Hebellänge

Abb. 6.7 Horizontal und vertikal auf das Werkstück wirkende Kräfte beim Scherschneiden. Quelle: nach [Schm07]

Abb. 6.7 zeigt die Wirkrichtung der von der Presse in das Blech eingeleiteten Schneidkraft F_S. Durch den Kontakt zwischen Blech und Stempel resultieren daraus verschiedene Teilkräfte. Für die Schneidkraft F_S sowie die dazugehörige Reaktionskraft $F_{S'}$ der Schneidplatte können Kraftkomponenten abgeleitet werden, die sowohl auf das Werkzeug als auch auf das Blech wirken. Stempelseitig wirken eine Vertikalkraft F_V und eine Horizontalkraft F_H auf das Blech. An der Schneidplatte sind folglich eine Vertikalkraft $F_{V'}$ und eine Horizontalkraft $F_{H'}$ zu verzeichnen. Die beiden Kräfte F_V und $F_{V'}$ wirken an dem durch den Schneidspalt bestimmten Hebel l. Das daraus resultierende Moment führt zu einer Durchbiegung des Bleches. Schneidstempel und Schneidplatte werden daher im Wesentlichen nur in einer kleinen Fläche, ausgehend von der Schneidkante, belastet. Die fortschreitende Bewegung des Stempels bewirkt eine korrespondierende Reibkraft μF_H zu der Horizontalkraft F_H. Als Folge tritt Reibung an der Mantelfläche des Stempels auf. Die Vertikalkraft F_V führt zum plastischen Fließen des Blechwerkstoffs und erzeugt eine Reibkraft μF_V an der Stirnfläche des Stempels. Schneidplattenseitig sind die Verhältnisse ähnlich. Hier verursacht die Horizontalkraft $F_{H'}$ eine Reibkraft $\mu F_{H'}$ an der Mantelfläche und die vertikale Kraftkomponente F_V die Reibkraft $\mu F_{V'}$ an der Stirnfläche der Schneidplatte. Diese Reibkräfte sind unter anderem für den Werkzeugverschleiß von Stempel und Schneidplatte verantwortlich. [Rom59, Schm07]

Die Höhe der Schneidkraft verändert sich über den Schneidweg und erreicht vor Beginn der Rissausbreitung ein Maximum. Dieses errechnet sich aus folgender Gleichung:

$$F_{S,max} = l_S \cdot s_0 \cdot k_S = A_S \cdot k_S \ [N] \qquad \textbf{(6.1)}$$

Darin bedeuten:

$F_{S,max}$ = maximale Schneidkraft [N]
l_S = gesamte Länge der Schnittlinie(n) [mm]
s_0 = Ausgangsblechdicke [mm]
k_S = Schneidwiderstand [N/mm²]
A_S = $l_S \cdot s_0$ = geschnittene Fläche [mm²]

Für den Schneidwiderstand ergibt sich:

$$k_S = F_{S,max} / A_S \ [N/mm^2] \qquad \textbf{(6.2)}$$

Der Schneidwiderstand k_S ist weder eine Konstante, noch ein Werkstoffkennwert. Er hängt von verschiedenen Größen ab, auf die in Kapitel 6.2.4.2 Einflussgrößen auf die Schneidkraft näher eingegangen wird.

Die Rückzugskraft F_R, welche für das Abstreifen des Blechstreifens vom Stempel benötigt wird, kann in ihrer Größe sehr stark variieren. Eine Berechnung der Rückzugskraft mit annehmbarer Genauigkeit ist aufgrund der Vielzahl an beeinflussenden Faktoren nicht möglich. Wesentliche Einflussgrößen auf die Rückzugskraft sind das Verhältnis Schneidspalt zu Blechdicke und das Verhältnis Stempeldurchmesser zu Blechdicke sowie die mechanischen Eigenschaften des Bleches. Bei Blechwerkstoffen mit hohen Formänderungsvermögen wird eine größere Rückzugskraft als bei spröden Materialien benötigt. Bei einem Verhältnis von Stempeldurchmesser zu Blechdicke von etwa 10 beträgt die Rückzugskraft bei einem Schneidspalt von 10 % der Blechdicke s_0 etwa 3 % bis 5 % der maximalen Schneidkraft. Beim Schneiden kleiner Löcher in dicke, zähe Bleche bei einem Verhältnis von Stempeldurchmesser zu Blechdicke von etwa 2 und mit einem kleinen Schneidspalt (1 % der Blechdicke s_0) kann die Rückzugskraft bis zu 40 % der maximalen Schneidkraft betragen. Das Verschleißverhalten des Schneidstempels beeinflusst zudem die Höhe der Rückzugskraft. Durch Kaltaufschweißungen des Blechwerkstoffs auf den Schneidstempel kann die Rückzugskraft weiter steigen. [Mat80, Schm07]

Die durch die Schneidpresse aufzubringende W_s kann nach folgendem Zusammenhang abgeschätzt werden:

$$W_s = x_S \cdot F_{s,max} \cdot s \ [Nm] \qquad \textbf{(6.3)}$$

Der Faktor x_S berücksichtigt den tatsächlichen Kraftverlauf beim Schneiden und ist abhängig vom Blechwerkstoff und den eingestellten Prozessparametern. Er liegt im Bereich $0{,}4 \le x_S \le 0{,}7$, wobei für spröde Werkstoffe, große Schneidspalte und große Blechdicken kleinere Werte gelten, während größere Werte bei zähen Werkstoffen, kleinen Schneidspalten und kleinen Blechdicken zu verwenden sind. Für überschlägige Berechnungen kann $x_S = 0{,}66$ angenommen werden. [Schu96]

6.2.4.2 Einflussgrößen auf die Schneidkraft

Bei der Berechnung der maximalen Schneidkraft $F_{S,max}$ nach Beziehung F1 ist zu beachten, dass der Schneidwiderstand k_S von verschiedenen Faktoren abhängt. Mögliche Einflussfaktoren sind unter anderem [Erd04]:

- Blechwerkstoffeigenschaften und -dicke
- Größe des Schneidspaltes
- Schneidkantenradius
- Form der Schnittlinie
- Werkzeugverschleiß

Einen erheblichen Einfluss auf den Schneidwiderstand k_S hat die Festigkeit des Blechwerkstoffes. Hierzu zeigt **Abb. 6.8** links den auf die Zugfestigkeit R_m bezogenen Schneidwiderstand k_S in Abhängigkeit von der Zugfestigkeit R_m des Bleches. Es ist ersichtlich, dass sowohl bei dem Blechwerkstoff C10 (Einsatzstahl) als auch bei dem Blechwerkstoff C35 (Vergütungsstahl) mit steigender Zugfestigkeit der bezogene Schneidwiderstand abfällt.

Die Abhängigkeit des Schneidwiderstandes k_S vom Schneidspalt u zeigt **Abb. 6.8** (rechts). Mit zunehmendem Schneidspalt nimmt der Schneidwiderstand ab. In dem dargestellten Bereich ist der Zusammenhang für ein 10 mm dickes Blech und ein scharfgeschliffenes Werkzeug wiedergegeben. Zwischen den Schneidspaltgrößen von 0,1 mm (≙ 1 % der Blechdicke) und von 1 mm (≙ 10 % der Blechdicke) reduziert sich der

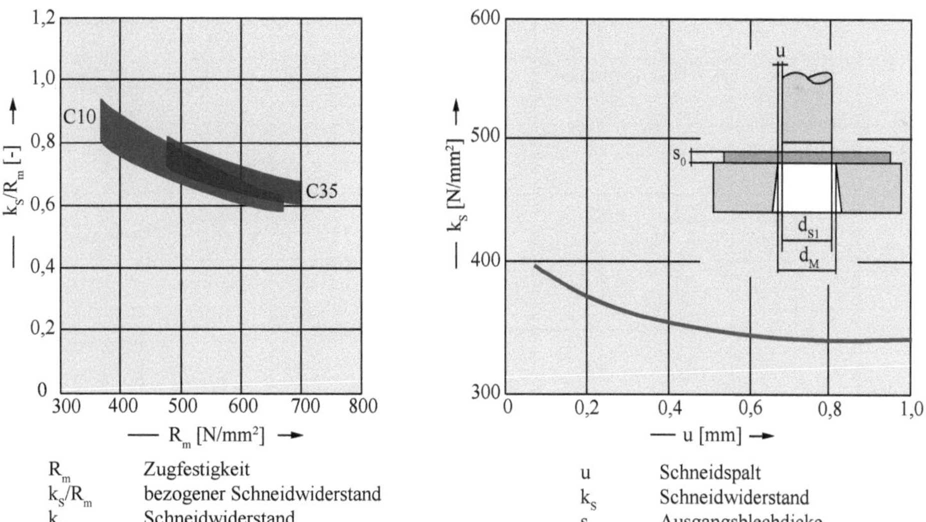

R_m	Zugfestigkeit
k_S/R_m	bezogener Schneidwiderstand
k_S	Schneidwiderstand
C10, C35	Stahlsorten

u	Schneidspalt
k_S	Schneidwiderstand
s_0	Ausgangsblechdicke
d_{S1}	Stempeldurchmesser
d_M	Matrizendurchmesser, hier 40 mm

Abb. 6.8 Schneidwiderstand beim Scherschneiden in Abhängigkeit von der Zugfestigkeit des Blechwerkstoffes (links) und des Schneidspaltes (rechts). Quelle: [Bir85]

Schneidwiderstand k_S um ca. 14 %. Mit zunehmender Anzahl an Schneidvorgängen kommt es infolge des Werkzeugverschleißes zu einer Abstumpfung der Aktivelemente und damit zu einer Veränderung des Schneidwiderstandes. Bei verschlissenen Schneidkanten kann es zu einer Erhöhung des Schneidwiderstandes k_S um bis zu 60 % gegenüber scharfgeschliffenen Werkzeugen kommen. Dies ist bei der Auslegung der Werkzeuge und bei der Wahl der eingesetzten Maschine zu berücksichtigen. [Bir85]

Bei einem offenen Schnitt, wie beispielsweise beim Beschneiden umgeformter Bauteile an deren Außenkontur oder zur Abfalltrennung, kann der Schneidwiderstand deutlich niedriger gegenüber dem geschlossenen Schnitt unter sonst gleichen Bedingungen sein. Der Grund hierfür ist in den unterschiedlichen Spannungsverhältnissen in der Scherzone des Bleches zu sehen.

Abb. 6.9 links zeigt, dass beim Scherschneiden runder Löcher der Schneidwiderstand k_S mit kleiner werdendem Stempeldurchmesser d_{St} unter sonst gleichen Bedingungen zunächst stetig ansteigt. Bei sehr kleinen Stempeldurchmessern ist jedoch ein deutlich höherer Anstieg zu verzeichnen. Ein entsprechender Anstieg des Schneidwiderstandes kann auch bei schwierigen geometrischen Formen wie zum Beispiel bei dünnen Stegen und kleinen Radien beobachtet werden. [Schm07]

Die Blechdicke s_0 hat ebenfalls einen Einfluss auf den Schneidwiderstand und damit auf die resultierende Schneidkraft. Werden bei sonst gleichen Bedingungen Bleche ver-

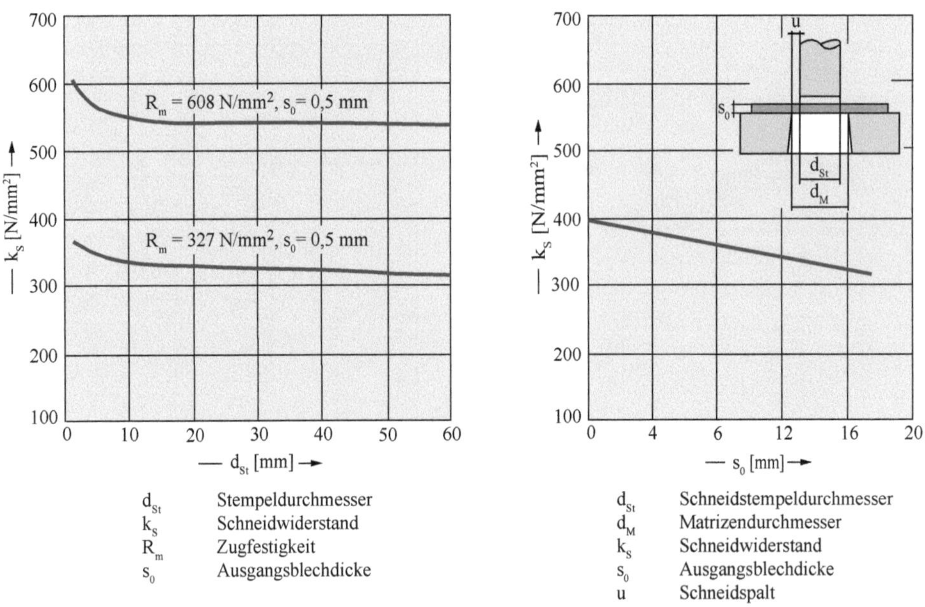

Abb. 6.9 Schneidwiderstand beim Scherschneiden runder Löcher in Abhängigkeit von Lochstempeldurchmesser und Zugfestigkeit des Blechwerkstoffes (links) und von der Blechdicke (rechts). Quelle: [Bir85]

schiedener Dicke s_0 geschnitten, so ist mit zunehmender Blechdicke eine Abnahme des Schneidwiderstands k_S zu beobachten (**Abb. 6.9** rechts).

Durch Schmierung wird die Reibung zwischen den Werkzeugaktivelementen und dem Werkstück reduziert. Dennoch sinkt mit der Reibung die Scherfestigkeit k_S kaum, da der Anteil der Reibkräfte an der Gesamtschneidkraft gering ist [Man80].

Wenn das Verhältnis von Stempeldurchmesser zu Blechdicke größer als 2 ist, kann unter Vernachlässigung der unterschiedlichen Einflussparameter für die Bestimmung der Scherfestigkeit k_S folgende vereinfachte Beziehung verwendet werden [Schu96]:

$$k_S = 0{,}8 \cdot R_m \; [\mathrm{N/mm^2}] \qquad \textbf{(6.4)}$$

6.2.4.3 Schneidkraft-Stempelweg-Verlauf

Abb. 6.10 zeigt einen typischen Schneidkraft-Stempelwegverlauf der in sechs charakteristische Phasen unterteilt werden kann:

- Elastische Verformung des Blechwerkstoffes
- Plastische Verformung des Blechwerkstoffes (Schneidphase)
- Rissentstehung und -ausbreitung im Blechwerkstoff (Trennphase)
- Ausschwingphase
- Ausstoßen des Schnittteils
- Rückhub des Stempels

In der Phase I steigt die Schneidkraft analog zur Hookeschen Geraden linear mit fortschreitendem Stempelweg an. Der Blechwerkstoff wird dabei elastisch verformt. Mit weiterem Eindringen des Scherschneidstempels in das Blech, beginnt mit Erreichen der Schubfließgrenze die plastische Formänderung des Bleches. In dieser Phase erfolgt der eigentliche Schneidvorgang der durch plastisches Fließen des Blechwerkstoffes gekennzeichnet ist. Es bilden sich am Schnittteil der Kanteneinzug und Glattschnitt aus (**Abb. 6.10** rechts – Phase II). Zwei unterschiedliche Mechanismen wirken in dieser Phase, die sich gegensätzlich auf die Höhe der Schneidkraft auswirken. Zum einen steigt mit Zunahme der Stempeleindringtiefe aufgrund der Formänderungen in der Scherzone die Kaltverfestigung und somit die Schneidkraft an. Zum anderen reduziert sich der kraftübertragende Restquerschnitt des Bleches und die Schneidkraft nimmt folglich ab. Bis zum Erreichen des Schneidkraftmaximums $F_{S,max}$ überwiegt jedoch der Anteil der Kaltverfestigung. Im Augenblick der maximalen Schneidkraft ist der Einfluss beider Mechanismen gleich groß. Anschließend dominiert dann die Abnahme des Restquerschnitts, weshalb die Höhe der Schneidkraft, trotz weiter ansteigender Kaltverfestigung, wieder abnimmt.

Der Beginn der Phase III, der sogenannten Trennphase, ist durch das Auftreten von ersten Rissen im Werkstoff gekennzeichnet (**Abb. 6.10** rechts – Phase III), da das Formänderungsvermögen lokal erschöpft ist. Das Blech bricht durch und die Schneidkraft fällt ab. Die Größe des Glattschnitt- und des Bruchflächenanteils an der Schnittkante sowie die Stempeleindringtiefe, bei der das Schneidkraftmaximum und das Durchbrechen auftreten, hängen im Wesentlichen vom Blechwerkstoff, den Prozessparametern und dem Werkzeugzustand ab.

In der Phase IV führt das plötzliche Abreißen des Schnittteils zu einer schlagartigen Entlastung von Werkzeug und Maschine (Schnittschlag). Daher schwingt das System in der Ausschwingphase (Phase IV) wie eine entlastete Feder, wobei das Schwingverhalten von den Eigenfrequenzen der Maschine und des Werkzeugs beeinflusst wird [Hir11]. Hierbei kann es zu Berührungen zwischen Stempel und Schneidplatte kommen, was zu zusätzlichem Verschleiß des Werkzeuges führt. Um negative Auswirkungen des Schnittschlags auf die Presse (z.B. Durchbiegung von Stößel und Pressentisch, Beschädigung von Lagern, Dichtungen und Führungen) zu vermeiden, werden teilweise Schnittschlagdämpfer an der Maschine eingesetzt. Der Schnittschlag verursacht zudem eine unerwünschte Lärmemission.

Noch während dem Abklingen der Schwingungen dringt der Stempel weiter in das Blech ein bis der untere Totpunkt (UT) der Werkzeugmaschine erreicht ist (**Abb. 6.10** links, Phase V). Bedingt durch die bei der Werkstofftrennung frei werdenden elastischen Spannungen im Blechwerkstoff und der damit verbundenen Rückfederung kommt es zu einer Klemmung zwischen dem Stempel und dem Blechstreifen bzw. dem ausgeschnittenen Teil und dem Schneidplattenkanal. Die für das Ausstoßen benötigte Kraft sinkt ab, sobald der Kontakt zwischen dem ausgeschnittenem Teil und dem Schneidplattenkanal aufgehoben ist, da nur noch Reibung zwischen der Stempelmantelfläche und dem Blechstreifen vorliegt.

Nach dem Erreichen des unteren Totpunktes kehrt sich die Stempelbewegungsrichtung um und der Stempel wird aus dem Blechstreifen herausgezogen. Aufgrund der fortwährend wirkenden Klemmung zwischen Stempel und Blech und der damit verbunden Reibung beim Rückhub wirkt eine sogenannte Rückzugskraft (**Abb. 6.10** links, Phase VI).

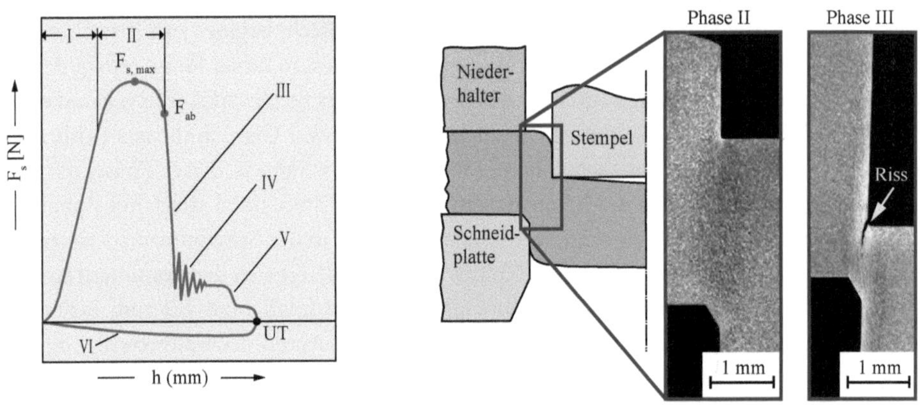

I Elastische Blechwerkstoffverformung
II Schneidphase (plastische Blechwerkstoffverformung)
III Trennphase
IV Ausschwingphase
V Ausstoßen des Schnittteils
VI Rückhub

h Schneidstempelweg
F_s Schneidkraft
$F_{s,max}$ Schneidkraftmaximum
F_{ab} Schneidkraft bei Rissbeginn
UT unterer Totpunkt

Abb. 6.10 Schematischer Schneidkraftverlauf beim Scherschneiden (links), Mikroskopaufnahmen der Scherzone angeschnittener Blechteile (rechts)

Um das Maximum der Schneidkraft zu reduzieren, können Schneidstempel oder Matrizen mit abgeschrägten (**Abb. 6.11**, b-f) oder abgesetzten Stirnflächen (**Abb. 6.11**, g) verwendet werden. Bei der Ausführung eines Aktivelementes mit Schrägschliff setzen die Schneidkanten zu Beginn des Scherschneidprozesses nicht über die gesamte Schnittlinienlänge auf das Blech auf. Man spricht daher von einem ziehend-kreuzenden Schneiden [DIN8588]. Die maximal auftretende Schneidkraft wird bei einem ziehend-kreuzenden Schneiden durch die Verkürzung der jeweils momentan wirkenden Schnittlinienlänge bzw. durch das zeitliche Verschieben des Eingriffes der Schneidkanten verringert. Bei gleicher Schnittlinienlänge ist bei ziehend-kreuzenden Schnitten die Stempeleindringtiefe bis zum Brucheintritt, abhängig vom Schneideneingriffswinkel, höher als bei vollkantig-drückenden Schnitten. Daher bleibt die von der Maschine aufzubringende Schneidarbeit auch bei ziehend-kreuzenden Schnitten im Vergleich zum vollkantig-drückenden gleich. Nachteilig gegenüber dem vollkantig-drückenden Schnitt ist das Auftreten von Querkräften, die ein seitliches Abdrängen des Stempels bewirken. Daher sollte der Anschrägwinkel nicht mehr als 5° betragen, um eine Beschädigung der Werkzeugschneidkante zu verhindern und um den Werkzeugverschleiß zu minimieren. Darüber hinaus ist es sinnvoll, die Querkräfte durch verstärkte Führungssysteme im Schneidwerkzeug aufzunehmen. Bei einer Anschrägung am Schneidstempel tritt eine Verformung des Butzens, bei einer Anschrägung der Schneidmatrize eine Verformung des Blechstreifens auf. Demzufolge muss der Stempel für das Ausschneiden eben und die Matrize schräg geschliffen sein, wohingegen beim Lochen der Stempel eine Schräge aufweist und die Matrize eben ist. Bei einem Einsatz von abgesetzten Stempeln hat sich in der Praxis bei spröden Werkstoffen ein Höhenunterschied von ca. dem 0,6-fachen und bei duktilen Werkstoffen von ca. dem 0,9-fachen der Blechdicke als günstig erwiesen. Durch das Stufen bzw. Absetzten von

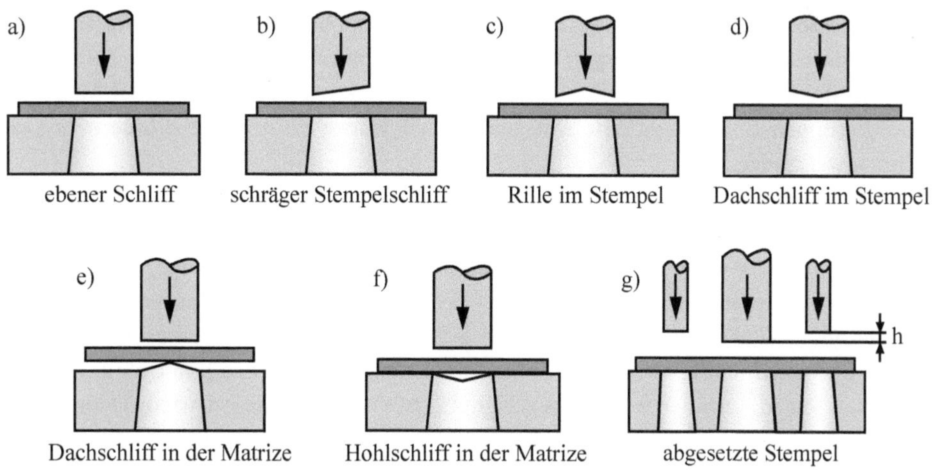

Abb. 6.11 Stempel- und Schneidplattengeometrien zur Verringerung der maximalen Schneidkraft (b-g) gegenüber dem vollkantig-drückenden Schneiden (a). Quelle: nach [Schu96]

Schneidstempeln kann neben einer Reduzierung der Schneidkraft auch die Ausknickgefahr dünner Stempel reduziert werden. Dünne Stempel sollen daher wenn möglich kürzer ausgeführt sein als dicke. [Rom59, Schu96]

6.2.5 Verschleiß und Verschleißminderung

Fortschreitender Werkzeugverschleiß führt neben einer Erhöhung der Schneidkraft zu einer Verschlechterung der Schnittteilqualität [Klo06]. Der Verschleiß von Schneidwerkzeugen tritt als Folge der unterschiedlichen Beanspruchungen auf die Aktivelemente, insbesondere von Stempel und Matrize, während des Scherschneidvorganges auf. Besonders hoch belastet sind die Schneidkanten, da diese während eines vollständigen Arbeitshubes im direkten Kontakt mit dem Blech sind. Wechselnde Zug-, Druck- und Biegespannungen kombiniert mit Reibschubspannungen und lokal erhöhten Temperaturen aufgrund von Reibung und der Dissipation eines großen Teiles der Schneidarbeit in Wärme haben abrasiven, adhäsiven und tribochemischen Verschleiß als auch Oberflächenzerrüttung zur Folge [Schm90, Dem12]. Die auftretenden Verschleißmechanismen führen zu einem stetigen Abtrag von Werkstoffteilchen an den Schneidkanten der Aktivelemente. Die Art und Höhe der jeweiligen Beanspruchung hängt in erster Linie von der geometrischen Form und dem Blechwerkstoff des Schnittteils ab. Die verwendete Werkzeugmaschine, das Schneidwerkzeug, die Prozessparameter als auch die Grenzschicht (z.B. Schmierstoff) zwischen den Aktivelementen und dem Blech sind weitere Einflussgrößen auf den Verschleiß.

Die optimale Werkzeugwerkstoffauswahl muss anhand einer Beanspruchungsanalyse erfolgen. Ein wichtiger Bewertungspunkt dabei ist die Festigkeit des zu schneidenden Bleches. Diese bestimmt die Härte des eingesetzten Werkzeugwerkstoffes. Für relativ weiche Tiefziehbleche, wie zum Beispiel DC 04, ist der Verschleiß durch den Einsatz gehärteter ledeburitischer Kaltarbeitsstähle (z.B. X 210 Cr 12, X 155 CrVMo 12 1) mit einer Härte von rund 60 HRC sehr gering [Schm07]. Der verstärkte Einsatz von hoch- und höchstfester Werkstoffe sowie von Leichtbauwerkstoffen wie Aluminium- oder Magnesiumlegierungen im Fahrzeug- und Anlagenbau stellt jedoch zusätzliche Anforderungen an Schneidwerkzeuge.

Hoch- und höchstfeste Stahlbleche wie Dualphasen-, Complexphasen- und Martensitphasen-Stähle bewirken abrasiven und oberflächenzerrüttenden Verschleiß und reduzieren somit die Werkzeugstandzeit. Um dem abrasiven Verschleiß entgegen zu wirken müssen Werkzeugstähle ein hohe Härte bei dennoch hoher Zähigkeit aufweisen. Pulvermetallurgisch (PM) hergestellte Kalt- und Schnellarbeitsstähle sind aufgrund des sehr feinen und gleichmäßigen Gefüges, hohen Reinheitsgrades und den homogen und dicht verteilten feinen Karbiden besonders geeignet [Jes08]. PVD (Physical Vapor Deposition) Hartstoffschichten, wie TiN, TiCN oder TiAlN, auf den Werkzeugaktivelementen bieten zudem eine Leistungssteigerung. Neben den Werkzeugwerkstoffen spielt das Schneidwerkzeugkonzept ebenfalls eine große Rolle [Krö10]. Schneidwerkzeuge zur Verarbeitung hoch- und höchstfester Stahlwerkstoffe müssen neben einer exakten Führung der Stempel

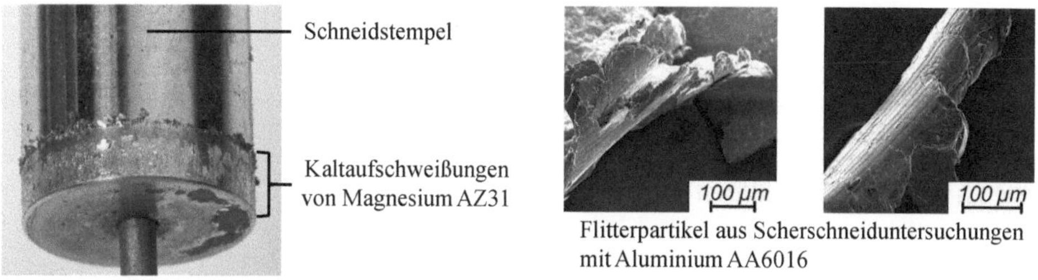

Abb. 6.12 Kaltaufschweißungen am Stempel (links) und rasterelektronenmikroskopische Aufnahmen typischer Flitterpartikel (rechts). Quelle: [Hof09, Nür10]

auch mögliche Seitenkräfte, besonders beim offenen Schnitt oder bei unsymmetrischen Schnitten, aufnehmen und daher sehr steif aufgebaut sein.

Aluminium- und Magnesiumbleche erzeugen aufgrund ihrer relativ geringen Zugfestigkeit nur geringe Belastungen an den Schneidaktivelementen. Abrasiver und oberflächenzerrüttender Verschleiß ist daher bei diesen Blechwerkstoffen erst nach sehr hohen Hubanzahlen festzustellen. Es treten jedoch verstärkt Kaltaufschweißungen (Adhäsionsverschleiß; **Abb. 6.12**, links) an den Schneidstempeln und Matrizen bei der Verarbeitung dieser Werkstoffe auf. Adhäsion bzw. die Bildung von Aufbauschneiden können eine drastische Verschlechterung der Schnittflächenqualität verursachen. Zudem kann es zu einer Beeinträchtigung der Werkzeugfunktion kommen: Kaltaufschweißungen am Stempel können zu einem Verklemmen in der Führung oder sogar in der Schneidplatte führen. Eine Nacharbeit am Schneidaktivelement ist daher oft unumgänglich. Kaltaufschweißungen können zudem, zum Beispiel beim Rückhub, von den Werkzeugaktivelementen abgeschert werden. Dadurch entstehen formlose, wenige Mikrometer große bis mehrere Zentimeter lange Blechwerkstoffpartikel, welche als Flitter bezeichnet werden (**Abb. 6.12**, rechts). Diese Partikel verunreinigen und beschädigen sowohl die Bauteile als auch das Werkzeug. Durch angepasste Prozessparameter und Werkzeugbeschichtungen (z.B. Kohlenstoffschichten) zur Reduzierung der Reibung zwischen Aktivelement und Blech und den Einsatz spezieller Schmierstoffe kann die Flitterbildung deutlich reduziert werden. [Loi03, Erd04, Zim07, Nür10]

Literaturverzeichnis

[Bir85] Birzer, F.: Handbuch der Fertigungstechnik, Band 2/3 Umformen Zerteilen, Kapitel Scherschneiden, herausgegeben von Spur G. unter Mitwirkung von Schmoeckel D., Carl Hanser Verlag München Wien, 1985

[Bue71] Bühler, H.; Pollmar, F.: Die Gratbildung beim Schneiden von Feinblech, Bänder Bleche Rohre, 12 Nr. 3, Seite 105-111, Düsseldorf, 1971

[Cam86] Cammann, J.: Untersuchungen zur Verschleißminderung an Scherschneidwerkzeugen der Blechbearbeitung durch Einsatz geeigneter Werkstoffe und Beschichtungen, Dissertation, Technische Hochschule Darmstadt, 1986

[Dem12] Demmel, P.; Kopp, T.; Golle, R.; Volk, W.; Hoffmann, H.: Experimental Investigation on the Temperature Distribution in the Shearing Zone During Sheet Metal Blanking, Steel Research International, Wiley-VCH Verlag, Weinheim, Seite 291-294, ISBN 978-3-514-00797-0, 2012

[DIN6930] N. N.: Stanzteile aus Stahl, Teil 2: Allgemeintoleranzen, DIN 6930, Oktober 2011

[DIN8588] N. N.: Fertigungsverfahren Zerteilen: Einordnung, Unterteilung, Begriffe, DIN 8588, September 2003

[Erd04] Erdmann, Ch.: Mechanismen der Flitterentstehung beim Scherschneiden von Pressteilen aus Aluminiumblech Hieronymus, München, 2004, ISBN 3-89791-337-2

[Hir11] Hirsch, M.; Demmel, P.; Golle, R.; Hoffmann, H.: Light Metal in High-Speed Stamping Tools, Key Engineering Materials 473, Seite 259-266, 2011

[Hoe09] Hoenow, G.; Meißner, T.: Konstruktionspraxis im Maschinenbau: Vom Einzelteil zum Maschinendesign, 2.Auflage, Fachbuchverlag Leipzig im Carl Hanser Verlag, 2009

[Hof09] Hoffmann, H.; Golle, R.; Demmel, P., Mair, J., Nürnberg, G.: Extension of Blanking Applications through Innovation, Tagungsband Feintool University Colloquium, Zürich , 3–4 November, 2009

[Hoo99] Hoogen, M.: Einfluß der Werkzeuggeometrie auf das Scherschneiden und Reißen von Aluminiumfeinblechen, Hieronymus, München, 1999, ISBN 3-89791-045-4

[Hör09] Hörmann, F.; Demmel P.: Qualitätsbeeinflussende Parameter, Blech Rohre Profile, Nr. 11, Seite 14-17, 2009

[Jes08] Jesner, G.: Innovative Werkzeugstähle für das Schneiden/Stanzen von hochfesten Blechen, Tagungsband Münchner Kolloquium, 2008

[Klo06] Klocke, F; König, W.: Fertigungsverfahren 4: Umformen, 5. Auflage, Springer-Verlag Berlin Heidelberg, 2006

[Krö10] Krönauer, B.; Hirsch, M.; Golle, R.; Hoffmann, H.; Golle, M.; Jesner, G.; Pelloso, G.;Baron, L., Hermann, M.: Further Results in Blanking form - hardened ultra high strength Manganese-Boron-Steels with Innovative Tools and Tool Steels, 50th Anniversary Conference IDDRG, Graz, Conference Proceedings, 2010

[Loi03] Loibl, D.: Standzeit und Teilequalität beim Lochen von Feinblechen mit keramischen Schneidstempeln, Hieronymus, München, 2003, ISBN 3-89791-328-3

[Nür10] Nürnberg, G.: Untersuchungen zum Scherschneiden von Magnesiumblech unter Serienbedigungen, Hieronymus, München, 2010, ISBN 978-3-89791-414-1

[Man80] Mang, T.; Becker, H.; Schmoeckel, D.; Schubert, K.-H.: Schmierung und Schmierstoffe beim Normalschneiden von Blechen, 1. Umformtechnisches Kolloquium, IFU Darmstadt, 1980, S. 10/1-18

[Mat80] Matuszewski, H.: Untersuchung der Größe der Schnitt- und Rückzugskraft und des Größenverhältnisses zueinander als Funktion von verschiedenen Parametern beim Lochen von Blechen, Forschungsbericht des Landes Nordrhein-Westfalen, Nr. 2994: Fachgruppe Maschinenbau/Verfahrenstechnik, Westdeutscher Verlag, 1980

[Prz91] Przyklenk, K.: Gratdefinition und Gratmessung, Schriftenreihe „Praxis – Forum", Fachbroschüre Oberflächentechnik, 1991

[Rom59] Romanowski, W. P.: Handbuch der Stanzereitechnik, VEB Verlag Technik, Berlin, 1959

[Schm85] Schmoekel, D.: Handbuch der Fertigungstechnik, Band 2/3 Umformen Zerteilen, Kapitel Scherschneiden, herausgegeben von Spur G. unter Mitwirkung von Schmoeckel D., Carl Hanser Verlag München Wien, 1985

[Schm90] Schmoekel, D.; Liebig, H.; Balbach, R.; Werle, T.; Geiger, M.: Umformtechnik – Handbuch für Industrie und Wissenschaft, Band 3: Blechbearbeitung, Kapitel Schneiden, 2. Auflage, Herausgeber Lange K., Springer-Verlag Berlin Heidelberg, 1990

[Schm07] Schmidt, R.-A.: Umformen und Feinschneiden, Carl Hanser Verlag, München, Wien, 2007

[Schu96] N.N.: Handbuch der Umformtechnik, Schuler GmbH, Springer-Verlag, Berlin, Heidelberg, New York, 1996, ISBN 3-540-61099-5

[Schü90] Schüßler, M.: Hochgeschwindigkeits-Scherschneiden im geschlossenen Schnitt zur Verbesserung der Schnitteilequalität, Dissertation, Technische Hochschule Darmstadt, 1990

[Tim57] Timmerbeil, F.: Untersuchung des Schneidvorganges bei Blech, insbesondere beim geschlossenen Schnitt, Dissertation, Technische Hochschule Darmstadt, 1956

[VDI2906/2] N.N.: VDI-Richtlinie 2906 Blatt 2: Schnittflächenqualität beim Schneiden, Beschneiden und Lochen von Werkstücken aus Metall: Scherschneiden, Verein Deutscher Ingenieure, Düsseldorf, 1994

[Zim07] Zimmermann, R.; Aha, B.: Reduzierung der Flitterbildung beim Schneiden von Aluminium, Tagungsband EFB-Kolloquium 2007, Band 27, S. 305-326, 2007

Feinschneiden

7

Dr.-Ing. Peter Demmel, MAN Truck & Bus AG, München
Prof. Dr.-Ing. Hartmut Hoffmann, Technische Universität München, Lehrstuhl für Umformtechnik und Gießereiwesen

7.1 Einführung

Das Fertigungsverfahren Feinschneiden ist nach DIN 8588, als erweiterte Form des Scherschneidens, Teil der Hauptgruppe „Trennen" und gehört zur Untergruppe „Zerteilen". In der Praxis finden sich verschiedene Bezeichnungen für das Feinschneiden wie Genauschneiden oder Feinstanzen.

Mit dem Feinschneiden können aufgrund spezieller verfahrenskennzeichnender Merkmale Schnittteile erzeugt werden, deren Schnittflächen über die gesamte Blechdicke vollkommen glatt sind (vgl. **Abb. 7.1**). Somit können in einem Arbeitsgang Teile mit sehr hoher Maß- (IT 6 bis IT 9) und Formgenauigkeit gefertigt werden, die nach einer einzigen Nachbearbeitung, dem Entgraten, einbaufertig sind [Hof91]. Aufgrund der erreichbaren hohen Schnittflächenqualitäten nach nur einem Arbeitsschritt und der Möglichkeit, Feinschneidoperationen mit Umformoperationen zu kombinieren, hat das Feinschneiden einen breiten Anwendungsbereich in der Industrie gefunden.

Abb. 7.1 Gegenüberstellung Normalschnittteil (oben) – Feinschnittteil (unten)

Abb. 7.2 Typische Feinschnittteile. Quelle: Feintool AG, Lyss (Schweiz)

In **Abb. 7.2** sind typische feingeschnittene Teile zu sehen. Es ist erkennbar, dass durch eine gezielte Kombination des Feinschneidens mit Umformoperationen, wie Durchsetzen, Prägen, Kragenziehen und Biegen, Werkstücke mit sehr hoher Funktionsintegration wirtschaftlich herstellbar sind. Die durch Feinschneiden hergestellte Produktpalette erstreckt sich von sehr kleinen und dünnen Teilen, wie sie in der Medizin-, Uhren- oder Elektroindustrie vorkommen, bis hin zu großflächigen Werkstücken von bis zu 16 mm Blechdicke, die in der Automobilindustrie und im Anlagenbau Verwendung finden.

7.2 Grundlagen des Feinschneidens

Die Feinschneidtechnologie wird vorrangig für Bearbeitungen mit geschlossener Schnittlinie verwendet. Der Einsatz beschränkt sich daher auf das Ausschneiden und Lochen von Teilen. Im Vergleich zum Normalschneiden liegen beim Feinschneiden folgende verfahrenskennzeichnende Merkmale vor:

- kleiner Schneidspalt,
- spezielle Präparation der Schneidkante an der Schneidplatte und/oder am Stempel,
- Gegenhalter,
- Ringzacke auf dem Niederhalter (auch Führungsplatte genannt, da der Niederhalter oft auch zur Stempelführung dient) und/oder auf der Schneidplatte und
- drei unabhängig voneinander wirkende Kräfte während des Schneidprozesses.

7.2.1 Verfahrensablauf

Anhand von **Abb. 7.3** soll der Ablauf des Feinschneidvorgangs beim Ausschneiden einer rotationssymmetrischen Geometrie erläutert werden. Der Ausgangszustand beim Fein-

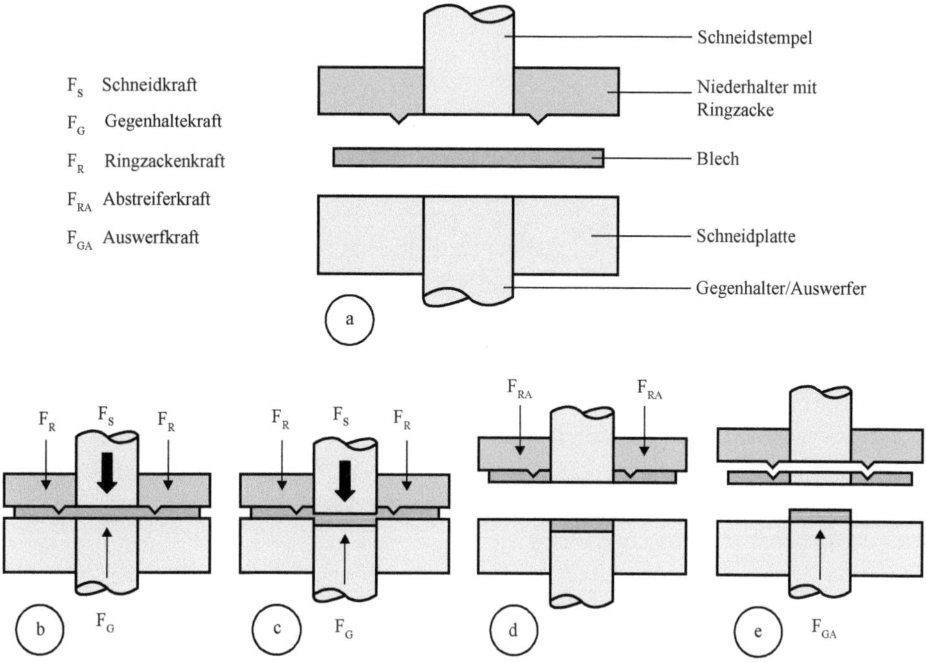

Abb. 7.3 Verfahrensablauf und wirkende Kräfte beim Feinschneiden. Quelle: nach [Schm07]

schneidvorgang ist das geöffnete Werkzeug, in das ein Blechstreifen eingelegt wird. Anschließend wird das Werkzeug geschlossen (Phase b, **Abb. 7.3**), wodurch der Blechstreifen zwischen Niederhalter und Schneidplatte fixiert wird. Dabei wird in das Blech eine Ringzacke mit definierter Kraft außerhalb der Schnittlinie eingepresst. Der eigentliche Schneidvorgang beginnt nach dem Aufsetzen des Schneidstempels auf das Blech (Phase c, **Abb. 7.3**), wenn der Stempel nach Überschreiten der Fließspannung in das Blech eindringt. Innerhalb der Schnittlinie wird der Blechwerkstoff dabei durch definierte Druckbeaufschlagung mit der Gegenhalterkraft F_G zwischen Schneidstempel und Gegenhalter eingespannt. Während des Schneidvorgangs wird der Gegenhalter in Schneidrichtung zurückgedrängt. Die auf die Führungsplatte aufgebrachte Ringzackenkraft F_R und die auf den Gegenhalter wirkende Kraft bleiben während des Schneidens nahezu konstant. Somit wird der Blechstreifen über den ganzen Feinschneidvorgang hinweg unter Druck gehalten. Der Schneidstempel schneidet über die gesamte Blechdicke bis der Werkstoff vollständig durchtrennt ist. Anschließend werden Ringzackenkraft und Gegenhalterkraft zurückgenommen, das Werkzeug öffnet sich und nach einem definierten Öffnungsweg wird der gelochte Blechstreifen, das sogenannte Stanzgitter, mit dem Niederhalter durch die Abstreiferkraft F_{RA} vom Stempel abgezogen (Phase d, **Abb. 7.3**). Mit Hilfe der Auswerferkraft F_{GA} wird zeitverzögert das ausgeschnittene Teil durch den Gegenhalter, der nun als Auswerfer wirkt, aus der Schneidplatte gestoßen (Phase e, **Abb. 7.3**). Anschließend werden das Schnittteil und/oder der Abfall entnommen und ein neuer Blechstreifen wird eingelegt bzw. vorgeschoben. [Kön82]

7.2.2 Schnittflächenqualität

Der wesentliche Vorteil des Feinschneidens besteht darin, dass Schnittteile mit glatten, ein- und abrissfreien Schnittflächen hergestellt werden können.

Gegenüber dem Normalschneiden werden bei Feinschnittteilen höhere Maßgenauigkeiten und bessere Oberflächenkennwerte erreicht. Die Rauhtiefe R_Z feingeschnittener Scherflächen beträgt weniger als 8 µm und für den Mittelrauhwert R_a ergeben sich Werte kleiner 1,2 µm. In Sonderfällen kann der Mittelrauhwert R_a sogar weniger 0,5 µm betragen. Formfehler auf der Scherfläche, wie Einrisse oder Abriss, können jedoch ein Mehrfaches der Rauhfehler betragen. [Gui65]

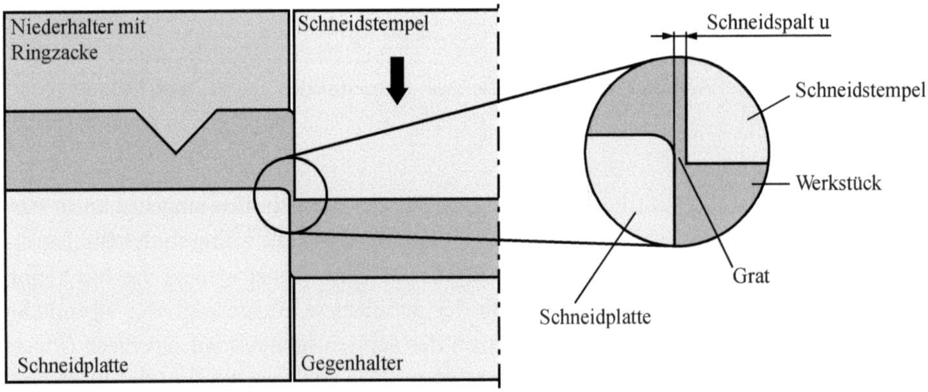

Abb. 7.4 Gratausbildung beim Feinschneiden. Quelle: nach [Kon75]

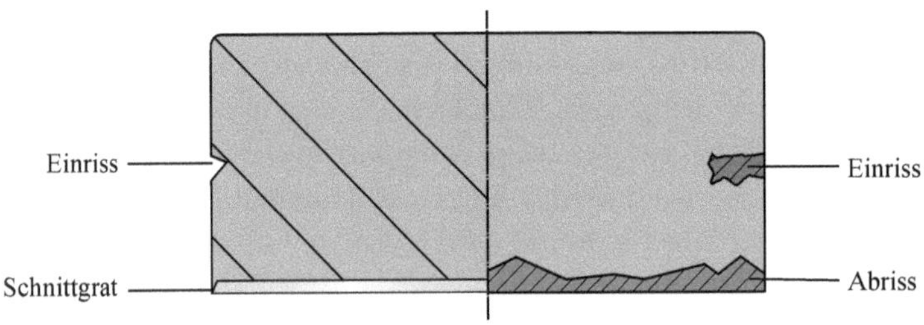

Abb. 7.5 Schnittflächenaussehen bei Feinschnittteilen mit typischen Formfehlern. Quelle: nach [VDI2906/5]

Diese Fertigungsergebnisse sind nur bei einem optimalem Zusammenwirken von Werkzeug, Werkstückwerkstoff, Werkstückgeometrie und Maschine möglich. Sind diese Einflussgrößen richtig abgestimmt, so ist vor dem Einbau feingeschnittener Teile nur der Nachbearbeitungsschritt des Entgratens erforderlich.

Beim Feinschneiden fließt der Werkstoff bis zum vollständigen Durchschnitt. Dadurch bildet sich kurz vor Schneidende ein Grat im Schneidspalt (**Abb. 7.4**). Dieser Grat kann nicht vermieden werden, selbst wenn der Schneidspalt sorgfältig eingestellt wird. Mit steigender Abnutzung der Aktivelemente nimmt die Gratbildung zu.

Jedes durch Scherschneiden bearbeitete Werkstück weist eine charakteristische Schnittfläche auf (vgl. Kapitel Scherschneiden: Schnittflächenkenngrößen). Bei Feinschnittteilen werden die gleichen Merkmale betrachtet, wobei einzelne Ausprägungen genauer differenziert werden. Da beim Feinschneiden sehr hohe Glattschnittanteile auftreten, sind bei der Schnittflächenbeurteilung Ausbrüche im Glattschnittbereich, sogenannte Einrisse von besonderer Bedeutung (**Abb. 7.5**). Sie minimieren den Traganteil eines Feinschnittteiles. Beim Feinschneiden tritt keine ausgeprägte Bruchzone wie beim Normalschneiden auf, da der Werkstoff bis zur vollständigen Durchtrennung plastisch fließen kann. Daher wird der fehlende Glattschnitt an der Gratseite des Bauteiles als Abriss bezeichnet.

7.2.3 Verfahrensmerkmale

Bedingt durch die gegenüber dem Normalschneiden veränderte Werkzeugkonfiguration und den dadurch gezielt veränderten Spannungszustand in der Scherschneidzone des Bleches werden beim Feinschneiden entsprechend gute Schnittqualitäten erreicht. Aus diesem Grund werden im Folgenden die verfahrenskennzeichnenden Werkzeugausprägungen detaillierter betrachtet.

Der Schneidspalt u (siehe **Abb. 7.4**) beträgt beim Feinschneiden in der Regel 0,5 % der zu schneidenden Teiledicke. Er kann bei schwierigen geometrischen Formen des Schnittteils entlang der Schnittlinie unterschiedlich groß sein. In der Praxis treten absolute Schneidspalte in der Größenordnung von 0,02 bis 0,04 mm auf [Schm07]. Der Schneidspalt hat den größten Einfluss auf das Arbeitsergebnis bzw. auf den Glattschnittanteil. Mit kleiner werdendem Schneidspalt steigt der Glattschnittanteil der Schnittfläche und die Ein- und Abrißempfindlichkeit sinkt, da sich ein Druckspannungszustand in der Scherzone ausbildet. Die Schubbruchgrenze des Werkstoffes wird daher später erreicht. [Hör09]

Die Geometrie der Schneidkante von Stempel und Schneidplatte beeinflusst zudem das Fließ- und Bruchverhalten des Werkstoffes in der Schneidzone. Scharf geschliffene Werkzeugkanten, wie sie beim Normalschneiden eingesetzt werden, erzeugen Spannungsspitzen, die eine Rissentstehung begünstigen. Eine Abrundung oder Facettierung (**Abb. 7.6**) der Schneidplattenkante beim Ausschneiden führt dagegen zu einem höheren Glattschnittanteil und somit zu geringerer Einrissempfindlichkeit da der Radius bzw. die Fase einen Werkstoffstau während der Schneidoperation initiiert. Die dadurch in

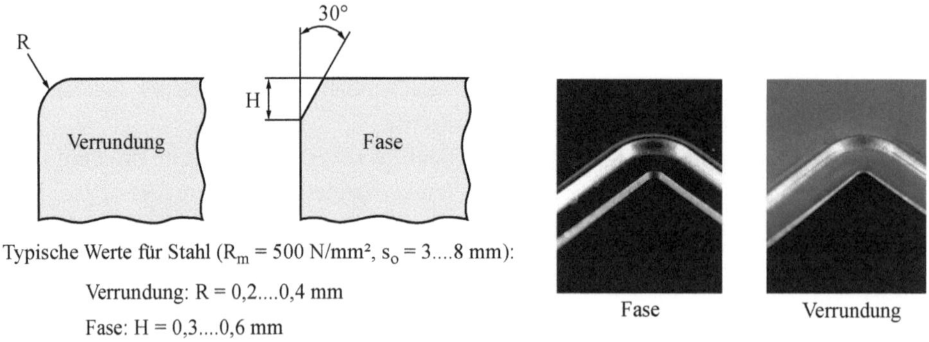

Abb. 7.6 Typische Schneidkantengeometrien an Schneidplatten

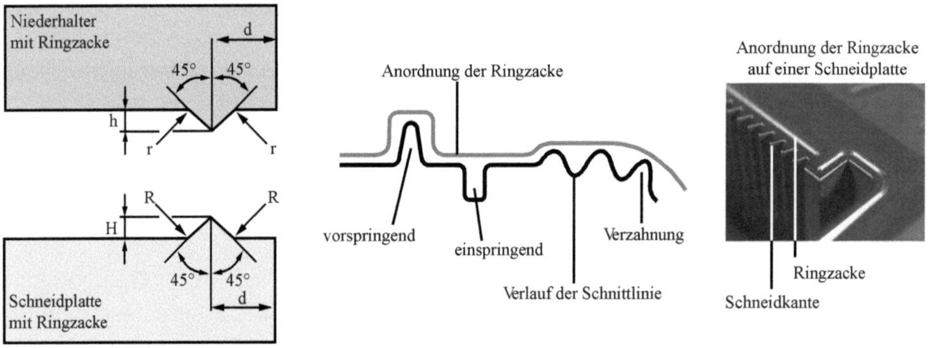

Abb. 7.7 Form der Ringzacke (links) und Verlauf der Ringzacke entlang der Schnittlinie (rechts). Quelle: nach [Bir85]

die Scherzone des Werkstoffes induzierten Druckspannungen ermöglichen ein längeres Fließen [Fri02]. Die gleiche Wirkung hat eine Präparation der Stempelschneidkante beim Lochen.

Die Ringzacke ist ein besonderes Merkmal des Feinschneidens, da sie nur bei diesem Scherschneidverfahren Anwendung findet. **Abb. 7.7** zeigt die typische Form einer Ringzacke wie sie sich im Praxiseinsatz bewährt hat. In der Literatur (u.a. [Mae68]) werden Ringzacken in quadratischer Form oder auch mit ungleichen Winkeln von 30° zu 45° erwähnt. Sie haben jedoch nur experimentelle Bedeutung. Die Ringzacke verläuft in einem definierten Abstand zur Kante der Schneidplatte bzw. zur Kante des Niederhalters entlang der Schnittlinie. Bei kleinen vorspringenden und einspringenden Partien des Teiles folgt die Ringzacke nicht der Schnittlinie (vgl. **Abb. 7.7**, rechte Seite). Bis zu einer Blechdicke von 4,5 mm wird überwiegend mit nur einer Ringzacke auf dem Niederhalter (Führungsplatte) gearbeitet. Für Blechdicken über 4,5 mm ist die Verwendung einer zweiten Ringzacke, die auf der Schneidplatte angeordnet ist, notwendig [Rot84, Klo06]. Der optimale

Blechdicke s_0 [mm]	Abstand der Ringzacke von der Schnittlinie d [mm]	Ringzackenhöhe h [mm]	Fußrundungs-radius r [mm]
1 bis 1,6	1	0,3	0,2
1,6 bis 2,5	1,4	0,4	0,2
2,5 bis 3,2	2,1	0,6	0,3
3,2 bis 4,0	2,5	0,7	0,3
4,0 bis 5,0	2,8	0,8	0,3

Abb. 7.8 Ringzackenmaße in Abhängigkeit von der Blechdicke für die Anordnung der Ringzacke auf dem Niederhalter. Quelle: [Fri02]

Blechdicke s_0 [mm]	Abstand der Ringzacke von der Schnittlinie d [mm]	Ringzacken-höhe h bei Ringzacke auf der Schneid-platte [mm]	Fußrun-dungsra-dius r bei Ringzacke auf der Schneid-platte [mm]	Ringzacken-höhe h bei Ringzacke auf dem Niederhal-ter [mm]	Fußrun-dungs-radius r bei Ring-zacke auf dem Niederhal-ter [mm]
4,0 bis 5,0	2,5	0,8	0,8	0,5	0,2
5,0 bis 6,3	3	1	1	0,7	0,2
6,3 bis 8	3,5	1,2	1,2	0,8	0,2
8,0 bis 10,0	4,5	1,5	1,5	1	0,5
10,0 bis 12,5	5,5	1,8	2	1,2	0,5
12,5 bis 16	7	2,2	3	1,6	0,5

Abb. 7.9 Ringzackenmaße in Abhängigkeit von der Blechdicke für die Anordnung der Ringzacke auf der Schneidplatte und dem Niederhalter. Quelle: [Fri02]

Abstand der Ringzacke von der Schnittlinie beträgt nach Maeda und Nakagawa etwa das 1,5 fache der Blechdicke [Mae68]. Jedoch erfordert jede Vergrößerung des Ringzackenabstandes zur Schnittlinie einen größeren Werkstoffverbrauch. Aus diesem Grund wird in der betrieblichen Praxis ein Wert zwischen dem 0,6 und 0,75 fachen der Blechdicke s_0 gewählt. Die Höhe h und der Fußradius r sind ebenfalls blechdickenabhängig. **Abb. 7.8** und **Abb. 7.9** listen die derzeit am häufigsten eingesetzten Ringzackenmaße auf.

Die Wirkung der Ringzacke beruht, wie bereits bei der Geometrie der Schneidkante dargestellt, auf einem Werkstoffstau in der Scherzone des Bleches während der Schneidoperation. Durch das Einpressen der Ringzacke in den Werkstoff wird ein horizontaler Werkstofffluss aus dem Scherbereich verhindert und zusätzlicher Werkstoff in die Scherzone gepreßt. Ein Anstieg des Druckspannungsanteiles im Scherbereich führt zu einem verbesserten Fließ-Schervorgang und damit verbundenen höheren Glattschnittanteilen als auch zu einer geringeren Einrißneigung. Die Ausbildung des Kanteneinzuges wird zudem reduziert. [Hör08, Hör09]

Das Anbringen der Ringzacke auf der Schneidplatte und/oder auf dem Niederhalter gestaltet sich relativ aufwendig und stellt einen erheblichen Kostenfaktor dar. Wird die Ringzacke auf der Schneidplatte angebracht, dann muss bei jedem Nachschleifvorgang die Ringzacke entfernt und danach wieder neu gefräst werden. Zudem besteht die Gefahr, dass die Schneidplatte im Bereich der Ringzackenfußrundung aufgrund der erhöhten Kerbwirkung ausbricht.

Der Gegenhalter hat die Aufgabe, das entstehende Bauteil während des Schneidvorgangs innerhalb der Schnittlinie mit einer definierten Kraft gegen den Schneidstempel zu drücken. Somit wird das Blech während des gesamten Schneidprozesses fest eingespannt und eine plastische Durchbiegung des Feinschnittteils wird nahezu vollständig verhindert [Hör09].

Um die Wirkung der Ringzacke und des Gegenhalters sicherzustellen, ist eine spezielle Werkzeugabstimmung erforderlich (**Abb. 7.10**). Dadurch wird gewährleistet, dass die Ringzacke vollständig in den Blechwerkstoff eingedrückt ist, bevor der Stempel auf das Blech auftrifft. Außerdem wird eine Durchbiegung des Bleches durch das Vorstehen des Gegenhalters von Beginn an unterdrückt.

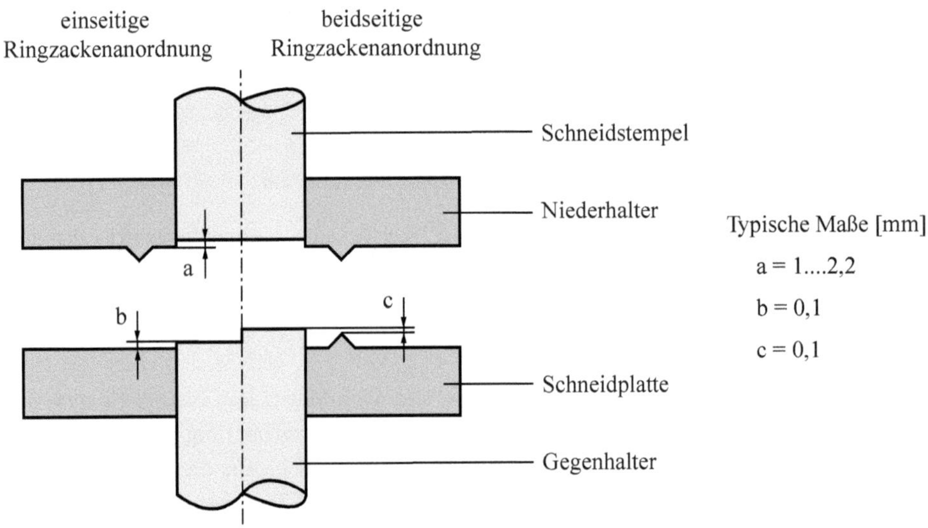

Abb. 7.10 Abstimmung von Gegenhalter und Schneidstempel

7.3 Schnittteilgestaltung und Bauteilwerkstoffe

Die Qualität eines feingeschnittenen Bauteiles ist, neben dem Werkzeugaufbau, im Wesentlichen vom verwendeten Werkstückwerkstoff abhängig. Aus diesem Grund können für das Feinschneiden nur Werkstoffe eingesetzt werden, die während des Schneidvorgangs durch ein genügend großes Formänderungsvermögen nicht zu Rissbildung neigen. Diese Bedingung erfüllen unlegierte Stähle mit einem Kohlenstoffgehalt ≤ 0,7%, legierte Stähle mit hohem Formänderungsvermögen (auch Cr-Ni-Stähle), Messingwerkstoffe mit maximal 40% Zn, Bronze, Neusilber sowie Kupfer und Aluminium mit deren Legierungen [Bec73].

90% aller feingeschnittenen Teile werden aus Stahl gefertigt [Klo06]. Stähle mit höherem Kohlenstoff- und Legierungsgehalt müssen vor dem Schneiden weichgeglüht werden, da sich lamellarer Zementit und Karbide schlecht feinschneiden lassen und zu Einrissen an den Schnittflächen neigen. Generell lässt sich für Stähle feststellen, dass mit zunehmender Werkstückdicke, steigendem C-Gehalten und einer ansteigenden Zahl von Legierungsbestandteilen das Feinschneiden schwieriger gestaltet.

Das Feinschneiden eines Bauteiles ist von diversen Faktoren abhängig. So bestimmen die Dicke, die geometrische Form des Schnittteiles als auch die Festigkeit des eingesetzten Werkstückwerkstoffes den Feinschneiderfolg. Großflächige, dünne Teile stellen geringere Anforderungen an die Prozessparameter als schmale Stege bei großen Blechdicken. Stumpfwinklige Ecken mit großen Radien lassen sich besser feinschneiden als spitzwinklige Ecken mit kleinen Radien.

Zur Klassifizierung der Herstellbarkeit besteht die Möglichkeit, Schnittteile anhand der drei Faktoren Dicke, Geometrie und Werkstoffeigenschaft in vier Schwierigkeitsgrade einzuteilen. Nach den Richtlinien der Feintool AG, Lyss (Schweiz), kann zwischen folgenden Bereichen unterschieden werden:

- Schwierigkeitsgrad S1 ≙ leicht
- Schwierigkeitsgrad S2 ≙ mittel
- Schwierigkeitsgrad S3 ≙ schwierig
- Schwierigkeitsgrad > S3 ≙ sehr schwierig

Jedes Schnittteil ist durch bestimmte geometrische Formelemente wie Lochdurchmesser, Stegbreiten, Eckenrundungen, Zahnmodule, Schlitze und Stege gekennzeichnet. Jedem dieser Formelemente kann zur Ermittlung des Schwierigkeitsgrades ein entsprechender Zahlenwert in Abhängigkeit von der Blechdicke s_0 zugewiesen werden. Der Gesamtschwierigkeitsgrad eines Feinschnittteiles ergibt sich dann aus dem höchsten Einzelschwierigkeitsgrad.

In **Abb. 7.11** ist eine Zuordnung der Schwierigkeitsgrade zu den entsprechenden Formelementen dargestellt. Diese gelten unter der Voraussetzung, dass die Schneidaktivelemente eine Streckgrenze von $R_{p0,2}$ = 3.000 N/mm² bei einer Härte von 63 HRC besitzen und der Werkstückwerkstoffes eine Zugfestigkeit von R_m = 500 N/mm² nicht überschreitet. Unter dem Bereich S3, d.h. bei einem Schwierigkeitsgrad > S3, ist die Fertigung des Feinschnittteils nur noch in Ausnahmefällen prozesssicher möglich.

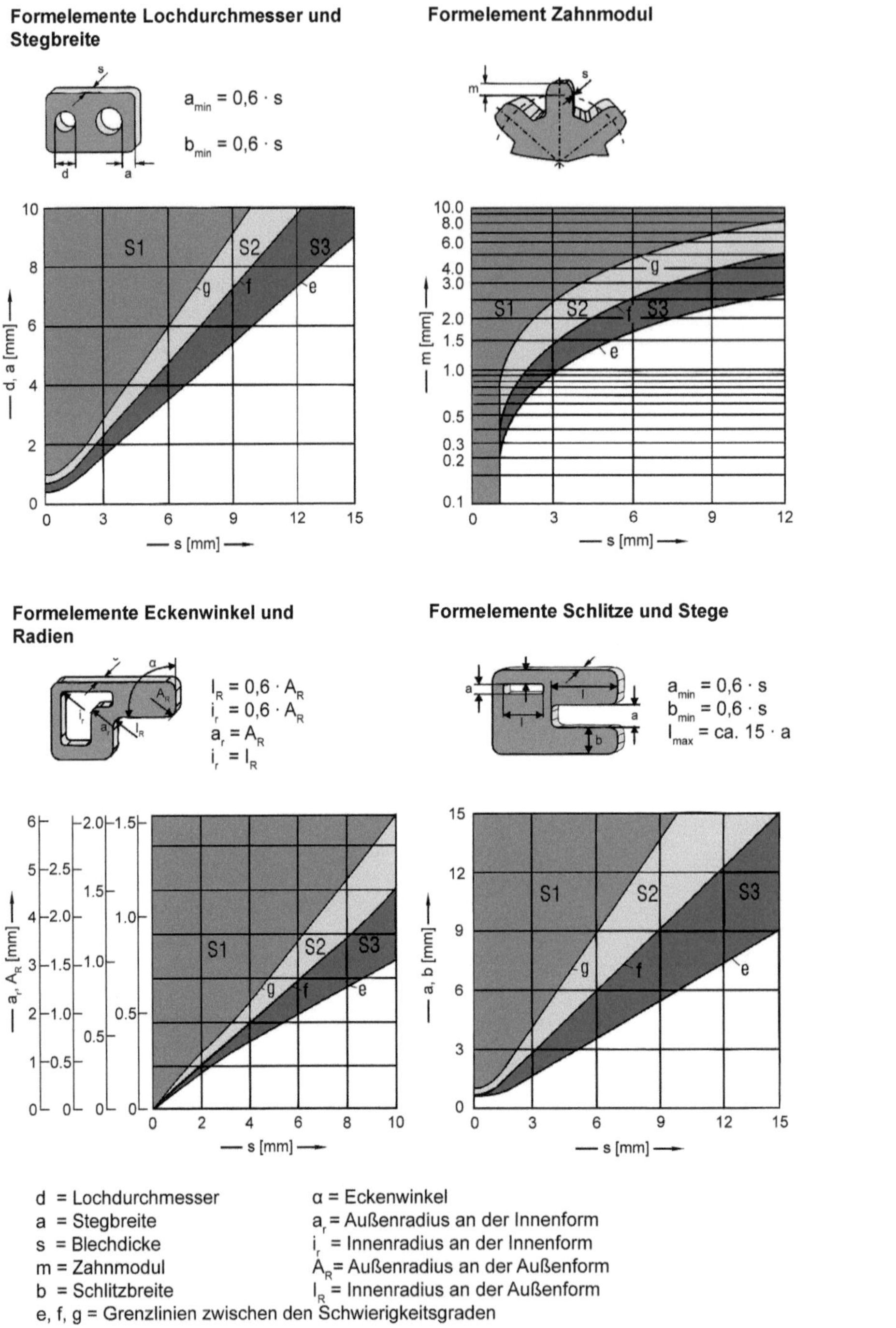

Abb. 7.11 Abhängigkeit des Schwierigkeitsgrades von der Geometrie und der Blechdicke des Feinschnittteiles. Quelle: Feintool AG, Lyss (Schweiz)

7.4 Werkzeuge

Die Feinschneidtechnik wird, wie das Normalschneiden, in Gesamtschneid-, Folgeschneid- und Folgeverbundwerkzeugen realisiert (**Abb. 7.12**). Die Elemente der Feinschneidwerkzeuge müssen entsprechend der hohen Belastungen massiv gebaut und abgestützt werden. Der geringe Schneidspalt erfordert eine einwandfreie Zentrierung und Verankerung der Schneidplatte im Säulengestell und eine genaue Führung des Scherschneidstempels. Zusätzlich werden durch Verriegelungsbolzen eine Lagesicherung zwischen Führungsplatte und Schneidplatte während des Feinschneidvorganges gewährleistet. Feinschneidwerkzeuge sind in der Regel modular aufgebaut, damit Verschleißteile

Gesamtschneidwerkzeug für Motorrad-Bremsscheiben: Hohe Maß- und Formgenauigkeit der Bremsscheibe durch Fertigung in nur einem Hub

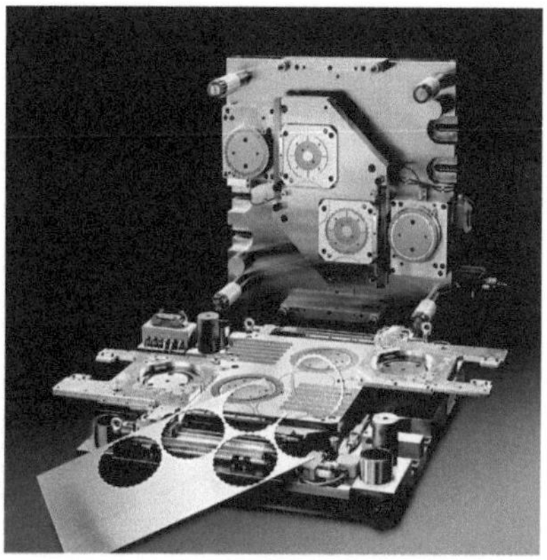

Folgeschneidwerkzeug mit integrietem Prägeentgraten für die Herstellung von Kupplungslamellen

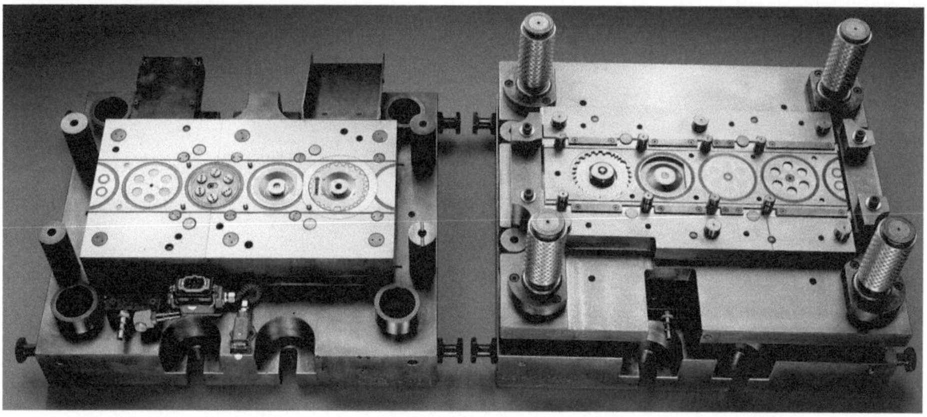

Vierstufiges Folgeverbundwerkzeug zur Herstellung von Kettenrädern: Feinschneid- und Umformoperationen werden in einem Werkzeug realisiert

Abb. 7.12 Feinschneidwerkzeuge. Quelle: Feintool AG, Lyss (Schweiz)

problemlos ausgewechselt und nachgeschliffen werden können. In der Werkzeugfertigung wird, bedingt durch die geforderte hohe Genauigkeit, neben den üblichen Bearbeitungsverfahren wie dem Profilschleifen, bevorzugt die Elektro-Erodiertechnik eingesetzt.

Die Wahl der Werkzeugwerkstoffe ergibt sich aus dem vorherrschenden Belastungskollektiv von wirkenden Kräften und Verschleißmechanismen, welches aus dem Schwierigkeitsgrad und dem Werkstoff des zu schneidenden Teiles resultiert. Besonders die Aktivelemente Schneidstempel und Schneidplatte werden sowohl auf Druck und Zug als auch auf Biegung beansprucht. Als Werkzeugwerkstoffe kommen Kaltarbeitsstähle und Schnellarbeitsstähle mit einer 0,2 % - Streckgrenze von 2.500 bis 3.000 N/mm^2 sowie Hartmetalle zum Einsatz [Schm90]. Um die Leistungsfähigkeit und Standzeit der Werkzeugaktivelemente zu verbessern, erfolgt vermehrt eine PVD Beschichtung (Physical Vapor Deposition). In der Praxis haben sich für Werkzeugstähle Beschichtungen aus Titannitrid (TiN), Titancarbonnitrid (TiCN) oder Titanaluminiumnitrid (TiAlN) bewehrt. Abrasiver als auch adhäsiver Verschleiß lassen sich dadurch vermindern. Ein gezielter Schmierstoffeinsatz auf beiden Seiten des Werkstücks, bestimmt maßgeblich die Reibungsverhältnisse in der Scherzone zwischen Blechwerkstoff und Schneidaktivelementen. Trotzdem ist eine Werkzeugbeschichtung unerlässlich. Daher werden in Feinschneidwerkzeugen zusätzliche Schmierkammern vorgesehen, um eine ideale Benetzung der Aktivelemente im Wirkbereich zu gewährleisten [Schm07].

7.5 Pressentechnik

An Werkzeugmaschinen für das Feinschneiden werden im Vergleich zum Normalschneiden erhöhte Anforderungen gestellt. Sie müssen Ringzacken-, Gegenhalter- und Schneidkraft unabhängig voneinander erzeugen. Daher werden dreifachwirkende Pressen eingesetzt, die es ermöglichen, alle drei Kräfte wegabhängig zu regeln. Ringzacken- und Gegenhalterkraft werden in der Regel hydraulisch aufgebracht. Die Schneidkraft wird bei Maschinen bis etwa 1.600 kN Gesamtkraft mechanisch erzeugt. Größere Maschinen mit 2.500 kN bis 25.000 kN Gesamtkraft werden meist mit hydraulischen Antrieben ausgestattet. **Abb. 7.13** zeigt schematisch den Aufbau einer hydraulischen Feinschneidpresse. Der Antrieb kann entweder direkt über eine Pumpe oder über einen zwischengeschalten Druckspeicher erfolgen. Bei einem sogenannten Direktantrieb arbeitet die Hydraulikpumpe bei jedem Schneidvorgang unmittelbar in den Hauptarbeitszylinder. Der Motor bzw. die Pumpe müssen daher auf den Spitzenbedarf beim Schneidvorgang ausgelegt sein. Dagegen wird bei einem Druckspeicherantrieb ein Hochdruck-Akkumulator (Hydrospeicher), der als Energiespeicher dient, von der Pumpe kontinuierlich aufgeladen. Für die Motorauslegung bedeutet dies, dass mit einem mittleren Energiebedarf über den Arbeitszyklus kalkuliert werden kann, da der Energiespeicher Leistungsspitzen auffängt [Hof84]. Bei Druckspeicherantrieben kann damit der Antriebsmotor kleiner dimensioniert werden. Eine zusätzliche Reduzierung der Lärmemission der Presse geht ebenfalls damit einher. Hydraulische Pressen ermöglichen

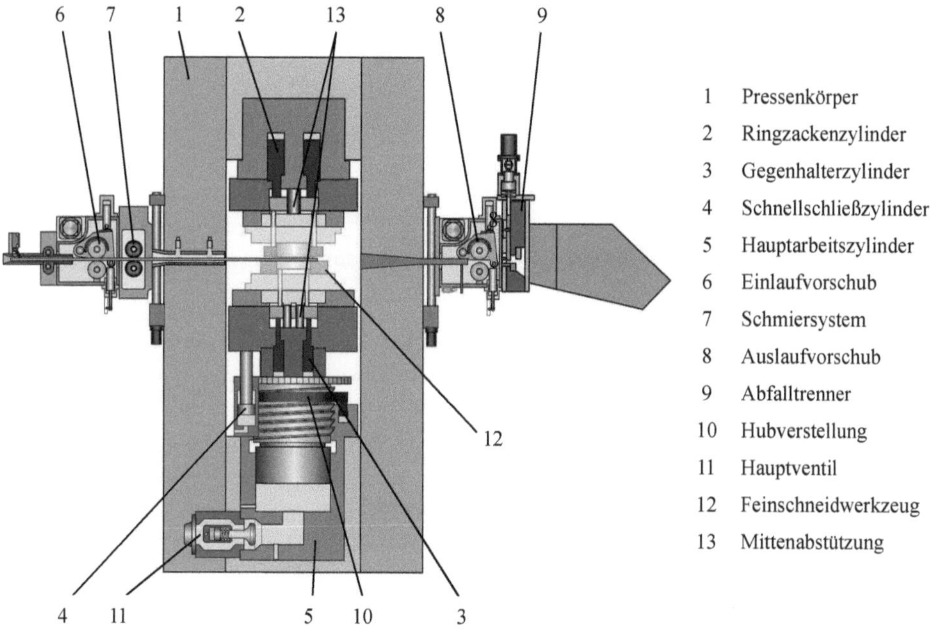

Abb. 7.13 Schnitt durch eine dreifachwirkende hydraulische Feinschneidpresse. Quelle: nach Feintool AG, Lyss (Schweiz)

eine individuelle Abstimmung des Bewegungsablaufes auf das Feinschneidwerkzeug. Die Gesamtkraft einer Feinschneidpresse setzt sich aus den oben genannten drei Kräften zusammen. Aufgrund des kleinen Schneidspaltes und den dadurch bedingten niedrigen zulässigen Toleranzabweichungen sind eine hohe Steifigkeit der Maschine in vertikaler und horizontaler Richtung, eine hohe Führungsgenauigkeit des Stößels und eine exakte Ebenheit und Parallelität der Werkzeugspannflächen erforderlich [Bir95]. Feinschneidpressen haben daher große Ständerquerschnitte und starke Verrippungen, wodurch hohe Gestellsteifigkeiten erreicht werden. Die hohe Führungsgenauigkeit wird oft durch doppelte Stößelführungen und 8-Bahnen-Führungen in Rechteckanordnung realisiert. Zusätzlich wird durch Mittenabstützungen (vgl. **Abb. 7.13**) im oberen und unteren Werkzeugtisch eine optimale Krafteinleitung in das Feinschneidwerkzeug aber auch eine Abstützung des Werkzeuges garantiert.

Für die wirtschaftliche Fertigung von Feinschnittteilen ist neben der Presse die Analgenperipherie von großer Bedeutung. Die automatische Zuführung des Blechwerkstoffes zur Feinschneidpresse erfolgt bei sehr dicken Blechen in Form von Streifenmaterial über sogenannte Streifeneinleger. Bandmaterial, welches als Coil vorliegt, wird über eine Haspel und eine Richtmaschine der Presse zugeführt (**Abb. 7.14**). Durch das Richten des Bandes kann eine gleichbleibende Ebenheit des Bleches sichergestellt werden. Im Pressenumfeld sind zudem oft Entgrat- und Reinigungsanlagen installiert, um einbaufertige Bauteile herstellen zu können.

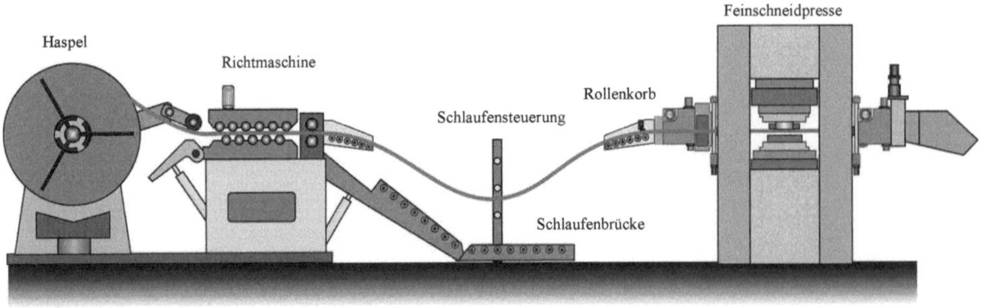

Abb. 7.14 Feinschneidpresse mit Pressenperipherie. Quelle: Feintool AG, Lyss (Schweiz)

Für die Werkzeug- und insbesondere auch die Maschinenauslegung sind die wirkenden Kräfte während des Feinschneidvorganges zu berücksichtigen. Die Berechnung der maximalen Schneidkraft erfolgt analog zu der beim Normalschneiden:

$$F_{S,max} = L_S \cdot s_0 \cdot R_m \cdot f_1 \text{ [N]} \tag{7.1}$$

mit $F_{S,max}$ = maximale Schneidkraft [N]
L_S = Schnittlinienlänge des Schnittteils [mm]
s_0 = Dicke des Schnittteils [mm]
R_m = Zugfestigkeit des Werkstückwerkstoffes [N/mm²]
f_1 = Scherfaktor (0,6 bis 0,9) [-]

Der Faktor f_1 ist im Einzelfall nicht bekannt, da er von zahlreichen Einflussgrößen, wie dem Verhältnis von Streckgrenze zu Zugfestigkeit, der geometrischer Form des Schnittteils, der Werkzeugschmierung, aber auch der Abstumpfung der Aktivelemente beeinflusst wird. In der Praxis wird in der Regel mit einem Wert von 0,9 gerechnet. Dieser Wert liegt über dem des Normalschneidens.

Abb. 7.15 zeigt den Verlauf der Schneidkraft in Abhängigkeit vom Schneidstempelweg für das Normal- und für das Feinschneiden. Deutlich erkennbar ist der erhöhte Kraft- und Schneidarbeitsbedarf beim Feinschneiden, da der Werkstoff über die gesamte Blechdicke hinweg fließt. Feinschneiden zeichnet sich durch eine geringere Lärmentwicklung aus, da kein Schnittschlag beim Durchschneiden des Blechs auftritt.

Die Ringzackenkraft, oft auch als Niederhalterkraft bezeichnet, ergibt sich aus:

$$F_R = L_R \cdot h \cdot R_m \cdot f_2 \text{ [N]} \tag{7.2}$$

mit L_R = Gesamtlänge der Ringzacke [mm]
h = Höhe der Ringzacke [mm]
R_m = Zugfestigkeit des Werkstückwerkstoffes [N/mm²]
f_2 = Faktor (~ 4) [-]

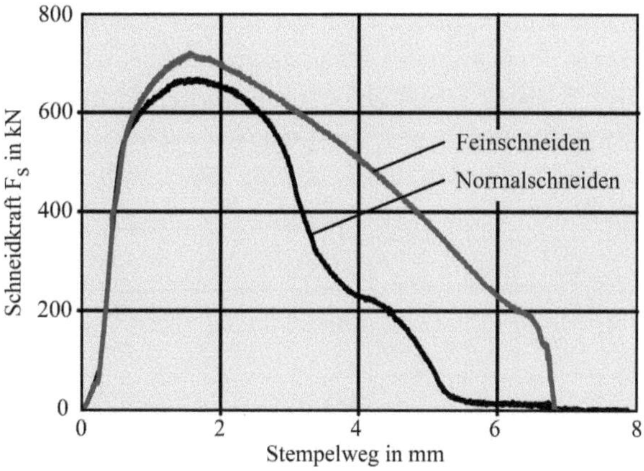

Bauteilkenngrößen:

Schnittlinienlänge: 354 mm

Werkstoff: S355MC s = 6mm

R_m = 487 MPa

$R_{p0,2}$ = 428 MPa

Prozessparameter:

	Feinschneiden	Normalschneiden
Schneidspalt	0,02 mm	0,2 mm
Schneidkantengeometrie	Fase: 0,4 x 30°	scharf
Niederhalterkraft	450 kN	200 kN
Schneidgeschwindigkeit	60 mm/s	60 mm/s
Ringzackenanordnung	beidseitig	keine
Gegenhalterkraft	226 kN	keine

Abb. 7.15 Schneidkraft - Stempelweg Verlauf beim Normalschneiden und Feinschneiden

Bei dem Faktor f_2 handelt es sich wiederum um einen empirischen Wert, der von der Form der Ringzacke bestimmt wird. Bei Verwendung der in **Abb. 7.7** bis **Abb. 7.9** dargestellten Ringzackengeometrien kann der Faktor f_2 mit 4 angesetzt werden.

Die Berechnung der Gegenhalterkraft folgt aus:

$$F_G = A_S \cdot q_G \qquad \textbf{(7.3)}$$

mit q_G = spezifische Gegenkraft [N/mm²]

A_S = Oberfläche Schnittteil bzw. vom Auswerfer gedrückte Oberfläche des Schnittteils ohne Innenformen [mm²]

Die spezifische Gegenkraft q_G ist ein Erfahrungswert der 20 bis 70 N/mm² betragen kann. Die Wahl dieses Wertes ist von der Bauteilgeometrie abhängig. Ein Wert von 70 N/mm² wird bei dicken, großflächigen, ein Wert von 20 N/mm² bei dünnen, kleinflächigen Schnittteilen angesetzt. Die Gegenhalterkraft muss bei großflächigen und dicken Teilen höher angesetzt werden, da sich diese leichter durchbiegen. [Schm07]

Die Schneidgeschwindigkeit der Feinschneidpresse ist von der Dicke und dem Blechwerkstoff sowie der geometrischen Form des Schnittteils abhängig. Sie liegt bei typischen hydraulischen Pressen im Bereich von 3 bis 60 mm/s und hat erheblichen Einfluss auf das Schnittergebnis und die Lebensdauer des Werkzeugs. Das Schließen erfolgt bei diesen Pressen meist mit 120 mm/s und das Rücklaufen des Stößels mit 135 mm/s. [Schm07]

Literatur

[Bec73] Beck, G.: Die Bedeutung des Werkstückwerkstoffes für das Feinschneiden (I)+(II), Bänder Bleche Rohre, Düsseldorf, 14, Nr. 8+9, 1973

[Bir85] Birzer, F.; Hoffmann, H.: Handbuch der Fertigungstechnik, Band 2: Umformen und Zerteilen, Kapitel Feinschneiden, Herausgeber Spur G., Carl Hanser – Verlag München Wien, 1985

[Bir95] Birzer, F.: Bericht Feinschneiden 1995, Feintool AG, Lyss/Schweiz 1995

[DIN8588] N. N.: Fertigungsverfahren Zerteilen: Einordnung, Unterteilung, Begriffe, DIN 8588, September 2003

[Fri02] Fritsch, C.: Einfluss der Prozessparameter auf das Feinschneiden von Aluminiumlegierungen, utg - Forschungsberichte, Hieronymus, München, 2002

[Gui65] Guidi, A.: Nachschneiden und Feinschneiden, Hanser Verlag, München, 1965

[Hör08] Hörmann, F.: Einfluss der Prozessparameter auf einstufige Scherschneidverfahren zum Ausschneiden mit endkonturnaher Form, utg - Forschungsberichte, Hieronymus, München, 2008

[Hör09] Hörmann, F., Demmel P.: Qualitätsbeeinflussende Parameter, Blech Rohre Profile, Seite 14-17, Heft 11, 56. Jahrgang, Meisenbach Verlag, 2009

[Hof84] Hoffmann, H., Panknin, W.: Anforderungen an moderne Feinschneidpressen, Tagungsband: Internationales Feintool-Feinschneid-Symposium, Biel (Schweiz), 1984

[Hof91] Hoffmann, H.: Vergleich von Normal- und Feinschneiden, Technische Rundschau, Heft 40, 1991

[Klo06] Klocke, F., König, W.: Fertigungsverfahren – Umformen, 5.Auflage, Springer Verlag Berlin Heidelberg, 2006

[Kon75] Kondo, K.: Das Stauchschneiden – ein neues Schneidverfahren für genaue Werkstücke mit glatten Schnittflächen, Industrie-Anzeiger, Bd. 97, Nr. 33, Essen, 1975

[Kön82] König, W.: Stanzen von Löchern hoher Formtreue und Oberflächengüte in dickwandigen Bauteilen aus Stahl durch Anwendung der Feinschneidtechnologie, Forschungsbericht KfK-PFT 18, Kernforschungszentrum Karlsruhe, 1982

[Mae68] Maeda, T.; Nakagawa, T.: Experimental investigation on fine blanking, Scientific papers of the institute of physical and chemical research, 1968

[Rot84] Rotter, F.: Feinschneiden dicker Bleche, Dissertation RWTH Aachen, 1984

[Schm07] Schmidt, R.-A.: Umformen und Feinschneiden, Carl Hanser Verlag München Wien, 2007

[Schm90] Schmoekel, D.; Liebig, H.; Balbach, R.; Werle, T.; Geiger, M.: Umformtechnik – Handbuch für Industrie und Wissenschaft, Band 3: Blechbearbeitung, Kapitel Schneiden, 2. Auflage, Herausgeber Lange K., Springer-Verlag Berlin Heidelberg, 1990

[VDI2906/5] N. N.: Schnittflächenqualität beim Schneiden, Beschneiden und Lochen von Werkstücken aus Metall: Feinschneiden, VDI 2906 Blatt 5, Mai 1994

Finite Elemente Methode (FEM) Prozess-Simulation in der Blechumformung

8

Prof. Dr. Pavel Hora
Institut für virtuelle Produktion (IVP), ETH Zürich

8.1 Finite Elemente Methode (FEM) Prozess-Simulation in der Blechumformung

8.1.1 Stand der Technik

Im Folgenden wird der Stand der Technik behandelt. Hierzu wird zunächst die geschichtliche Entwicklung dargestellt. Es schließt sich dann eine Betrachtung des heutigen Standes der FEM-Prozess-Simulation und der Entwicklungstendenzen an.

Letztlich erfolgt eine Darstellung alternativer numerischer Methoden.

8.1.2 Geschichtliche Entwicklung

Kontinuumsmechanische Probleme, wie sie in der Umformtechnik auftreten, lassen sich durch Differentialgleichungen 2. Ordnung beschreiben. Ihre exakte Lösung ist jedoch nur für sehr einfache geometrische Fälle möglich. Aus diesem Grund ist man bei der Lösung von allgemeinen Problemen mit komplexen Randbedingungen auf numerische Näherungsverfahren angewiesen.

Die ersten Arbeiten auf dem Gebiet der Näherungslösungen von Differentialgleichungen gehen auf die Arbeiten der Mathematiker Ritz, [Ritz08], Galerkin [Gal15] und Rayleigh [Rayl70] zurück. Diese Methoden ermitteln die Näherungslösungen mit stückweisen, „finiten" oder globalen Ansatzfunktionen. Die Methoden basieren auf dem Prinzip des gewichteten Restes[2]. Da die Differentialgleichungen bei einer endlichen

[2] Die Galerkin-Methode ist ein numerisches Verfahren zur näherungsweisen Lösung von partiellen Differentialgleichungen. Sie stellt die gebräuchlichste Variante der „Methode der gewichteten Residuen" dar, bei der das resultierende Residuum einer Näherungslösung minimiert wird. Das Residuum ist in dem betrachteten Gebiet verteilt. Es wird mit geeigneten Wichtungsfunktionen gewichtet, daher der Ausdruck „gewichtete Residuen". Das Integral des über dem Gebiet gewichteten Residuums soll möglichst klein sein oder besser noch ganz verschwinden. Die Wichtungsfunktionen haben Parameter, deren Anzahl der Zahl der Freiheitsgrade des Systems entspricht. Diese führen zu genauso vielen Gleichungen und damit zu dem gleichen großen Gleichungssystem, das aus der Finite-Elemente-Methode bekannt ist. Bei der Galerkin-Methode sind die Wichtungsfunktionen identisch mit den Ansatzfunktionen in den Elementen [wikipedia].

Diskretisierung nur näherungsweise erfüllt werden, werden diese Lösungsansätze auch als „schwache Formulierung“ („weak form“) bezeichnet. Die auf dem Variationsprinzip basierenden Ansätze bestimmen auf diesem Weg dann das Minimum des entsprechend gewählten Funktionals. Dieses wird im Bereich umformtechnischer Probleme mittels des Prinzips der virtuellen Arbeit gebildet.

Im Bereich der Ingenieurwissenschaften entwickelte sich die „Finite-Elemente-Methoden“ teilweise unabhängig von diesen mathematischen Ansätzen. Die Grundlage bildeten hier vielmehr die diskreten Systeme, wie sie z. B. bei Stabtragwerken vorkommen, welche mit Hilfe von Matrizenmethoden berechnet werden können. Hiervon ausgehend wurden dann Lösungsmethoden auch für kontinuierliche Systeme gesucht. Zienkiewicz schreibt in seinem 1971 erschienenen Buch [Zien71]: *„Die Methode der finiten Elemente ist im Grunde genommen ein Verfahren, mit dem ein Kontinuum von unendlich vielen Freiheitsgraden durch eine Anordnung von Teilgebieten (oder Elementen) angenähert wird. Untereinander sind die Elemente in ähnlicher Weise verbunden, wie die Konstruktionen der Bautechnik oder bei elektrischen Netzwerken vorliegen.“*. Als den ersten mathematischen Beitrag zu einem Finite-Elemente-Ansatz wird heute die Arbeit von Courant aus dem Jahre 1943 [Cout43] betrachtet. Nach Angaben von Braess [Brae07] können ebenfalls in der bereits im Jahr 1851 erschienenen Arbeit von Schellbach [Sche51] zur Behandlung von Variationsproblemen Ansätze für die Methode der finiten Elemente gefunden werden.

Im Bereich der Strukturmechanik gehen die ersten Arbeiten auf Turner, Clouth, Martin und Topp [Turn56] und Argyris [Argy57] zurück. Der Begriff „Finite Elemente“ wurde vom Clough in seiner Publikation [Clou60] zur Berechnung des ebenen Spannungszustands eingeführt. Zur Verbreitung der Methode haben dann aber vor allem die Bücher von Zienkiewicz [Zien67],[Zien71] sowie das Buch von Strang und Fix [Stra73] beigetragen. Aus heutiger Sicht bietet der 1991 erschienene Beitrag von Oden [Oden91] eine gute Übersicht.

Die Finite-Elemente-Methode (FEM) als numerisches Verfahren war natürlich stark an die Entwicklung der Computer gekoppelt. In den späten 50er-Jahren wurden erste Berechnungen für relativ einfache elastische Strukturprobleme durchgeführt. Diese Entwicklung wurde z. B. durch die Arbeiten von Argyris nachhaltig mitgestaltet. In den 60er-Jahren folgte dann die Erweiterung auf elasto-plastische Stoffgesetze sowie auf thermische und thermo-mechanisch gekoppelte Probleme. Ab den 70er-Jahren hatte man sich, begünstigt durch die zunehmende Rechenleistung, auch nichtlinearen Problemen zugewandt, welche durch inkrementelle Berechnung gelöst werden müssen.

8.1.3 Heutiger Stand und Entwicklungstendenzen im Bereich der Blechumformung

Im Bereich der Umformtechnik wurden die ersten umformtechnischen Berechnungen in den späten 80er-Jahren auf dem Gebiet der Massivumformung gemacht. Hier sind vor allem die Arbeiten von K. Roll am IFU der Universität Stuttgart zu erwähnen, welche auch eine gute Übersicht zum damaligen Stand der Forschung auf diesem Gebiet beinhaltet [Roll82].

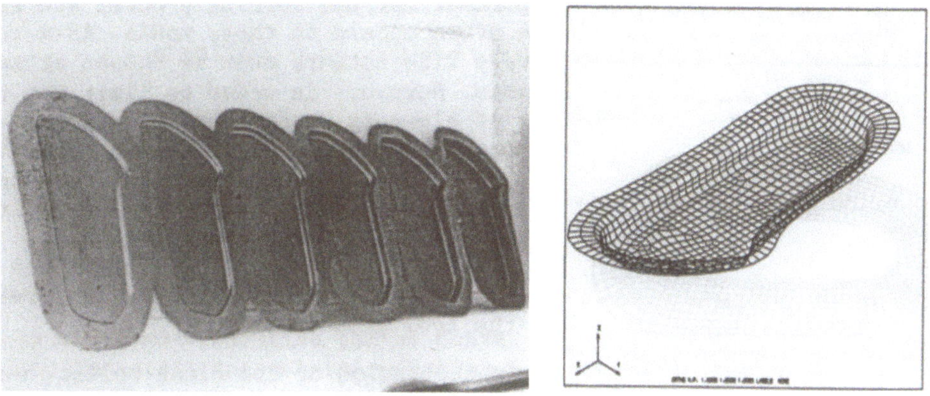

Abb. 8.1 Numerische Simulation eines BMW-Tiefziehteils. Programm MARC [Hora87].

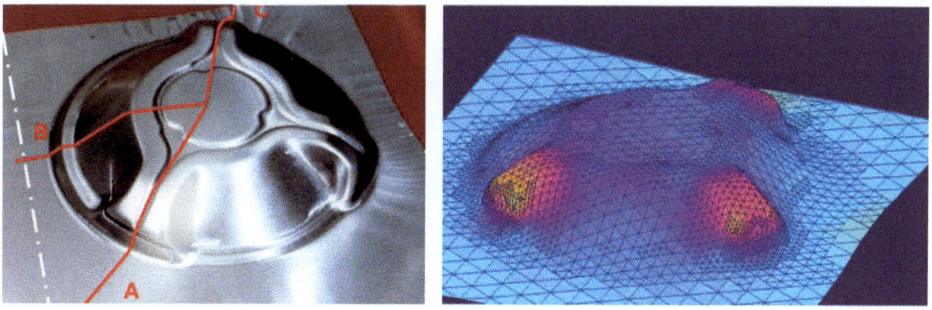

Abb. 8.2 VDI-Benchmarkteil 1991 (links). Erste Simulation von Blechumformprozessen. Ergebnis AutoForm [VDI91]. Darstellung der logarithmischen Hauptformänderungen über dem Blechformteil (rechts).

Im Bereich der Blechumformung wurden die ersten Versuche zur Simulation von irregulären Teilen durch Hora vorgestellt [Hora87]. Diese Berechnung musste trotz ihrer Einfachheit auf einer Cray-1S durchgeführt werden und dauerte mehrere Wochen. Als eine weitere signifikante Schwäche erwies sich das Fehlen von Kontaktalgorithmen – die Kontaktsuche musste durch den Anwender mittels Subroutinen programmiert werden.

Den initialen Startschuss für industrielle Anwendungen brachte die im Jahre 1991 stattfindende VDI-Konferenz, wo an Hand eines Realteiles (VDI-Benchmarkteil) die Anwendbarkeit der Programme auch für reale Teile nachgewiesen wurde [VDI91]. Ab etwa 1995 entwickelte sich im Bereich der Blechumformung die Finite-Elemente-Methode dann schnell zu einem industriell einsetzbaren Tool [Numi93], [Numi96].

Obwohl im Bereich der langsamen Umformprozesse zuerst die impliziten quasistatischen Methoden eingesetzt wurden, haben sich auch für diese Anwendungen ab den 90-Jahren immer mehr auch die expliziten Verfahren durchgesetzt. Heute gelten die

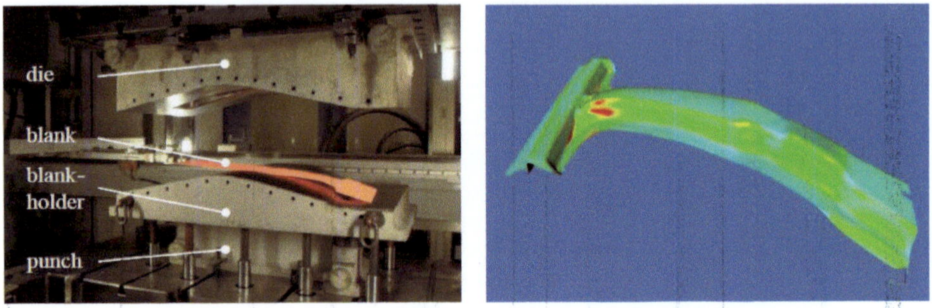

Abb. 8.3 Numisheet 2008. Benchmark Presshardening Simulationsergebnisse IVPFEM

impliziten und expliziten Programme als gleichwertig – man hat gelernt, die spezifischen Vorteile der jeweiligen Methode gezielt einzusetzen.

Die heutigen Entwicklungen in der FEM-Prozess-Simulation konzentrieren sich auf die Verbesserung der Werkstoffmodelle. So werden z. B. komplexere Modelle mit kinematischer Verfestigung zur Voraussage der Rückfederung entwickelt. Mit der zunehmenden Rechenleistung steigt aber auch das Bedürfnis, die Modelle noch näher an das reale Verhalten heranzuführen. Ein für umformtechnische Anwendungen als kritisch empfundener Punkt ist die vereinfachte Modellierung der Reibung zwischen Umformgut und Werkzeug. Neuere Untersuchungen weisen darauf hin, dass z. B. eine Nichtberücksichtigung der thermischen Einflüsse auf das Reibverhalten eine zu ungenaue Abbildung der realen Verhältnisse liefert. Das industrielle Anwendungsfeld der Programme entwickelt sich aber auch von der deterministischen Berechnung eines einzigen Zustandes zunehmend hin zu Anwendungen für eine automatische Optimumsuche, sowie zur Beurteilung der Robustheit und Prozess-Sensitivität. Diese Art der FEM-Anwendungen wird heute als stochastische Simulationen bezeichnet.

Die Anzahl der Publikationen zur Thematik der Finiten Elemente ist riesig. Als eine der ersten umfassenden Publikationen soll hier das Buch von Zienkiewicz [Zien67], [Zien73] genannt werden. Als neuere Bücher sind z. B. das Buch von J. Bathe [Bath02] oder Belytschko [Bely00] zu nennen. Im Bereich der Blechumformung stellen insbesondere die NUMISHEET-Konferenzen einen Fokus dar. Die Thematik der virtuellen Modellbildung ist heute fast ein Bestandteil praktisch aller Konferenzen zur Thematik der Prozessauslegung.

8.1.4 Alternative numerische Methoden

Neben den klassischen FEM-Berechnungen haben sich auch alternative numerische Berechnungsverfahren entwickelt. Die wichtigsten sollen nachfolgend vorgestellt werden.

Ein Nachteil der Finiten Elemente Methoden besteht in ihrem Grundprinzip, das Kontinuum durch ein Elementnetz zu diskretisieren. Da gerade bei umformtechnischen Prozessen durch die teilweise hohen Umformgrade die Netze stark verzerrt werden, ist

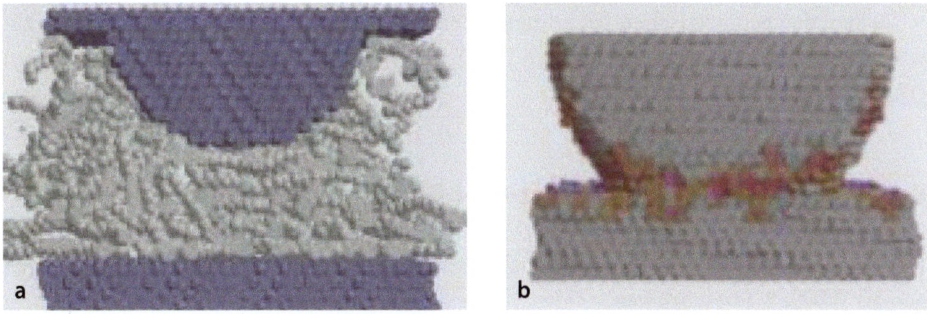

Abb. 8.4 MD-Simulation des Randverhaltens, a) Hydrodynamische Reibung b) Grenzschichtreibung

oft eine Berechnung ohne eine zwischenzeitliche Neugenerierung des Netzes – das sogenannte Remeshing – nicht möglich. Eine Alternative stellen hier die sogenannte netzfreien Methoden („Meshless Partical Methodes"), welche den Zustand lediglich auf der Basis verteilter Integrationspunkte berechnen. Eine gute Übersicht zu diesem Verfahren ist im Buch „The Meshless Local Petrov-Galerkin (MLPG) Method" von Satya N. Atluri und Shengping Shen zu finden [Saty02]. Die netzfreien Methoden werden z. T. zur Simulation von Rissausbreitungsvorgängen herangezogen.

Für Anwendungen, bei denen kein zusammenhängendes Kontinuum vorliegt, wird oft auf sogenannte „Finite-Discrete-Element-Methods" (FDEM) zurückgegriffen [Munj04]. Diese Methode diskretisiert den berechneten Bereich mit sphärischen Partikeln, die als starr angenommen werden, und berechnet die Kontakt-Wechselwirkungen unter diesen Partikeln. Die Methode wird zum Beispiel zur Simulation von Fließprozessen bei Granulaten wie Sand eingesetzt.

Im Bereich der Molekulardynamik wird auf sogenannte Molekular Dynamik Simulationen (MD) zurückgegriffen. Diese beschreiben auf Grund von Potentialen die Wechselwirkung unter den Atomen. In der Umformtechnik sind solche Simulationen – bei stark vereinfachenden Annahmen – zur Simulation von Reibeffekten einsetzbar. **Abb. 8.4** zeigt hierzu unterschiedliche Reibungsverhältnisse, simuliert mit der MD Methode.

8.2 Numerische Modellierung von umformtechnischen Prozessen

8.2.1 Nichtlineare, zeitlich abhängige Randwertprobleme

Umformtechnische Probleme stellen mechanisch quasistatische, dynamische oder auch thermische Randwertprobleme dar. Das Umformgut unterliegt dabei großen Verschiebungen und großen Rotationen, welche in der Regel auch signifikante plastische Dehnungen zur Folge haben.

Neben den geometrischen Nichtlinearitäten können sowohl materielle Nichtlinearitäten als auch materielle (Versagen durch Einschnürungen) und geometrische Instabilitäten (Falten) auftreten.

8.2.2 System gekoppelter partieller Differentialgleichungen

Das Systemverhalten wird durch das gekoppelte System der differentiellen Beziehungen gemäß Tabelle 8.1 beschrieben.

Zur korrekten Formulierung des Problems ist die Wahl der Betrachtungskonfiguration, die sich bei umformtechnischen Problemen zeitlich verändert, wichtig. Die Dehnungs- und Spannungsmaße sind von dieser Wahl abhängig und müssen korrekt gewählt werden.

In Zusammenhang mit den Materialmodellen spielt nicht nur die Wahl des Werkstoffgesetzes (starr-plastisch r-p oder elasto-plastisch e-p), sondern auch die verwendeten Werkstoffmodelle eine wichtige Rolle. Diese werden durch materialspezifische Beschreibung des Verfestigungs- und Fließverhaltens festgelegt. Es existiert heute sowohl für die unterschiedlichen Anwendungen (Kalt-, Warm-Umformung) wie für die unterschiedlichen Werkstofftypen eine Vielzahl von spezifischen Fließkurven und Fließortmodellen.

8.2.3 Inhalt des Kapitels

Die in **Tab. 8.1** erwähnten Beziehungen werden in Kapitel 8.3 eingehend diskutiert. Kapitel 8.4 wendet sich dann den finite Elemente Formulierungen zu, die die Grundlage der Finite-Elemente-Methoden (FEM) darstellen.

In Kapitel 8.5 wird dann die schwache Lösung des quasistatischen Problems behandelt, Kapitel 8.6 diskutiert die Vorgehensweise bei der Lösung von thermo-mechanisch gekoppelten Problemen. Kapitel 8.7 behandelt die explizite Lösungsmethode, welche heute auch zur Lösung quasistatischer Blechumformprobleme angewendet wird. Kapitel 8.8 vergleicht abschließend die Vor- und Nachteile beider Integrationsverfahren.

Bei umformtechnischen Problemen sind die Randbedingungen wegen des wechselnden Werkzeugkontaktes zeitlich veränderlich und müssen in jedem Zeitschritt neu

Tab. 8.1 Differentielle Beziehung zur Beschreibung von Umformproblemen

Kinematische Beziehungen	Materialgesetze (Stoffgesetze)	Grundgleichungen zur Beschreibung des Verhaltens
Verschiebungs-Dehnungs-Beziehung	Starr-plastisches (r-p) oder elasto-plastisches (e-p) Werkstoffgesetz Reibgesetze	Impulssatz Energiebilanz Wärmeleitungsgleichung usw.

bestimmt werden. Kapitel 8.9 behandelt deshalb ausführlich die wichtigsten Merkmale der Kontaktalgorithmen.

Kapitel 8.10 schließt mit kurzer Information zu Materialmodellen und Materialdaten ab, wie sie in der Blechumformung heute zum Einsatz kommen.

8.3 Kontinuumsmechanische Grundlagen

8.3.1 Modellierung des Bewegungs- und Deformationszustandes

Zur Beschreibung der Verzerrungen betrachtet man zwei Zustände eines materiellen Elementes zu den Zeitpunkten t_0 und t. Die Lage zum Zeitpunkt t wird beschrieben mit

$$x = x\left(X, t\right) \quad \text{(Bez. 8.1)}$$

Hierin beschreiben $\boldsymbol{X}$ den Ort eines beliebigen materiellen Punktes zum Zeitpunkt t_0 und x den Ort des gleichen Punktes zum Zeitpunkt t. Die Differenz liefert den Verschiebungsvektor

$$u = x\,(X,t) - X \quad \text{(Bez. 8.2)}$$

Ein infinitesimaler materieller Vektor d$\boldsymbol{x}$ lässt sich auf seine urspüngliche Gestalt zum Zeitpunkt t_0 mit Hilfe der Kettenregel abbilden

$$dx = \frac{\partial x\left(\boldsymbol{X}, t\right)}{\partial \boldsymbol{X}} d\boldsymbol{X} = \boldsymbol{F} d\boldsymbol{X} \quad \text{(Bez. 8.3)}$$

wobei $\boldsymbol{F}$ den Deformationsgradienten darstellt. Der Deformationsgradient kann multiplikativ in einen Streckungs- und einen Rotationsteil zerlegt werden.

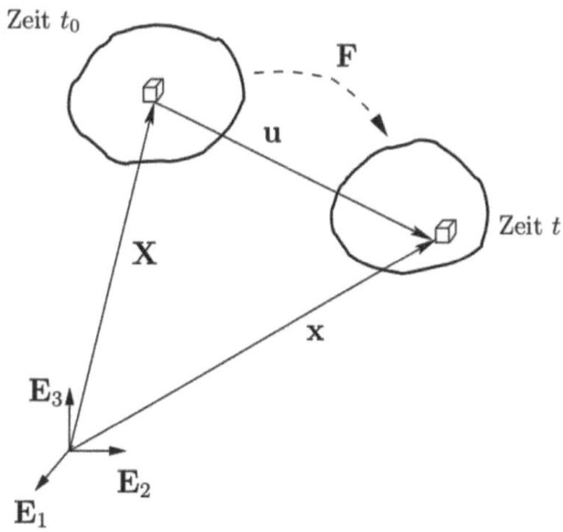

Abb. 8.5
Konfiguration eines deformierten Körpers

$$\boldsymbol{F} = \boldsymbol{RU} = \boldsymbol{VR} \qquad \text{(Bez. 8.4)}$$

Je nach Reihenfolge dieser Zerlegung bezeichnet man $\boldsymbol{U}$ als Rechts-Streckungstensor und $\boldsymbol{V}$ als – Links – Streckungstensor. $\boldsymbol{R}$ steht für eine Starrkörperrotation. $\boldsymbol{U}$ ist ein Maß für die Deformation.

8.3.2 Dehnungsmaße

Für umformtechnische Anwendungen, bei denen sowohl große Rotationen der Elemente als auch große Dehnungen vorliegen, ist es wichtig, dass die Dehnungsmaße rotationsneutral definiert werden. D.h. eine reine Rotation eines Elementes darf keine Dehnung verursachen.

Im Rahmen des Green-Lagrange'schen Dehnungsmaßes bietet dazu die Größe

$$\boldsymbol{C} = \boldsymbol{F}^T \boldsymbol{F} = (\boldsymbol{RU})^T (\boldsymbol{RU}) = \boldsymbol{U}^T \boldsymbol{R}^T \boldsymbol{RU} = \boldsymbol{U}^T \boldsymbol{IU} = \boldsymbol{U}^T \boldsymbol{U} \qquad \text{(Bez. 8.5)}$$

die Grundlage. Wie die obere Beziehung zeigt, ist der sogenannte Rechts-Cauchy-Tensor C rotationsneutral, da das Produkt $\boldsymbol{R}^T\boldsymbol{R}$ zu $\boldsymbol{I}$ mutiert.

Die Green-Lagrangesche-Dehnung wird in der Folge als

$$\boldsymbol{E}^G = \frac{1}{2}\left(\boldsymbol{F}^T\boldsymbol{F} - \boldsymbol{I}\right) = \frac{1}{2}\left(\boldsymbol{C} - \boldsymbol{I}\right) \qquad \text{(Bez. 8.6)}$$

definiert. Setzt man für den Deformationsgradienden $\boldsymbol{F}$ die Beziehung

$$F_{ij} = \frac{\partial x_i}{\partial X_j} = \frac{\partial\left(X_i + u_i\right)}{\partial X_j} = \delta_{ij} + u_{i,j} \qquad \text{(Bez. 8.7)}$$

ein, kann man die Beziehung (Bez. 8.6) auch folgendermaßen ausdrücken:

$$E^G_{ij} = \frac{1}{2}\left[\frac{\partial u_i}{\partial x_j} + \frac{\partial u_j}{\partial x_i} + \left(\frac{\partial u_k}{\partial x_i}\frac{\partial u_k}{\partial x_j}\right)\right] \qquad \text{(Bez. 8.8)}$$

Für nicht-lineare umformtechnische Anwendungen, welche inkrementell berechnet werden, ist in der Regel die inkrementelle Dehnungsberechnung wichtig. Der inkrementelle Green-Lagrange'sche Dehnungstensor lässt sich in Analogie zu Gleichung (Bez. 8.8) als

$$\Delta E^G_{ij} = \frac{1}{2}\left[\frac{\partial \Delta u_i}{\partial x_j} + \frac{\partial \Delta u_j}{\partial x_i} + \left(\frac{\partial \Delta u_k}{\partial x_i}\frac{\partial \Delta u_k}{\partial x_j}\right)\right] \qquad \text{(Bez. 8.9)}$$

ausdrücken. Im Rahmen von FE-Formulierungen wird die obige Dehnungsformulierung in einen sogenannten linearen und in einen quadratischen Teil, welche dann separat berechnet werden, aufgeteilt:

$$\Delta\varepsilon^{L}_{ij} = \frac{1}{2}\left[\frac{\partial\Delta u_i}{\partial x_j} + \frac{\partial\Delta u_j}{\partial x_i}\right]$$
$$\Delta\eta^{NL}_{ij} = \frac{1}{2}\left[\left(\frac{\partial\Delta u_k}{\partial x_i}\frac{\partial\Delta u_k}{\partial x_j}\right)\right] \qquad \text{(Bez. 8.10)}$$

Neben dem Green-Lagrange'schen Dehnungsmaß wird bei aufdatierten Lagrange'schen FE-Formulierungen oft auf das Dehnungsmaß nach Hughes zurückgegriffen. Dieses berechnet die Verschiebungsableitungen $\Delta u_{i,j}$ bezogen auf die mittlere Konfiguration zum Zeitpunkt $t+\Delta t/2$

$$\overline{x}_i = x_i(t) + \Delta u_i / 2 \qquad \text{(Bez. 8.11)}$$

Die Dehnung nach Hughes ergibt sich dann mit

$$\boldsymbol{\varepsilon}^{H} = 2(\boldsymbol{U} - \boldsymbol{I})(\boldsymbol{U} + \boldsymbol{I})^{-1} \qquad \text{(Bez. 8.12)}$$

Es lässt sich zeigen, dass dieses Dehnungsmaß rotationsneutral ist. Des Weiteren entspricht es mit sehr guter Genauigkeit dem logarithmischen Dehnungsmaß

$$\boldsymbol{\varepsilon}^{Log} = \frac{1}{2} ln(\boldsymbol{F}^{T}\boldsymbol{F}) = ln(\boldsymbol{U}) \qquad \text{(Bez. 8.13)}$$

Dies soll an einem einfachen Beispiel einer 5%-Streckung (U=1.05) eines Stabes aufgezeigt werden (Tab. 8.2).

Wie der Vergleich auf **Abb. 8.6** zeigt, stimmen die Werte bis auf die 4-te Stelle nach dem Komma überein. Der Vorteil des Hughes-Dehnungsmaßes liegt in der einfachen numerischen Berechenbarkeit, gekoppelt mit den Vorteilen der physikalischen Korrektheit des logarithmischen Dehnungsmaßes. Das Dehnungsmaß nach Hughes lässt sich natürlich auch inkrementell auswerten:

$$\Delta\varepsilon^{H} = 2(\boldsymbol{\Delta U} - \mathbf{I})(\boldsymbol{\Delta U} + \mathbf{I})^{-1} \qquad \text{(Bez. 8.14)}$$

Tab. 8.2 Vergleich der ersten Komponente des Logarithmischen Dehnungsmaßes mit dem Dehnungsmaß nach Hughes

Log. Dehnungsmaß	$\boldsymbol{\varepsilon}^{Log} = \frac{1}{2} ln(\boldsymbol{F}^{T}\boldsymbol{F}) = ln(\boldsymbol{U})$	0.04879
Hughes Dehnungsmaß	$\boldsymbol{\varepsilon}^{H} = 2(\boldsymbol{U} - \boldsymbol{I})(\boldsymbol{U} + \boldsymbol{I})^{-1}$	0.04878
Green-Lagrange	$\boldsymbol{E}^{G} = \frac{1}{2}(\boldsymbol{F}^{T}\boldsymbol{F} - \boldsymbol{I}) = \frac{1}{2}(\boldsymbol{C} - \boldsymbol{I})$	0.0513

8.3.3 Spannungsmaße

Die Spannung stellt per Definition eine auf eine Einheitsfläche wirkende Kraft dar. Da im Bereich der Umformtechnik die Grundkonfiguration stark verzerrt werden kann, kann der Spannungswert – je nach der Wahl der Referenzkonfiguration – anders ausfallen.

$$df = \boldsymbol{P} dA_0 = \boldsymbol{\sigma} dA \qquad \text{(Bez. 8.15)}$$

In oberer Beziehung stellt df die resultierende Kraft dar, $\boldsymbol{P}$ bezeichnet die sogenannte 1. Piola-Kirchhof'sche Spannung, welche sich auf die Ausgangskonfiguration $d\boldsymbol{A}_0$ bezieht. Dagegen ist $\boldsymbol{\sigma}$ die auf die momentane Konfiguration $d\boldsymbol{A}$ bezogene wahre Cauchy-Spannung.

Aus $d\boldsymbol{A} = JF^{-T}\, d\boldsymbol{A}_0$ folgt unmittelbar die Umrechnungsbeziehung

$$\boldsymbol{P} = J\boldsymbol{\sigma}\boldsymbol{F}^{-T} \qquad \text{(Bez. 8.16)}$$

wobei $J = det(\boldsymbol{F}) = \rho / \rho_0$ die Jacobi-Determinante beschreibt und die Volumenänderung abbildet.

Für die Anwendung von Materialgesetzen in der unverformten Konfiguration wird ein symmetrischer Spannungstensor benötigt. Multipliziert man Beziehung (Bez. 8.16) von links mit $\boldsymbol{F}^{-1}$ so ergibt sich

$$\boldsymbol{S} = J\boldsymbol{F}^{-1}\boldsymbol{\sigma}\boldsymbol{F}^{-T} \qquad \text{(Bez. 8.17)}$$

resp. in der inversen Form

$$\boldsymbol{\sigma} = \frac{1}{J}\boldsymbol{F}\boldsymbol{S}\boldsymbol{F}^{T} \qquad \text{(Bez. 8.18)}$$

S wird als der 2. Piola-Kirchhoff Spannungstensor bezeichnet.

Da die elasto-plastischen Stoffgesetze auf einer inkrementellen Betrachtung basieren, ist die Berechnung des Spannungsinkrementes von Interesse. In diesem Zusammenhang sollen – ohne auf die Herleitungen einzugehen – folgende Definitionen von Spannungsraten gegeben werden.

Die zeitliche Ableitung der Cauchy-Spannung würde sich auf Basis der Beziehung (Bez. 8.18) mit

$$\dot{\boldsymbol{\sigma}} = \frac{\partial}{\partial t}\left(\frac{1}{J}\boldsymbol{F}\boldsymbol{S}\boldsymbol{F}^{T}\right) \qquad \text{(Bez. 8.19)}$$

ergeben. Aus dieser Beziehung wird die Jaumann'sche Spannungsrate

$$\dot{\boldsymbol{\sigma}}^{J} = \boldsymbol{R}\dot{\boldsymbol{S}}\boldsymbol{R}^{T} \qquad \text{(Bez. 8.20)}$$

resp. die Truesdell Spannungsrate

$$\dot{\boldsymbol{\sigma}}^{Tr} = \frac{1}{J}\left(\boldsymbol{F}\dot{\boldsymbol{S}}\boldsymbol{F}^{T}\right) \qquad \text{(Bez. 8.21)}$$

abgeleitet. Beide Beziehungen stellen die Umrechnung der Cauchy-Spannung von Zustand $t+dt$ in die Referenzkonfiguration zum Zeitpunkt t dar – im Fall der Jaumann'schen Spannungsrate nur unter Berücksichtigung der Drehung; im Falle der Truesdell Spannungsrate auch unter Berücksichtigung der Verzerrung.

8.3.4 Energetisch konjugierte Spannungs- und Dehnungsmaße

Die Finiten Elemente basieren auf dem Ansatz virtueller Arbeit. Bei der Formulierung nach dem Prinzip der virtuellen Verschiebung ergibt sich die korrekte Lösung für das gesuchte Verschiebungsfeld dann, wenn die Variation des Potentials δW Null wird

$$\delta W = \int_V \sigma_{ij} \delta\varepsilon_{ij} dV - \int_S f_i \delta u_i dS = 0 \qquad \text{(Bez. 8.22)}$$

Diese Formulierung setzt voraus, dass das Produkt aus Dehnungen und Spannungen tatsächlich das Potential – die Arbeit W – liefert.

In obigem Kapitel wurde dargelegt, dass nicht nur eine Dehnungsformulierung besteht, sondern dass es verschiedene Arten gibt, auf welche das Dehnungsmaß definiert werden kann. Um die Arbeit gemäß Beziehung (Bez. 8.22) korrekt zu berechnen, müssen die entsprechenden Spannungs- und Dehnungsmaße sogenannt energetisch konjugiert sein. Die Tabelle 8.3 fasst die energetisch konjugierten Spannungs- und Dehnungsmaße deshalb zusammen.

Tab. 8.3 Übersicht über energetisch konjugierte Spannungsmaße

Dehnungsmaß	Spannungsmaß
Green-Lagrange $\Delta E^G = \frac{1}{2}({}^{t+\Delta t}_{t}F^T\,{}^{t+\Delta t}_{t}F - I) = \frac{1}{2}(C - I)$	2. PK $S = JF^{-1}\sigma F^{-T}$
Hughes $\Delta\varepsilon^H = 2({}^{t+\Delta t}_{t}U - I)({}^{t+\Delta t}_{t}U + I)^{-1}$	Cauchy $\sigma = \lim_{dA \Rightarrow 0} \frac{dF}{dA}$
Almansi $\Delta e = \frac{1}{2}(I - {}^{t+\Delta t}_{t}F^{-T}\,{}^{t+\Delta t}_{t}F^{-1})$	Cauchy $\sigma = \lim_{dA \Rightarrow 0} \frac{dF}{dA}$

8.3.5 Kontinuitätsbedingung

Das Masseerhaltungsgesetz lautet in der differenziellen Form

$$\frac{\partial(\rho v_x)}{\partial x} + \frac{\partial(\rho v_y)}{\partial y} + \frac{\partial(\rho v_z)}{\partial z} + \frac{\partial \rho}{\partial t} = 0 \qquad \text{(Bez. 8.23)}$$

Unter der Annahme der Inkompressibilität ρ = konstant reduziert sich die Beziehung zu

$$\operatorname{div}(\boldsymbol{v}) = \frac{\partial v_x}{\partial x} + \frac{\partial v_y}{\partial y} + \frac{\partial v_z}{\partial z} = \dot{\varphi}_{xx} + \dot{\varphi}_{yy} + \dot{\varphi}_{zz} = 0 \qquad \text{(Bez. 8.24)}$$

Die Kontinuitätsgleichung in dieser inkompressiblen Form wird in der Umformtechnik oft für vereinfachte Berechnungen herangezogen. So lässt sich z. B. unter der obigen Annahme bei Blechen die Dickendehnung mit

$$\varphi_{zz} = -\left(\varphi_{xx} + \varphi_{yy}\right) \qquad \text{(Bez. 8.25)}$$

berechnen. Handelt es sich bei den Dehnungen um logarithmische Dehnungen, so ergibt sich die momentane Dicke s mit

$$s = s_0 \exp(\varphi_{zz}) \qquad \text{(Bez. 8.26)}$$

Beim Einsatz von Volumenelementen wird die Beziehung (Bez. 8.24) über einen Straffaktor direkt zur Kontrolle der Inkompressibilitätsbedingung eingesetzt.

8.3.6 Werkstoffgesetz

Das Werkstoffgesetz beschreibt den Zusammenhang zwischen Spannungen und Dehnungen. Für lineare elastische Werkstoffe besteht die einfache Beziehung

$$\sigma_{ij} = C^e_{ijmn} \varepsilon_{mn} \qquad \text{(Bez. 8.27)}$$

Für isotrope Materialien lassen sich die Komponenten der elastischen Matrix C^e mit nur zwei elastischen Konstanten, nämlich dem E-Modul und der Poissonzahl, bestimmen.

Werden die Werkstoffe über die Streckgrenze hinaus belastet, so antworten sie mit einer bleibenden plastischen Dehnung. Die Umformtechnik kennt zur Beschreibung dieses Verhaltens das einfache starr-plastische und das vom Berechnungsaufwand sehr viel aufwändigere elasto-plastische Werkstoffgesetz.

Das starr plastische Werkstoffgesetz beschreibt mittels der Normalenbeziehung die Relation zwischen der Fließortsnormalen und den plastischen Dehnungsinkrementen

$$\Delta\varepsilon^p_{ij} = \lambda \frac{dF}{d\sigma_{ij}} \qquad \text{(Bez. 8.28)}$$

Für den Faktor λ kann unter der Annahme der isotropen Arbeitsverfestigung die Beziehung

$$\frac{1}{\lambda} = \frac{2\bar{\sigma}}{3\Delta\bar{\varepsilon}} \tag{Bez. 8.29}$$

hergeleitet werden. In Beziehung (Bez. 8.28) stellt F das Fließpotential dar. Für den Fall des isotropen Werkstoffes kann dieses nach der von Mises-Beziehung mit

$$F = 3J_2 = \frac{3}{2}\sigma'_{ij}\sigma'_{ij} \tag{Bez. 8.30}$$

definiert werden. In dieser einfachsten, isotropen Form resultiert für das starr-plastische Werkstoffgesetz dann die Beziehung

$$\sigma'_{ij} = \frac{2\bar{\sigma}}{3\Delta\bar{\varepsilon}}\Delta\varepsilon^p_{ij} \tag{Bez. 8.31}$$

Das starr plastische Werkstoffmodell liefert somit nur die Spannungsdeviatore, nicht aber die totalen Spannungen. Diese können berechnet werden, wenn zusätzlich der hydrostatische Spannungszustand addiert wird.

Dies wird in FE-Programme mit der Penalty-Methode oder Lagrange-Multiplier-Methode unter Einbeziehung der Volumendilatation gelöst. Die totalen Spannungen ergeben sich aus den Spannungsdeviatoren der Beziehung (Bez. 8.31) dann mit

$$\sigma_{ij} = \sigma'_{ij} + \delta_{ij}\sigma_H = \sigma'_{ij} + \delta_{ij}(K\varepsilon_{ii}) \tag{Bez. 8.32}$$

Das komplexere elasto-plastische Werkstoffmodell basiert auf der Annahme, dass sich das totale Dehnungsinkrement aus einem elastischen und einem bleibenden plastischen Dehnungsanteil zusammensetzt

$$d\varepsilon^{tot}_{ij} = d\varepsilon^e_{ij} + d\varepsilon^p_{ij} \tag{Bez. 8.33}$$

Ausgehend von der Annahme, dass das Spannungsinkrement $d\sigma_{ij}$ sich aus dem elastischen Anteil mit

$$d\sigma_{ij} = C^e_{ijmn}d\varepsilon^e_{mn} = C^e_{ijmn}\left(d\varepsilon^{tot}_{mn} - d\varepsilon^p_{mn}\right) \tag{Bez. 8.34}$$

berechnen lässt, erhält man nach längerer Umformung die Beziehung

$$d\sigma_{ij} = C^{ep}_{ijmn}d\varepsilon^{tot}_{mn} \tag{Bez. 8.35}$$

Der elasto-plastische Werkstoffmodul C^{ep} ist mit

$$[C]^{ep} = [C]^e - (1-m)\frac{\left[[C]^e\left\{\frac{\partial F}{\partial\sigma}\right\}\right]\left[[C]^e\left\{\frac{\partial F}{\partial\sigma}\right\}\right]^T}{\left\{\frac{\partial F}{\partial\sigma}\right\}^T[C]^e\left\{\frac{\partial F}{\partial\sigma}\right\} + H'} \tag{Bez. 8.36}$$

definiert, wobei *F* wiederum die Fließortfunktion und *H* die Fließkurve beschreibt. Über *F* und *H* werden das anisotrope Fließverhalten und die Verfestigung des Werkstoffes spezifiziert. Welche Möglichkeiten es dazu gibt, wird in Kapitel 8.10 (Materialmodelle und Materialdaten) ausführlicher beschrieben. Mit Hilfe des Faktors m wird der rein elastische Teilschritt vor der Plastifizierung erfasst.

8.3.7 Impulsbilanz und Gleichgewichtsbedingungen

Die differenzielle Form des Impulssatzes in der Vektorschreibweise lautet

$$div\boldsymbol{\sigma} + \rho\boldsymbol{b} = \rho\dot{\boldsymbol{v}} \qquad \text{(Bez. 8.37)}$$

wobei σ die Cauchy-Spannung, $\boldsymbol{b}$ die Kraftdichte und $\dot{\boldsymbol{v}}$ die Beschleunigung ist. Die meisten Umformprozesse finden unter statischen oder quasi-statischen Bedingungen statt, weshalb die dynamischen Kräfte oft vernachlässigt werden können. Die Kraftdichte ist im Vergleich zu den Umformkräften ebenfalls oft um Größenordnungen kleiner und wird deshalb nur in Spezialfällen wie z. B. zum innitialen Durchbiegen der Bleche im Werkzeug bedingt durch das Eigengewicht berücksichtigt. Unter diesen vereinfachenden Annahmen geht Beziehung (Bez. 8.37) in die differentielle Gleichgewichtsgleichung über

$$\begin{aligned}
&\frac{\partial \sigma_{xx}}{\partial x} + \frac{\partial \tau_{xy}}{\partial y} + \frac{\partial \tau_{xz}}{\partial z} = 0 \\
&\frac{\partial \tau_{yx}}{\partial x} + \frac{\partial \sigma_{yy}}{\partial y} + \frac{\partial \tau_{yz}}{\partial z} = 0 \\
&\frac{\partial \tau_{zx}}{\partial x} + \frac{\partial \tau_{zy}}{\partial y} + \frac{\partial \sigma_{zz}}{\partial z} = 0
\end{aligned} \qquad \text{(Bez. 8.38)}$$

8.3.8 Wärmeleitung und Energiebilanz

Der Wärmfluss ist proportional zum Temperaturgradient

$$\boldsymbol{q} = -\lambda \nabla T \qquad \text{(Bez. 8.39)}$$

Mittels des Divergenztheorems kann man die Wärmezufuhr in eine Volumenintegrationsform umwandeln

$$\oint_S \boldsymbol{q} \cdot \boldsymbol{n} dS = -\oint_S \lambda \nabla T \cdot \boldsymbol{n} ds = -\oint_V \lambda div \nabla T dv \qquad \text{(Bez. 8.40)}$$

Aus dem 1. Hauptsatz der Thermodynamik ergibt sich die Energiebilanz für die thermische Berechnung zu

$$\oint C_\rho \dot{T} dV = \oint_V \lambda div \nabla T dV + \oint_V q_b dV + \oint_S q_s dS \qquad \text{(Bez. 8.41)}$$

Darin sind C_ρ die Volumenwärmekapazität, q_b die Volumenwärmezufuhr, verursacht durch die plastische Arbeit, und q_s der Oberflächenwärmezufuhr leistet bei der Reibung oder anderer Oberflächenwärmeaustausch wie die Strahlung ins Umgebungen und Wärmefluss in die Wergzeuge. In differentieller Form kann obige Beziehung als

$$C_\rho \dot{T} - \lambda \Delta T = q_b + q_s \qquad \text{(Bez. 8.42)}$$

geschrieben werden.

Bei plastisch verformten Körpern wird in der Regel die Annahme getroffen, dass etwa 90% bis 95% der plastischen Arbeit in Wärme umgewandelt wird.

$$w^{pl} = \int_{\varepsilon_1}^{\varepsilon_2} \sigma_{ij} d\varepsilon_{ij} = \kappa \int_{T_1}^{T_2} c_\rho dT = \kappa c_\rho \Delta T \qquad \text{(Bez. 8.43)}$$

8.3.9 Zusammenfassung der prozessbeschreibenden differentiellen Gleichungen

In den Kapiteln 8.3.1 bis 8.3.8 wurden alle Beziehungen eingeführt, die zur Berechnung von mechanischen resp. thermo-mechanisch gekoppelten Problemen herangezogen werden müssen. Diese werden oft als die „governing equations" bezeichnet. Vollständigkeitshalber sollen diese nachfolgend nochmals zusammengefasst werden (vgl. Tabelle 8.4).

Tab. 8.4 Grundlegende differentielle Beziehungen zur Beschreibung mechanischer und thermo-mechanisch gekoppelter Probleme.

Beziehung	Differentielle Beziehungen	Gl.
Dehnung-Verschiebung-Beziehung	Dehnungsmaß, z. B. $\Delta E^G_{ij} = \frac{1}{2}\left[\frac{\partial \Delta u_i}{\partial x_j} + \frac{\partial \Delta u_j}{\partial x_i} + \left(\frac{\partial \Delta u_k}{\partial x_i}\frac{\partial \Delta u_k}{\partial x_j}\right)\right]$	(Bez. 8.9)
Inkompressibilitäts- resp. Kontinuitätsgleichung	$\Delta E^G_{kk} = 0$	(Bez. 8.24)
Stoffgesetz	$\Delta S_{ij} = C^{ep}_{ijkl} \Delta E^G_{kl}$	(Bez. 8.35)
Gleichgewichtsbeziehung quasistatisch	$\sigma_{ij,j} + f_i = 0$	(Bez. 8.38)
Gleichgewichtsbeziehung dynamisch	$f_i + c\dot{u}_i + m\ddot{u}_i = 0$	(Bez. 8.37)
Wärmeleitungsbeziehung instationär	$\dot{T} - \lambda \Delta T = q_b + q_s$	(Bez. 8.42)

8.4 Finite Elementformulierung

8.4.1 Zeitliche und örtliche Diskretisierung des Problems

Die Finite-Elemente-Methode ist ein numerisches Näherungsverfahren für die Lösung von Differentialgleichungen.

Hierzu wird das Problem sowohl zeitlich (zeitliche Inkremente) als auch örtlich diskretisiert (Finite Elemente).

Die örtliche Diskretisierung basiert auf der Aufteilung des Kontinuums in endlichen „finite" Elemente. Die Elemente sind in der Regel materialgebunden, d. h. sie bewegen sich mit dem Material mit – durch die Elementkanten erfolgt kein Materialfluss.

Auf Grund der inkrementellen elasto-plastischen Stoffgesetze, siehe Beziehung (Bez. 8.35), wird die Prozesssimulation in der Regel in der aufdatierten Lagrange'schen Betrachtungsweise durchgeführt (engl. Updated Lagrangian UL). Dabei wird immer der zuletzt errechnete Gleichgewichtszustand als neuer Referenzzustand für das nächste Inkrement angenommen. Die einzelnen Zeitschritte Δt stellen die zeitliche Diskretisierung dar.

Sowohl die Feinheit der zeitlichen als auch der örtlichen Diskretisierung entscheidet über die Genauigkeit der Ergebnisse. Die exakte Lösung wird per Definition erst bei einer unendlich feinen Diskertisierung erzielt. Im Realfall werden natürlich endliche Diskretisierungen gewählt. Diese entscheiden dann aber über die Güte des Ergebnisses. Da die Wahl der Feinheit dem Anwender bei der Vernetzung der Struktur und der Wahl der Zeitschritte überlassen wird, sollte dieser auch die Konvergenz der Lösung überprüfen. Unter der Konvergenz der Lösung wird in diesem Fall der Einfluss der Diskretisierung auf das Ergebnis verstanden – mit zunehmender Feinheit des Netzes „konvergiert" die numerische Näherungslösung gegen die exakte Lösung des Problems.

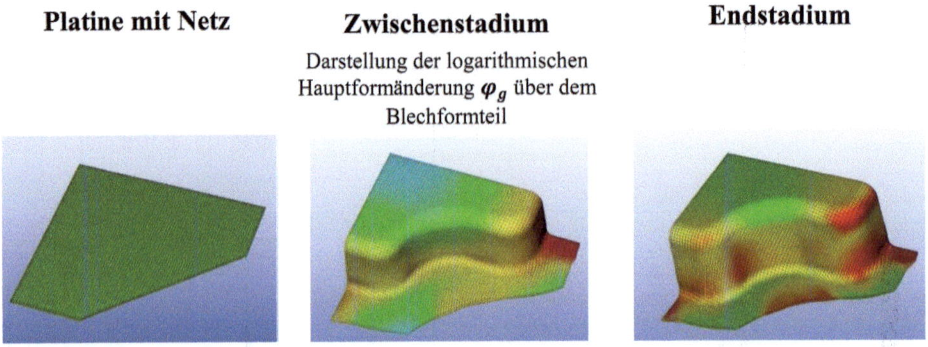

Abb. 8.6 Örtliche und zeitliche Diskretisierung für ein Umformteil

8.4.2 Elementformulierungen

Für Blechumformungsprozesse, bei denen die Steifigkeit des Bleches zu berücksichtigen ist, werden sogenannte Schalenelemente verwendet. Diese sind im Unterschied zu Membranelementen biegesteif. Praktisch alle FE-Prgramme bieten sowohl Dreieck- wie auch Viereck-Elemente an. Erfahrungen zeigen, dass für umformtechnische Anwedungen vor allem die linearen Elemente – Elemente mit linearen resp. bi-linearen Ansatzfunktionen – recheneffizient sind. Eine wichtige Klasse bilden hier die isoparametrischen Elemente.

8.4.2.1 Grundlage der isoparametrischen Elemente

Die isoparametrischen Elemente basieren auf einer Formulierung der Ansatzfunktionen im isoparametrischen Raum. Nachfolgend soll diese Formulierung für ein 4-Knoten-Membranelement gegeben werden.

Die Ansatzfunktionen (engl. „shape functions") sind mittels der isoparametrischen Ansatzfunktionen, welche immer über den Bereich (-1,+1) verlaufen, für die einzelnen Knotenpunkte n wie folgt definiert:

$$\begin{aligned} N_1 &= \frac{1}{4}(1-\xi)(1-\eta) \\ N_2 &= \frac{1}{4}(1+\xi)(1-\eta) \\ N_3 &= \frac{1}{4}(1+\xi)(1+\eta) \\ N_4 &= \frac{1}{4}(1-\xi)(1+\eta) \end{aligned} \qquad \text{(Bez. 8.44)}$$

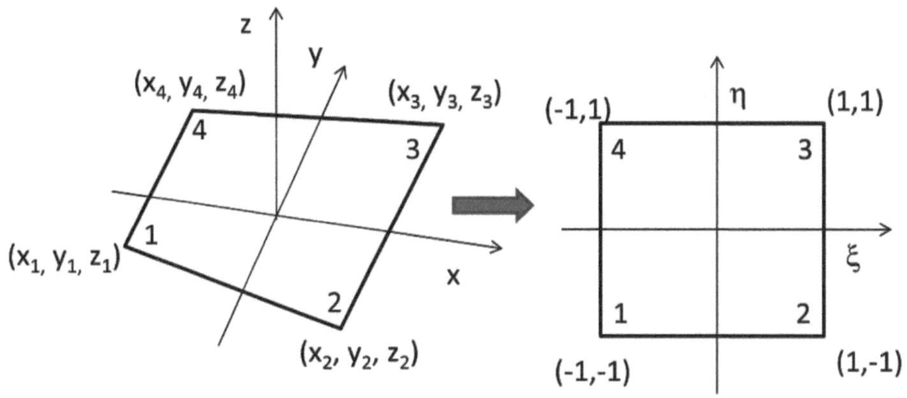

Abb. 8.7 Isoparametrisches 4-Knoten-Element

Diese ermöglichen die Beschreibung sowohl der Lage des Elementes als auch der Verschiebungen innerhalb des Elementes mittels Superposition

$$\boldsymbol{x} = \sum_{i=1}^{4} N_i(\xi,\eta)\boldsymbol{x}^i \qquad \text{(Bez. 8.45)}$$

$$\boldsymbol{u} = \sum_{i=1}^{4} N_i(\xi,\eta)\boldsymbol{u}_i \qquad \text{(Bez. 8.46)}$$

Für die Berechnung der Dehnungen werden die Ableitungen

$$\frac{\partial u_i}{\partial x_j}$$

benötigt. Da die isoparametrischen Ansatzfunktionen eine Funktion der Koordinaten ξ und η sind, muss die Ableitung nach x_j wie folgt ermittelt werden:

$$\begin{aligned}\frac{\partial N_i}{\partial x} &= \frac{\partial N_i}{\partial \xi}\frac{\partial \xi}{\partial x} + \frac{\partial N_i}{\partial \eta}\frac{\partial \eta}{\partial x}\\ \frac{\partial N_i}{\partial y} &= \frac{\partial N_i}{\partial \xi}\frac{\partial \xi}{\partial y} + \frac{\partial N_i}{\partial \eta}\frac{\partial \eta}{\partial y}\end{aligned} \qquad \text{(Bez. 8.47)}$$

$$\begin{Bmatrix}\dfrac{\partial N_i}{\partial x}\\ \dfrac{\partial N_i}{\partial y}\end{Bmatrix} = \begin{bmatrix}\dfrac{\partial x}{\partial \xi} & \dfrac{\partial y}{\partial \xi}\\ \dfrac{\partial x}{\partial \eta} & \dfrac{\partial y}{\partial \eta}\end{bmatrix}^{-1} \begin{Bmatrix}\dfrac{\partial N_i}{\partial \xi}\\ \dfrac{\partial N_i}{\partial \eta}\end{Bmatrix} = \boldsymbol{J}^{-1}\begin{Bmatrix}\dfrac{\partial N_i}{\partial \xi}\\ \dfrac{\partial N_i}{\partial \eta}\end{Bmatrix} \qquad \text{(Bez. 8.48)}$$

Der in Beziehung (Bez. 8.10) beschriebene lineare Anteil der Green-Lagrange Dehnung ε_{ij} lässt sich für einen 2D Deformationszustand dann berechnen mit:

$$\begin{Bmatrix}\varepsilon_x\\ \varepsilon_y\\ \gamma_{xy}\end{Bmatrix} = \begin{bmatrix}\dfrac{\partial N_1}{\partial x} & 0 & \dfrac{\partial N_2}{\partial x} & 0 & \dfrac{\partial N_3}{\partial x} & 0 & \dfrac{\partial N_4}{\partial x} & 0\\ 0 & \dfrac{\partial N_1}{\partial y} & 0 & \dfrac{\partial N_2}{\partial y} & 0 & \dfrac{\partial N_3}{\partial y} & 0 & \dfrac{\partial N_4}{\partial y}\\ \dfrac{\partial N_1}{\partial y} & \dfrac{\partial N_1}{\partial x} & \dfrac{\partial N_2}{\partial y} & \dfrac{\partial N_2}{\partial x} & \dfrac{\partial N_3}{\partial y} & \dfrac{\partial N_3}{\partial x} & \dfrac{\partial N_4}{\partial y} & \dfrac{\partial N_4}{\partial x}\end{bmatrix} \begin{Bmatrix}u_x^1\\ u_y^1\\ u_x^2\\ u_y^2\\ u_x^3\\ u_y^3\\ u_x^4\\ u_y^4\end{Bmatrix} = [\mathrm{B}]\{\mathrm{u}\} \qquad \text{(Bez. 8.49)}$$

Eine Verallgemeinerung der Beziehungen 8.49 auf einen 3D-Deformationszustand ist durch analoge Vorgehensweise möglich.

8.4.2.2 Eigenschaften von Schalenelementen

Die Elementformulierung, wie oben angegeben, beschreibt anhand der drei Verschiebungsfreiheitsgrade (Degrees of Freedom DOF) u_k

$$\boldsymbol{u}_k = \{u_x \quad u_y \quad u_z\}^T \qquad \text{(Bez. 8.50)}$$

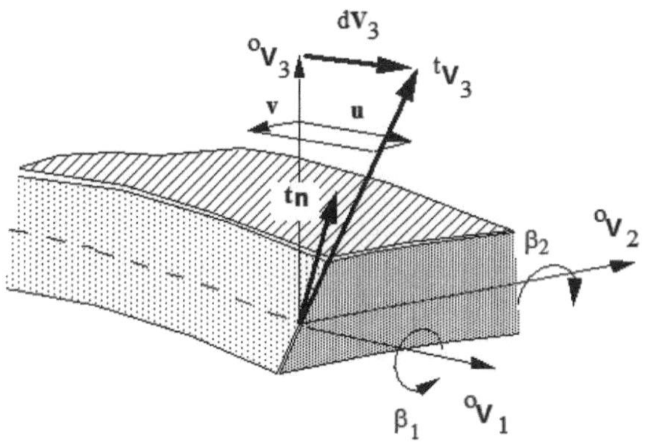

Abb. 8.8 Dickenabhängige Berechnung der Dehnungen bei einer Schale

den Membrandeformationszustand. Will man auch den Einfluss der Biegesteifigkeit einbeziehen, muss zusätzlich der Einfluss der Blechdicke berücksichtigt werden. Dies kann entweder nach dem Kirchhoff'schen oder nach dem Mindlin'schen Ansatz erfolgen.

Die Kirchhoff'sche-Schalenhypothese geht von der Annahme aus, dass die Blechquerschnitte auch im gekrümmten Zustand senkrecht zur Biegemittellinie liegen und dabei eben bleiben. In der Realität ist diese Annahme nur erfüllt, so lange das Verhältnis Blechdicke zum Krümmungsradius s/ϱ hinreichend klein bleibt. Da die Steigung der Mittellinie und somit die Lage der Querschnitte mittels der ersten Ableitung bestimmt wird, reicht es nicht aus, wenn die Elemente lediglich die in Beziehung (Bez. 8.44) beschriebene lineare Form aufweisen; sondern sie müssen zumindest von quadratischer Ordnung sein. Nur dann sind die Steigungen über die Elementgrenzen stetig und so die Lage der Querschnitte an den Elementgrenzen eindeutig definiert. Man redet in einem solchen Fall von einer C1-Kontinuität [Bath02]. Dies kann nur erreicht werden, wenn die Elemente einen quadratischen Ansatz aufweisen. Aus diesem Grund wird dieser Elementtyp eher selten eingesetzt.

Die Mindlin'schen Elemente halten an der Bedingung der ebenen Querschnitte fest, lassen aber ihre Verdrehung zu. Zur Beschreibung dieser Verdrehung werden die Freiheitsgrade um die Knoten-Rotationen β_k erweitert. Die DOF eines Mindlinschen Elementes bestehen somit aus den 6 Größen

$$\boldsymbol{u}^k = \left\{ u_x \quad u_y \quad u_z \quad \beta_x \quad \beta_y \quad \beta_z \right\}^T \tag{Bez. 8.51}$$

Die Rotationsfreiheitsgrade werden dazu benutzt, die Elementkrümmung anhand der Interpolationsfunktionen

$$\beta = \sum_{i=1}^{4} N_i(\xi,\eta)\beta^i \tag{Bez. 8.52}$$

zu berechnen. Sind die Verdrehungen der Querschnitte bekannt, so lassen sich die blechdickenabhängigen Krümmungsdehnungen – zusätzlich zu den Dehnungen in der Elementmittelebene – bestimmen, s. **Abb. 8.9.**

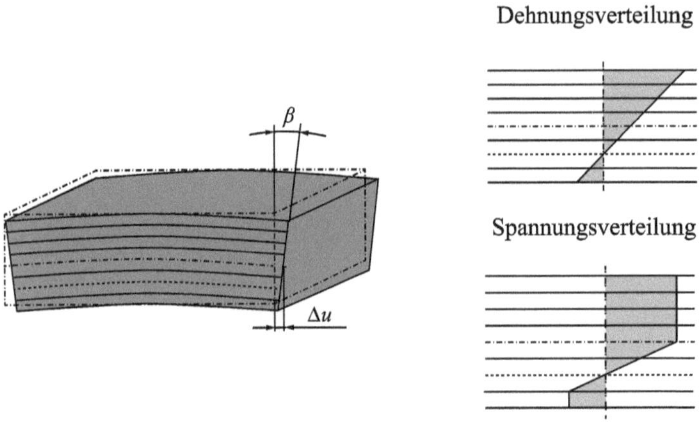

Abb. 8.9 Dickenabhängige Spannungs- und Dehnungsverteilungen bei einem Mindlin'schen Schalenelement.

8.4.2.3 Methoden zur Integration der Elementeigenschaften

Die obigen Beziehungen beschreiben die Vorgehensweise bei der Berechnung der Dehnungen bei Schalen- und Membranelementen. Bereits die Grundbeziehung (Bez. 8.22) zeigt, dass die zugehörigen Funktionsgrößen über das Element integriert werden müssen.

Dies erfolgt numerisch durch Wahl entsprechender Integrationspunkte (IP). Bei bilinearen Elementen wird unter dem Begriff „voll-integriert" die numerische Integration auf der Basis von 4 Integrationspunkten verstanden. Hierbei werden die Werte nicht nur in der Mittelebene, sondern auch außermittig in unterschiedlichen Schichten (Layer) berechnet. In den meisten FEM-Programmen wird per Default die Anzahl der Schichten auf sieben gesetzt. Für den Benutzer besteht die Möglichkeit, diese Anzahl frei anzupassen.

An dieser Stelle soll noch auf den Rechenaufwand bei der Elementintegration hingewiesen werden. Werden die entsprechenden Stützwerte an vier Integrationspunkten und in n Schichten über die Dicke berechnet, so muss z. B. das Stoffgesetz gesamthaft in vier IP x n Layern ausgewertet werden. Bei der Wahl von sieben Schichten ergibt dies total 28 Berechnungen des Funktionswertes – z. B. der Spannungen aus dem elasto-plastischen Stoffgesetz. Dies macht es verständlich, dass eine Reduktion der Integrationspunkte innerhalb des Elementes zu einer Reduktion der Rechenzeit beitragen kann. Aus diesem Grund existieren auch Elementformulierungen, die auf einer reduzierten Integration basieren[3].

[3] Einen weiteren Grund für die reduzierte Integration stellt ebenfalls das Vermeiden von sogenannten „locking" Effekten („shear locking" und „volumetrcic locking") dar, welche bei gewissen Elementformulierungen bei einer vollen Integration auftreten und eine zu hohe Steifigkeit der Elemente zur Folge haben.

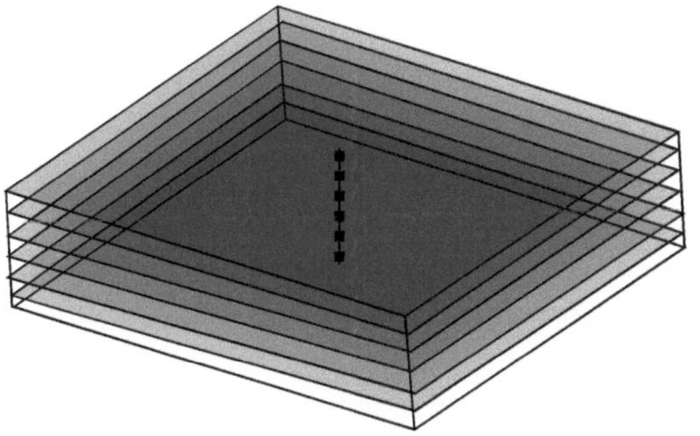

Abb. 8.10
Integrationspunkte beim Belytschko-Tsay-Element

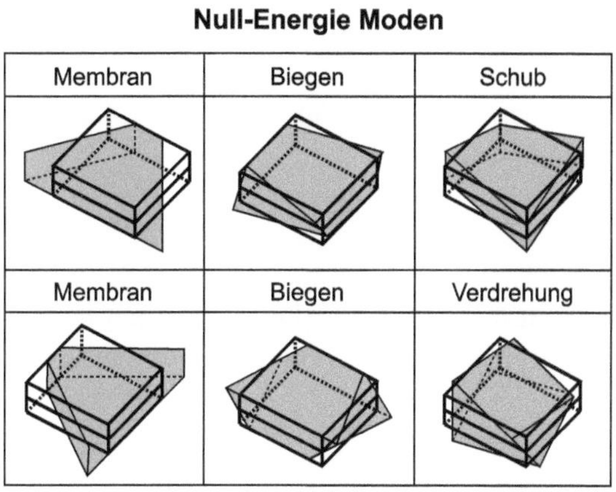

Abb. 8.11
Null-EnergieModen bei einer reduzierten Integration

Belytschko-Tsay-Element

Das Belytscho-Tsay-Element ist ein vor allem in den expliziten Programmen standardmäßig eingesetztes Element. Dieses basiert auf der Mindlin'schen Formulierung. Es bestimmt den Wert des Volumenintegrals nur anhand der Stützwerte im Mittelpunkt des Elementes („reduzierte Integration") (**Abb. 8.10**).

Null-Energie Moden und Hourglas-control

Diese Art der Integration würde die sogenannten Null-Energie-Moden, s. **Abb. 8.11**, nicht erfassen und muss deshalb mit einer hourglas-Kontrolle stabilisiert werden.

8.5 Implizite quasistatische FEM-Verfahren

8.5.1 Schwache Formulierung des Problems

Zur Herleitung der FE-Formulierung sind aus der Literatur verschiedene Vorgehensweisen bekannt. Die mathematisch interessierten Leser seien auf das Buch von D. Breass verwiesen, wo die Ritz-Galerkin-Verfahren aus der mathematischen Sicht sehr ausführlich beschrieben sind [Braes91].

Sehr häufig wird die schwache Formulierung des zugrunde liegenden differentiellen Randwertproblems mittels des Prinzips der virtuellen Arbeit hergeleitet. Unter dem Begriff „schwache Formulierung" versteht man die Näherungslösung des Problems, welche der Lösung der differentiellen Gleichungen lediglich in einer integralen Form entspricht.

8.5.1.1 Überführung in eine integrale Form (Galerkin-Ansatz)

Nachfolgend wir die Herleitung auf Basis der gewichteten Integrationsmethode gegeben. Die schwache Form eines mechanischen Systems erhält man, indem man die Impulsbilanz (15) mit einer Testfunktion ϕ skalar multipliziert.

$$\int_V \boldsymbol{\varphi} div\, \boldsymbol{\sigma} dV + \int_V \boldsymbol{\varphi}\, \rho \boldsymbol{b} dV = \int_V \boldsymbol{\varphi}\, \rho \dot{\boldsymbol{v}} dV \qquad \text{Bez. (8.53)}$$

Die verschiebungsbasierten FEM-Formulierungen wählen für die Testfunktion den inkrementellen Verschiebungsvektor Δu. Wendet man weiter das Divergenztheorem an und formt das Integral um, erhält man

$$\int_V div(\Delta \boldsymbol{u} \cdot \boldsymbol{\sigma}) dV = \int_V \Delta \boldsymbol{u} div\, \boldsymbol{\sigma} dV + \int_V \nabla(\Delta \boldsymbol{u}) \cdot \boldsymbol{\sigma} dV = \int_S \Delta \boldsymbol{u} \cdot \boldsymbol{\sigma} \cdot \boldsymbol{n} dS \qquad \text{(Bez. 8.54)}$$

und weiter

$$\int_V \Delta \boldsymbol{u}\, div\, \boldsymbol{\sigma} dV = -\int_V \nabla(\Delta \boldsymbol{u}) \cdot \boldsymbol{\sigma} dV + \int_S \Delta \boldsymbol{u} \cdot \boldsymbol{\sigma} \cdot \boldsymbol{n} dS \qquad \text{(Bez. 8.55)}$$

Unter Berücksichtigung der Beziehungen

$$\int_S \Delta \boldsymbol{u} \cdot \boldsymbol{\sigma} \cdot \boldsymbol{n} dS = \int_S \Delta \boldsymbol{u} \cdot \boldsymbol{F} dS \text{ und } \int_V \nabla(\Delta \boldsymbol{u}) \cdot \boldsymbol{\sigma} dV = \int_V \Delta \boldsymbol{\varepsilon} \cdot \boldsymbol{\sigma} \cdot dV$$

lässt sich Gleichung (Bez. 8.55) in die schwache Formulierung der überführen

$$\int_V \Delta \boldsymbol{\varepsilon}\, \boldsymbol{\sigma} dV = \oint_S \Delta \boldsymbol{u} \boldsymbol{F} dS + \int_V \Delta \boldsymbol{u}\, \rho \boldsymbol{b} dV - \int_V \Delta \boldsymbol{u}\, \rho \dot{\boldsymbol{v}} dV \qquad \text{(Bez. 8.56)}$$

Diese ist identisch mit dem Ausdruck, wie man ihn auch mittels des Prinzips der virtuellen Arbeit erhält.

Um die Beziehung (Bez. 8.56) in die FEM-Schreibweise zu überführen, werden die Verschiebungen, Dehnungen und Spannungen in der Voigt-Schreibweise überführt:

$$\boldsymbol{u} = \begin{Bmatrix} u_x & u_y & u_z \end{Bmatrix}^T \qquad \text{(Bez. 8.57)}$$

$$\boldsymbol{\varepsilon} = \left\{ \varepsilon_{xx} \quad \varepsilon_{yy} \quad \varepsilon_{zz} \quad \varepsilon_{xy} \quad \varepsilon_{yz} \quad \varepsilon_{zx} \right\}^T \qquad \text{(Bez. 8.58)}$$

$$\boldsymbol{\sigma} = \left\{ \sigma_{xx} \quad \sigma_{yy} \quad \sigma_{zz} \quad \sigma_{xy} \quad \sigma_{yz} \quad \sigma_{zx} \right\}^T \qquad \text{(Bez. 8.59)}$$

Sowohl die Dehnungen wie auch in Funktion dieser die Spannungen, sind Funktionen der Verschiebungen. Die lineare Dehnung-Verschiebungs-Beziehung wird in der FEM-spezifischen Matrizenschreibweise mit

$$\{\varepsilon\} = [B]\{u\}, \; \{\Delta\varepsilon\} = [B]\{\Delta u\} \qquad \text{(Bez. 8.60)}$$

ausgedrückt; für den nichtlinearen Anteil gemäß Beziehung (Bez. 8.10) ergibt sich

$$\left\{\eta^{NL}\right\} = \left[B^{NL}(u)\right]\{u\} \;, \; \left\{\Delta\eta^{NL}\right\} = \left[B^{NL}(\Delta u)\right]\{\Delta u\} \qquad \text{(Bez. 8.61)}$$

Die Spannungen kann, wie bereits in Kap. 8.2.6 gezeigt wurde, nach unterschiedlichen Werkstoffgesetzen berechnet werden. Für die inkrementelle elasto-plastische Berechnung gilt nach Gl. (8.35)

$$\{\Delta\boldsymbol{\sigma}\} = \left[D^{ep}\right]\{\Delta\varepsilon\} \qquad \text{(Bez. 8.62)}$$

Der Ausdruck für die virtuelle Arbeit lässt sich in die Form

$$\begin{aligned} &\left\{\Delta u^i\right\}^T \int_V [B]^T[D]\{B\}dV\left\{u^i\right\} = \left\{\Delta u^i\right\}^T \oint_S [N]^T \{\mathrm{F}\}dS + \\ &\left\{\Delta u^i\right\}^T \int_V [N]^T \rho\{\boldsymbol{b}\}dV - \left\{\Delta u^i\right\}^T \int_V [N]^T \rho\{\dot{\boldsymbol{v}}\}dV \end{aligned} \qquad \text{(Bez. 8.63)}$$

überführen. Nach dem Kürzen von $\left\{\Delta u^i\right\}^T$ erhält man die klassische FE-Formulierung mit

$$[K]\{u\} = \left\{F^{out}\right\} + \left\{F^{body}\right\} - \left\{F^{inert}\right\} \qquad \text{(Bez. 8.64)}$$

In obiger Beziehung stellen

$$[K] = \int_V [B]^T[D]\{B\}dV \qquad \text{(Bez. 8.65)}$$

die Steifigkeitsmatrix,

$$\left\{F^{out}\right\} = \oint_S [N]^T \{\mathrm{F}\}dS \qquad \text{(Bez. 8.66)}$$

die äquivalenten Knotenkräfte der äußere Kräfte wie Reibung oder Druck,

$$\left\{F^{body}\right\} = \int_V [N]^T \rho\{\boldsymbol{b}\}dV \qquad \text{(Bez. 8.67)}$$

die äquivalenten Knotenkräfte der körperlichen Kraft wie die Schwerkraft und

$$\left\{F^{inert}\right\} \qquad \text{(Bez. 8.68)}$$

die Trägheitskraft dar.

8.5.1.2 Herleitung nach dem Variationsprinzip

Bei den in diesem Buch vorwiegend behandelten Blechumformprozessen, welche in der Regel auf das elasto-plastische Werkstoffmodell gemäß Beziehung (Bez. 8.35) zurückgreifen, lassen sich die entsprechenden FEM-Beziehungen ebenfalls aus dem Prinzip der virtuellen Arbeit direkt herleiten[4].

Die virtuelle Arbeit wird zum Zeitpunkt $t = t^i + \Delta t = t^{i+1}$ mit

$$\int_V \left({}^{t}\boldsymbol{\sigma} + {}^{t+\Delta t}_{\ \ t}\Delta\boldsymbol{\sigma}^{Tr}\right)\delta\left(\Delta\boldsymbol{\varepsilon} + \Delta\boldsymbol{\eta}\right)dV = \int_V \left({}^{t}\boldsymbol{f} + {}^{t+\Delta t}_{\ \ t}\Delta\boldsymbol{f}\right)\delta\boldsymbol{u}\,dV \qquad \text{(Bez. 8.69)}$$

definiert. Da der Referenzzustand zum Zeitpunkt t im Gleichgewicht war, ist

$$\int_V \left({}^{t}\boldsymbol{\sigma}\right)\delta\left(\Delta\boldsymbol{\varepsilon}\right)dV = \int_V \left({}^{t}\boldsymbol{f}\right)\delta\boldsymbol{u}\,dV \qquad \text{(Bez. 8.70)}$$

erfüllt und kann deshalb aus dem Ausdruck gekürzt werden. Der Term $\left({}^{t+\Delta t}_{\ \ t}\Delta\boldsymbol{\sigma}^{Tr}\right)\delta\left(\Delta\boldsymbol{\eta}\right)$ ist von 2-ter Ordnung und wird ebenfalls weggelassen. Somit kann Beziehung (Bez. 8.69) in die Form

$$\int_V \left({}^{t+\Delta t}_{\ \ t}\Delta\boldsymbol{\sigma}^{Tr}\right)\delta\left(\Delta\boldsymbol{\varepsilon}\right)dV + \int_V \left({}^{t}\boldsymbol{\sigma}\right)\delta\left(\Delta\boldsymbol{\eta}\right)dV = \int_V \left({}^{t+\Delta t}_{\ \ t}\Delta\boldsymbol{f}\right)\delta\boldsymbol{u}\,dV - \left\{{}^{t}\boldsymbol{R}\right\} \qquad \text{(Bez. 8.71)}$$

überführt werden. Werden in obiger Beziehung $\Delta\boldsymbol{\sigma}^{Tr} = \boldsymbol{D}^{ep}\Delta\boldsymbol{\varepsilon} = \left[D^{ep}\right]\left[B\right]\left\{\Delta u\right\}$ und $\delta\left(\Delta\varepsilon\right)^T = \left\{\delta u\right\}^T\left[B\right]^T$ substituiert, ergibt der erste Term die tangentiale Steifigkeitsmatrix mit

$$\left[K_T\right] = \int_V \left[B\right]^T\left[D^{ep}\right]\left[B\right]dV \qquad \text{(Bez. 8.72)}$$

Der zweite Term wird unter Ausnützung der Symmetrie in die Form

$${}^{t}\boldsymbol{\sigma}\delta\left(\Delta\boldsymbol{\eta}\right) = {}^{t}\boldsymbol{\sigma}_{ij}\Delta u_{z,i}\delta\Delta u_{z,j} = \left\{\delta u_z\right\}\left[L\right]^T\left[{}^{t}\sigma\right]\left[L\right]\left\{\Delta u_z\right\} \qquad \text{(Bez. 8.73)}$$

überführt. Er beschreibt den Einfluss der initialen Spannungen, welche der Struktur eine zusätzliche Steifigkeit verleiht. Der Term wird als die Geometrische Steifigkeit bezeichnet:

$$\left[K_G\right] = \int_V \left[L\right]^T\left[{}^{t}\sigma\right]\left[L\right]dV \qquad \text{(Bez. 8.74)}$$

[4] Bei der Methode der Finiten Elemente greift man das Differentialgleichungsproblem nicht direkt durch Approximation der der eingehenden Ableitungen an. Stattdessen nutzt man aus, dass Randwertprobleme für gewöhnliche und partielle Differentialgleichungen oft als Variationsproblem formuliert werden können, d. h. die Lösung des Randwertproblems minimiert ein gewisses Funktional einer Funktionsklasse [Björck& Dahlquist in „Numerische Methoden", p. 269].

In Beziehung (Bez. 8.74) stellt L den Ableitungsoperator

$$[L]=\left\{\frac{\partial}{\partial x},\frac{\partial}{\partial y}\right\}$$

dar; ${}^t\sigma$ beschreibt den Cauchy-Spannungstensor

$$[\sigma]=\begin{bmatrix}\sigma_{xx} & \tau_{xy}\\ \tau_{yx} & \sigma_{yy}\end{bmatrix}\text{ zum Zeitpunkt } t.$$

Mit Hilfe der oben eingeführten Ausdrücke lässt sich die FEM-Beziehung, welche auf der aufdatierten Lagrange'schen Betrachtungsweise basiert, in der inkrementellen Form

$$([K_T]+[K_G])\{\Delta u\}=\{R\}+\{\Delta F\} \qquad \text{(Bez. 8.75)}$$

angeben.

8.5.2 Iterative Lösungsverfahren des impliziten Problems

Bei elasto-plastischen Umformungen ist die Steifigkeitsmatrix $[K]$ nicht mehr konstant, sondern hängt vom jeweiligen dehnungsabhängigen Verfestigungszustand des Werkstoffes ab. Damit ist K implizit abhängig von der gesuchten Verschiebungen u

$$[K(u)]\{\Delta u\}=\{\Delta F\} \qquad \text{(Bez. 8.76)}$$

Ob die richtigen Verschiebungen $\Delta u_i(x^{(n)})$ vorliegen, wird anhand der Residuen kontrolliert

$$\{R\}=\oint_V [B]^T \sigma dV-\{F\}\Rightarrow\{0\} \qquad \text{(Bez. 8.77)}$$

Die iterative Suche wird mit Hilfe des Newton-Raphson Verfahrens durchgeführt, welches schrittweise zur korrekten Lösung konvergiert

$$\{\delta u\}=\left[\frac{\partial \boldsymbol{R}}{\partial \boldsymbol{u}}\right]^{-1}\{R\}=[K]^{-1}\{R\} \qquad \text{(Bez. 8.78)}$$

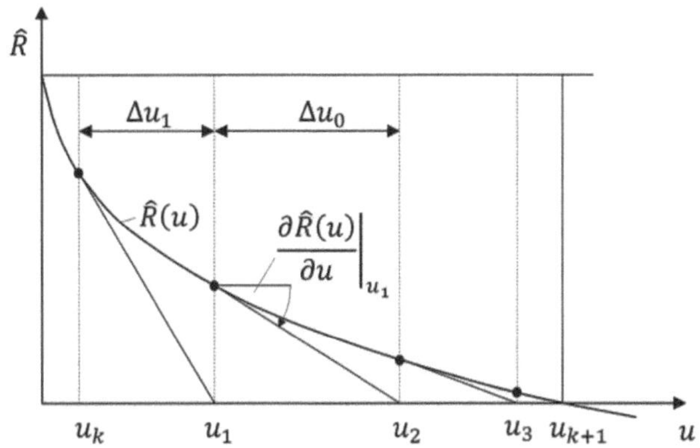

Abb. 8.12 Darstellung der Iterationsfolge beim Full-Newton-Raphson Verfahren

Das Verschiebungsfeld zum Zeitpunkt $t+\Delta t$ ergibt sich durch Summation der Verschiebungsinkremente $\delta u_i^{(k)}$ mit

$$u_i^{t+\Delta t} = u_i^t + \sum \delta u_i^{(k)} \qquad \text{(Bez. 8.79)}$$

Wie bei jedem iterativen Verfahren wird die Gleichgewichtsbedingungen (Bez. 8.77) nicht exakt erreicht. Man bricht die Iteration ab, sobald ein Toleranzwert erreicht wird. Als solche Konvergenzwerte werden sowohl totale wie auch relative Werte der Residuen R oder der Verschiebungskorrekturen δu verwendet. Die Konvergenzkriterien sind dann wie folgt definiert:

$$Residuen: \left\|\{R\}\right\| < tol \quad \text{oder} \quad \left\|\{R\}\right\| / \left\|\{F\}\right\| < tol \qquad \text{(Bez. 8.80)}$$

$$Verschiebungen: \left\|\{\delta u\}\right\| < tol \quad \text{oder} \quad \left\|\{\delta u\}\right\| / \left\|\{u\}\right\| < tol \qquad \text{(Bez. 8.81)}$$

8.6 Lösung von thermo-mechanisch gekoppelten Problemen

8.6.1 Anwendungsgebiete in der Blechumformung

Die Blechumformung wurde in der FEM-Simulation bisher vorwiegend als isotherm betrachtet.

Neuere Untersuchungen [Hora11] zeigen jedoch, dass auch die klassischen Tiefziehprozesse an sich sehr empfindlich auf Temperaturänderungen reagieren können. Dies ist einerseits durch den Einfluss der Temperatur auf das Tribosystem und andererseits durch direkten Einfluss der Temperatur auf das Fließverhalten bedingt. Aus diesem Grund gewinnt die Simulation des Wärmeflusses – resp. des Wärmehaushaltes – zunehmend an Bedeutung.

Klassische Anwendungsfelder stellen daneben die Simulation der Presshärteprozesse [Burk09] und die Simulation von Umformprozessen mit TRIP-Stählen [Krau10] dar, welche auf keinen Fall isotherm betrachtet werden können.

Hortig [Hort11] hatte aufgezeigt, dass auch normale Tiefziehprozesse auf Temperaturschwankungen reagieren und eine temperaturabhängige Korrektur der Niederhalterkräfte notwendig machen.

8.6.2 FEM-Formulierung und Lösungsvorgehen

Bei umformtechnischen Anwendungen, welche in der Regel nicht kontinuierlich sind, treten praktisch ausschließlich instationäre thermische Zustände auf. Diese können mit der differentiellen Beziehung gemäß Beziehung (Bez. 8.42) beschrieben werden.

Ohne auf die Herleitung einzugehen, lässt sich diese in die FEM-spezifische Form

$$[C]\{\dot{T}\}+[K_\lambda]\{T\}=\{Q^b\}+\{Q^s\} \quad \text{(Bez. 8.82)}$$

überführen. In obiger Beziehung stellt K_λ die Wärmeleitungsmatrix dar. Diese ist mit

$$[K_\lambda]=\lambda\int_V[\mathrm{L}]^{\mathrm{T}}[\mathrm{L}]\mathrm{dV} \quad \text{(Bez. 8.83)}$$

definiert.

$[C]=\int_V C_\rho[N]^T[N]dV$ beschreibt den Einfluss der Wärmekapazität.

Die Integration der Temperatursimulation wird in der Regel mit einem Euler-Vorwärts-Integrationsverfahren durchgeführt. Bei den expliziten Methoden ist der kritische Zeitschritt

$$\Delta t\leq\Delta t_{krit}=m\frac{(\Delta l)^2}{\left(\frac{k}{\rho c}\right)} \quad \text{(Bez. 8.84)}$$

einzuhalten. Für Anwendungen mit vorgeschriebenen thermischen Randbedingungen wird für m=1/12 gesetzt [Owen83].

Bei umformtechnischen Problemen interessiert in der Regel die gegenseitige Kopplung zwischen dem mechanischen und thermischen Feld, da insbesondere die Werkstoffeigenschaften vom jeweiligen Temperaturzustand abhängen.

Die Berechnung wird dann in der Regel nur in einer schwach gekoppelten Form durchgeführt. Hierbei wird zuerst, unter der Annahme eines vorgegebenen für den Zeitschritt gleichbleibenden Temperaturfeldes, das mechanische Problem

$$[K(\varepsilon,\sigma,T)]\{u\}=\{F(u,T)\} \quad \text{(Bez. 8.85)}$$

gelöst. Mit Beziehung (Bez. 8.43) wird ein adiabatischer Temperaturanstieg ΔT in jedem Element ermittelt. Mittels der anschließenden Temperaturberechnung gemäß

$$[C]\{\dot{T}\}+[K]\{T\}=\{Q^b(\varepsilon,\sigma)\}+\{Q^s\} \quad \text{(Bez. 8.86)}$$

wird der für das gleiche Zeitinkrement mögliche Wärmefluss im Werkstück und in den Werkzeugen berechnet.

Anhand der so errechneten Temperaturverteilung $T^{t+\Delta t}$ am Ende des Zeitschrittes t+Δt werden die thermischen Dehnungen ε^{th} bestimmt. Diese generieren zusätzlich zu den elasto-plastischen Spannungen thermische Spannungen

$$\Delta\sigma_{ij}^{th}=\alpha\Delta\varepsilon_{ij}^{th} \quad \text{(Bez. 8.87)}$$

welche dann als initiale Spannungen in den nächsten Schritt der mechanischen Berechnung eingehen.

Die schwach gekoppelte thermo-mechanische Simulation ist in der Regel bei umformtechnischen Problemen, bei denen die Temperaturänderungen $\Delta T/\Delta t$ sehr moderat sind, gut anwendbar.

8.6.3 Modellierung thermischer Randbedingungen

Obwohl die numerische Vorgehensweise bei der Lösung der thermo-mechanischen Probleme gut beherrschbar ist, ist es trotzdem nicht einfach, die Prozesse real abzubilden. Dies hängt mit der Schwierigkeit zusammen, die entsprechenden Parameter exakt zu bestimmen. Das sind einerseits die Werkstoffkonstanten. Zusätzlich müssen aber auch die Wärmeübergangszahlen, sowohl zu den im Kontakt stehenden Werkzeugen als auch zur Luft hin spezifiziert werden.

Der Wärmeübergang wird mit Hilfe der Wärmeübergangszahl h definiert

$$\dot{q}^{WZ} = h_{WZ}\left(T - T_{WZ}\right) \quad \text{(Bez. 8.88)}$$

$$\dot{q}^{Luft} = h_{Luft}\left(T - T_{Umgebung}\right) \quad \text{(Bez. 8.89)}$$

Die Wärmeübergangszahl ist im ersten Fall vom Anpressdruck bzw. dem Spalt, aber auch von der Beschaffenheit der Oberfläche abhängig. Im zweiten Fall ist der Parameter stark davon abhängig, ob sich die Luft bewegt.

Da die Werkzeuge in der Simulation nur durch eine starre Fläche modelliert werden, wird den Flächen oft eine konstante WZ-Temperatur zugeordnet. Diese Annahme verfälscht die Ergebnisse ebenfalls.

Bei Temperaturen ab etwa $0.3T_s$ spielt auch die Strahlung eine zunehmende Rolle und muss ebenfalls berücksichtigt werden. Hierbei ist T die Schmelztemperatur.

8.7 Explizite FEM-Verfahren

Im Unterschied zu den oben behandelten quasistatischen Systemen berücksichtigen die expliziten Finite Elemente Programme auch die dynamischen Komponenten. Sie lösen somit den Gleichgewichtszustand

$$f_i + c\dot{u}_i + m\ddot{u}_i = 0 \quad \text{(Bez. 8.90)}$$

Die obige differentielle Beziehung lässt sich wiederum in die diskreten Bewegungsgleichungen

$$[M]\langle\ddot{u}\rangle + [C]\{\dot{u}\} + [K]\{u\} = \{F\} \quad \text{(Bez. 8.91)}$$

überführen, wobei *[M]* für die Massenmatrix steht, *[C]* die Dämpfungsmatrix,

$$[K]\{u\} = \{P\} = \int_V [B]^T \{\sigma\} dV$$

den Vektor der inneren Kräfte bezeichnet und im Vektor *{F}* die äußeren Belastungen zusammengefasst sind.

Diese Gleichung lässt sich mit der Einführung der Geschwindigkeit als unabhängiger Variablen $\dot{u} = v$ und $\ddot{u} = \dot{v}$ in ein System von Gleichungen erster Ordnung überführen

$$\{\dot{v}\}=[M]^{-1}\left[\{F\}-[C]\{v\}-\{P\}\right] \qquad \text{(Bez. 8.92)}$$

Am häufigsten kommt das zentrale Differenzenverfahren zum Einsatz. Für die Zeit $t=t_n$ gilt

$$\{v_n\}=\left\{\frac{u_{n+1}-u_{n-1}}{2\Delta t}\right\} \qquad \text{(Bez. 8.93)}$$

$$\{\dot{v}_n\}=\left\{\frac{u_{n+1}-2u_n+u_{n-1}}{(\Delta t)^2}\right\} \qquad \text{(Bez. 8.94)}$$

Setzt man diese Beziehungen in die Impulsbilanz zur Zeit $t=t_n$ ein, so folgt mit

$$[M]\left\{\frac{u_{n+1}-2u_n+u_{n-1}}{(\Delta t)^2}\right\}+[C]\left\{\frac{u_{n+1}-u_{n-1}}{2\Delta t}\right\}+\{P_n\}=\{F_n\} \qquad \text{(Bez. 8.95)}$$

ein Gleichungssystem zur Bestimmung der unbekannten Verschiebung $\{u_{n+1}\}$

$$\left[M+\frac{\Delta t}{2}C\right]\{u_{n+1}\}=\left[\{F_n\}-\{P_n\}\right](\Delta t)^2+[C]\{u_{n-1}\}\frac{\Delta t}{2}+[M]\{2u_n-u_{n-1}\} \qquad \text{(Bez. 8.96)}$$

Hierin sind *[M]* und *[C]* konstante Matrizen.

Falls *[M]* und *[C]* in Diagonalform vorliegen, erhält man die Lösung zur Zeit $t=t_{n+1}$ durch Vektorauswertungen.

Das explizite Verfahren sieht einfach aus. Jedoch muss der Zeitschritt sehr klein gesetzt werden, um konvergierte Lösungen zu gewährleisten. Der erlaubte Zeitschritt lautet

$$\Delta t \le L/c_d \qquad \text{(Bez. 8.97)}$$

wobei *L* die kleinste charakteristische Dimension bedeutet. C_d ist die Erweiterungsgeschwindigkeit der Wellen im linearelastischen Medium

$$c_d=\sqrt{\frac{E}{\rho}} \qquad \text{(Bez. 8.98)}$$

für einen langen Stab und

$$c_d=\sqrt{\frac{E(1-\upsilon)}{\rho(1+\upsilon)(1-2\upsilon)}} \qquad \text{(Bez. 8.99)}$$

für 3D-Festkörper.

8.8 Vergleich der expliziten und impliziten Methoden

Die expliziten FEM-Verfahren wurden ursprünglich für Hochgeschwindigkeitsprozesse entwickelt. Typische Anwendungen lagen und liegen deshalb bei der Simulation von Crash-Problemen.

Ab etwa 1995 wurden die expliziten FEM-Codes immer mehr auch zur Lösung von gewöhnlichen „quasistatischen" Umformproblemen eingesetzt. Die kommerziellen Programme LS-Dyna und PamStamp sind dafür sehr gute Beispiele.

Trotzdem weisen beide Methoden bedingt durch die unterschiedlichen Lösungsverfahren ganz spezifische Vor- und Nachteile auf. Diese werden in der Tabelle 8.5 gegenübergestellt.

Tab. 8.5 Spezifische Eigenschaften der expliziten und impliziten FEM-Verfahren

	Implizite FEM	Explizite FEM
Gleichgewichtskontrolle	ja	keine
Schrittweite Δt	„frei" wählbar	$\Delta t < \Delta t_{krit}$
Netzverfeinerung	Kein direkter Einfluss auf Zeitinkrement Δt	Zeitschritt proportional zum kleinsten Element
Inkompressible Werkstoffe	Keine Einschränkung	$\Delta t \rightarrow 0$
Abbruch der Rechnung	Tritt oft auf	In der Regel keine Probleme
Geometrische und materielle Instabilitäten	Müssen speziell behandelt werden	Stellen dynamische Zustände dar und bereiten somit keine Probleme
Initiale Lagerung	Struktur muss durch RB gelagert sein	Keine Fixierung erforderlich
Schnelle Kontaktänderungen	schwierig, kann zu Konvergenzproblemen führen	Dank sehr kleinen Zeitschritten gut beherrschbar
Rechendauer	sehr schwer abschätzbar	gut abschätzbar
Parallelisierbarkeit	aufwändig	Sehr einfach möglich

Tab. 8.6 Spezifische Eigenschaften der expliziten und impliziten FEM-Verfahren

	Implizit	explizit
Blech-Tiefzieh- und Streckziehoperationen	++	+++
Rückfederung	++	+
Rohr-Biegeoperationen	++	+
Thermische Prozesse	++	+
Sehr langsame Prozesse	+++	-
Crash-Prozesse	+	+++

Bei umformtechnischen und verwandten Prozessen hat sich folgender Einsatz bewährt (Tab. 8.6).

8.9 Modellierung der Kontaktbedingung

Die nicht-linearen FEM-Probleme sind oft gekoppelt an komplexe Randbedingungen. In der Simulation von Umformprozessen sind diese vor allem durch die Kontaktbedingungen zwischen Werkzeugen und dem Werkstück gegeben. Bedingt durch die Werkzeugbewegungen sind die Kontakte fast immer zeitlich veränderlich und müssen deshalb in jedem Zeitschritt t neu ermittelt werden.

Die entsprechenden FEM-spezifischen Kontaktalgorithmen müssen nicht nur diesen Kontakt zuverlässig detektieren können, sie müssen auch die dort herrschenden Bedingungen korrekt abbilden können. Die Festkörperkontakte generieren mechanische (Reib- und Kontaktkräfte) sowie thermische Randbedingungen (Wärmeübergang), welche möglichst exakt abgebildet werden müssen.

Die thermischen Randbedingungen wurden bereits in Kapitel 8.6 behandelt. Aus diesem Grund wendet sich dieses Kapitel vor allem den mechanischen Randbedingungen und der Problematik der Modellierung der Reibung zu.

8.9.1 Beschreibung der Werkzeuggeometrie

8.9.1.1 Starre und deformierbare Kontaktflächen

Die heutigen FEM-Programme unterscheiden zwischen einer deformierbar-deformierbar und einer deformierbar-starren Modellierung.

Im ersteren Fall (**Abb. 8.13a**) werden sowohl die Werkzeuge wie auch das Werkstück als deformierbare Körper modelliert. Da die Werkstücke 3D-Volumenkörper sind, führt dies zu relativ großen FEM-Modellen.

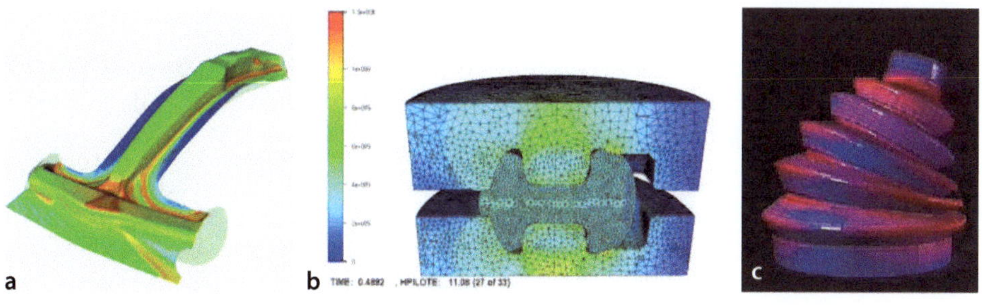

Abb. 8.13 Unterschiedliche Kontaktformulierungen. a) Simulation von Kontakten mit starren Werkzeugen (IVPFEM); b) Simulation von Kontakten deformierbar-deformierbar (FORGE -3, Transvalor) und c) Simulation von Selbstkontakten (MSC Marc).

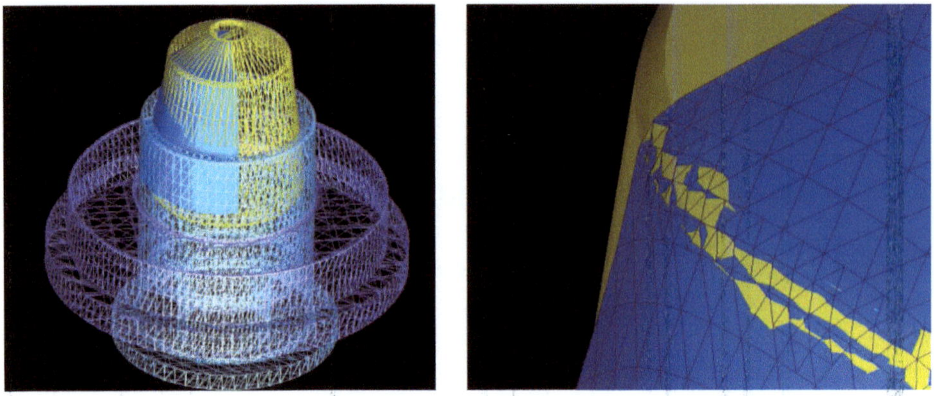

Abb. 8.14 Diskretisierte Beschreibung der Werkzeugoberfläche.

Im zweiten Fall des „deformierbar-starren" Kontaktes (**Abb. 8.13b**) werden die Werkzeuge als starr betrachtet. In diesem Fall reicht die Beschreibung der Körper nur mittels der Körperoberfläche. Diese Modelle sind dann natürlich nicht in der Lage, die elastische Werkzeugdurchbiegung zu erfassen und somit die Anpressbedingungen in den Kontaktflächen exakt abzubilden. Trotzdem stellt diese Art der Modellierung - zumindest bei der Blechumformsimulation - den gängigen Weg dar.

8.9.1.2 Diskrete und glatte Kontaktflächen

Bei der Beschreibung der Kontaktflächen wird zudem zwischen einer diskretisierten, netzbasierten Kontakt-beschreibung und einem glatten Kontakt „smooth contact" unterschieden.

Im ersten Fall wird die Werkzeug-Topologie mit Platenelementen diskretisiert (**Abb. 8.14**). Im zweiten Fall werden die dem CAD-Modell zugrunde liegenden, exakten mathematischen Flächenbeschreibungen direkt verwendet. Die **Abb. 8.14** zeigt, dass bei der netzbasierten Diskretisierung insbesondere im Bereich von Radien ein hinreichend feines Netz gewählt werden muss, um Einflüsse der Netzdiskretisierung auf das Umformverhalten zu vermeiden.

Die Generierung solcher Netze erfolgt heute ausgehend von CAD-Daten in IGES oder im STEP-Format mit den jeweiligen FEM-Preprozessoren automatisch. Die Wahl der Netzfeinheit obliegt aber wiederum dem Anwender.

8.9.2 Kontaktsuche und Kontakttoleranzen

Die Kontaktsuche erfolgt nach unterschiedlichen Strategien. Verbreitet sind vor allem sogenannte Führungs-Algorithmen, bei denen. nur die Werkzeug-Knotenpunkte auf eine Durchdringung der diskretisierten Werkzeug-Netz-Oberfläche abgesucht werden.

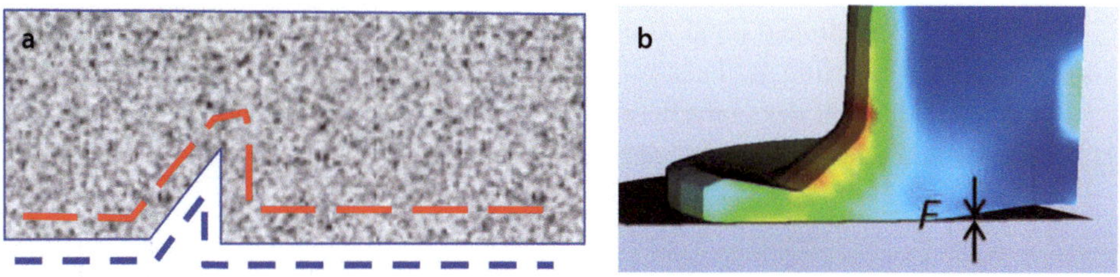

Abb. 8.15 Toleranzwerte bei der Kontaktsuche. a) Positive und negative Distanztoleranzen b) Toleranz der Separationskraft.

Ist ein Selbstkontakt des Werkstückes möglich, muss diese Suche auch auf Eigendurchdringungen erweitert werden. Hierzu zeigt **Abb. 8.13c** ein Beispiel. Solche Selbstkontakte treten sehr oft bei der Simulation von Crash-Strukturen auf.

Damit die Kontaktalgorithmen numerisch stabil funktionieren, benötigen sie prinzipiell zwei Toleranzvorgaben. Dies ist einerseits die Durchdringungs- bzw. die minimale Abstands-Toleranz zur Ermittlung der Knoten, welche als „in Kontakt" betrachtet werden sollen.

Den zweiten Toleranzwert stellt die Separationskraft dar. Diese definiert die Kontaktzugspannung, bei der der Knoten „freigegeben" wird und sich von der Oberfläche wieder ablösen kann (**Abb. 8.15**). Eine ausführliche Beschreibung der Kontaktalgorithmen für Blechumformprozesse ist in der Arbeit von Maisch [Mais93] zu finden.

Obwohl die Programme diese Toleranzwerte intern per Default bestimmen, obliegt eine sinnvolle, problemspezifische Bestimmung wiederum dem Anwender. Insbesondere bei den impliziten Programmen kann eine ungeeignete Wahl dieser Toleranzwerte zu verfälschten Ergebnissen oder sogar zum Abbruch der Simulation führen.

8.9.3 Mathematische Behandlung von Verschiebungsrandbedingungen

Werden durch den Kontakt-Suchalgorithmus Knoten ermittelt, die auf die Oberfläche des Werkzeuges verschoben werden sollen, so wird dies mathematisch mittels der Zwangsbedingung

$$\left(x_i^{(k)} - \widehat{x}_i^{(k)}\right) = \widehat{u}_i^{(k)} \qquad \text{(Bez. 8.100)}$$

bei der $\widehat{x}_i^{(k)}$ die geschätzte Lage auf der Werkzeugoberfläche beschreibt, formuliert. Die Lage von $\widehat{x}_i^{(k)}$ wird nach unterschiedlichen Strategien gewählt – in der Blechumformung wird der Knoten gewöhnlich in der Richtung der Stempelbewegung zur Werkzeugoberfläche bewegt. Während der nachfolgenden iterativen Gleichgewichtssuche wird für den Knoten dann nur noch eine tangentiale Bewegung in der Werkzeugebene zugelassen. Eine Ablösung von der Oberfläche wird vom Kontakt erst dann zugelassen, wenn die Knotenkraft in der Normalenrichtung über dem Separationskraft-Grenzwert zu liegen kommt.

Die Zwangsbedingungen (engl. constraint) werden FE-seitig entweder mit Lagrange-Operatoren oder mit Hilfe des Penalty-Verfahrens umgesetzt.

An dieser Stelle soll das einfachere Penalty-Verfahren kurz skizziert werden. Dieses erweitert das Potential um einen künstlichen, quadratischen Term

$$\widehat{\Pi} = \frac{1}{2}U^T KU - U^T F + \frac{\alpha}{2}\left(u_i^{(k)} - \widehat{u}_i^{(k)}\right)^2 \qquad \text{(Bez. 8.101)}$$

Die FEM-Beziehung mutiert dann in die Form

$$\left[K + \alpha e_i e_i^T\right]U = R + \frac{\alpha}{2}\widehat{u}_i^{(k)} e_i \qquad \text{(Bez. 8.102)}$$

Werden die Penalty-Werte α so gewählt, dass sie die Bedingung

$$\alpha >> k_{ii} \qquad \text{(Bez. 8.103)}$$

erfüllen, kann in dem Gleichungssystem der Steifigkeitswert k_{ii} durch den Wert α ersetzt werden. Auf der rechten Seite des Gleichungssystems wird in der entsprechenden Zeile gleichzeitig der vorgeschriebene Verschiebungswert $\widehat{u}_i^{(k)}$ eingetragen.

Im Unterschied zu dem Lagrange-Verfahren wird die Größe des Gleichungssystems nicht verändert. Dies ist ein Grund, warum die Penalty-Verfahren zur Beschreibung der Zwangs-Bedingung oft vorgezogen werden.

8.9.4 Modellierung der Reibkräfte

8.9.4.1 Reales Reibverhalten bei Blechumformprozessen

Bei Blechumformprozessen wird zur Minderung von Reibkräften praktisch immer mit geschmierten Systemen gearbeitet. Da die Schmiermittelmenge möglichst gering gehalten werden sollte, ist der jeweilige Kontakt zwischen den Reibpartnern als Mischkontakt oder sogar als Festkörperkontakt zu betrachten (**Abb. 7.16**).

Dies führt dazu, dass die Reibbedingungen von den Parametern Anpressdruck σ_n, Relativgeschwindigkeit v_{rel} aber auch der Schmiermittelmenge, seiner Viskosität ν und der Temperatur T abhängen. Dieses komplexe, vielparametrige Verhalten wird mit Hilfe der Stribeck-Kurve abgebildet (**Abb. 8.17**).

8.9.4.2 Mathematische Reibmodelle

Im Rahmen der Blechumformsimulation wird dieses sehr komplexe Verhalten heute stark vereinfacht modelliert.

Sehr verbreitet ist der Einsatz des Coulomb'sches Modells. Dieses beschreibt Reibspannung als eine proportionale Funktion der normalen Spannung

$$\tau_\mu = \mu\sigma_n \qquad \text{(Bez. 8.104)}$$

Aus den Ausführungen unter 8.9.4.2 geht hervor, dass der konstante Parameter μ die Realität der während der Umformung sich veränderlichen Zustände nur sehr grob abbildet.

Abb. 8.16 Tribosysteme bei der Blechumformung

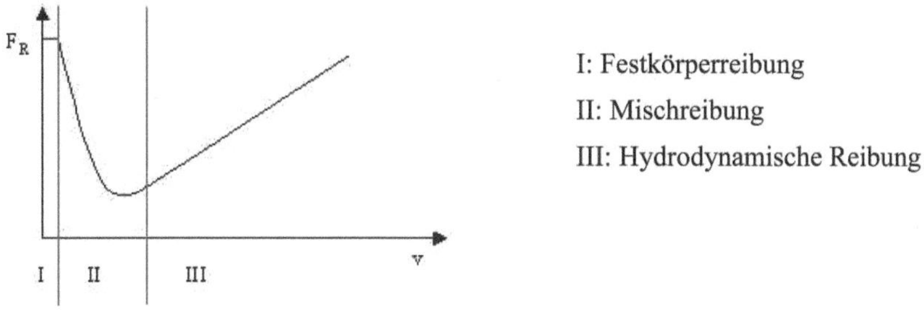

Abb. 8.17 Unterschiedliche Reibzustände je nach Anteil des Festkörperkontaktes und der Geschwindigkeit.

Auch der Einfluss der Haftreibung bei $v_{rel}=0$ wird nicht erfasst. Da nach dem Coulomb-Ansatz die Reibkraft direkt proportional zum Anpressdruck ist, liefert dieses Modell für sehr hohe Anpressdrücke auch sehr hohe Reibkräfte. Damit wird die physikalische Begrenzung der Schubspannung auf den Maximalwert der Fließschubspannung nicht berücksichtigt. Aus diesem Grund ist der Einsatz des Coulomb'schen Modells nur für die Anwendungsfälle sinnvoll, bei denen der Anpressdruck moderat bleibt und somit die sich ergebende Reib-Schubspannung unterhalb der Schubfließspannung

$$\tau_\mu < k_f / \sqrt{3} = \tau_y \qquad \text{(Bez. 8.105)}$$

liegt.

Bei hohen Anpressdrücken kann deshalb eventuell auch der Einsatz des aus der Massivumformung bekannten „shear-friction"-Models angebracht sein. Dieses definiert die Reibschubspannung proportional zur Fließspannung jedoch auch hier wiederum mit einem konstanten Faktor *m*

$$\tau = m\tau_Y = m\frac{k_f}{\sqrt{3}} \qquad \text{(Bez. 8.106)}$$

Neuere Untersuchungen [Hora11], [Filz11] zeigen, dass die Annahme der konstanten Reibwerte, z. B. in Form der konstanten Reibungszahl μ, das reale Verhalten bei Tiefzieh-

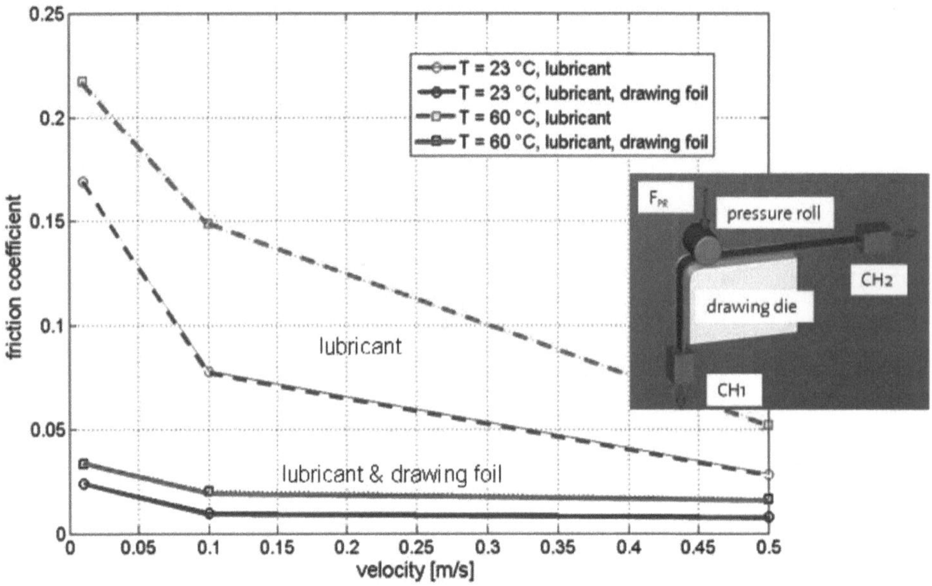

Abb. 8.18 Ermittlung des Reibverhaltens im Streifenziehtest. Raziol CLF260.

prozessen zu ungenau abbildet. Aus diesem Grund werden heute vermehrt Anstrengungen unternommen, zumindest den Einfluss der Temperatur und der Geschwindigkeit in die μ-Parameter zu integrieren:

$$\mu = \mu(p, v_{rel}, T, v,) \tag{Bez. 8.107}$$

Abb. 8.18 zeigt die experimentelle Grundlage für diese erweiterten Reibungszahlen.

Die sich so ergebenden Daten können z. B. mit Hilfe der Funktion

$$\mu = \mu_0(1+\hat{p})^{-a}(1+\hat{T})^{b}(1+\hat{\mathrm{v}})^{-c} \tag{Bez. 8.108}$$

mathematisch approximiert werden. In obiger Beziehung stellen $\hat{p}, \hat{T}$ und $\hat{\mathrm{v}}$ die auf die Referenzwerte p_0, T_{RT} und v_0 bezogenen Größen dar.

8.9.4.3 Numerische Implementierung

Die Reibkräfte sind nicht einfache äußere Kräfte. Sie werden von den relativen Bewegungen induziert und haben immer die entgegengesetzte Richtung zu den relativen Bewegungen. Da die relativen Bewegungen sich während der Iterationen verändern können, weist das Verhalten der Reibung eine sehr starke nichtlineare Eigenschaft auf. **Abb. 8.19a** zeigt das Verhalten der realen Reibkräfte.

Der in **Abb. 8.19** links gezeigte unstetige Übergang – bedingt durch die Orientierungswechsel der Reibkraft – kann die Konvergenz der Lösung bei impliziten Programmen nachhaltig stören. Rein aus diesem numerischen Grund wird die Funktion deshalb

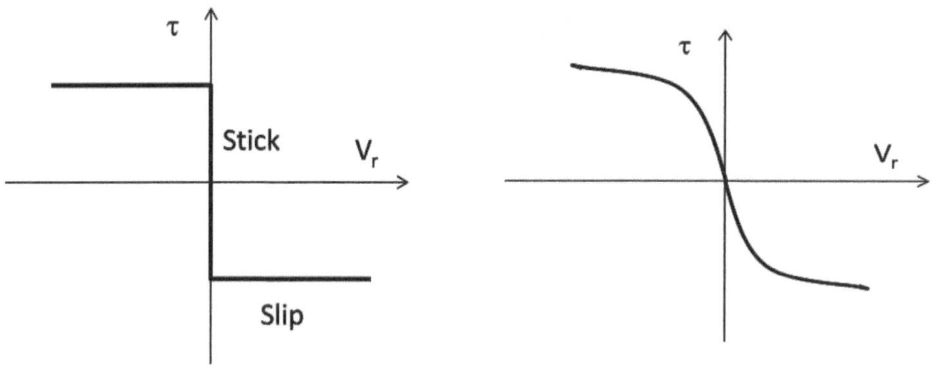

Abb. 8.19 Verhalten der realen Reibkraft (links) und der numerischen Glättung (rechts).

mit Hilfe einer arctan-Funktion geglättet und so um den Punkt $v_{rel} = 0$ stetig gemacht. Das „numerische" Reibmodell lautet mit dem Coulomb'schem Gesetz dann

$$\tau = -\mu\sigma_n \frac{2}{\pi}\arctan\left(\frac{v_r}{v_0}\right) \qquad \text{(Bez. 8.109)}$$

und mit dem Scherschubspannungsansatz

$$\tau = -m\tau_Y \frac{2}{\pi}\arctan\left(\frac{v_r}{v_0}\right) \qquad \text{(Bez. 8.110)}$$

Die Konstante v_0 kann in der Regel wiederum durch den Anwender spezifiziert werden. Es ist wichtig zu verstehen, dass diese Konstante die Werte um den Nullpunkt stark verändert. Bei zu hohen Werten wird damit der Einfluss der Reibung dann praktisch eliminiert. Wird dagegen der Wert zu tief gewählt, kann dies zu Konvergenzproblemen führen.

8.10 Materialmodelle und Materialdaten

Für die elasto-plastische mechanische Berechnung werden die Materialeigenschaften durch Spezifikation der Verfestigung (Fließkurve), des anisotropen Verhaltens (Fließortskurve) und in der Regel durch Spezifikation der Versagenskriterien beschrieben.

Da diese Daten einerseits sehr stark über die Genauigkeit der Berechnungsergebnisse entscheiden und andererseits zahlreiche Modellansätze vorhanden sind, sollen diese – ohne auf die Details einzugehen – im Folgenden kurz spezifiziert werden.

8.10.1 Spezifikation des Verfestigungsverhaltens

Das Verfestigungsverhalten wird, wie an anderen Stellen dieses Buches beschrieben, durch die Fließkurve wiedergeben. Um die Richtungsabhängigkeit des Materials zu erfassen werden in der Regel die Fließkurven unter 0-, 45- und 90-Grad zur Walzrichtung (WR) gemessen.

8.10.1.1 Kaltfließkurven

Viele FEM-Programme verwenden bereits hier eine Vereinfachung und setzen nur eine gemittelte Fließkurve ein.

Da die realen Umformprozesse häufig Umformgrade (logarithmische Vergleichsformänderung) aufweisen, die über die Gleichmaβdehnung des einachsigen Zugversuchs hinausgehen, werden nach heutigen Erkenntnissen die Fließkurven aus dem einachsigen Zugversuch mit Fließkurven aus dem hydraulischen Tiefungsversuch kombiniert [Hora11].

Diese können z. B. mathematisch unter anderen durch den Ghosh- oder durch den Hockett-Sherby Ansatz approximiert werden.

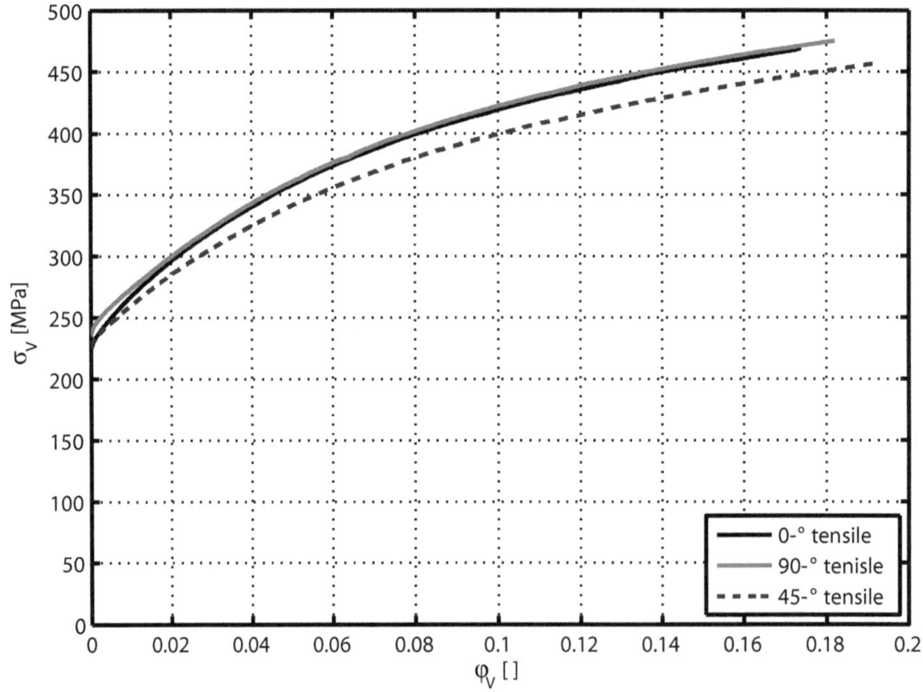

Abb. 8.20 Verlauf der Fließkurven, ermittelt im einachsigen Zugversuch an Proben unterschiedlicher Probenlage zur Walzrichtung

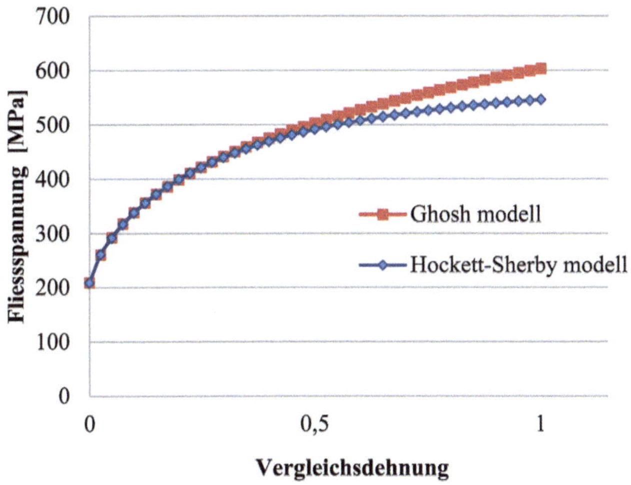

Abb. 8.21 Approximation der Fließkurve mit unterschiedlichen Modellen

$$k_f^{Ghosh} = A(\varepsilon + \varepsilon_0)^n - C \qquad \text{(Bez. 8.111)}$$

$$k_f^{HS} = S_0 - (S_1 - S_0)\exp(-m\varepsilon^p) \qquad \text{(Bez. 8.112)}$$

Liegen für die Approximation nur Daten des Zugversuches vor, so ist der Verlauf im extrapolierten Teil oberhalb der Zug-Gleichmaßdehnung unsicher. Die Erfahrung zeigt, dass die realen Verfestigungsverläufe durch den Ghosh-Ansatz überschätzt, durch den Hockett-Sherby-Ansatz dagegen unterschätzt werden. Aus diesem Grund bieten heute viele Programme die Option, einen gewichteten Mittelwert beider Approximationen zu verwenden.

$$k_{ff} = mk_f^{Ghosh} + (1-m)k^{HS} \qquad \text{(Bez. 8.113)}$$

8.10.1.2 Erweiterte Fließkurvenmodelle zur Beschreibung von Dehnraten und Temperatureinflüssen

Obige Fließkurvenmodelle beschreiben das Verhalten nur in Abhängigkeit der Dehnung - nicht aber der Dehnungsrate und der Temperatur. Müssen ebenfalls diese Effekte berücksichtigt werden, so bieten sich Fließkurvenmodelle wie z. B. nach Johnson-Cook an:

$$K_f^{JC} = (A + B\varepsilon_v{}^n)(1 + C\ln\left(\frac{\dot{\varepsilon}}{\dot{\varepsilon}_0}\right)^n)\left[1 - \frac{T - T_0}{T_{Schmelz} - T_0}\right]^m \qquad \text{(Bez. 8.114)}$$

8.10.1.3 Verfestigungsverhalten von metastabilen TRIP-Stählen

Auf einem völlig anderen physikalischen Mechanismus basieren Verfestigungsvorgänge bei TRIP-Werkstoffen (Transformation Induced Plasticity). Bei diesen kommt es, initiiert durch die Umformarbeit, zum Umklappen des metastabilen Austenits zu Martensit.

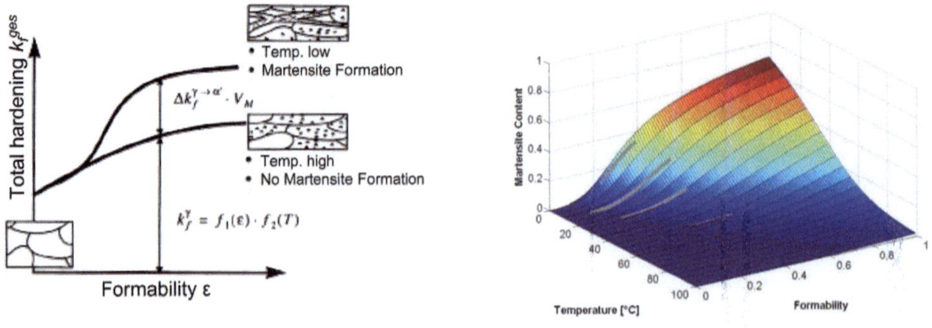

Abb. 8.22 Zunahme des Martensitgehaltes in Abhängigkeit der Temperatur und der logarithmischen Hauptformänderung (Umformgrad, Dehnung) für den Werkstoff 1.4301

Zur Beschreibung dieses Verhaltens hat sich das Modell von Hänsel [Häns98] etabliert. Dieses beruht auf einer Fließkurvenbeschreibung, die einen zusätzlichen Verfestigungsanstieg in Abhängigkeit des Martensitgehalts V_M annimmt.

$$k_f^{ges} = \left[B_{HS} - \left(B_{HS} - A_{HS} \right) \cdot \exp\left(-m \cdot \varepsilon^n \right) \right] \cdot f_2(T) + \Delta k_f^{\gamma \to \alpha'} \cdot V_M \qquad \text{(Bez. 8.115)}$$

Um insbesondere die Geschichtsabhängigkeit der Martensitbildung korrekt abbilden zu können, hat Hänsel eine differentielle Martensitbildungsfunktion eingeführt:

$$\frac{dV_M}{d\bar{\varepsilon}} = \frac{B}{A} e^{Q/T} \left(\frac{1-V_M}{V_M}\right)^{\frac{1+B}{B}} V_M^p \left[0.5\left(1 - \tanh\left(C + DT\right)\right)\right] \qquad \text{(Bez. 8.116)}$$

Diese macht es möglich, den Martensit-Volumenanteil über die Umformgeschichte aufzuintegrieren. Im Programm LS-Dyna ist dieses Werkstoffmodell als MAT_TRIP implementiert. Für den Werkstoff 1.4301 ergeben sich z. B. die in Tab. 8.7 angegebenen Parameter.

8.10.1.4 Modellierung des Presshärtevorganges

Einen weiteren Prozess, bei dem die thermischen Vorgänge das Verhalten maßgeblich beeinflussen, stellt das Presshärten dar. So wird z. B. der Blechwerkstoff 22MnB5 beim Presshärten auf ca. 950 °C erwärmt und dann während der Umformung im kalten Werkzeug gleichzeitig abgeschreckt. Entsprechende Simulationsmodelle wurden von Burkhardt entwickelt [Burk09]. Er schlug vor, das temperaturabhängige Fließverhalten mit der Fließkurvenapproximation

$$K_f = A(1 - \beta \exp(-N\varepsilon^n)\dot{\varepsilon}^{m(T-T_0)} \exp(Q / RT) \qquad \text{(Bez. 8.117)}$$

abzubilden. Für den Werkstoff 22MnB5 gibt Burkhardt die Parameter wie in Tab. 8.8 an. Das Ziel des Presshärtens ist es, Crash-Komponenten mit hoher Festigkeit aber noch hinreichender Duktilität zu erzeugen. Die Härte kann bei bekannter Abkühlgeschwindigkeit aus dem zugehörigem ZTU-Diagramm abgelesen werden (**Abb. 8.23**). Neuere FEM-Entwicklung sind bestrebt, nicht nur die Härte sondern auch die Fließkurve im abgeschreckten Zustand vorauszusagen [Hoch11].

Tab. 8.7 Materialparameter für den Werkstoff 1.4301 nach Hänsel-Modell

A	B	Q	p	C	D
111.02	0.1937	2782	7.212	-73.89	0.144
A_{HS}	B_{HS}	K	m	n	$\Delta K_f^{\gamma-\alpha}$
247.25	991.15	0.0028	3.08	0.8979	572.86

Tab. 8.8 Materialparameter für den Werkstoff 22MnB5

A	Q	T_0	m	β	N	n
28.43 MPa	19946 J/mol	667 K°	3.2065E-4 1/K°	0.61	11.48	1.0

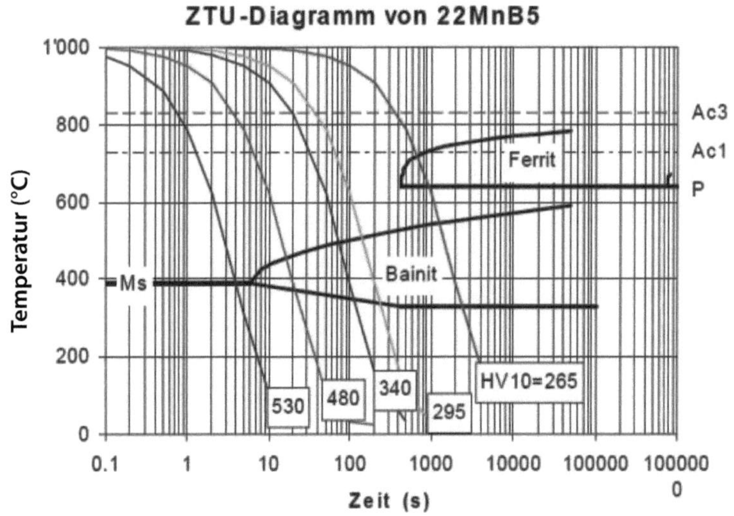

Abb. 8.23 Zeit-Temperatur-Umwandlungsdiagramm für 22MnB5.

8.10.2 Fließortkurve und Anisotropie

Viele Blechwerkstoffe weisen, bedingt durch die TM Behandlung beim Walzen, ein anisotropes Fließverhalten auf. Dies äußert sich beispielsweise beim Erichsen-Test durch Bildung von Zipfeln. Im einachsigen Zugversuch wird die senkrechte Anisotropie r = φ_b / φ_s in Abhängigkeit von der Probenlage zur Walzrichtung ermittelt. Hierbei sind φ_b die logarithmische Breitenformänderung und φ_s die logarithmische Dickenformänderung.

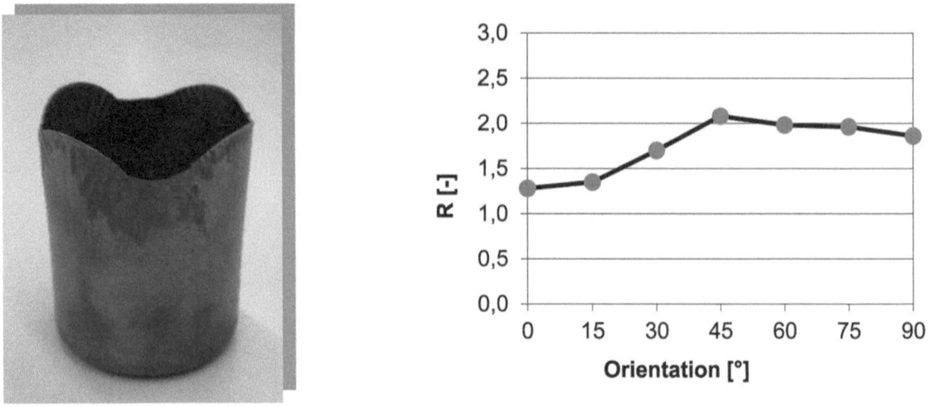

Abb. 8.24 Erichsen-Test. Einfluss der ebenen Anisotropie $\Delta r = r_{max} - r_{min}$ auf das Fließverhalten.

Um dieses Verhalten in der FEM-Simulation korrekt abbilden zu können, muss die isotrope Fließortsfunktion nach v. Mises

$$F = 3J_2 = \frac{3}{2}\sigma'_{ij}\sigma'_{ij} - k_f^2 = 0 \qquad \text{(Bez. 8.118)}$$

durch anisotrope Fließorte ersetzt werden. Eine Übersicht über die gängigsten Modelle ist in Kapitel 9.1 dieses Buches zu finden. Nachfolgend werden deshalb nur die wichtigsten, im Rahmen von FEM-Programmen verwendeten Fließortmodelle vorgestellt.

8.10.2.1 Hill 1948-Modell

Das bis heute in der Blechumfomung immer noch am häufigsten verwendete Modell ist das Fließortkurvenmodell nach Hill – als Hill'48 bezeichnet [Hill48]. Für den ebenen Spannungszustand nimmt dieses die Form

$$\sigma_v = \sqrt{\frac{r_0}{1+r_0}(\sigma_1 - \sigma_2)^2 + \frac{r_0}{r_{90}(1+r_0)}(\sigma_2 - \sigma_3)^2 + \frac{1}{1+r_0}(\sigma_3 - \sigma_1)^2} \qquad \text{(Bez. 8.119)}$$

an. Die Vorteile des Hill'48-Modells liegen in der einfachen Spezifizierbarkeit über die 3 resp. sogar 2 r-Werte r_0 und r_{90}. Erfahrungen zeigen, dass insbesondere Stahlwerkstoffe, bei denen die r-Werte im Bereich $1.0 < r < 2.0$ liegen, sich mit dem Hill'48-Modell gut beschreiben lassen.

8.10.2.2 Nicht-quadratische Fließortkurvenmodelle

Weniger gute Übereinstimmungen wurden jedoch sowohl für Al-Werkstoffe als auch für Titan-Werkstoffe erzielt. Aus diesem Grund wurde die quadratische ($m = 2$) Form der Fließortkurve auf sogenannte nicht-quadratische Formen ($m \neq 2$) erweitert. Die ersten Vorschläge gehen hier auf Hosford [Hosf72]

$$|\sigma_1 - \sigma_2|^m + |\sigma_2 - \sigma_3|^m + |\sigma_3 - \sigma_1|^m = 2\sigma_Y^m \qquad \text{(Bez. 8.120)}$$

und Hill [Hill79]

$$|\sigma_1 + \sigma_2|^m + (1+2r)|\sigma_1 - \sigma_2|^m = 2(1+r)\sigma_Y^m \qquad \text{(Bez. 8.121)}$$

zurück.

Heute werden vor allem Fließortkurven nach Barlat verwendet [Barl03]. Das Modell transformiert die Spannungen $\boldsymbol{\sigma}$ zu den Matrizen X' und X'' mit 2 linearen Transformationen $\boldsymbol{L}'$ und $\boldsymbol{L}''$

$$\boldsymbol{X}' = \boldsymbol{L}'\boldsymbol{\sigma} \qquad \text{(Bez. 8.122)}$$

$$\boldsymbol{X}'' = \boldsymbol{L}''\boldsymbol{\sigma} \qquad \text{(Bez. 8.123)}$$

Die die Anisotropie definierenden Werkstoffkonstanten a_k gehen in die Transformationmatrizen L' und L'' wie folgt ein:

$$\begin{bmatrix} L'_{11} \\ L'_{12} \\ L'_{21} \\ L'_{22} \\ L'_{66} \end{bmatrix} = \begin{bmatrix} 2/3 & 0 & 0 \\ -1/3 & 0 & 0 \\ 0 & -1/3 & 0 \\ 0 & 2/3 & 0 \\ 0 & 0 & 1 \end{bmatrix} \begin{bmatrix} a_1 \\ a_2 \\ a_7 \end{bmatrix} \qquad \text{(Bez. 8.124)}$$

$$\begin{bmatrix} L''_{11} \\ L''_{12} \\ L''_{21} \\ L''_{22} \\ L''_{66} \end{bmatrix} = \begin{bmatrix} -2 & 2 & 8 & -2 & 0 \\ 1 & -4 & -4 & 4 & 0 \\ 4 & -4 & -4 & 1 & 0 \\ -2 & 8 & 2 & -2 & 0 \\ 0 & 0 & 0 & 0 & 9 \end{bmatrix} \begin{bmatrix} a_3 \\ a_4 \\ a_5 \\ a_6 \\ a_8 \end{bmatrix} \qquad \text{(Bez. 8.125)}$$

Die Hauptwerte von X' und X'' ergeben sich mit

$$X'_{1,2} = \frac{1}{2}(X'_{xx} + X'_{yy} \pm \sqrt{\left(X'_{xx} - X'_{yy}\right)^2 + 4X'^{\,2}_{xy}} \qquad \text{(Bez. 8.126)}$$

$$X''_{1,2} = \frac{1}{2}(X''_{xx} + X''_{yy} \pm \sqrt{\left(X''_{xx} - X''_{yy}\right)^2 + 4X''^{\,2}_{xy}} \qquad \text{(Bez. 8.127)}$$

die Fließfunktion kann auf der Basis dieser Werte mit den beiden Teilfunktionen

$$\varphi' = |X'_1 - X'_2|^\alpha, \quad \varphi'' = |2X''_2 + X''_1|^\alpha + |2X''_1 + X''_2|^\alpha \qquad \text{(Bez. 8.128)}$$

als

$$\varphi = \varphi' + \varphi'' = 2\sigma_Y^\alpha \qquad \text{(Bez. 8.129)}$$

Definiert werden.

Abb. 8.25 Fließortkurve nach Barlat 2003. Zipfelbildung am realen Teil und in der Simulation (IVPFEM).

Das auch als Yld2000-2d bezeichnete Flieβortkurven-Modell verwendet somit 8 Parameter a_1 bis a_8. Diese werden anhand der 6 Werte σ_{y_α} und r_α, welche in Zugversuche unter 0°, 45° und 90° gemessen werden und den im Bulge-Versuch ermittelten 2 Werten σ_b und r_b spezifiziert. Eine Erweiterung dieser Methode auch auf das anisotrope Verfestigungsverhalten wurde von Hora vorgeschlagen [Hora09].

Auf Grund des doch recht detaillierten Mappings des realen Verhaltens erlaubt die so spezifizierte Flieβortkurve z. B. auch die Modellierung von Zuständen mit 6 Zipfeln, s. **Abb. 8.25**.

8.10.2.3 Flieβortkurven-Modelle für Metalle mit hexagonaler (hex)Gitter-struktur

Titan- und Magnesium weisen eine hexagonale Struktur auf. Die zugehörigen Flieβortkurven sind dann nicht nur nicht-quadratisch, sondern weisen auch eine ausgeprägte Zug-Druck-Asymmetrie auf. Zur Beschreibung der im Zug- und Druckbereich asymmetrischen Form der Flieβortkurven wurde von Cazacu et al. ein hex-spezifisches Fließortkurven-Modell vorgeschlagen [Caza05]. Dieses lautet

$$J_2^{\frac{3}{2}} - cJ_3 = \tau_Y{}^3 \qquad \text{(Bez. 8.130)}$$

wobei J_2 und J_3 die 2. und 3. Spannungsinvariante sind. Mit dem Parameter c

$$c = \frac{3\sqrt{3}\left(\sigma_T^3 - \sigma_C^3\right)}{2\left(\sigma_T^3 + \sigma_C^3\right)} \qquad \text{(Bez. 8.131)}$$

wird der Unterschied zwischen der Fließspannung bei Zug (σ_T) und der Flieβspannung bei Druck (σ_C) erfasst. Sind beide Werte gleich, so mutiert die Form zum klassischen v. Mises Modell zurück. Vergleiche **Abb. 8.26**.

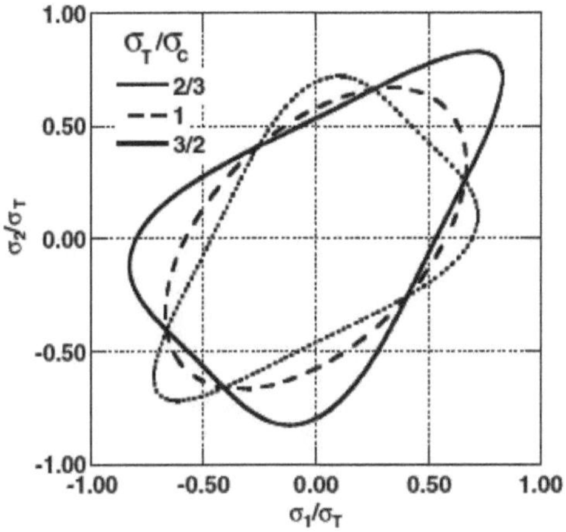

Abb. 8.26
Fließortkurven mit unterschiedlichen Zug-Druck-Verhältnissen [Caza05]

8.10.2.4 Beschreibung des kinematischen und anisotropen Verfestigungsverhaltens

In der Umformtechnik treten oft Zustände auf, bei denen das Material wechselnd auf Zug und Druck belastet wird. Der sogenannte Bauschinger-Effekt bezeichnet ein verfrühtes Auftreten des Fließens nach der Spannungsumkehr. Solche Effekte sind auf die kinematische und anisotrope Verfestigung, die eine Verschiebung und richtungsabhängige Expansion des Fließortes beschreiben, zurückzuführen. Die Grundidee der Fließort-Transformation geht auf Chaboche und Ziegler zurück.

$$f=\frac{3}{2}(\boldsymbol{s}-\boldsymbol{\alpha}):(\boldsymbol{s}-\boldsymbol{\alpha})-Y^2=0 \qquad \text{(Bez. 8.132)}$$

Die Evolution des Tensors $\boldsymbol{\alpha}$, der als „back stress“ bezeichnet wird, kann auf verschiedene Arten definiert werden. Yoshida [Yosh02] gibt hierzu folgende Beziehung an:

$$\dot{\boldsymbol{\alpha}}=Ca\left[\dot{\boldsymbol{\varepsilon}}^{p}-sign(\boldsymbol{\alpha})\left(\frac{|\boldsymbol{\alpha}|}{a}\right)^{\gamma}\left|\dot{\varepsilon}^{p}\right|\right] \qquad \text{(Bez. 8.133)}$$

Der Einsatz solcher Modelle führt in der Blechumformung z. B. zur verbesserten Voraussage der Rückfederung. Der Nachteil der Modelle liegt in dem zusätzlichen experimentellen Messaufwand zur Bestimmung der Modellparameter.

8.10.3 Versagensvoraussage

Bei Blechumformprozessen können bei zu hohen lokalen Dehnungen Risse auftreten. Eine weitere Begrenzung stellen die durch Instabilität der Struktur bedingten Falten, respektive Einfallstellen, dar. Als letzte Gruppe von Versagen sind die Oberflächenfehler. Als ein Vertreter ist beispielsweise die Orangenhautbildung zu nennen. Es sollen kurz die Möglichkeiten diskutiert werden, welche die heutigen FEM-Programme zur Voraussage dieser 3 Versagenstypen bieten.

8.10.3.1 Simulation von Falten und Einfallstellen

Die Faltenbildung ist mit den FE-Programmen direkt abbildbar, da auch diese einen Gleichgewichtszustand darstellen. Entscheidend ist dabei, dass das für die Berechnung gewählte FE-Netz so fein ist, dass die Form der Falten damit abgebildet werden kann. Da die Faltenbildung aus mechanischer Sicht jedoch einen Bifurkationspunkt darstellt, kann es bei Übergang von nichtgefalteten zum gefalteten Zustand bei impliziten Programmen auch zu Zuständen führen, bei denen die Steifigkeitsmatrix singulär wird. Bei expliziten FE-Programmen tritt diese numerische Problematik nicht auf.

8.10.3.2 Voraussage von Grenzdehnungszuständen

Die Voraussage der Rissversagen bei Blechwerkstoffen stellt heute – trotz einer mehr als 40-jährigen intensiven internationalen Forschungstätigkeiten ein nicht abschließend beherrschtes Thema dar.

FEM-seitig kann bei der Versagensvoraussage zwischen einer direkten und einer indirekten Methode unterschieden werden. Wie man später sehen wird, sind diese nur gekoppelt anwendbar.

Die direkte Methode modelliert das Versagen durch Elimination von den jeweiligen Elementen, die die kritische Dehnung erreicht haben. Zu der Lokalisierung der Dehnung kommt es aufgrund der abnehmenden Verfestigung des Werkstoffes mit zunehmender Dehnung und somit oberhalb der Gleichmaßdehnung. In diesem Sinne entspricht das „direkte" Verfahren dem bekannten Marciniak-Kuzcinsky-Ansatz, der im Rahmen der FEM-Simulation jedoch auf allgemeine Geometrien ausgeweitet wird.

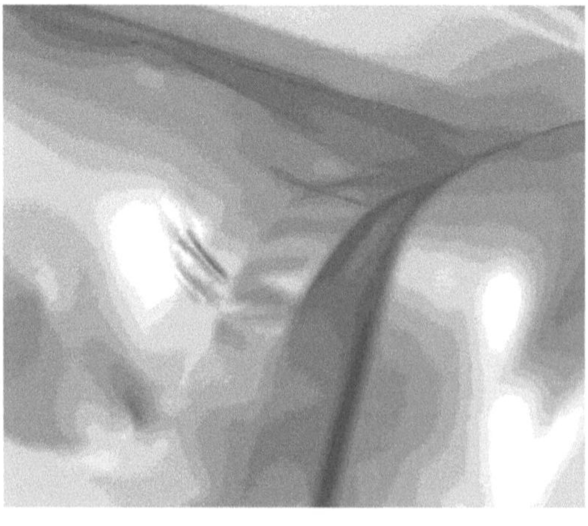

Abb. 8.27 Voraussage von Falten bei einem Tiefziehteil mittels FEM-Prozess-Simulation. Software: AutoForm

Da die Grenzdehnungswerte vorgegeben werden müssen, ab denen die Elemente gelöscht werden müssen (=„reißen" der Elemente), ist diese Methode ohne Kenntnis der kritischen Bruchdehnungen nicht sehr exakt anwendbar. Zur Bestimmung der kritischen Dehnungen werden heute vermehrt die Ansätze einer kritischen Spannung σ_{crac} untersucht:

$$\varepsilon_{maj}^{crit} = f(\sigma_{maj}^{crit}, \tau_{\max}^{crit}) \qquad \text{(Bez. 8.134)}$$

Standardmäßig wird in der Blechumformung eine auf dem von Keeler [Keel65] vorgeschlagenen Grenzformänderungsschaubild basierende Methode eingesetzt. Diese ermittelt die Grenzformänderungswerte z. B. mit Hilfe des Nakajima-Tests.

Das Modell vom Grenzformänderungsschaubild definiert eine Kurve im 2-D Dehnungsraum. Alle Dehnungspunkte, welche unter der Kurve liegen und auf linearen Dehnungspfaden erreicht wurden, werden als sicher bezeichnet. Umgekehrt besteht eine Rissgefahr.

Wie aus **Abb. 8.28** ersichtlich, können im FLC-Diagramm auch weitere Gebiete als kritisch identifiziert werden. So weisen alle Punkte, die links vom Zugversuch liegen, eine Druckspannung σ_{22} auf. Diese Stellen sind somit faltengefährdet.

Da die Dickendehnung sich aus der Volumenkonstanz ergibt, weisen die biaxial gestreckten Bereiche im rechten Ast größere Dickenabnahmen auf. Aus diesem Grund liegt hier der Bereich „Exzessive Ausdünnung".

Neben dem experimentellen Weg gibt es auch verschiedene theoretische Ansätze zur numerischen Berechnung der Grenzformänderungen. Hier seien z. B. das klassische Modell nach Marciniak-Kuzcynski [Marc67] oder das neuere Modell nach Hora-Tong [Hora08] genannt. Eine gute Übersicht über die Genauigkeit dieser Modelle liefert der Benchmark 1 der Numisheet 2008, [Numi08].

Im Bereich der experimentellen Ermittlung der Grenzformänderungen können heute optische Messverfahren eingesetzt werden [Klei11]. Die Identifikation des kritischen Zustandes erfolgte bisher nach ISO 12004-2:2008. Volk und Hora haben ein zeitabhängiges Auswerteverfahren vorgeschlagen [Volk11], das den Vorteil einer zusätzlichen Benutzerunabhängigkeit aufweist.

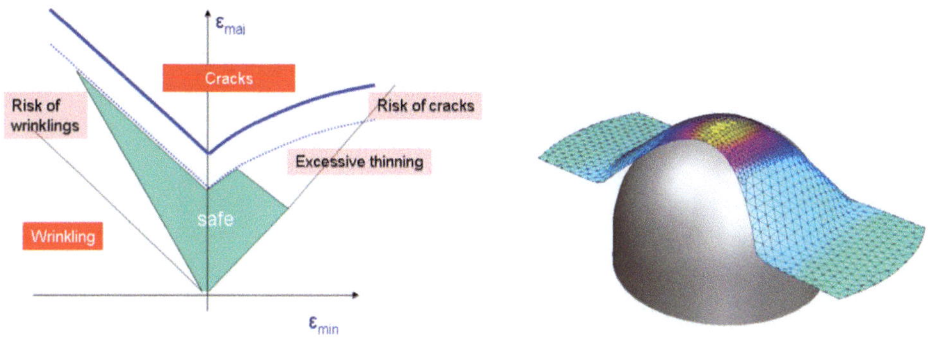

Abb. 8.28 Einteilung des Grenzformänderungsschaubildes nach kritischen Zonen

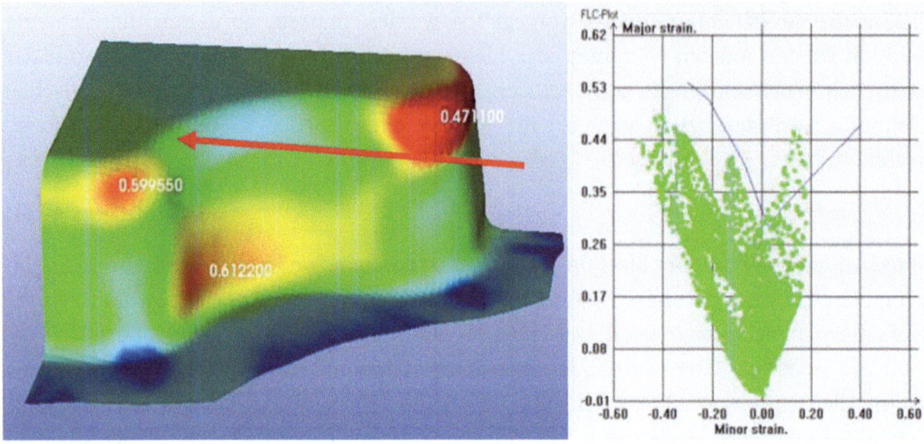

Abb. 8.29 FE-Voraussage der kritischen Dehnungszustände mit Hilfe des Grenzformänderungsschaubildes.

Der größte Nachteil des Grenzformänderungsschaubildes liegt in der Beschränkung der Gültigkeit auf nur lineare Dehnungspfade. Bei Mehrstufen-Umformprozessen ist das GFS-Kriterium somit nicht mehr anwendbar.

Wie bereits oben erwähnt, werden deshalb grenzspannungsbasierte Methoden untersucht. Hier sei auf die Arbeiten von Wierzbicki verwiesen [Wier05].

Es liegt vor allem an der Schwäche der alternativen Methoden, dass das Grenzformänderungsschaubild heute immer noch zu den meist angewendeten Kriterien in der Blechumformung gehört. **Abb. 8.29** zeigt diese Art der Versagensidentifikation. Da sich das Versagen aus dem plastomechanischen Zustand und somit aus der Dehnungsverteilung ergibt, ist davon auszugehen, dass zukünftig die direkten Versagenskriterien, welche auf den plastomechanischen Grundmodellen basieren, die FLC-Methode, ersetzen werden.

Abb. 8.29 zeigt links die mittels FEM-Analyse ermittelten Wandstärkenverringerungen über dem Werkstück. **Abb. 8.29** rechts zeigt die rechnerisch ermittelten Formänderungen eingetragen in das zugehörige Grenzformänderungsdiagramm.

Verzeichnis der Symbole und Abkürzungen

N_i	Formfunktionen für Ortkoordinaten und Verschiebungen
B	Geometrische Matrix
$u, \Delta u$	Verschiebungen und Verschiebungsinkremente
ε, ϕ	Dehnungen
σ	Cauchy-Spannungen
σ'	Cauchy-Spannungsdeviator
$\boldsymbol{P}$	1. Piola-Kirchhoffscher Spannungstensor
$\boldsymbol{S}$	2. Piola-Kirchhoffscher Spannungstensor
σ_m	Hydrostatische Spannung
C^{ep}	Elasto-plastisches Werkstoffmodul
$\bar{\varepsilon}, \bar{\varepsilon}^p$	Plastische Vergleichsdehnung (Logarithmische Hauptformänderung)
$\dot{\bar{\varepsilon}}$	Plastische Vergleichsdehnungsrate (Logarithmische Hauptformänderungsgeschwindigkeit)
φ	Plastische Fließfunktion
$\bar{\sigma}, \sigma_v$	Vergleichsspannung
K_f	Fließspannung
$\boldsymbol{K}, [K]$	Steifigkeitsmatrix
$\boldsymbol{K}_G, [K_G]$	Geometrische Steifigkeitsmatrix
K_λ	Wärme-Leitfähigkeitsmatrix
C	Wärme-Kapazitätsmatrix
$\boldsymbol{L}, [L]$	Matrix des differentiellen Operators
$[M]$	Massematrix
$[C]$	Dämpfungsmatrix
$\boldsymbol{R}$	Residuale Kräfte
J	Jacobi Determinante
$t, \Delta t$	Zeit und Zeitinkrement
T	Temperatur
$\boldsymbol{x}$	Ortsvektor
$\boldsymbol{u}$	Verschiebungsvektor
$\boldsymbol{v}$	Geschwindigkeitsvektor
V	Volumen
λ	Skalar im Prandtl-Reußschen Stoffgesetz, Wärmeleitzahl
$C\rho$	Spezifische Wärmekapazität
μ, m	Reibungskoeffizient
∇	Differentieller Operator $\left(\frac{\partial}{\partial x} \; \frac{\partial}{\partial y} \; \frac{\partial}{\partial z} \right)^T$
s_{kk}	Einsteinsche Konvention

$$\varepsilon_{ii} = \varepsilon_{11} + \varepsilon_{22} + \varepsilon_{33}, \quad u_{i,j} u_{i,k} = \frac{\partial u_1}{\partial x_j}\frac{\partial u_1}{\partial x_k} + \frac{\partial u_2}{\partial x_j}\frac{\partial u_2}{\partial x_k} + \frac{\partial u_3}{\partial x_j}\frac{\partial u_3}{\partial x_k}$$

Literatur

[Argy57] Argyris J.H: Die Matrizentheorie der Statik, Ingenieurarchiv XXV, 174-194. (1957)

[Barl03] Barlat F., et al., Plane stress yield function for aluminum alloy sheets – part 1 : theory, International Journal of Plasticity, 19, pp 1297-1319, (2003)

[Bath96] K. J. Bathe, Finite Element Procedures. Englewood Cliffs, NJ: Prentice Hall, (1996)

[Bath02] Bathe J. K., Finite-Elemente-Methoden, Springer Berlin, (2002)

[Bely00] Belytschko T. et al., Nonlinear Finite Elements for Continua and Structures, Wiley Chichester, (2000)

[Bely96] Belytschko T. et al., Meshless Method: An Overview and recent Developments, Comput. Methods Appl. Mech. Engrg. 139, 3-47, (1996)

[Burk09] Eine Methodik zur virtuellen Beherrschung Thermo-Mechanischer Produktionsprozesse bei der Karosserieherstellung, Diss ETHZ 17545 Vdi Düsseldorf (2009)

[Brae07] Braess D., Finite Elements, Theory, Fast Solvers and Applications in Solid Mechanics, Combridge, 3rd Edition, (2007)

[Caza05] Cazacu O., et al., Orthotropic Yield Criterion for Hexagonal Closed Packed Metals, Int. J. Plasticity, 22, 1171-1194 (2005)

[Chab89] Chaboche J. L., Constitutive equations for cyclic plasticity and cyclic viscoplasticity, International Journal of Plasticiy, 5, pp. 247-302 (1989)

[Clou60] Clough R. W., The Finite Element in Plane Stress Analysis, J. Struct. Div. ASCE, Proc. 2nd Conf. Electronic Computation, p. 345, (1960)

[Clou99] Clough R. W. And E. L. Wilson, Early finite element research at Berkeley, Fifth U.S. National Conference on Computational Mechanics, (1999)

[Cour43] Courant R., Variational Method for the Solution of Problems of Equilibrium and Vibrations Bull. Amer. Soc., vol. 49, p. 1-43. (1943)

[Dunn09] Dunn F. And Petrinic N., Introduction to Computational Plasticity, Oxford University Press, (2009)

[Filz11] Filzek J., et al., Improved FEM Simulation of Sheet Metal Forming with Friction Modelling using Laboratory Tests, IDDRG, Dilbao, Spain, (2011)

[Gal15] Galerkin B.G.: Series solutionsof some problems in elastic equilibrium of rods and plates. Vestn. Inzh. Tech., 19:897-908, 1915.

[Häns98] Nichtisothermes Werkstoffmodell für die FE-Simulation von Blechumformprozessen mit metastabilen austenitischen CrNi-Stählen, Diss ETH-Zurich Nr. 12672, VDI Reihe 2 Nr. 491 (1998)

[Hill48] Hill R., A theory of the yielding and plastic flow of anisotropic metals, Proc. R. Soc. Lond A 193, pp 281-297 (1948)

[Hill79] Hill, R., 1979. Theoretical plasticity of textured aggregates. Math. Proc. Cambridge Philos. Soc. 85, 179–191.

[Hoch11] Hochholdinger, B. ; Hora, P. ; Grass, H. ; Lipp, A. : Simulation of the Press Hardening Process and Prediction of the Final Mechanical Material Properties ; Numisheet 2011 – Proceedings of the 8th International Conference and Workshop on Numerical Simulation of 3D Sheet Metal Froming Processes, p. 618–625, (2011).

[Hora87] Hora P., Vu T.C., Wollrab P.M., Reissner J.: Simulation of the Forming Process for Irregulary Shaped Autobody Panels, Advanced Technology of Plasticity, edited by K. Lange, Springer Verlag, (1987)

[Hora08] Hora P., Tong L.: Theoretical prediction of the influence of curvature and thickness on the enhanced modified maximum force criterion, In: Proceedings of the 7th International Conference and Workshop on Numerical Simulation of 3D Sheet Metal Forming Processes (NUMISHEET 2008), Interlaken, Switzerland, pp. 205-210, (2008).

[Hora08] Hora P. Et al.Theoretical prediction of the influence of curvature and thickness on the enhanced modified maximum force criterion, In: Proceedings of the 7th International Conference and Workshop on Numerical Simulation of 3D Sheet Metal Forming Processes (NUMISHEET 2008), Interlaken, Switzerland, pp. 205-210, (2008).

[Hora09] Hora P., Modeling of anisotropic hardening behaviour based on Barlat2000 yield locus description, FTF Zurich, 21-29, (2009).

[Hora11] Hora P., Modellierung des Kaltverfestigungsverhaltens bei metallischen Werkstoffen, Conference Proceedings MEFORM 2011, edited by R. Kawalla, Freiberg, 2011.

[Hora11] Hora P., On the Way from an Ideal Virtual Process to the Modelling of the Real Stochastic Behavior, FTF Zurich, 3-14, (2011).

[Hort11] Hortig D., Experiences with Process Robustness of Sheet Metal Forming Processes, FTF Zurich, 19-24, (2011)

[Hosf72] Hosford W. F., A generalized isotropic yield criterion, J. Appl. Mech. 39 607-609, (1972)

[Keel65] Keeler S. P., Determination of forming limit in automotive stamping, Soc. of Automotive Engineering, Nr. 650 535, pp. 1-9, (1965)

[Klei11] Optical 3D measuring Solutions in Optimization of Sheet Metal Development and Manufacturing, FTF-11 ETH, 91-96, (2011)

[Koba89] Kobayashi S, S. Oh and Altan T., Metal Forming and the Finite Element Method, Oxford University Press (1989)

[Lee73] Lee C. H., Kobayashi S, New Solution to Rigid-Plastic Deformation Problems using a Matrx Method, Trans. ASME, J. Eng. Ind. 95, 865 (1973)

[Marc67] Marciniak Z. and Kuczynski K, Limit strains in the processes of stretch forming sheet metal, Int. J. Mech. Sci., 9, pp. 609-620, (1967)

[Mais93] Maisch R.: Beschreibung von Kontakt und Reibung zwischen Werkstück und Werkzeug bei der FE-Simulation von Umformprozessen. Diss. ETH Nr. 10063, (1993).

[Munj04] Munjiza A.: The Combined Finite-discrete Element Method, John Wiley &Sons LTD, (2004).

[Numi93] Proceedings of 2nd International Conference of 3D-Sheet Metal Forming Processes – Verification of Simulation with Experiments, Edited by Makinouchi A., Nakamachi E., Onate E, Wagoner R.H., (1993).

[Numi96] Proceedings of 3nd International Conference of 3D-Sheet Metal Forming Processes – Verification of Simulation with Experiments, Edited by Lee J.K., Kinzel G.L., Wagoner R.H. (1996).

[Numi08] Volk W. : Benchmark 1 – Virtual Forming Limit Curves, The Numisheet Benchmark Study of the Numisheet 2008, Ed. By Hora P., Volk W. Roll K., Kessler, L. Hotz W., ISBN 978-3-909386-80-2 (2008).

[Oden91] Oden T., Finite Elements: an Introduction. Handbook of Numerical Analysis II. Finite Element Methods (Part 1) Noth-Holland, pp 3-12 (1991)

[Owen83] Owen D.R.J., Reduced Numerical Integration in Thermal Transient Finite Element Analysis, Computers and Structures, p.261-276, Vol. 17, No. 2,1983.

[Rayl70] Lord Rayleigh (J.W. Strutt): On the theory of resonance: Trans Roy. Soc. (London) A161:77-118, 1870.

[Ritz08] Ritz W., Über eine Methode zu Lösung gewisser Variationsprobleme der mathematischen Physik. J. Numer. Mathematik 135, 1569-1578 (1908)

[Roll82] Roll K.: Einsatz numerischer Verfahren bei der Berechnung von Verfahren der Kaltmassivumformung. Berichte aus dem Institut für Umformtechnik IFU Stuttgart Nr. 66, Springer-Verlag Berlin-Heidelber N.Y., (1982).

[Roll93] Roll K. and Tekkaya A. E., Numerische Verfahren der Prozesssimulation in der Umformtechnik, Umformtechnik Band 4. Ed. Lang K., Spring Verlag, (1993)

[Saty02] Satya N. Atluri, Shen, S., The Meshless Local Petrove-Galerkin (MLPG) Method,Tech Science Press, (2002)

[Sche51] Schellbach, K., Probleme der Variationsrechnung, Journal für die Reine und Angewandte Mathematik, 41, pp 293-363, (1851)

[Stra73] Strang G. und Fix, G. J., An Analysis of the Finite Element Method, Prentice-Hall, Inc. Englewood Cliffs, (1973)

[Teka00] Tekkaya A. E., Simulation of Metal Forming Processes, Formability of Metallic Materials, ed. Banabic D., pp 251-302 (2000).

[Turn56] Turner M.J., Clouth R.M., Martin H.C. und Topp L.J.: Stiffness and deflection analysis of complex structures. J. aeron. Sci 23,805-823,854. (1956)

[VDI91] FE simulation of 3-D Sheet Forming Processes in Automotive Industry, VDI Düsseldorf (1991)

[Volk11] Volk W., Hora P., New Algorithm for a Robust User-independent evaluation of Beginning Instability for a Experimental FLC Determination, Int. J. Mater. Form 4, 339-346 (2011)

[Wier05] Wierzbicki T., et al., Calibration and Evaluation of seven Fracture Models, Int. J. Mech. Sci., 47. 719-743 (2005)

[Yosh02] Yoshida F. et al., Elastic-Plastic Behavior of Steel Sheets under In-Plane Cyclic Tension-Compression at Large Strain, Int. J. Plasticity, 18, 633-659, (2002)

[Zien67] Zienkiewicz O. C., Methoden der Finiten Elemente in der Bau- und Kontinuumsmechanik (1967).

[Zien71] Zienkiewicz O. C., The Finite Element Method in Engineering Science, McGraw-Hill-Verlag London (1971)

[Zien69] Zienkiewicz O. C. et al., Elasto-Plastic Solution of Engineering Problems „Initial Stress", Finite Element Approach, International Journal for Numerical Methods in Engineering, vol. 1, 75-100 (1969)

[Zien73] Zienkiewicz O. C., Introductory lectures on the Finite Element Method, Springer Wien, (1973).

[Zien00] Zienkiewicz O. C., Finite Element Method, Butterworth Heinemann Oxford, 5th ed. (2000).

Fließkriterien

9

Prof. Dr.-Ing. Dorel Banabic
Technische Universität Cluj-Napoca (Rumänien)

Verwendete Formelzeichen

a, b	Koeffizienten des BBC-Fließkriteriums (2005)
a, c, h, p	Werkstoffspezifische Koeffizienten des Barlat-Fließkriteriums (1989)
k	Exponent des BBC-Fließkriteriums (2005)
k_1, k_2	Teilfunktionen des Barlat-Fließkriteriums (1989)
k_f	Fließspannung
k_{f_0}, $k_{f_{45}}$ und $k_{f_{90}}$	Fließspannungen unter drei Richtungen zur Walzrichtung
k_{f_B}	Zweiachsige Fließspannung
L, M, N, P, Q, R	Koeffizienten des BBC-Fließkriteriums (2005)
M	Ganzzahliger Exponent des Barlat-Fließkriteriums (1989)
r	Senkrechte Anisotropie
r_B	Zweiachsiger Anisotropiekoeffizient
r_θ	Anisotropiekoeffizient in Richtung θ
r_0, r_{45}, r_{90}	Anisotropiekoeffizienten (0°, 45° und 90° zur Walzrichtung)
$\varepsilon, \varepsilon_l$	Technische Dehnung, Technische Dehnung in Längsrichtung
$\varphi_l, \varphi_b, \varphi_s$	Log. Längenformänderungen
$\sigma_1, \sigma_2, \sigma_3$	Hauptspannungen
$\sigma_{12}, \sigma_{21}, \tau_{12}$	ebene Komponenten des Spannungstensors
σ_{ex}	extrapolierte Spannung
σ_{pf}	Prüf-Spannung
σ_{pr}	Proportionale Spannung
τ_{12}	Schubfließspannung
Γ, Ψ, Λ	Funktionen des BBC-Fließkriteriums (2005)
θ	Winkel zwischen Längsachse der Probe und Walzrichtung

Bemerkung:
Dieses Kapitel behandelt zum einen in kommerzielle FEM-Simulationsprogramme implementierbare Fließkriterien und zum anderen Fließkriterien, die den gegenwärtigen Stand der Forschung kennzeichnen.

9.1 Fließkriterien – Definition

Der Übergang vom elastischen zum plastischen Spannungszustand findet beim einachsigen Zugversuch dann statt, wenn die wirkende Spannung die Streckgrenze erreicht. Die Streckgrenze im einachsigen Spannungszustand ergibt sich aus dem Spannungs-Dehnungs-Diagramm. Hierzu ist jedoch entweder eine Konvention, um diese zu definieren, oder eine Temperaturmessung erforderlich. Verschiedene Konventionen bedienen sich der proportionalen Spannung (σ_{pr}), der Prüf-Formänderung (bei der Prüf-Spannung σ_{pf}) und der extrapolierten Spannung (σ_{ex}) (**Abb. 9.1**):

Im Falle eines mehrachsigen Spannungszustands stellt sich die Definition des Übergangs vom elastischen zum plastischen Spannungszustand schwieriger dar: Eine Beziehung zwischen den Hauptspannungen ist notwendig, welche die Fließbedingung definiert. Solch eine Beziehung wird für gewöhnlich in Form einer impliziten Funktion beschrieben:

$$F(\sigma_1, \sigma_2, \sigma_3, k_f) = 0 \tag{9.1}$$

mit den Hauptspannungen σ_1, σ_2, σ_3 und der Streckgrenze k_f, die aus einem einfachen Zug-, Druck- oder Scherversuch ermittelt wurde.

Gleichung 6.1 kann als mathematische Beschreibung einer Fläche im dreidimensionalen Raum der Hauptspannungen interpretiert werden, die üblicherweise als Fließfläche bezeichnet wird. Diese Fließfläche muss geschlossen, glatt und konvex sein. Für inkompressible Werkstoffe entspricht die Fließfläche einem Zylinder, dessen Querschnitt vom Werkstoff abhängt. Punkte innerhalb der Fließfläche (F < 0) repräsentieren elastische Werkstoffzustände. Punkte auf der Fließfläche (F = 0) repräsentieren plastische Werkstoffzustände und Punkte außerhalb der Fließfläche (F > 0) haben keine physikalische Bedeutung. Für den ebenen Spannungszustand ($\sigma_3 = 0$) reduziert sich die Fließfläche auf eine Kurve im σ_1,σ_2 – Diagramm. Der Ausdruck der Fließfunktion wurde auf Basis von

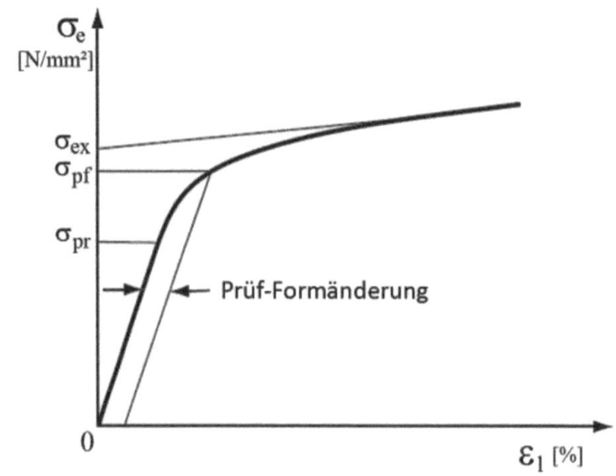

Abb. 9.1
Festlegungen zur Definition der einachsigen Streckgrenze

phänomenologischen Betrachtungen bezüglich des Übergangs vom elastischen zum plastischen Werkstoffzustand festgelegt.

Zur experimentellen Ermittlung des Fließortes werden folgende Versuche verwendet:

- Einachsiger Zugversuch
- Zweiachsiger Zugversuch
- Hydraulischer / pneumatischer Tiefungsversuch (Hydrostatischer Spannungszustand)
- Scherversuch

Abb. 9.2 zeigt durch verschiedene Versuche ermittelte Punkte der Fließortkurve im ersten Quadranten. Die einachsige Streckgrenze in Walzrichtung (σ_0) und orthogonal zur Walzrichtung (σ_{90}) kann mit Hilfe von zwei einachsigen Zugversuchen bestimmt werden. Zur Ermittlung der ausgeglichenen zweiachsigen Streckgrenze kann bei ausgeglichener Belastung entweder ein Kreuzzugversuch oder ein hydraulischer Tiefungsversuch verwendet werden. Weitere Punkte auf der Fließortkurve zwischen diesen drei Punkten (zwei einachsige Punkte und der ausgeglichene zweiachsige Punkt im ersten Quadrant) können durch verschiedene Spannungsverhältnisse (σ_1/σ_2) ermittelt werden.

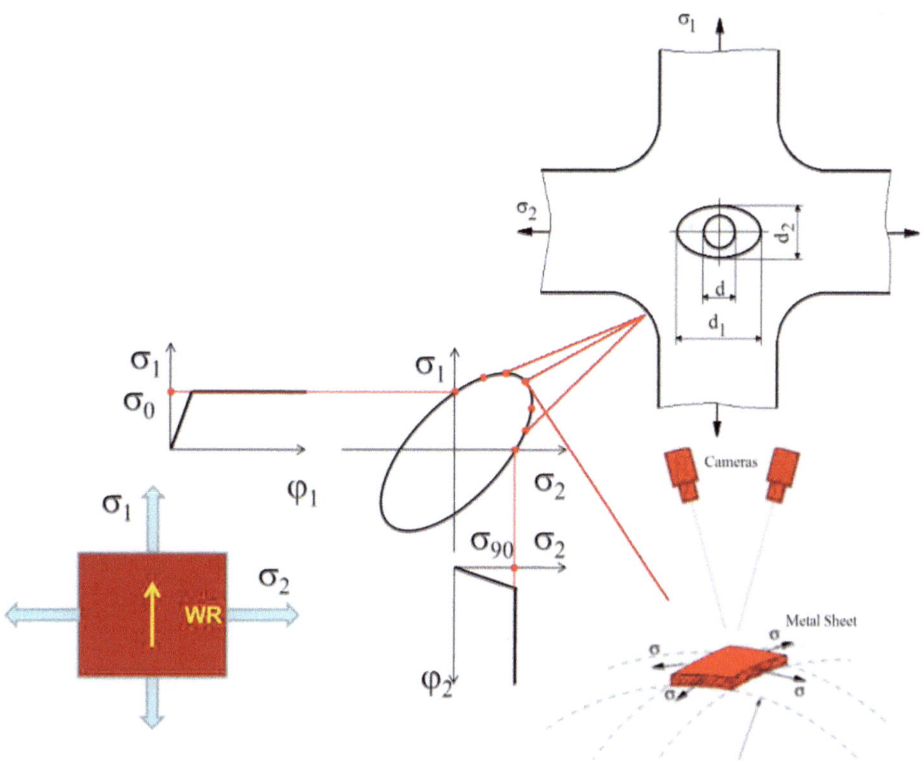

Abb. 9.2 Experimentelle Ermittlung des Fließortes

Abb. 9.3 Versuchsvorrichtung für zweiachsige Zugversuche zur experimentellen Ermittlung des Fließortes

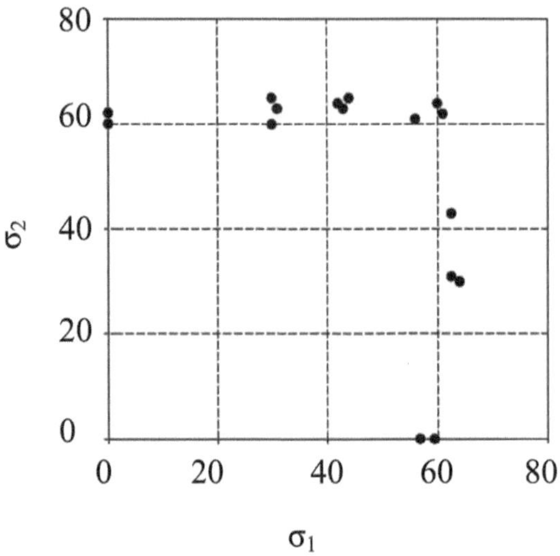

Abb. 9.4 Experimentell ermittelter Fließort der Aluminiumlegierung AA3103-T4 [Ban 02]

Eine am Institut für Umformtechnik (IFU) der Universität Stuttgart entwickelte Versuchsvorrichtung für zweiachsige Zugversuche zur experimentellen Ermittlung des Fließortes zeigt **Abb. 9.3**. Hierbei wurde ein geschlossener Regelkreis verwendet, um Spannungsverhältnisse zwischen 0 (einachsig) und 1 (ausgeglichen zweiachsig) kontrolliert erzielen zu können.

Experimentell ermittelte Fließorte der Aluminiumlegierung AA3103-T4 zeigt **Abb. 9.4** [Ban02]. Hierfür wurde die in **Abb. 9.3.** dargestellte Versuchsvorrichtung verwendet. Um diese Fließorte im ersten Quadranten zu ermitteln wurden sieben verschiedene Spannungsverhältnisse verwendet (1:0; 1:4; 1:2; 1:1; 2:1; 4:1; und 0:1).

9.1.1 von Mises-Fließkriterium

Wie bereits ausgeführt, kann der Übergang vom elastischen zum plastischen Zustand durch das Fließkriterium von v. Mises beschrieben werden. Der Fließort im σ_1, σ_2, σ_3-Raum wird nach der Hypothese von v. Mises beschrieben durch die Beziehung

$$\left(\sigma_1-\sigma_2\right)^2+\left(\sigma_2-\sigma_3\right)^2+\left(\sigma_3-\sigma_2\right)^2=2k_f^2 \tag{9.2}$$

Bei ebenem Spannungszustand, also bei $\sigma_3 = 0$ (9.3)

ergibt sich $\sigma_1^2-\sigma_1\sigma_2+\sigma_2^2=k_f^2$ (9.4)

nur für isotrope Blechwerkstoffe. D.h.

$$r=r_0=r_{45}=r_{90}=1$$

und

$$\Delta r=0$$

9.1.2 Hill'48 Fließkriterium

1948 entwickelte Hill [Hil 48] ein Fließkriterium für isotrope und anisotrope Blechwerkstoffe. Dieses Fließkriterium lautet für den ebenen Spannungszustand ($\sigma_3 = 0$):

$$\sigma_1^2-\frac{2r_0}{1+r_0}\sigma_1\sigma_2+\frac{r_0(1+r_{90})}{r_{90}\left(1+r_0\right)}\sigma_2^2=k_f^2 \tag{9.5}$$

In diesem Fließkriterium wird der Einfluss der Anisotropie Werte r_{45} vernachlässigt. Nimmt man an, dass $r_{45} = 0$ und $r_0 = r_{90} = r$

dann ergibt sich aus Beziehung (9.5)

$$\sigma_1^2-\frac{2r}{1+r}\sigma_1\sigma_2+\sigma_2^2=k_f^2 \tag{9.6}$$

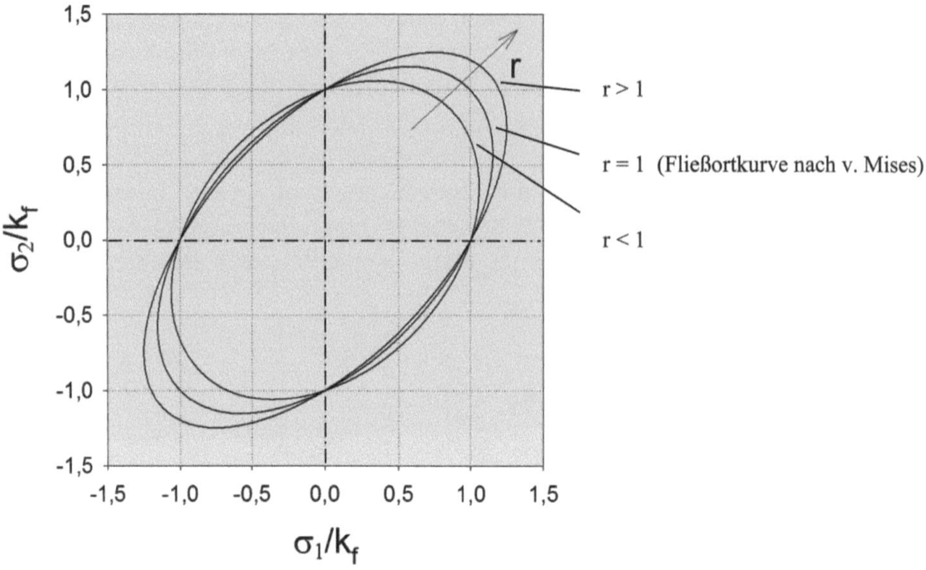

Abb. 9.5 Fließortkurven nach Hill 48 für verschiedene Werte der senkrechten Anisotropie

Die mit Beziehung (9.6) beschriebene Fließortkurve nach [Hil48] ist, bezogen auf die Fließspannung k_f, für Anisotropiewerte
r = 1,
r > 1 und
r < 1
in **Abb. 9.5** dargestellt.

Er ist ersichtlich, dass bei r-Werte größer als 1 (r > 1) im Zug-Zug-Spannungsbereich höhere Hauptspannungen σ_1 und σ_2 zur Einleitung des plastischen Fließen erforderlich sind als bei r-Werte gleich 1 (r = 1). Bei r-Werten kleiner als 1 (r < 1) sind kleinere Hauptspannungen σ_1 und σ_2 zur Einleitung des plastischen Fließen erforderlich als bei r-Werten gleich 1 (r = 1).

Fest zuhalten ist, dass in **Abb. 9.5** die Fließortkurve mit r = 1 durch Beziehung (9.4) gemäß dem Fließkriterium nach v. Mises dargestellt ist. Die Fließortkurven mit r > 1 und r < 1, dargestellt in **Abb. 9.5**, werden durch Beziehung (9.6) gemäß dem Fließkriterium von Hill 48 beschrieben.

Von Nachteil erscheint bei dem Fließkriterium von Hill 48 [Hil48] die ungenügende Berücksichtigung der Fließspannung k_f im einachsigen Zugversuch, ermittelt in Abhängigkeit von der Probenlage im Blech.

Für die Darstellung der Fließortkurven auf der Basis des Fließkriteriums von Hill 48 ist die experimentelle Ermittlung folgender Parameter erforderlich:

- k_{f0} – Fließspannung $k_{f0,}$ ermittelt im einachsigen Zugversuch an Proben, deren Längsachse einen Winkel θ von 0^0 zur Walzrichtung aufweisen;

- r_0 – senkrechte Anisotropie, ermittelt im einachsigen Zugversuch an Proben, deren Längsachse einen Winkel 0^0 zur Walzrichtung aufweisen;
- r_{90} – senkrechte Anisotropie, ermittelt im einachsigen Zugversuch an Proben, deren Längsachse einen Winkel 90^0 zur Walzrichtung aufweisen.

Festzuhalten ist, dass die mit den Beziehungen (9.4) und (9.6) beschriebenen Fließortkurven quadratische Funktionen sind. Experimentelle Untersuchungen zeigen jedoch, dass nicht-quadratische Fließortkurven die realen experimentell ermittelten Fließortkurven besser als quadratische Fließortkurven approximieren.

9.1.3 Barlat 1989 Fließkriterium

1989 haben Barlat and Lian [Bar89] folgende Fließfunktion vorgestellt:

$$a\left|k_1+k_2\right|^M+a\left|k_1-k_2\right|^M+c\left|2k_2\right|^M=2k_f^M \tag{9.7}$$

Die Koeffizienten k_1 und k_2 sind definiert als

$$\begin{aligned} k_1 &= \frac{\sigma_1+h\sigma_2}{2}; \\ k_2 &= \left[\left(\frac{\sigma_1-h\sigma_2}{2}\right)^2+p^2\tau_{12}^2\right]^{1/2} \end{aligned} \tag{9.8}$$

wobei τ_{12} die Schubfließspannung ist. *a, c, h* und *p* sind werkstoffspezifische Parameter:

$$\begin{aligned} a &= 2-c=2-2\sqrt{\frac{r_0}{1+r_0}\cdot\frac{r_{90}}{1+r_{90}}}; \\ h &= \sqrt{\frac{r_0}{1+r_0}\cdot\frac{1+r_{90}}{r_{90}}} \\ p &= \frac{\sigma_e}{\tau_s}\left(\frac{2}{2a+2^M c}\right)^{\frac{1}{M}} \end{aligned} \tag{9.9}$$

wobei τ_s die Schubfließspannung ist.

Der Koeffizient *p* muss numerisch berechnet werden.

Die *Vorteile* des Barlat 89 Kriteriums sind:

- die geringere Anzahl an erforderlichen mechanischen Parameter;
- eine relativ gute Vorhersage des Fließortes von Aluminiumlegierungen mit Anisotropie-Werten kleiner als 1 ($r < 1$).

Die *Nachteile* Barlat 89 Kriteriums sind:

- Die in der Fließfunktion verwendeten Parameter entbehren einer direkten physikalischen Signifikanz;
- Der Parameter p kann nur numerisch durch Lösen einer nicht-linearen Gleichung ermittelt werden;

Das Modell liefert keine guten Vorhersagen bezüglich der zweiachsigen Fließspannung. Trotz dieser Einschränkungen wird das Barlat-89-Fließkriterium nach wie vor häufig für die FEM-Simulation von Blechumformvorgängen verwendet.

9.1.4 BBC 2005 Fließkriterium

In den letzen Jahren wurden zahlreiche neue Fließkriterien aufgestellt. Diese Modelle erlauben eine gute Beschreibung der anisotropen Verhältnisse, sowohl von Stahllegierungen (kubisch-raumzentriert, krz) als auch von Aluminium- (kubisch-flächenzentriert, kfz) und von Magnesium-legierungen (hexagonal dichteste Packung, hdp). Die neuen Fließkriterien beinhalten für gewöhnlich eine Vielzahl von Koeffizienten. Zu nennen sind die Modelle von Barlat [Bar03], [Bar05], Banabic [Ban00b], [Ban03], [Ban05], [Com08], Cazacu [Caz01], [Caz06], Vegter [Veg06] (siehe mehr Informationen in [Ban00a], [Ban06], [Ban07], [Ban10a] [Ban10b], [Bar02], [Bar04], [Bar07], [Bro13], [Bru14], [Yoo06]). Damit werden hinreichend genaue Beschreibungen der Fließortfläche bei Veränderung der einachsigen Fließspannung und des Anisotropiekoeffizient ermöglicht.

Banabic und Mitarbeiter [Ban05] veröffentlichten 2005 aufbauend auf einen Ansatz von Barlat [Bar89] ein flexibles Fließkriterium [Ban05] (BBC 2005 genannt). Dieses Fließkriterium wurde in den kommerziellen FEM-Code AUTOFORM implementiert [Ban08], [Ban12].

Die Fließortkurve wird beim BBC-Kriterium über folgende Gleichung definiert:

$$a(\Lambda+\Gamma)^{2k}+a(\Lambda-\Gamma)^{2k}+b(\Lambda-\Psi)^{2k}=k_f^{2k} \tag{9.10}$$

Dabei sind k, a und b materialspezifische Parameter Γ, Λ und Ψ sind Funktionen, die von den Einträgen des ebenen Spannungstensors abhängen.

$$\begin{aligned}
&\Gamma=L\sigma_{11}+M\sigma_{22}\\
&\Lambda=\sqrt{(N\sigma_{11}-P\sigma_{22})^2+\sigma_{12}\sigma_{21}}\\
&\Psi=\sqrt{(Q\sigma_{11}-R\sigma_{22})^2+\sigma_{12}\sigma_{21}}
\end{aligned} \tag{9.11}$$

Hierbei sind 9 werkstoffspezifische Größen bei der Beschreibung der Vergleichsspannung enthalten: k, a, b, L, M, N, P, Q und R (siehe Gleichungen (9.10) und (9.11)). Der ganzzahlige Exponent k nimmt eine besondere Stellung ein, da er durch die kristallographische Struktur des Werkstoffs von vorneherein festgelegt ist: k=3 für krz-Werkstoffen beziehungsweise k=4 für kfz-Werkstoffen. Die anderen Parameter (*a, b, L, M, N, P, Q* und *R*) werden mit Hilfe der grundlegenden Gleichungen des BBC-Fließkriteriums bestimmt, indem die folgenden experimentell zu ermittelnden Ergebnisse als Randbedingungen verwendet werden:

Im einachsigen Zugversuch sind für Proben, deren Längsachse Winkel von $\theta = 0°$, 45°, und 90° zur Walzrichtung aufweisen, die Fließspannungen k_{f_0}, $k_{f_{45}}$ und $k_{f_{90}}$ sowie die Anisotropie-Werte r_0, r_{45} und r_{90} zu bestimmen. Ferner sind im zweiachsigen Zugversuch (z. B. im Kreuzzugversuch oder im hydraulischen Tiefungsversuch) die biaxiale Fließspannung k_{f_B} und der Anisotropie-Wert r_B zu bestimmen. Es können auch weniger als 8 Parameter, z. B. die sechs Parameter k_{f_0}, $k_{f_{45}}$ und $k_{f_{90}}$ sowie r_0, r_{45} und r_{90} verwendet werden. Es ergibt sich dann eine etwas größere Abweichung der theoretisch berechenbaren Fließortkurven von den realen experimentell ermittelbaren Fließortkurven. Nachteilig ist jedoch die Verwendung von Parametern, die keine direkte physikalische Bedeutung aufweisen. Die Formulierungen können außerdem auf die klassischen Modelle, wie zum Beispiel das Hill 1948 Kriterium oder Barlat 1989 herunter gebrochen werden.

Die Vorzüge des BBC2005-Kriteriums sind:

- Die einfachen Formulierungen der Fließfunktionen;
- Gute Vorhersagen zum einen bezüglich der Fließfläche und zum anderen bezüglich der ebenen Verteilung der einachsigen Fließspannung und des einachsigen plastischen Anisotropiekoeffizients;
- Gute Übereinstimmung der vorhergesagten Fließfläche mit den Ergebnissen der Strukturmodelle
- Die benötigte Rechenzeit für Simulationen von komplexen Blechumformprozessen wird nicht wesentlich verlängert.

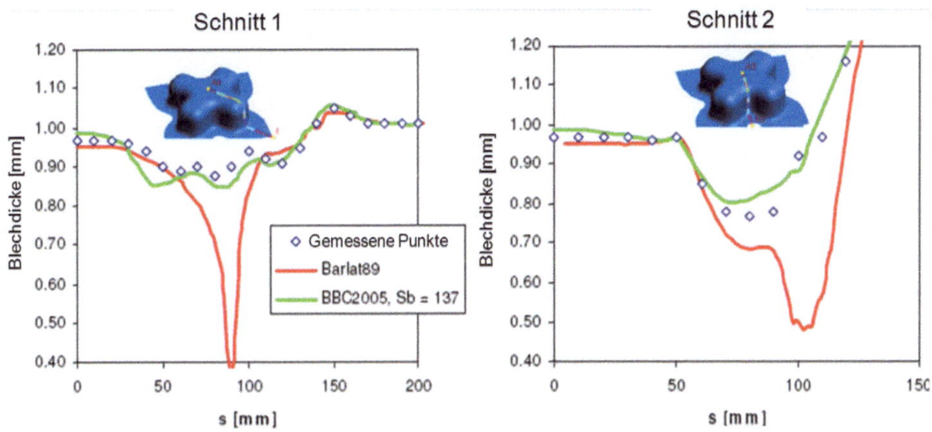

Abb. 9.6 Vergleich von gemessenen Blechdickenverteilungen einen Kreuznapfes mit denen mittels AUTOFORM simulierten Blechdickenverteilungen unter Verwendung des Fließkriteriums Barlat 89 und BBC 2005 für die Aluminiumlegierung Ac 121-T4 (experimentell ermittelte zweiachsige Streckgrenze: 137 MPa) [Ban08]

Nachteilig ist hingegen die Verwendung von Parametern, die keine direkte physikalische Bedeutung aufweisen.

Um das BBC2005-Kriterium flexibler zu machen, haben Comsa und Banabic [Com08] eine neue Version entwickelt. Diese neue Version mit der Bezeichnung BBC2008 kann in Abhängigkeit der Anzahl experimenteller Versuchsdaten mit mehr oder weniger Termen ausgedrückt werden. Die Vorhersagegenauigkeit von Umformsimulationen in Abhängigkeit verschiedener Materialmodelle wurde an verschiedenen Beispielen getestet. Die Ergebnisse des Benchmark-Beispiels „Kreuznapf" mit dem Simulationsprogramm AUTOFORM zeigt **Abb. 9.6**. Offensichtlich sagt das BBC2005-Modell die Blechdickenverteilung sehr gut voraus. Hingegen überschätzt wohl das Barlat-1989-Modell die kritische Blechausdünnung.

9.2 Empfehlungen zur Auswahl eines Fließkriteriums

Der aktuelle Stand der Technik hinsichtlich der Beschreibung eines anisotropen Werkstoffverhaltens bedarf wohl noch einer klaren Strukturierung. Einige Modelle werden trotz vermeidbarer Schwächen noch immer eingesetzt. Die wichtigsten zu berücksichtigenden Faktoren bei der Auswahl eines Fließkriteriums lauten:

- Akkurate Vorhersage des Fließorts, der einachsigen Fließspannung und des einachsigen plastischen Anisotropiekoeffizientens
- Anzahl der zu bestimmenden mechanischen Parameter
- Robustheit des Bestimmungsvorgangs
- Schwierigkeiten bei der experimentellen Bestimmung der Parameter
- Benutzerfreundlichkeit des Fließkriteriums
- Akzeptanz des Kriteriums im wissenschaftlichen/industriellen Umfeld

9.2.1 Mechanische Parameter für die Fließkriterien

Einen Überblick über die benötigten mechanischen Parameter der verschiedenen Fließkriterien gibt Tabelle1. Auf Basis dieser Liste kann der experimentelle Versuchsaufwand abgeschätzt werden. Das Hauptaugenmerk liegt hierbei auf der Frage, ob die zweiachsige Fließspannung und der zweiachsige Anisotropiekoeffizient bestimmt werden müssen. Schließlich sind zu deren Bestimmung spezielle Apparaturen zur Durchführung von Kreuzzugversuchen und/ oder hydraulischen Tiefungsversuchen erforderlich.

Tabelle 9.1 bezieht sich allerdings lediglich auf ebene Spannungsmodelle (2D) und ihr liegt folgende Notation zu Grunde:

- 3D: Modell ist auf räumliche Spannungszustände erweiterbar
- A1: Modell kann „anormales Verhalten erster Ordnung" beschreiben („anormales Verhalten erster Ordnung" bezeichnet ein Werkstoffverhalten, bei dem die experi-

Tab. 9.1 Übersicht der erforderlichen mechanischen Parameter in Abhängigkeit der Fließkriterien

Autor, Jahr	σ_0	σ_{30}	σ_{45}	σ_{75}	σ_{90}	σ_b	r_0	r_{30}	r_{45}	r_{75}	r_{90}	r_b	3D	A1	A2
Hill Familie															
Hill 1948	x						x		x		x		x		
Hill 1979	x					x	x						x	x	
Hill 1990	x		x		x	x			x					x	
Hill 1993	x				x	x	x				x			x	x
Lin, Ding 1996	x				x	x	x		x		x			x	x
Hu 2005	x		x		x	x	x		x		x		x	x	x
Leacock 2006	x		x		x	x	x		x		x			x	x
Hershey Familie															
Hosford 1979	x						x				x		x	x	
Barlat 1989	x						x				x			x	
Barlat 1991	x		x		x	x							x	x	
Karafillis,Boyce 1993	x		x		x		x		x		x		x	x	x
Barlat 1997	x		x		x	x	x		x		x		x	x	x
BBC 2000	x		x		x	x	x		x		x		x	x	x
Barlat 2000	x		x		x	x	x		x		x			x	x
Bron, Besson 2003	x		x		x	x	x		x		x	x	x	x	x
Barlat 2004	x	x	x	x	x	x	x	x	x	x	x	x	x	x	x
BBC 2003 (2005)	x		x		x	x	x		x		x	x	x	x	x
BBC 2008	x	x	x	x	x	x	x	x	x	x	x	x		x	x
Drucker Familie															
Cazacu-Barlat 2001	x	x	x	x	x	x	x	x	x	x	x		x	x	x
Cazacu-Barlat 2003	x	x	x	x	x	x	x	x	x	x	x		x	x	x
C – P - B 2006	x	x	x	x	x	x	x	x	x	x	x		x	x	x
Polynomischen Fliessbedingungen															
Gotoh 1977	x	x	x	x	x	x	x	x	x	x	x	x	x	x	x
Comsa 2007	x		x		x	x	x		x		x	x	x	x	x
Soare 2007 (Poly 4, 6,8)	x	x	x	x	x	x	x	x	x	x	x	x	x	x	x
Andere Fliessbedingungen															
Vegter 1995	x	x	x	x	x	x	x	x	x	x	x			x	x

mentell ermittelte zweiachsige Streckgrenze kleiner als die einachsige Streckgrenze ist und dieses trotz eines Anisotropiekoeffizients > 1.)

- A2: Modell kann „anormales Verhalten zweiter Ordnung" beschreiben („anormales Verhalten zweiter Ordnung" bezeichnet ein Werkstoffverhalten, bei dem das Verhältnis von experimentell ermittelter Streckgrenze in Walzrichtung zur Streckgrenze 90° zur Walzrichtung kleiner 1 ist, wenngleich das Verhältnis der Anisotropiekoeffizienten $(r_0/r_{90}) > 1$ ist.)

Die zur Hershey-Familie gehörenden Fließkriterien verwenden einen Exponenten, der im Einklang mit der kristallographischen Struktur des Werkstoffes gewählt wird. Weitere Informationen zu den jüngsten anisotropen Fließkriterien können z. B. [Ban00a], [Ban06], [Ban07], [Ban10a], [Ban10b], [Bar02], [Bar04], [Bar07], [Bro13], [Kob12], [Yoo06] entnommen werden.

Vor kurzem hat der Ausschuss für Materialmodellierung der Japanischen Gesellschaft für nichtlineare CAE ein Programm namens UMMDp (Unified Material Model Driver for Plasticity) [Kob12] entwickelt, um eine einheitliche, grundlegende Schnittstellenroutine verschiedener Materialmodelle für mehrere kommerzielle FE-Codes (Abaqus,

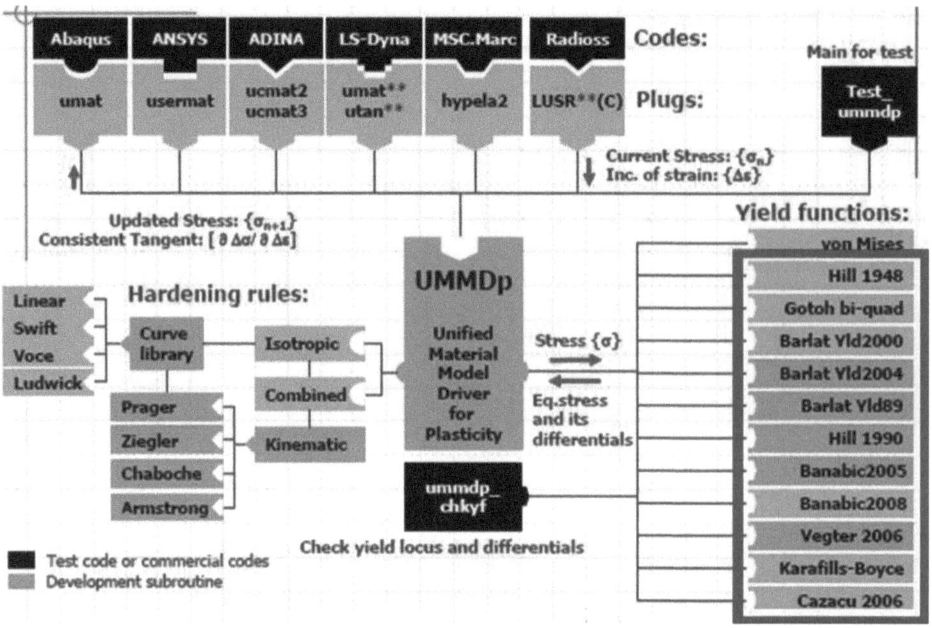

Abb. 9.7 Materialgesetze implementiert in UMMDp benutzerfreundliche Oberfläche Programm [Kob12]

ANSYS, ADINA, LS-DYNA, Marc und Radioss) vorzubereiten. Die Benutzerroutine beinhaltet die erweiterten Beziehungen zur Anisotropie der Plastizität metallischer Werkstoffe (Gotoh, Barlat, Banabic, Cazacu, Karafillis, Vegter) und kann ohne Berücksichtigung der verwendeten, oben genannten kommerziellen FE-Codes eingesetzt werden.

9.3 Ausbick

Wie ausgeführt, kann mit den weiter entwickelten Fließkriterien das anisotrope Verhalten von Werkstoffen beschrieben werden. Einerseits ist die gleichzeitige Beschreibung der einachsigen Fließspannungsveränderung und des Anisotropiekoeffizientens im Blech möglich, andererseits kann anormales anisotropes Verhalten erster und zweiter Ordnung dargestellt werden. Außerdem konnten die Fließkriterien auf eine räumliche 3D-Darstellung erweitert werden. Die zukünftige Forschungsrichtung dieses Gebiets wird die Entwicklung neuer Modelle für spezielle Anwendungsfälle, wie z. B. superplastische Werkstoffe, shape memory Werkstoffe, etc. betreffen. Es wird zu einer Verknüpfung der phänomenologischen Modelle mit denen der kristallografischen Ansätze kommen, um die Entwicklung der Parameter (über den Umformprozess) besser bestimmen zu können (Temperatur, Formänderungsgeschwindigkeit, Formänderungspfad, Strukturentwicklung). Somit wird die virtuelle Prozesskette akkurater beschrieben werden können, wodurch ein Einsatz in realen Produktionsprozessen erlaubt wird.

Literatur

[Ban00a] Banabic, D.; Poehlandt, K.; Bunge, H.J.; Tekkaya, E.A.: Formability of Metallic Materials (Ed.: Banabic D.), Springer-Verlag, Berlin Heidelberg, (2000).

[Ban00b] Banabic, D.; Balan, T.; Comsa, D.S.: A new yield criterion for orthotropic sheet metals under plane–stress conditions, The 7th Conference „TPR2000", May 2000, Cluj Napoca, 217-224.

[Ban02] Banabic D.; Wagner S.: Anisotropic behaviour of aluminium alloy sheets, Aluminium, 78 (2002), 926-930.

[Ban03] Banabic, D.; Kuwabara, T.; Balan, T.; Comsa, D.S.; Julean, D.: Non -Quadratic yield criterion for orthotropic sheet metals under plane-stress conditions, Int. J. Mechanical Sciences 45(2003), 797-811.

[Ban05] Banabic, D.; Aretz, H.; Comsa, D.S.; Paraianu, L.: An improved analytical description of orthotropy in metallic sheets, Int. J. Plasticity 21(2005), 493-512.

[Ban06] Banabic, D.; Tekkaya, E.A.: Forming Simulation, in: Hirsch, J.: Virtual Fabrication of Aluminum Alloys: Microstructural Modeling in Industrial Aluminum Production, Wiley-VCH, Weinheim, 2006, 275-302.

[Ban07] Banabic, D.; Barlat, F.; Cazacu, O.; Kuwabara, T.: Anisotropy and formability, in: Chinesta, F.; Cueto, E.: Advances in Material Forming-ESAFORM 10 Years on, Springer Verlag, Berlin- Heidelberg, 2007, 143-173.

[Ban08] Banabic, D. et al., Influence of constitutive equations on the accuracy of prediction in sheet metal forming simulation, Proc. of the NUMISHEET 2008 Conf., Interlaken, Switzerland, 2008, 37-42.

[Ban10a] Banabic, D.; Barlat, F.; Cazacu, O.; Kuwabara, T.: Advances in Anisotropy and Formability, International Journal of Material Forming, 3(2010), 165-189.

[Ban10b] Banabic, D.: Sheet Metal Forming Processes: Constitutive modelling and numerical simulation, Springer Verlag, Berlin- Heidelberg, 2010.

[Ban12] Banabic, D.; Sester M.: Influence of material models on the accuracy of the sheet forming simulation, Materials and Manufacturing Processes, 27(2012), 304-308.

[Bar89] Barlat, F.; Lian, J.: Plastic behaviour and stretchability of sheet metals (Part I): A yield function for orthotropic sheet under plane stress conditions, Int. J. Plasticity 5 (1989), 51-56.

[Bar02] Barlat, F.; Banabic, D.; Cazacu, O.: Anisotropy in sheet metals, in: Yang, D.-Y.; Oh, S.I.; Huh, H.; Kim,Y.H.: Design inovation through virtual manufacturing, Proc. of the NUMISHEET 2002 Conf., Jeju Island, Korea, 2002, 515-524.

[Bar03] Barlat, F.; Brem, J. C.; Yoon, J. W.; Chung, K.; Dick, R. E.; Choi, S.H.; Pourboghrat, F.; Chu, E.; Lege, D. J.: Plane stress yield function for aluminium alloy sheets-Part 1: theory, Int. J. Plasticity 19 (2003), 297-319.

[Bar04] Barlat, F.; Cazacu, O.; Zyczkowski, M.; Banabic, D.; Yoon, J.-W.: Yield surface plasticity and anisotropy, in: Raabe, D.; Chen, L.-Q.; Barlat, F.; Roters, F.: Continuum Scale Simulation of Engineering Materials Fundamentals-Microstructures-Process Applications, Wiley-VCH, Weinheim, 2004, 145-185.

[Bar05] Barlat,F; et al.: Linear transformation-based anisotropic yield functions, Int. J. Plasticity, 21(2005), 1009-1039.

[Bar07] Barlat, F.: Constitutive modeling for metals, in: Banabic, D.: Advanced Methods in Material Forming, Springer Verlag, Berlin-Heidelberg, 2007, 1-18.

[Bro13] Brosius, A.; Banabic, D.: Anisotropy, In: (Eds.: L. Laperrière, G. Reinhart, Encyclopedia of Production Engineering), Springer, Heidelberg-Berlin, 2014, 40-47.

[Bru14] Bruschi S.; Altan, T.; Banabic, D.; Bariani, P.F.; Brosius, A.; Cao, J.; Ghiotti, A.; Khraisheh, M.: Merklein, M.; Tekkaya, E.: Testing and Modeling of Material Behavior and Formability in Sheet Metal Forming Processes, Annales of CIRP, 63(2014), 727-749.

[Caz01] Cazacu, O.; Barlat, F.: Generalization of Drucker's yield criterion in orthotropy, Mathematics and Mechanics of Solids, 6(2001), 613–630.

[Caz06] Cazacu, O.; Plunkett, B.; Barlat, F.: Orthotropic yield criterion for hexagonal close packed Metals, International Journal of Plasticity, 22(2006), 1171–1194.

[Com08] Comsa, D.S.; Banabic, D.: Plane-stress yield criterion for highly-anisotropic sheet metals, Proc. of the NUMISHEET 2008 Conf., Interlaken, Switzerland, 2008, 43-48.

[Hil48] Hill, R.: A theory of the yielding and plastic flow of anisotropic metals, Proc. Roy. Soc. London A 193 (1948), 281-297.

[Kob12] Kobayashi, T.; Ido, H.; Yoshida,J.; Takizawa, H.; Terada, K.: The Japan Association for Nonlinear CAE and its Verification and Validation Related Activities, ASME 2012 Verification and Validation Symposium, May 2-4, 2012, Las Vegas, NV.

[Veg06] Vegter, D.; van den Boogaard, A.H.: A plane stress yield function for anisotropic sheet material by interpolation of biaxial stress states, Int. J. Plasticity, 22(2006), 557–580.

[Yoo06] Yoon, J.W.; Barlat, F.: Modeling and simulation of the forming of aluminium sheet alloys, in: Semiatin, S.L.: ASM Handbook, Vol 14B, Metalworking: Sheet forming, ASM International, Materials Park, OH, 2006, 792-826.

Sachverzeichnis

Z

MIX
Papier aus verantwortungsvollen Quellen
Paper from responsible sources
FSC® C105338

If you have any concerns about our products,
you can contact us on
ProductSafety@springernature.com

In case Publisher is established outside the EU,
the EU authorized representative is:
Springer Nature Customer Service Center GmbH
Europaplatz 3, 69115 Heidelberg, Germany

Printed by Libri Plureos GmbH
in Hamburg, Germany